高等学校"十三五"规划教材

获中国石油和化学工业优秀教材奖

物理化学

第二版

（下册）

郭子成　任聚杰　罗青枝　任　杰　编著

U0216708

化学工业出版社

·北京·

《物理化学》（第二版）根据国家教育部关于高等学校教学精品课课程建设工作精神和工科物理化学教学的基本要求而编写。

全书分为上、下两册，共11章，包括：气体的性质、热力学第一定律、热力学第二定律、多组分系统热力学、反应系统热力学、相平衡、电化学、统计热力学基础、界面现象的热力学、化学动力学和胶体化学。书中注重阐述物理化学的基本概念与基本理论；强调基础理论与实际应用之间的联系；秉承与时俱进的精神，修正与完善基础理论并扩展其实际应用。

通过不同章节的组合与取舍，本书可作为化学、化工、环境、生物、轻工、材料、纺织等专业60～110学时的本科生物理化学教材，也可供其他相关专业读者参考。

图书在版编目（CIP）数据

物理化学.下册/郭子成等编著.—2版.—北京：化学工业出版社，2017.12（2019.8重印）
高等学校"十三五"规划教材
ISBN 978-7-122-30842-9

Ⅰ.①物…　Ⅱ.①郭…　Ⅲ.①物理化学-高等学校-教材　Ⅳ.①O64

中国版本图书馆 CIP 数据核字（2017）第 256895 号

责任编辑：徐雅妮　　　　　　　　文字编辑：刘志茹
责任校对：王　静　　　　　　　　装帧设计：关　飞

出版发行：化学工业出版社（北京市东城区青年湖南街 13 号　邮政编码 100011）
印　　装：三河市双峰印刷装订有限公司
787mm×1092mm　1/16　印张 16　字数 392 千字　2019 年 8 月北京第 2 版第 2 次印刷

购书咨询：010-64518888　　　　　　　　售后服务：010-64518899
网　　址：http://www.cip.com.cn
凡购买本书，如有缺损质量问题，本社销售中心负责调换。

定　　价：38.00 元

前　言

  《物理化学》第一版内容深入浅出，通俗易懂，理论与实际相结合，很适合普通高校本科生阅读与自学。教材问世后，受到很多读者与学习者的欢迎和关注。本着与时俱进的原则，我们此次对《物理化学》第一版进行修订。

  《物理化学》第二版将在下述几方面有所改变，并希望给予读者一个清新、易读的印象。

  （1）从系统性与易学性考虑，把化学反应焓变和熵变的计算这两部分内容与化学平衡放在一起来介绍，并称为反应系统热力学。此时，已经讲完物质的偏摩尔量与化学势，化学反应也是多组分系统，这样对定义和理解化学反应焓、化学反应熵和化学反应吉布斯函数都比较简便。反应系统热力学这部分最后一节的相关内容亦有所调整和改动。

  （2）根据科学知识所遵循的逻辑性原理，从传承角度考虑，将在气体的性质部分补充理想气体温标、在热力学第二定律部分补充热力学温标的内容。

  （3）在热力学第二定律部分，总熵判据其实就是克劳休斯不等式。不可逆过程应该包含自发与非自发两类过程，所以说总熵判据就不是自发过程的判据。本书第二版在原来总熵判据的基础上给出一个用于封闭系统无约束条件的做功能力判据，这是一个可以分辨各种自发与非自发过程的判据。做功能力判据在相应的条件下可以还原为隔离系统的熵判据，封闭系统的热力学能判据、焓判据、亥姆霍兹函数判据和吉布斯函数判据。做功能力判据还能很自如地用于电化学和表面化学这些与环境之间有非体积功交换的系统。做功能力判据中的自发过程，也将包含上述各种判据中的自发过程。根据做功能力判据所给出的自发过程定义应该是包容性更强的定义。

  （4）电化学部分增加了电化学系统的热力学描述一节，主要介绍了电化学系统中带电粒子电化学势的概念和电化学势判据，强调了电化学平衡。电化学势判据是做功能力判据在电化学系统中的具体表现形式。借助电化学势概念来解释电池电动势产生的机理，也体现了电化学势概念在电化学系统中的应用和可操作性。

  （5）在界面现象部分的气-液界面现象中，推导弯曲液面附加压力公式和弯曲液面蒸气压公式时都使用了做功能力判据中的平衡判据。

  （6）在化学动力学部分将过渡态理论之艾琳方程的热力学表现形式较第一版做了部分删减。

  本书第1、3、5、8、9章由郭子成执笔，第4、6、11章由罗青枝执笔，第2、7、10章由任聚杰执笔，绪论和附录由任杰执笔，全书由郭子成统稿。教研室的李俊新、周广芬、刘艳春、崔敏、孙宝、李英品、张彦辉、赵晶等老师也多次参与研讨，对修订工作提出了许多宝贵的意见。校、院、系各级领导对修订工作也给予了很多支持。在此向所有对本书修订出版过程中给予各种帮助的人士表示衷心的感谢！

  由于编者水平所限，书中难免有不当和疏漏之处，恳请读者批评指正。

编者

2017 年 8 月于石家庄

第一版前言

物理化学是化学、化工、环境、生物、轻工、纺织、材料等各专业本科生的一门基础课，是知识面很广的一门课程。物理化学课在培养学生科学思维能力、研究方法和综合素质方面起着重要的作用。

根据河北省教育厅和河北科技大学开展精品课程建设的工作精神，按照国家教育部关于工科物理化学教学的基本要求，我们在使用和参考了国内外有代表性的物理化学教材和多年教学实践的基础上编写了此书，在教材的知识结构上维持了以往工科教材的典型结构，力求顺畅、自然，但在教学内容及理论与实际的结合方面试图写深、写透并有所创新。这具体表现在下述几个方面。

（1）有非体积功存在时过程的方向与限度的判据问题。

（2）热力学恒压系统与动力学恒容系统的关联问题。在热力学中涉及两种标准态时的平衡常数及热力学函数间的关系问题，在动力学中涉及两种单位时的速率系数及活化能间的关系问题。

（3）理想系统和实际系统与平衡相关的一些问题。

本书内容包括绪论和气体的性质、热力学第一定律、热力学第二定律、多组分系统热力学、化学平衡、相平衡、电化学、统计热力学基础、界面现象、化学动力学、胶体化学共11章。每章配有习题，全书最后附有参考文献和附录，并将配套出版《物理化学学习与解题指导》。本书根据不同章节的组合与取舍，可适用于不同学时的不同专业。

本书是河北科技大学理学院化学系物理化学教研室全体老师共同努力的结果。本书绪论、第1、2、5、8、9章和附录由郭子成编写，第3、7、10章由任聚杰编写，第4、6、11章由罗青枝编写，全书由郭子成统稿。在编写过程中，我们得到了校、院、系各级领导的支持和鼓励，教研室的任杰、杨建一、李俊新、周广芬、刘艳春、崔敏、孙宝、李英品、张彦辉老师也对本书的编写提出了许多宝贵的意见，在这里向他们和所有对本书出版过程中给予各种帮助的人士表示衷心的感谢！

由于编者水平所限，书中难免有疏漏和不妥之处，恳请读者批评指正。

编者

2012 年 6 月于石家庄

目　录

第10章　化学动力学 ························· 128

第 7 章 电 化 学

电化学是研究电能和化学能相互转化及其转化规律的科学。所谓电能和化学能的相互转化是指通过化学反应来获得电能，或者反过来利用电能使得某化学反应能够发生。

电能和化学能的相互转化现象是在 18 世纪末和 19 世纪初相继被发现的。1799 年，伏特（Volta）将锌片和铜片交替叠放在一起，中间由盐水浸湿的布片隔开，成功制得了第一个化学电源，实现了化学能向电能的转变。紧接着，1800 年，卡莱尔（Carlir）和尼科尔逊（Nicholson）用银币和锌币交叠后制成的化学电源成功地电解了水，实现了电能对化学能的转换。这些事件标志着电化学这门学科的兴起。随着研究的不断深入，1833 年，法拉第（Faraday）提出了著名的法拉第定律。而直到 1870 年，发电机的发明才使得电解被广泛应用于工业生产中。

电化学发展到今天已经涵盖了非常广泛的领域。属于电解的有电化学合成、电冶金、电镀、电催化、腐蚀与防护、电着色、电抛光、电铸、电泳涂漆等，属于原电池的有各种各样的化学电源，如干电池、锂电池、燃料电池等，它们已经应用于日常生活、生产和尖端科技的各个领域。另外，电化学分析、光电化学、生物电化学等也与电化学密不可分。随着电化学理论和研究手段的不断深入以及与其他学科的交叉渗透，它在能源、信息、生命、材料、环保等诸多领域起着越来越重要的作用。

电化学作为物理化学的一个重要分支除了有自己的特点外，也遵从物理化学的基本规律，如热力学和动力学基本定律。将这些理论应用于电化学系统，形成了电化学的基本理论，本章将对此进行重点介绍。由于在所有的电化学过程中都要涉及电解质，因此本章还将介绍电解质的基本知识。

7.1 电化学中的基本概念及法拉第定律

7.1.1 原电池和电解池

电能和化学能的相互转化必须借助一定的装置，这种装置称作**电化学池**。其中，将化学能转化成电能的装置称为**原电池**（如图 7.1.1 所示的 Daniell 电池），将电能转化成化学能的装置称为**电解池**（如图 7.1.2 所示）。所有的电化学池都至少由两个电极和相关的电解质溶液构成，当电化学池工作时，在外电路中通过电子流动传递电荷，而在内电路中则通过电解质溶液或熔融物中的正、负离子的相向运动来传递电荷，而在电极/溶液界面上则必须有氧化或还原反应发生，才能使离子和电子在电极和溶液间进行交换来传递电荷，这几部分总和起来使得电荷在闭合回路中得以流动。

在电化学池中，电势高的一极叫正极，电势低的一极叫负极；或者根据电极上进行的化学反应来命名，把有氧化反应发生的一极叫阳极，有还原反应发生的一极叫阴极。

在原电池中，失电子能力强的物质，发生失电子的氧化反应，如 Daniell 电池的锌电极，

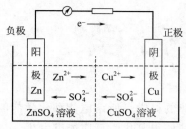

图 7.1.1 Daniell 电池示意图

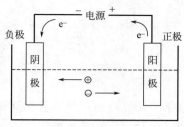

图 7.1.2 电解池示意图

$Zn \longrightarrow Zn^{2+} + 2e^-$，该电极为阳极。该电极的负电荷增多，电势变得较低，所以为负极。电子从负极流出经过外电路流入正极，在正极上，得电子能力强的物质得到电子，发生得电子的还原反应，如 Daniell 电池的铜电极，$Cu^{2+} + 2e^- \longrightarrow Cu$，该电极为阴极。消耗电子的阴极负电荷减少，电势变得较高，所以为正极。在内电路中，阳离子向阴极（正极）移动，阴离子向阳极（负极）移动，这样就形成了一个电荷传递的闭合回路。

在电解池中，电子从外接电源的负极流入电解池的阴极（负极），电解质溶液中的还原能力强的物质在阴极得到这些电子被还原，在内电路中，阳离子向阴极（负极）移动，阴离子向阳极（正极）移动，在阳极上失电子能力强的物质失去电子，这样电子从电解池的阳极（正极）流出，然后流入外电源的正极，从而形成闭合回路。

7.1.2 法拉第定律

电子和离子都可以导电，通过电子导电的导体叫第一类导体，如金属、石墨等，通过离子导电的导体叫第二类导体，如电解质溶液或熔融盐等。对于第一类导体，温度升高时，内部质点的热运动（不规则运动）加剧，阻碍了电子的定向移动，导电能力下降。对于第二类导体，温度升高时，溶液的黏度降低，离子运动速度加快，导电能力升高。电化学池则是由第一类导体和第二类导体共同构建而成的，即将第一类导体作为电极放入第二类导体中而形成。当有电流流过时，在第一类和第二类导体的相界面处为了完成电荷的传递，必须发生氧化还原反应。同时，电极上发生反应的量应和流过的电量相关。最早发现这种定量关系的是英国科学家法拉第（M. Faraday）。

1833 年，法拉第在研究了大量电解实验结果的基础上，总结出了一条基本定律，即法拉第定律：①电解时电极上发生反应的物质的量与通入的电量成正比；②如将几个电解池串联，通入一定的电量后，若各电解池的电极上发生反应的物质所荷电荷数相同，则它们发生反应的物质的量也都相等。

人们把 1mol 电子携带的电荷量称作**法拉第常数**，记为 F。

$$F = Le = 6.022142 \times 10^{23}\,\text{mol}^{-1} \times 1.602176 \times 10^{-19}\text{C} = 96485.31\text{C} \cdot \text{mol}^{-1}$$

在通常的计算中可取 $F = 96500\text{C} \cdot \text{mol}^{-1}$。

电极反应可表示为 氧化态 $+ ze^- =\!=\!=$ 还原态

或 还原态 $=\!=\!=$ 氧化态 $+ ze^-$

式中，z 表示电极反应中的电子转移数，取正值，量纲为 1。因为发生反应的各物质的量与反应进度成正比，流过电极的元电荷 (e) 的物质的量也与反应进度成正比［大学化学.1998，

$13(1):22$；河北科技大学学报.2006,27(3):200]，即 $\xi=\Delta n_B/\nu_B=\Delta n_e/z$，所以当反应进度为 ξ 时，流过电极的电量为

$$Q=\xi zF \qquad\qquad (7.1.1)$$

此式为法拉第定律的数学表达式。

根据法拉第定律，通过分析电极上发生反应的物质的量就可以求出流过电极的电量，据此，可以将一个电解时阴极上可析出金属的电解池串联在电路中，根据析出金属的物质的量，得到流过电路的电量，这种装置称作电量计或库仑计。对于单个带电粒子 B^{z_B}，$\nu_B=1$，$\Delta n_B=n_B$，所带电量为 $Q_B=n_Bz_BF$。

【例 7.1.1】 在电路中串联有两个库仑计，一个是银库仑计，另一个是铜库仑计。当有 $0.5F$ 的电量通过电路时，计算两个库仑计上分别析出多少摩尔的银和铜？

解 （1）银库仑计的电极反应为 $Ag^++e^-\!=\!\!=\!\!=Ag$，$z=1$，根据法拉第定律

$$\xi=\frac{Q}{zF}=\frac{0.5F}{1\times F}=0.5mol$$

由 $\xi=\Delta n_B/\nu_B$，得

$$\Delta n_{Ag}=\nu_{Ag}\xi=1\times0.5mol=0.5mol$$

$$\Delta n_{Ag^+}=\nu_{Ag^+}\xi=-1\times0.5mol=-0.5mol$$

即当有 $0.5F$ 电量流过电路时，银库仑计中有 $0.5mol$ 的 Ag^+ 被还原成 Ag 析出。

（2）铜库仑计的电极反应可写为 $\frac{1}{2}Cu^{2+}+e^-\!=\!\!=\!\!=\frac{1}{2}Cu$，$z=1$，得

$$\xi=\frac{Q}{zF}=\frac{0.5F}{1\times F}=0.5mol$$

当物质所荷电荷数不同时，计算结果不同，选基本粒子为 $\frac{1}{2}Cu$ 和 $\frac{1}{2}Cu^{2+}$ 时，得

$$\Delta n_{\frac{1}{2}Cu}=\nu_{\frac{1}{2}Cu}\xi=1\times0.5mol=0.5mol$$

$$\Delta n_{\frac{1}{2}Cu^{2+}}=\nu_{\frac{1}{2}Cu^{2+}}\xi=-1\times0.5mol=-0.5mol$$

结果和 Ag 相同，这是因为它们所荷电荷数相同。这就是法拉第定律第二部分揭示的结果。若选基本粒子为 Cu 和 Cu^{2+} 时，得

$$\Delta n_{Cu}=\nu_{Cu}\xi=\frac{1}{2}\times0.5mol=0.25mol$$

$$\Delta n_{Cu^{2+}}=\nu_{Cu^{2+}}\xi=-\frac{1}{2}\times0.5mol=-0.25mol$$

结果和 Ag 不同，这是因为它们所荷电荷数不同。当铜库仑计的电极反应写为 $Cu^{2+}+2e^-\!=\!\!=\!\!=Cu$ 时，所得结果与 $\frac{1}{2}Cu^{2+}+e^-\!=\!\!=\!\!=\frac{1}{2}Cu$ 时一致。

7.2 离子的电迁移和迁移数

7.2.1 离子的电迁移

不管是在原电池还是在电解池中，两个电极的电势不同，当两极间有电流流过时，在这

种电场的作用下，阳离子就会向阴极移动，阴离子就会向阳极移动。离子在外加电场的作用下发生定向移动的现象称为**电迁移**。下面用图 7.2.1 说明这个过程。

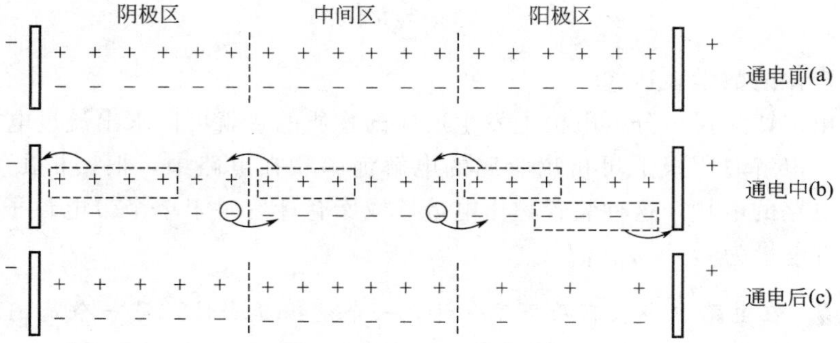

图 7.2.1 离子的电迁移

设在两个惰性电极间只有一种 1-1 价型电解质溶液（如 HCl 溶液），通电时，也只有这种电解质的阳、阴离子分别在阴极和阳极上得失电子。用想象的两个平面将溶液分成相等的三部分，靠近阳极的部分称为阳极区，靠近阴极的部分称为阴极区，剩下的为中间区。假定通电前各区都含有 6mol 电解质，即有 6mol 阳离子和 6mol 阴离子，图中每个＋、－号分别代表 1mol 阳离子和 1mol 阴离子，如图 7.2.1（a）所示。

假设有 4mol 电子的电量流过电极，在阳极区就会有 4mol 阴离子在阳极上失去 4mol 电荷被氧化，阳极区因此减少 4mol 负电荷，阴极区就会有 4mol 阳离子在阴极上得到 4mol 电荷，因此，阴极区就会减少 4mol 正电荷。这 4mol 电荷的电量必须穿过中间区，电路才能导通。假设阳离子的运动速率是阴离子的 3 倍，$v_+ = 3v_-$，这 4mol 电荷的电量将由阳离子运送 3mol，阴离子运送 1mol，如图 7.2.1（b）所示。

通电完成后，如图 7.2.1（c）所示，阳极区有 4mol 负电荷流入电极，为了完成导电，有 3mol 正电荷迁出，有 1mol 负电荷迁入，阳极区还剩余 3mol 电解质。阴极区有 4mol 正电荷流入电极，有 3mol 正电荷迁入，有 1mol 负电荷迁出，阴极区还剩余 5mol 电解质。而中间区，迁出、迁入的阴离子都是 1mol，迁出、迁入的阳离子都是 3mol，剩余的电解质的量和开始时相同。

如果阴、阳离子的运动速率相同，通电后，阴、阳两极区的电解质的浓度也会变化，只不过变化的程度相同，而中间区浓度总是不变的。

通过以上讨论可知：

① 电解质溶液的导电任务是由阴、阳离子共同完成的，阴、阳离子输送的电量之和等于通过溶液的总电量，即 $Q = Q_+ + Q_-$，因为阴、阳离子共处于同一种溶液中，所以也有 $I = I_+ + I_-$；

② $\dfrac{\text{阳离子所传导的电量}}{\text{阴离子所传导的电量}} = \dfrac{\text{阳离子的迁移速率}}{\text{阴离子的迁移速率}} = \dfrac{\text{阳离子迁出阳极区的物质的量}}{\text{阴离子迁出阴极区的物质的量}}$

即

$$\frac{Q_+}{Q_-} = \frac{I_+}{I_-} = \frac{v_+}{v_-}$$

在上述讨论中，假定电极为惰性电极，如果电极不是惰性电极，上述关系仍成立，各极区电解质浓度的变化可根据上述关系和具体情况进行分析。如 Daniell 电池中的锌电极，在讨论该极区的电解质溶液溶度的变化时，要考虑到锌电极的氧化溶解过程对溶液浓度的贡献。

另外，在以上讨论中，曾假设电解质为 1-1 价型电解质，而以上关系对于其他类型的电解质也成立。

7.2.2　离子的迁移数

从 7.2.1 的讨论中可知，正、负离子担当的导电份额是与其迁移速率相关的，如果溶液中有不止一种正离子和负离子时，各种离子担当的导电份额通常是不同的，为了表示这种不同，引入离子迁移数的概念。把任意离子 B 所运载的电流与总电流之比定义为离子 B 的**迁移数**，记为 t_B，量纲为 1，定义式为

$$t_B = \frac{I_B}{I} \tag{7.2.1}$$

对于整个电解质溶液有 $\sum_B t_B = 1$。

设有两个面积相同的平面电极间有一定浓度的电解质溶液，对于其中的任一离子 B，其传导的电流为

$$I_B = A_s v_B c_B |z_B| F \tag{7.2.2}$$

式中，A_s 为横截面积；v_B 为离子 B 的迁移速率；c_B 为离子 B 的物质的量浓度；z_B 为离子 B 的电荷数。总电流为

$$I = \sum_B I_B = A_s F \sum_B v_B c_B |z_B| \tag{7.2.3}$$

所以离子 B 的迁移数为

$$t_B = \frac{I_B}{I} = \frac{v_B c_B |z_B|}{\sum_B v_B c_B |z_B|} \tag{7.2.4}$$

从上式可以看出，每种离子的迁移速率不同，浓度不同，所带电荷不同，因此，其担当的导电份额也就不同。离子的运动速率又与离子的本性、温度、电解质的浓度、电场强度、溶剂的性质、其他离子的性质等多种因素有关，因此，离子的迁移数也和这些因素有关。

对于溶液中只有一种电解质的情况，因溶液总体是电中性的，则 $c_+ z_+ = c_- |z_-|$，所以

$$t_+ = \frac{I_+}{I_+ + I_-} = \frac{v_+}{v_+ + v_-}, \quad t_- = \frac{I_-}{I_+ + I_-} = \frac{v_-}{v_+ + v_-} \tag{7.2.5}$$

上式看似没有了浓度项和电荷数项，但离子的迁移速率是和这两项相关的，因此只有一种电解质的情况下，离子的迁移数也还是与之相关。

前已指出，离子的迁移速率是与电场强度 E（绝对值与电势梯度相等）相关的，在其他条件都相同的情况下，离子的迁移速率与电场强度成正比

$$v_B = u_B E \tag{7.2.6}$$

式中，比例系数 u_B 是单位电场强度时离子的迁移速率，称为**离子的电迁移率**（也称为离子淌度），单位是 $m^2 \cdot V^{-1} \cdot s^{-1}$。表 7.2.1 列出了无限稀释水溶液中一些离子的电迁移率。

表 7.2.1　25℃时无限稀释水溶液中离子的电迁移率

正离子	$u_+^{\infty}/(10^{-8}m^2 \cdot V^{-1} \cdot s^{-1})$	负离子	$u_-^{\infty}/(10^{-8}m^2 \cdot V^{-1} \cdot s^{-1})$
H^+	36.30	OH^-	20.52
K^+	7.62	SO_4^{2-}	8.27
Ba^{2+}	6.59	Cl^-	7.92
Na^+	5.19	NO_3^-	7.40
Li^+	4.01	HCO_3^-	4.61

将式（7.2.6）代入式（7.2.4）可得

$$t_B = \frac{I_B}{I} = \frac{v_B c_B |z_B|}{\sum_B v_B c_B |z_B|} = \frac{u_B c_B |z_B|}{\sum_B u_B c_B |z_B|}$$

分子和分母中的电场强度项被消去，因此，在其他条件都不变的情况下，电场强度不会改变离子的迁移数，这是因为，电场强度改变后各种离子的迁移速率都按相同比例被改变了。

7.2.3　离子迁移数的测定

常用的离子迁移数测定方法有两种，希托夫（Hittorf）法和界面移动法。

（1）希托夫（Hittorf）法

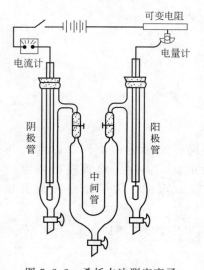

图 7.2.2　希托夫法测定离子迁移数装置示意图

希托夫法测定离子迁移数的原理如图 7.2.2 所示。开始时，管中装有已知浓度的电解质溶液，通电一段时间后，将阳极管和阴极管中的电解质溶液放出进行浓度测定，可知两极区电解质浓度的变化。流过两极的电量可以通过外电路上的电量计获知，由此可以算出进行电极反应的物质的量，得到这些相关的参数后，选定阳极区或阴极区进行物料衡算，就可算出相关离子的迁移数。物料衡算的基本方程是

$$n_{终了} = n_{起始} + \Delta n_{反应} + \Delta n_{迁移} \qquad (7.2.7)$$

式中，$\Delta n_{反应}$ 是由于电极反应而引起的该离子物质的量的改变，反应中生成该离子则 $\Delta n_{反应}$ 为正值，如果消耗该离子则为负值，如果该离子未参与电极反应，则该项为零；对于 $\Delta n_{迁移}$ 一项，如果该离子迁入该极区则为正值，迁出该极区则为负值；$n_{终了}$ 由测定通电终了后电极区的溶液而获得，$n_{起始}$ 可由开始时电极区的溶液浓度获得。

由式（7.2.7）求得 $\Delta n_{迁移}$，进而可求得该离子迁移的电量 $|\Delta n_{迁移}| zF$，这个电量与流经电解质溶液的总电量之比即为该离子的迁移数，或者用 $|\Delta n_{迁移}| z$ 与流经电解质溶液的电子的物质的量之比计算该离子的迁移数。

【例 7.2.1】　在 Hittorf 迁移管中，用 Cu 电极电解已知浓度的 $CuSO_4$ 溶液。通电一定时间后，串联在电路中的银库仑计阴极上有 0.0405g Ag(s) 析出。据分析知，在通电前阴极

区含 $1.1276g$ $CuSO_4$，通电后含 $1.109g$ $CuSO_4$。试求 Cu^{2+} 和 SO_4^{2-} 的迁移数。

　　解　先求 Cu^{2+} 的迁移数，以 Cu^{2+} 为基本粒子进行物质的量的计算。

已知 $M_{CuSO_4}=159.62g \cdot mol^{-1}$，$M_{Ag}=107.88g \cdot mol^{-1}$，所以 Cu^{2+} 的

$$n_{起始}=1.1276g/159.62g \cdot mol^{-1}=7.0643 \times 10^{-3} mol$$

$$n_{终了}=1.109g/159.62g \cdot mol^{-1}=6.948 \times 10^{-3} mol$$

流过电池的电荷的物质的量为 $n_{电子}=0.0405g/107.88g \cdot mol^{-1}=3.75 \times 10^{-4} mol$，在阴极区将有对应量的 Cu^{2+} 在阴极上得到这些电子被还原，$Cu^{2+}+2e^- \Longrightarrow Cu$，所以

$$\Delta n_{反应}=-3.75 \times 10^{-4} mol/2=-1.88 \times 10^{-4} mol$$

由式（7.2.7）可知 $\Delta n_{迁移}=n_{终了}-n_{起始}-\Delta n_{反应}=7.2 \times 10^{-5} mol$，正值表示 Cu^{2+} 迁入阴极区。则，Cu^{2+} 的迁移数为

$$t_{Cu^{2+}}=\frac{z|\Delta n_{迁移}|}{n_{电子}}=\frac{z|\Delta n_{迁移}|}{z|\Delta n_{反应}|}=\frac{|\Delta n_{迁移}|}{|\Delta n_{反应}|}=\frac{7.2 \times 10^{-5} mol}{1.88 \times 10^{-4} mol}=0.38$$

SO_4^{2-} 的迁移数则为 $\qquad t_{SO_4^{2-}}=1-t_{Cu^{2+}}=0.62$

　　此题也可以先对 SO_4^{2-} 进行物料衡算，以 SO_4^{2-} 为基本粒子进行物质的量的计算。

　　阴极上 SO_4^{2-} 不发生反应，电解不会使阴极区 SO_4^{2-} 的浓度改变。式（7.2.7）中 $\Delta n_{反应}$ 一项为零。据已知条件计算 SO_4^{2-} 的 $n_{起始}$ 和 $n_{终了}$（与 Cu^{2+} 的相同，这里不再详细计算），然后代入式（7.2.7）得 SO_4^{2-} 的 $\Delta n_{迁移}$

$$\Delta n_{迁移}=n_{终了}-n_{起始}=6.948 \times 10^{-3} mol-7.0643 \times 10^{-3} mol=-1.16 \times 10^{-4} mol$$

负值表示 SO_4^{2-} 迁出阴极区。所以

$$t_{SO_4^{2-}}=\frac{z|\Delta n_{迁移}|}{n_{电子}}=\frac{2 \times 1.16 \times 10^{-4} mol}{3.75 \times 10^{-4} mol}=0.62, \qquad t_{Cu^{2+}}=1-t_{SO_4^{2-}}=0.38$$

　　（2）界面移动法

　　欲测定电解质 MX 中离子的迁移数，可在一垂直的带刻度的玻璃管中先放入一种密度高于 MX 溶液的具有相同离子 X^- 的另一种电解质 NX 溶液，并且要求 $u_{N^+}<u_{M^+}$，然后在其上小心注入 MX 溶液，由于两溶液的折射率或者颜色不同，两溶液间就会出现一个明显的界面，如图 7.2.3 中的 AB 所示。

　　插入电极通电时，正离子向阴极移动，由于 N^+ 的电迁移率小，移动时不会超过 M^+，界面可以总保持清晰。通电一段时间后，界面从 AB 移动到 $A'B'$ 处，由玻璃管的直径和刻度可求得从 AB 到 $A'B'$ 间液体的体积 V。这期间，有 $c_{M^+}V$ 的 M^+ 通过了 $A'B'$，所携带的电量为 $c_{M^+}VF$。通过溶液的总电量可由库仑计测得，设为 $n_{电子}F$，则

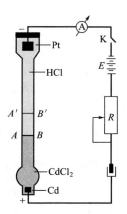

图 7.2.3　界面移动法测离子迁移数

$$t_{M^+}=\frac{c_{M^+}VF}{n_{电子}F}=\frac{c_{M^+}V}{n_{电子}} \qquad (7.2.8)$$

如果金属离子所带的电荷数为 z，则

$$t_{M^{z+}} = \frac{zc_{M^+} VF}{n_{电子}F} = \frac{zc_{M^{z+}} V}{n_{电子}} \tag{7.2.9}$$

7.3 电解质溶液的电导

7.3.1 电导、 电导率、 摩尔电导率

金属的导电能力的强弱用电阻表示，而电解质溶液的导电能力用电导来表示。

电导：电阻的倒数称为电导，用 G 来表示。

$$G = \frac{1}{R} \tag{7.3.1}$$

其单位为 S（西门子，Siemens）或者 Ω^{-1}，两者等同。

电导率：电导与导体的截面积 A 成正比，与导体的长度 l 成反比。

$$G = \kappa \frac{A}{l} \tag{7.3.2}$$

比例常数 κ 称为电导率，单位是 $S \cdot m^{-1}$。它是单位长度、单位横截面积时导体的电导，因此它更能代表导体导电性的本质。电导率是电阻率 ρ 的倒数。

摩尔电导率：将含有 1mol 电解质的溶液置于相距 1m 的两平行电极之间时，溶液的电导称为摩尔电导率，用 Λ_m 表示。设电解质 B 溶液的浓度为 $c_B(mol \cdot m^{-3})$，则其体积为 $V = \frac{n_B}{c_B}$，如果置于相距长度为 l 的两电极之间，其截面积为 $A = \frac{V}{l} = \frac{n_B}{lc_B}$，溶液的电导为

$$G = \kappa \frac{A}{l} = \kappa \frac{n_B}{l^2 c_B}$$

如果 $n_B = 1mol$，$l = 1m$，则上式中的电导即为摩尔电导率，因此

$$\Lambda_m = \frac{\kappa}{c_B} = \kappa V_m \tag{7.3.3}$$

式中，V_m 是含 1mol 电解质的、浓度为 c_B 的电解质溶液的体积。由上式可知，摩尔电导率是单位浓度电解质溶液的电导率，它更能代表电解质的导电本性，单位是 $S \cdot m^2 \cdot mol^{-1}$。

7.3.2 电导的测定

因为电导是电阻的倒数，因此，测电导实际上是测电阻，测量原理和物理中的惠斯通（Wheatstone）电桥相似，如图 7.3.1 所示。测量中不能用直流电，以防止电极上发生持续地向着某个方向进行的电极反应而改变溶液中电解质的浓度。

图中 H 为具有一定频率的交流电源，AB 为均匀的

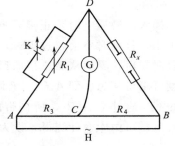

图 7.3.1 惠斯通电
桥测电导示意图

滑线电阻，R_1 为可变电阻，R_x 为待测电阻，R_3 和 R_4 分别为 AC 段和 BC 段的电阻，G 为检流计，K 为可变电容器，用于抵消电导池电容。测量时，接通电源后，选取一定的电阻 R_1，移动接触点 C 使 CD 中的电流为零，这时电桥平衡，并有 $R_1/R_x=R_3/R_4$，则

$$\frac{1}{R_x}=\frac{R_3}{R_4}\times\frac{1}{R_1}=\frac{\overline{AC}}{\overline{BC}}\times\frac{1}{R_1}$$

由此可测得 $\dfrac{1}{R_x}$，亦为溶液的电导 $G_x=\dfrac{1}{R_x}$。

由式（7.3.2），溶液的电导率为

$$\kappa=\frac{1}{R_x}\times\frac{l}{A}=\frac{1}{R_x}K_{\text{cell}} \tag{7.3.4}$$

式中，l 是被测电导池两极间的距离；A 为电极的面积，通常把 $\dfrac{l}{A}$ 称作电导池常数，用 K_{cell} 表示，单位是 m^{-1}。A 和 l 是很难直接测量的，通常是把已知电导率的电解质溶液放入电导池中，测得电阻 R_x 后利用式（7.3.4）求得电导池常数，然后再将待测溶液置于此电导池中测其电阻，由式（7.3.4）计算出待测液的电导率。而在实际的测量过程中，根据所用的电导池（电导电极）的参数，在电导率仪上将正确的电导池常数设置好后，电导率仪通过内部运算，会将其测得的电阻转换为电导率显示出来。用来测定电导池常数的溶液通常是 KCl 水溶液，表 7.3.1 给出了不同浓度的 KCl 水溶液的电导率。

表 7.3.1　25℃ 时不同浓度 KCl 水溶液的电导率

$c/\text{mol}\cdot\text{m}^{-3}$	1000	100.0	10.00	1.000	0.1000
$\kappa/\text{S}\cdot\text{m}^{-1}$	11.19	1.289	0.1413	0.01469	0.001489

【例 7.3.1】 25℃ 时，在一电导池内盛以 $0.01000\text{mol}\cdot\text{dm}^{-3}$ 的 KCl 溶液，测得其电阻为 150.0Ω，在同一个电导池中盛入 $0.02500\text{mol}\cdot\text{dm}^{-3}$ 的 K_2SO_4 溶液时测得其电阻为 326.0Ω。求出电导池常数和 K_2SO_4 溶液的电导率和摩尔电导率。

解 从表 7.3.1 查得 $0.01000\text{mol}\cdot\text{dm}^{-3}$ KCl 溶液的电导率为 $0.1413\text{S}\cdot\text{m}^{-1}$。由式（7.3.4）可知，该电导池的电导池常数为

$$K_{\text{cell}}=\kappa R=0.1413\text{S}\cdot\text{m}^{-1}\times150.0\Omega=21.20\text{m}^{-1}$$

25℃ 时，$0.02500\text{mol}\cdot\text{dm}^{-3}$ 的 K_2SO_4 溶液的电导率为

$$\kappa=\frac{1}{R}K_{\text{cell}}=\frac{21.20\text{m}^{-1}}{326.0\Omega}=0.06503\text{S}\cdot\text{m}^{-1}$$

由式（7.3.3）可知，上述电解质溶液的摩尔电导率为

$$\Lambda_m=\frac{\kappa}{c_B}=\frac{0.06503\text{S}\cdot\text{m}^{-1}}{0.02500\times10^3\text{mol}\cdot\text{m}^{-3}}=2.601\times10^{-3}\text{S}\cdot\text{m}^2\cdot\text{mol}^{-1}$$

7.3.3　电导率和摩尔电导率与浓度的关系

浓度对于电解质溶液导电能力的影响主要在两个方面，一是影响单位体积中的导电质点（离子）数，二是影响离子的运动速率。对于强电解质，在浓度不太高的范围内，随着浓度

的升高，单位体积内的导电质点数增多，溶液的电导率升高，但当浓度增高到一定程度后，正负离子间的相互作用力增大，使得离子的运动速率降低，电导率反而下降。所以，在强电解质的电导率与浓度的关系曲线上可能有最高点。对于弱电解质，在浓度较低时，解离度较大，浓度较大时解离度较小，单位体积中导电质点数随着浓度变化不大，所以，其电导率随着浓度的变化较小，如图 7.3.2 所示。

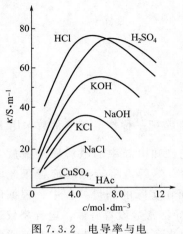

图 7.3.2 电导率与电解质浓度的关系

摩尔电导率随浓度的变化与电导率不同。根据摩尔电导率的定义，两极间的距离和溶液中的电解质个数都是定值。对于强电解质，与电极成平行的单位厚度层溶液中导电质点数不因浓度的改变而改变，因此，单位时间内穿过溶液横截面的离子的数目决定于离子的运动速率，溶液浓度越低，离子的运动速率就越大，所以，溶液的摩尔电导率就越大。科尔劳施（Kohlrausch，1840～1910，德国）发现，在低浓度范围内，强电解质的摩尔电导率 Λ_m 与电解质的浓度的开方 $\sqrt{c}$ 呈线性关系，如图 7.3.3 所示。这种线性关系的代数形式是

$$\Lambda_m = \Lambda_m^\infty - A\sqrt{c} \tag{7.3.5}$$

式中，Λ_m^∞ 和 A 是与温度、电解质种类及溶剂有关的常数。将直线外推至 $c = 0$ 处，可得电解质在**无限稀释时的摩尔电导率** Λ_m^∞，又称为极限电导率。对于弱电解质，随着浓度的降低，解离度增加，在极稀时解离度迅速增大，与电极成平行的单位厚度层溶液中的导电质点数随着溶液浓度的降低而增多，极稀时迅速增多，摩尔电导率迅速增大。如图 7.3.3 所示，弱电解质无限稀释时的摩尔电导率无法用外推法求得，亦不服从式（7.3.5）。然而，科尔劳施的离子独立运动定律解决了弱电解质无限稀释时的摩尔电导率的求算问题。

7.3.4 离子独立运动定律和离子的摩尔电导率

科尔劳施研究了大量强电解质在无限稀释时的摩尔电导率，发现了一些规律。如表 7.3.2 所示，25℃时，KCl 与 LiCl，$KClO_4$ 与 $LiClO_4$，KNO_3 与 $LiNO_3$ 三对电解质的 Λ_m^∞ 的差值相等，与负离子的本性无关。表中另外三对电解质 HCl 与 HNO_3、KCl 与 KNO_3、LiCl 与 $LiNO_3$ 的 Λ_m^∞ 的差值与正离子的本性无关。科尔劳施由此提出：在无限稀的溶液中，每一种离子独立移动，不受其他离子的影响，每一种离子对 Λ_m^∞ 的贡献有特定值，无限稀释时电解质溶液的摩尔电导率是正、负离子的摩尔电导率之和，这就是**科尔劳施离子独立运动定律**。根据这一定律，对于强电解质 $M_{\nu_+} A_{\nu_-}$，在溶液中全部解离

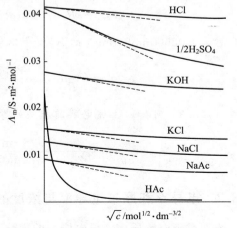

图 7.3.3 摩尔电导率与浓度的关系

$$M_{\nu_+} A_{\nu_-} = \nu_+ M^{z+} + \nu_- A^{z-}$$

其无限稀释时的摩尔电导率为

$$\Lambda_m^\infty = \nu_+ \Lambda_{m,+}^\infty + \nu_- \Lambda_{m,-}^\infty \tag{7.3.6}$$

这是离子独立运动定律的数学表达式，式中 $\Lambda_{m,+}^\infty$、$\Lambda_{m,-}^\infty$ 分别代表正、负离子在无限稀释时的摩尔电导率。

表 7.3.2   25℃ 时一些强电解质的无限稀释摩尔电导率

电解质	$\Lambda_m^\infty/S \cdot m^2 \cdot mol^{-1}$	差数 $\times 10^4$	电解质	$\Lambda_m^\infty/S \cdot m^2 \cdot mol^{-1}$	差数 $\times 10^4$
KCl	0.014986		HCl	0.042616	
LiCl	0.011503	34.83	HNO$_3$	0.04213	4.86
KClO$_4$	0.015004		KCl	0.014986	
LiClO$_4$	0.010598	35.06	KNO$_3$	0.014496	4.90
KNO$_3$	0.01450		LiCl	0.011503	
LiNO$_3$	0.01101	34.90	LiNO$_3$	0.01101	4.93

在无限稀释的情况下，无论是强电解质还是弱电解质都全部解离，根据离子独立运动定律，HAc 中的 H^+ 和 HCl 中的 H^+ 具有相同的 $\Lambda_{m,+}^\infty$，HAc 中的 Ac^- 和 NaAc 中的 Ac^- 具有相同的 $\Lambda_{m,-}^\infty$，这样就可以用强电解质的 Λ_m^∞ 计算弱电解质的 Λ_m^∞，如

$$\Lambda_m^\infty(HAc) = \Lambda_m^\infty(H^+) + \Lambda_m^\infty(Ac^-) = \Lambda_m^\infty(HCl) + \Lambda_m^\infty(NaAc) - \Lambda_m^\infty(NaCl)$$

即，用 HCl、NaAc 和 NaCl 的 Λ_m^∞ 可计算 HAc 的 Λ_m^∞，如果能够获得离子的 Λ_m^∞，上述计算将变得更加简单。

在式 (7.3.6) 中，$\nu_+ \Lambda_{m,+}^\infty$ 和 $\nu_- \Lambda_{m,-}^\infty$ 分别是正、负离子对电导率的贡献，由离子迁移数的概念可知

$$t_+^\infty = \frac{\nu_+ \Lambda_{m,+}^\infty}{\Lambda_m^\infty}, \qquad t_-^\infty = \frac{\nu_- \Lambda_{m,-}^\infty}{\Lambda_m^\infty} \tag{7.3.7}$$

t_+^∞、t_-^∞ 和 Λ_m^∞ 一样都可以通过实验外推求得，因此，$\Lambda_{m,+}^\infty$、$\Lambda_{m,-}^\infty$ 可以由式 (7.3.7) 算出。一些离子的无限稀释摩尔电导率列于表 7.3.3 中。

表 7.3.3   25℃ 时无限稀释水溶液中的一些摩尔电导率

阳离子	$\Lambda_{m,+}^\infty \times 10^3/S \cdot m^2 \cdot mol^{-1}$	阴离子	$\Lambda_{m,-}^\infty \times 10^3/S \cdot m^2 \cdot mol^{-1}$
H^+	34.965	OH^-	19.8
Li^+	3.866	Cl^-	7.631
Na^+	5.008	Br^-	7.81
K^+	7.348	I^-	7.68
NH_4^+	7.35	NO_3^-	7.142
Ag^+	6.19	CH_3COO^-	4.09
$\frac{1}{2}Mg^{2+}$	5.30	ClO_4^-	6.73
$\frac{1}{2}Ca^{2+}$	5.947	$\frac{1}{2}SO_4^{2-}$	8.00
$\frac{1}{2}Sr^{2+}$	5.94		
$\frac{1}{2}Ba^{2+}$	6.36		
$\frac{1}{3}Fe^{3+}$	6.8		
$\frac{1}{3}La^{3+}$	6.97		

从表中数据可以看出，原子序数小的正离子其 $\Lambda_{m,+}^{\infty}$ 一般较小，这是因为，半径小的正离子其水化程度较强，致使其移动速率较小，电导率较低。从表中还可看出，H^+ 和 OH^- 的 Λ_m^{∞} 特别大，这是因为这两种离子的导电机理与其他离子不同所致。格鲁撒斯 (Cortthus) 提出它们导电时并不是依靠自身的运动，而是通过质子的传递进行，如图 7.3.4 所示。

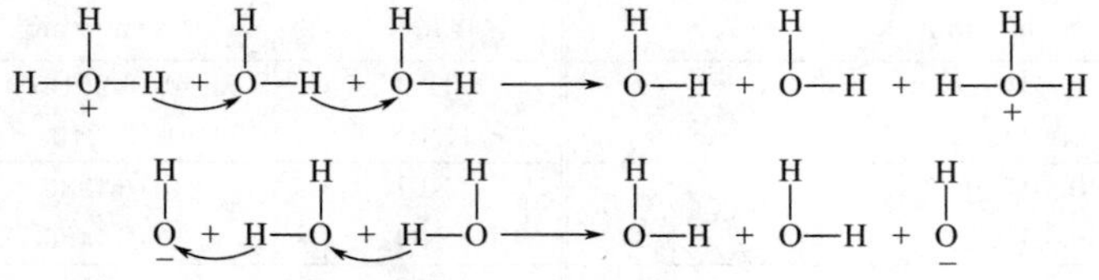

图 7.3.4 水溶液中质子传递机理示意图

7.3.5 电导测定的应用

（1）计算难溶盐的溶解度

用测定电导的方法可以计算难溶盐的溶解度，一般步骤如下。

① 测定难溶盐饱和溶液的电导率 $\kappa_{饱和液}$，但这并不是饱和溶液中该盐自身对电导率的贡献，对于难溶盐，即使是饱和溶液，溶液也很稀，水对溶液电导率的贡献不能忽略，所以还要测定纯水的电导率 κ_{H_2O}，饱和溶液中盐自身对电导率的贡献为 $\kappa_{盐} = \kappa_{饱和液} - \kappa_{H_2O}$。

② 因为难溶盐的饱和液的浓度很低，这种浓度下该盐的摩尔电导率与无限稀释时的摩尔电导率相差甚微，即 $\Lambda_m \approx \Lambda_m^{\infty}$。而 Λ_m^{∞} 可通过查表获得相关离子的无限稀释摩尔电导率后，然后由式（7.3.6）求得。

③ 将上述结果代入式（7.3.3）即可求得难溶盐的溶解度，$c = \kappa_{盐}/\Lambda_m = \kappa_{盐}/\Lambda_m^{\infty}$。

【例 7.3.2】 25℃时，测得 AgCl 饱和溶液的电导率 $\kappa_{饱和液} = 3.41 \times 10^{-4} S \cdot m^{-1}$，同温度下纯水的电导率 $\kappa_{H_2O} = 1.60 \times 10^{-4} S \cdot m^{-1}$，求 AgCl 在 25℃时的溶解度。

解 $\kappa_{AgCl} = \kappa_{饱和液} - \kappa_{H_2O} = 3.41 \times 10^{-4} S \cdot m^{-1} - 1.60 \times 10^{-4} S \cdot m^{-1} = 1.81 \times 10^{-4} S \cdot m^{-1}$

查表可知 $\Lambda_m^{\infty}(Ag^+) = 6.19 \times 10^{-3} S \cdot m^2 \cdot mol^{-1}$，$\Lambda_m^{\infty}(Cl^-) = 7.631 \times 10^{-3} S \cdot m^2 \cdot mol^{-1}$

$\Lambda_m^{\infty}(AgCl) = \Lambda_m^{\infty}(Ag^+) + \Lambda_m^{\infty}(Cl^-)$

$= 6.19 \times 10^{-3} S \cdot m^2 \cdot mol^{-1} + 7.631 \times 10^{-3} S \cdot m^2 \cdot mol^{-1} = 14.18 \times 10^{-3} S \cdot m^2 \cdot mol^{-1}$

所以，难溶盐的溶解度为

$c = K_{AgCl}/\Lambda_m^{\infty}(AgCl) = 1.81 \times 10^{-4} S \cdot m^{-1}/(14.18 \times 10^{-3} S \cdot m^2 \cdot mol^{-1}) = 0.0131 mol \cdot m^{-3}$

（2）计算弱电解质解离度

同温度下，一定浓度的电解质溶液的摩尔电导率总是小于该电解质无限稀释时的摩尔电导率，原因主要有两个，一个是电解质没有全部解离，二是已经解离的离子间有相互作用力，降低了正负离子的相向运动。对于强电解质，第二种因素是主要因素，而对于弱电解质，第一种因素是主要因素。对于弱电解质，其解离度较小，解离出的离子间的相互作用力较弱，可以近似认为这时离子的迁移速率和无限稀释时相等，这样，电解质的摩尔电导率就只和 1mol 电解质所解离出来的离子个数（即解离度）成正比了。弱电解质在无限稀释时解

离度为 1(100%)，设其在某浓度时的解离度为 α，摩尔电导率为 Λ_m，则有

$$\alpha = \frac{\Lambda_m}{\Lambda_m^\infty} \tag{7.3.8}$$

实验时，在一定温度下，测定已知浓度 c 的弱电解质的电导率 κ，然后由式（7.3.3）计算出电解质的 Λ_m，由热力学数据表查得相应离子的无限稀释摩尔电导率，由式（7.3.6）计算出电解质的 Λ_m^∞，将 Λ_m 和 Λ_m^∞ 代入式（7.3.8）即可求得弱电解质在浓度 c 时的解离度 α，由 c 和 α 还可求得电解质的解离平衡常数。

（3）检测水的纯度

25℃时，水的离子积为 1×10^{-14}，纯水中 $c_{H^+} = c_{OH^-} = 1 \times 10^{-7} \, mol \cdot dm^{-3}$，纯水的浓度为 $c_{H_2O} = 55.5 \, mol \cdot dm^{-3}$，相当于 1mol 水中有 $\frac{1 \times 10^{-7}}{55.5} \, mol$ 的 H^+ 和 OH^-，纯水中 H^+ 和 OH^- 浓度很低，其摩尔电导率与无限稀释摩尔电导率近似相等，则水的摩尔电导率为

$$\Lambda_m = \frac{1 \times 10^{-7}}{55.5} \left[\Lambda_m^\infty(H^+) + \Lambda_m^\infty(OH^-) \right]$$

$$= \frac{1 \times 10^{-7}}{55.5} \times [34.965 \times 10^{-3} + 19.8 \times 10^{-3}] \, S \cdot m^2 \cdot mol^{-1} = \frac{54.8 \times 10^{-10}}{55.5} \, S \cdot m^2 \cdot mol^{-1}$$

由式（7.3.3），纯水的电导率为

$$\kappa = c\Lambda_m = 55.5 \times 10^3 \, mol \cdot m^{-3} \times \frac{54.8 \times 10^{-10}}{55.5} \, S \cdot m^2 \cdot mol^{-1} = 5.48 \times 10^{-6} \, S \cdot m^{-1}$$

这就是常温下纯水在理论上的电导率。然而由于普通蒸馏水中总含有杂质离子，其电导率约为 $1 \times 10^{-3} \, S \cdot m^{-1}$。普通蒸馏水经 $KMnO_4$ 和 KOH 处理除去有机杂质及 CO_2，再经过石英蒸馏器重蒸 1～2 次后的重蒸水，或用离子交换树脂处理后的去离子水，电导率小于 $1 \times 10^{-4} \, S \cdot m^{-1}$。因此，测定水的电导率可以检测水的纯度，纯度越高，电导率越小。

7.4　电解质的活度和活度因子

7.4.1　电解质的平均离子活度和平均离子活度因子

在讨论多组分系统的热力学问题时引入了化学势的概念，对于非理想溶液，由于其行为偏离理想溶液的行为，各组分化学势表达式中要用活度代替其在理想情况下化学势表达式中的浓度。对于电解质溶液，溶液各组分间相互作用力复杂，其行为通常远远偏离理想溶液的行为，所以也要在电解质的化学势表达式中用活度代替浓度来讨论其热力学问题。不仅如此，对于强电解质，在溶液中全部解离为离子，因化学势也是偏摩尔吉布斯函数，由偏摩尔量加和公式可知，电解质的化学势实际上是其解离出的离子的化学势之和。例如，强电解质 $M_{\nu_+} A_{\nu_-}$，在水溶液中全部解离

$$M_{\nu_+} A_{\nu_-} \Longrightarrow \nu_+ M^{z+} + \nu_- A^{z-}$$

则电解质的化学势 μ_B 与正离子的化学势 μ_+ 和负离子的化学势 μ_- 间有如下关系

$$\mu_B = \nu_+ \mu_+ + \nu_- \mu_- \tag{7.4.1}$$

由化学势的表达形式可知

$$\mu_B = \mu_B^{\ominus} + RT\ln a_B \tag{7.4.2a}$$

$$\mu_+ = \mu_+^{\ominus} + RT\ln a_+ \tag{7.4.2b}$$

$$\mu_- = \mu_-^{\ominus} + RT\ln a_- \tag{7.4.2c}$$

将式 (7.4.2) 代入式 (7.4.1) 可得

$$\mu_B = \nu_+ \mu_+^{\ominus} + \nu_- \mu_-^{\ominus} + RT\ln\left(a_+^{\nu_+} a_-^{\nu_-}\right) \tag{7.4.3}$$

与式 (7.4.2a) 相比可知

$$\mu_B^{\ominus} = \nu_+ \mu_+^{\ominus} + \nu_- \mu_-^{\ominus}$$

$$a_B = a_+^{\nu_+} a_-^{\nu_-} \tag{7.4.4}$$

上式中 a_B 是可测的,然而,由于正、负离子总是同时存在,单种离子的活度 a_+ 或 a_- 是不可测的,为了衡量电解质溶液离子活度的大小,人们定义电解质溶液的平均离子活度为

$$a_{\pm} = \left(a_+^{\nu_+} a_-^{\nu_-}\right)^{\frac{1}{\nu_+ + \nu_-}} = \left(a_+^{\nu_+} a_-^{\nu_-}\right)^{\frac{1}{\nu}} \tag{7.4.5}$$

则

$$a_B = a_{\pm}^{\nu} \tag{7.4.6}$$

由于 a_B 可测,这样 $a_{\pm}$ 也就可测了。

像在第 4 章中讨论的那样,对于非理想溶液,各组分的活度和浓度之间的关系为

$$a_+ = \gamma_+ \frac{b_+}{b^{\ominus}} \tag{7.4.7}$$

$$a_- = \gamma_- \frac{b_-}{b^{\ominus}} \tag{7.4.8}$$

将上述两式代入式 (7.4.4) 可得

$$a_B = \left(\gamma_+ \frac{b_+}{b^{\ominus}}\right)^{\nu_+} \left(\gamma_- \frac{b_-}{b^{\ominus}}\right)^{\nu_-} = \gamma_+^{\nu_+} \gamma_-^{\nu_-} \frac{b_+^{\nu_+} b_-^{\nu_-}}{(b^{\ominus})^{\nu}} \tag{7.4.9}$$

定义平均离子活度因子 $\qquad \gamma_{\pm} = \left(\gamma_+^{\nu_+} \gamma_-^{\nu_-}\right)^{\frac{1}{\nu}} \tag{7.4.10}$

定义平均离子质量摩尔浓度 $\qquad b_{\pm} = \left(b_+^{\nu_+} b_-^{\nu_-}\right)^{\frac{1}{\nu}} \tag{7.4.11}$

将式 (7.4.10) 和式 (7.4.11) 代入式 (7.4.9) 则有

$$a_B = (\gamma_\pm \frac{b_\pm}{b^\ominus})^\nu \tag{7.4.12}$$

将式（7.4.12）和式（7.4.6）相比可得

$$a_\pm = \gamma_\pm \frac{b_\pm}{b^\ominus} \tag{7.4.13}$$

由于 $a_\pm$ 可测，$b_\pm$ 可计算，因此电解质的平均离子活度因子 $\gamma_\pm$ 是可测的。溶液极稀时其行为接近理想溶液，根据活度因子的含义，$b \to 0$ 时，$\gamma_\pm \to 1$。表 7.4.1 列出了 25℃ 时一些电解质在不同浓度时的平均离子活度因子。

表 7.4.1　25℃ 时水溶液中电解质的平均离子活度因子 $\gamma_\pm$

$b/\text{mol} \cdot \text{kg}^{-1}$	0.001	0.005	0.01	0.05	0.10	0.50	1.0	2.0	4.0
HCl	0.965	0.928	0.904	0.830	0.796	0.757	0.809	1.009	1.762
NaCl	0.966	0.929	0.904	0.823	0.778	0.682	0.658	0.671	0.783
KCl	0.965	0.927	0.901	0.815	0.769	0.650	0.605	0.575	0.582
HNO₃	0.965	0.927	0.902	0.823	0.785	0.715	0.720	0.783	0.982
NaOH	0.965	0.927	0.899	0.818	0.766	0.693	0.679	0.700	0.890
CaCl₂	0.887	0.783	0.724	0.574	0.518	0.448	0.500	0.792	2.934
K₂SO₄	0.885	0.78	0.71	0.52	0.43	0.251			
H₂SO₄	0.830	0.639	0.544	0.340	0.265	0.154	0.130	0.124	0.171
CdCl₂	0.819	0.623	0.524	0.304	0.228	0.100	0.066	0.044	
BaCl₂	0.88	0.77	0.72	0.56	0.49	0.39	0.393		
CuSO₄	0.74	0.53	0.41	0.21	0.16	0.068	0.047		
ZnSO₄	0.734	0.477	0.387	0.202	0.148	0.063	0.043	0.035	

7.4.2　离子强度

从表 7.4.1 可以看出，①电解质的平均离子活度因子 $\gamma_\pm$ 与溶液浓度有关，在稀溶液范围内，溶液越稀，$\gamma_\pm$ 越趋于 1，即与理想溶液的偏差越小；②在稀溶液范围内，同价型的电解质浓度相同时其 $\gamma_\pm$ 近似相等。对于不同价型的电解质，同一浓度下，高价型电解质的 $\gamma_\pm$ 较小。这些结果表明，溶液浓度和离子价数是影响电解质活度的两个主要因素，为了综合表示这两种影响的强弱，路易斯（Lewis）在 1921 年提出了离子强度的概念。其定义为

$$I = \frac{1}{2} \sum_B b_B z_B^2 \tag{7.4.14}$$

式中，I 为**离子强度**；B 代表溶液中所有离子；b_B 和 z_B 分别代表离子的质量摩尔浓度和电荷数。

【**例 7.4.1**】　某溶液含有 $0.10\text{mol} \cdot \text{kg}^{-1} \text{Na}_2\text{HPO}_4$ 和同浓度的 NaH_2PO_4，求此溶液的离子强度。

解　溶液中主要有 Na^+、HPO_4^{2-}、H_2PO_4^-，其他离子的含量很少，和这些离子的量相比，其对离子强度的影响可以忽略。所以，溶液的离子强度为

$$I = \frac{1}{2} \sum_B b_B z_B^2$$

$$= \frac{1}{2} \times [(0.10 \times 2 + 0.10) \text{mol} \cdot \text{kg}^{-1} \times 1^2 + 0.10 \text{mol} \cdot \text{kg}^{-1} \times 2^2 + 0.10 \text{mol} \cdot \text{kg}^{-1} \times 1^2]$$

$$= \frac{1}{2} \times [(0.10 \times 2 + 0.10) \text{mol} \cdot \text{kg}^{-1} \times 1^2 + 0.10 \text{mol} \cdot \text{kg}^{-1} \times 2^2 + 0.10 \text{mol} \cdot \text{kg}^{-1} \times 1^2]$$

$$= 0.40 \text{mol} \cdot \text{kg}^{-1}$$

路易斯从大量的实验结果中发现，在稀溶液范围内，有如下的关系（经验公式）

$$\lg \gamma_{\pm} = -k\sqrt{I} \tag{7.4.15}$$

式中，k 是与温度和溶剂性质有关的常数。需要注意的是，式中 $\gamma_{\pm}$ 是某一种电解质的性质，而 I 的计算涉及溶液中的所有离子。这个公式后来由德拜-休克尔（Debye-Hückel）在理论上导出。

7.4.3 德拜-休克尔（Debye-Hückel） 电解质溶液理论及其极限公式

1923 年，德拜和他的学生休克尔在原有电解质理论和新的实验事实的基础上提出了一个处理强电解质溶液问题的新理论，称为离子互吸理论或非缔合式电解质理论，这个理论极大地促进了电化学的发展，他们认为，强电解质在稀溶液范围内全部电离，电解质溶液和理想溶液的偏差主要是由于离子间静电作用造成的，他们考虑了离子间的静电作用和离子的热运动规律，提出了"离子氛"的概念。

离子氛的概念是德拜-休克尔理论的核心。其主要思想是，在电解质溶液中，一方面正、负离子间的静电引力使得离子像在晶格中那样做有规则排列，另一方面，离子的热运动又使得离子趋于混乱（均匀分布）。这两种作用造成溶液中的离子既不是完全有规则的排列，也不是完全均匀的分布，而是这样一种情况：在一个离子（中心离子）周围，异性离子出现的概率大于同性离子。中心离子周围虽然也有同性离子，但总体上异性电荷的密度大于同性电荷，净结果是中心离子处于异性电荷的氛围中，这种异性电荷氛围称为离子氛。离子氛所带电量和中心离子所带电量相等，中心离子和其离子氛合起来是电中性的。每一个离子都可以作为中心离子，而同时，每一个离子又对其他离子的离子氛做出贡献。如果没有外加电场的作用，离子氛呈球形对称地分布在中心离子周围。

德拜-休克尔把电解质溶液中离子间复杂的相互作用归结为中心离子与其离子氛之间的静电作用，大大简化了电解质溶液的理论分析和相关的数学处理，并根据静电理论和玻尔兹曼（Boltzman）分布定律导出了离子活度因子的计算公式，即德拜-休克尔极限公式。

根据热力学理论，极稀的非电解质溶液的性质接近于理想溶液的性质，在这样的溶液中，溶质质点间没有作用力，把这种思想引入电解质溶液，如果离子间没有相互作用力，则电解质溶液就具有理想溶液的性质了。根据化学势的概念，理想电解质溶液和非理想电解质溶液化学势的偏差为

$$\Delta\mu = \mu_{\text{实}} - \mu_{\text{理}} = (\nu_+ \mu_{+,\text{实}} + \nu_- \mu_{-,\text{实}}) - (\nu_+ \mu_{+,\text{理}} + \nu_- \mu_{-,\text{理}}) \tag{7.4.16}$$

非理想电解质溶液中某离子 i 的化学势与理想电解质溶液中该离子的化学势的偏差为

$$\Delta\mu_i = \mu_{i,\text{实}} - \mu_{i,\text{理}} = (\mu_i^{\ominus} + RT\ln a_i) - [\mu_i^{\ominus} + RT\ln(b_i/b^{\ominus})] = RT\ln\gamma_i \tag{7.4.17}$$

德拜-休克尔认为，电解质溶液中离子间的相互作用力主要是静电作用力，它是引起电解质溶液偏离理想溶液的原因，亦即，对于电解质溶液，如果离子间没有静电作用力，溶液就变成理想溶液了，对于某一个离子而言，就是该离子远离其离子氛的状态，因此，$\Delta\mu_i$ 所对应的状态变化是 1mol 某离子从远离其离子氛的状态变到拥有其离子氛的状态。$\Delta\mu_i$ 是恒温恒压下可逆地将 1mol 该离子从无限远处移到其离子氛中时外力所做的非体积功，即电功 $(-W_i')$

$$\Delta\mu_i = RT\ln\gamma_i = -W_i' \qquad (7.4.18)$$

这个功也等于将 1mol 离子氛从中心离子电荷为零的状态充电至中心离子所带电荷状态时离子氛电场所做的功。德拜-休克尔根据静电学及统计学理论，算出了这个功，将其代入式 (7.4.18)，得到计算溶液中某种离子活度因子的公式为

$$\lg\gamma_i = -Az_i^2\sqrt{I} \qquad (7.4.19)$$

将式 (7.4.10) 取对数后再将式 (7.4.19) 代入，可得计算电解质平均离子活度因子的公式为

$$\lg\gamma_\pm = -A\,|z_+z_-|\sqrt{I} \qquad (7.4.20)$$

其中

$$A = \frac{(2\pi L\rho_A^*)^{1/2}e^3}{2.303(4\pi\varepsilon_0\varepsilon_r kT)^{3/2}} \qquad (7.4.21)$$

式中，L 为阿伏伽德罗常数；ρ_A^* 为纯溶剂的密度；ε_0 为真空介电常数；ε_r 为溶剂的相对介电常数；k 为玻尔兹曼常数；T 为热力学温度；A 的单位为 $(kg\cdot mol^{-1})^{1/2}$。根据式 (7.4.21)，当溶剂种类和温度一定时，A 有定值。如：25℃ 的水溶液的 $A = 0.509$ $(kg\cdot mol^{-1})^{1/2}$。

式(7.4.19) 和式(7.4.20) 称为**德拜-休克尔极限公式**，之所以称为极限公式，是因为在推导过程中所做的一些假设只有在溶液非常稀的情况下才能成立，也就是说，在溶液离子强度较低时才能成立。德拜-休克尔极限公式适用溶液的离子强度范围大约在 $0.01\text{mol}\cdot kg^{-1}$ 以下。

在稀溶液条件下，根据德拜-休克尔极限公式，当溶剂的种类和溶液温度确定后，单种离子的活度因子或电解质的平均活度因子就只与离子的电荷数和溶液的离子强度有关。因此，①在同一溶液中，所带电荷（不管是正电荷还是负电荷）数相同的离子，其活度

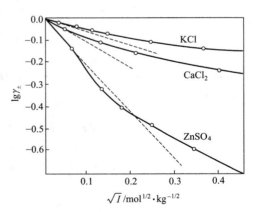

图 7.4.1　25℃时一些电解质的
$\lg\gamma_\pm$ 与 $\sqrt{I}$ 的关系

因子都相同；②对于 $|z_+| = |z_-|$ 的电解质，如 NaCl、$ZnSO_4$ 等，其 $\gamma_+ = \gamma_- = \gamma_\pm$；应该注意的是 $\gamma_\pm$ 可测，而单种离子活度因子不可测；③同价型的电解质（$|z_+z_-|$ 数值相同的电解质），其 $\lg\gamma_\pm$ 对 $\sqrt{I}$ 所作的图在同一直线上，直线的斜率为 $-A\,|z_+z_-|$。图 7.4.1 给出了 KCl、$CaCl_2$、KCl、$CaCl_2$、$ZnSO_4$ 溶液的 $\lg\gamma_\pm$ 与 $\sqrt{I}$ 的关系。图中实线是实验值，虚线

是德拜-休克尔极限公式计算值。从图中可以看出，溶液浓度越稀，实验值越趋于理论值。这说明了德拜-休克尔理论的正确性。

7.5 电化学系统的热力学描述

7.5.1 电化学势定义

对于多组分均相系统

$$dU = T dS - p dV + \sum_B \mu_B dn_B$$

式中，μ_B 是某不带电组分 B 的化学势。如果 B 是带电粒子，如离子 B^{z_B}，则在不改变其他性质的情况下，增加 $1 mol\ B^{z_B}$ 时，系统能量的增加除化学势 μ_B 外，还要多出由于电荷引入而增加的那部分静电势能 $z_B F \phi$（带电粒子克服相电势 ϕ 所做的功）。因此，对于含有带电粒子组成的均相多组分系统

$$dU = T dS - p dV + \sum_B (\mu_B + z_B F \phi) dn_B$$

对于多组分多相系统

$$dU = T dS - p dV + \sum_\alpha \sum_B (\mu_B^\alpha + z_B F \phi^\alpha) dn_B^\alpha \tag{7.5.1}$$

定义 $\mu_B^\alpha + z_B F \phi^\alpha$ 为组分 B 在 α 相中的电化学势。记为 $\overline{\mu}_B^\alpha$，即

$$\overline{\mu}_B^\alpha \stackrel{def}{=\!=} \mu_B^\alpha + z_B F \phi^\alpha \tag{7.5.2}$$

则

$$dU = T dS - p dV + \sum_\alpha \sum_B \overline{\mu}_B^\alpha dn_B^\alpha \tag{7.5.3a}$$

同样，由于 $H = U + pV$，$A = U - TS$，$G = U + pV - TS$，得焓、亥姆霍兹函数和吉布斯函数增量式为

$$dH = T dS + V dp + \sum_\alpha \sum_B \overline{\mu}_B^\alpha dn_B^\alpha \tag{7.5.3b}$$

$$dA = -S dT - p dV + \sum_\alpha \sum_B \overline{\mu}_B^\alpha dn_B^\alpha \tag{7.5.3c}$$

$$dG = -S dT + V dp + \sum_\alpha \sum_B \overline{\mu}_B^\alpha dn_B^\alpha \tag{7.5.3d}$$

这些式子即电化学系统的热力学基本公式。

7.5.2 不同物质的电化学势

① 对于带电物质：正离子，如 Cu^{2+}，$\overline{\mu}_{Cu^{2+}}^\alpha = \mu_{Cu^{2+}}^\alpha + 2F\phi^\alpha$；负离子，如 Cl^-，$\overline{\mu}_{Cl^-}^\alpha = \mu_{Cl^-}^\alpha - F\phi^\alpha$。

② 对于不带电物质：$\bar{\mu}_B^\alpha = \mu_B^\alpha$。

③ 对于活度等于 1 的纯相（例如固体 Zn，AgCl，Ag，或逸度为 1 的 H_2）：$\bar{\mu}_B^\alpha = \mu_B^{\ominus\alpha}$。

④ 对于金属中的电子：$\bar{\mu}_e^\alpha = \mu_e^{\ominus\alpha} - F\phi^\alpha$

7.5.3 电化学势判据

由做功能力判据，$\delta W' \leqslant 0$ 时，$\mathrm{d}U + p_{sur}\mathrm{d}V - T_{sur}\mathrm{d}S \leqslant 0 \begin{pmatrix} <自发 \\ =平衡 \end{pmatrix}$，将式（7.5.3a）代入，在恒温恒压下得

$$\delta W' \leqslant 0 \text{ 时，} \sum_\alpha \sum_B \bar{\mu}_B^\alpha \mathrm{d}n_B^\alpha \leqslant 0 \begin{pmatrix} <自发 \\ =平衡 \end{pmatrix} \tag{7.5.4}$$

由式（7.5.3d），直接使用吉布斯函数判据也可得此结果。当粒子 B 从 α 相向 β 相迁移，有 $\mathrm{d}n_B^\beta = \mathrm{d}n_B$，$\mathrm{d}n_B^\alpha = -\mathrm{d}n_B$ 得

$$\bar{\mu}_B^\beta \leqslant \bar{\mu}_B^\alpha \tag{7.5.5}$$

即自发迁移的方向是粒子从电化学势高的一侧迁向电化学势低的一侧，带电粒子在两相中的电化学势相等时达到平衡，这就是电化学平衡，即

$$\bar{\mu}_B^\beta = \bar{\mu}_B^\alpha \tag{7.5.6}$$

由此得 $\mu_B^\alpha + z_B F\phi^\alpha = \mu_B^\beta + z_B F\phi^\beta$，整理后

$$\phi^\beta - \phi^\alpha = (\mu_B^\alpha - \mu_B^\beta)/(z_B F) \tag{7.5.7}$$

这就是两相界面间的电势差。

对于电化学反应，$\mathrm{d}n_B^\alpha = \nu_B \mathrm{d}\xi$，代入式（7.5.4）得

$$\sum_\alpha \sum_B \nu_B \bar{\mu}_B^\alpha \leqslant 0 \tag{7.5.8}$$

设有一电池发生反应如下：

正极反应 $\qquad \dfrac{z}{z_+} A^{z+}(aq) + z e^-(M+) \rightleftharpoons \dfrac{z}{z_+} A(s)$

负极反应 $\qquad \dfrac{z}{|z_-|} B^{z-}(aq) \rightleftharpoons \dfrac{z}{|z_-|} B(s) + z e^-(M-)$

完整的电池反应

$\dfrac{z}{z_+} A^{z+}(aq) + \dfrac{z}{|z_-|} B^{z-}(aq) + z e^-(M+) \rightleftharpoons \dfrac{z}{z_+} A(s) + \dfrac{z}{|z_-|} B(s) + z e^-(M-)$

反应式中 z 是电池反应的电荷数，电子是正、负两极的导电物质，正极的电势为 ϕ^{M+}，负极的电势为 ϕ^{M-}。通常把包含电子得失的电池反应叫做电池的电化学反应，把去掉电子得失的电池反应叫做电池的化学反应。电化学反应系统的 $\sum\limits_\alpha \sum\limits_B \nu_B \bar{\mu}_B^\alpha$ 可以写成电子的电化学势与化学反应各物质的电化学势之和，即

$$\sum_\alpha \sum_B \nu_B \bar{\mu}_B^\alpha = \sum_\alpha \sum_{e^-} \nu_{e^-} \bar{\mu}_{e^-}^\alpha + \sum_\alpha \sum_B{}' \nu_B \bar{\mu}_B^\alpha \tag{7.5.9}$$

在电极内部和外电路中是电子导电，因 $\mu_e^{M+} = \mu_e^{M-}$，再由电子的电化学势可知

$$\sum_\alpha \sum_e \nu_e \overline{\mu}_e^\alpha = -z\overline{\mu}_e^{M+} + z\overline{\mu}_e^{M-} = -z(\mu_e^{M+} - F\phi^{M+}) + z(\mu_e^{M-} - F\phi^{M-}) = zF(\phi^{M+} - \phi^{M-})$$

$$(7.5.10)$$

在电解质溶液中是离子导电，由溶液的电中性原理，$\sum_B \nu_B z_B = 0$，所以式（7.5.9）中化学反应各物质的电化学势为

$$\sum_\alpha \sum_B{}' \nu_B \overline{\mu}_B^\alpha = \sum_\alpha \sum_B{}' \nu_B \mu_B^\alpha + \sum_\alpha \sum_B{}' \nu_B z_B F\phi^\alpha$$
$$= \sum_\alpha \sum_B \nu_B \mu_B^\alpha + F\left(\sum_\alpha \phi^\alpha\right)\left(\sum_B \nu_B z_B\right) = \sum_\alpha \sum_B \nu_B \mu_B^\alpha \qquad (7.5.11)$$

将式（7.5.9）～式（7.5.11）的关系代入式（7.5.7），平衡时得

$$\sum_\alpha \sum_B \nu_B \overline{\mu}_B^\alpha = \sum_\alpha \sum_B \nu_B \mu_B^\alpha + zF(\phi^{M+,eq} - \phi^{M-,eq}) = \sum_\alpha \sum_B \nu_B \mu_B^\alpha + zFE = 0$$

式中，$\phi^{M+,eq} - \phi^{M-,eq} = E$ 是电池平衡时的电动势。很明显，式子中 zFE 即系统性质中的做功能力项。由此得

$$\sum_\alpha \sum_B \nu_B \mu_B^\alpha = -zFE \qquad (7.5.12)$$

平衡式左边表示的是普通化学反应所具有的化学能，右边表示的是电化学反应平衡时通过电池所能转化出的最大电能。这种平衡同样是**电化学平衡**，一个装配好的电池开路时即有此关系，而能转化出最大电能的电池也一定是可逆电池。当把电池的两极与一负载相连，则电池开始放电，向负载做出电功 $W' = -zFE_端$，因 $W' < 0$，故自发的关系为

$$\sum_\alpha \sum_B \nu_B \mu_B^\alpha < -zFE_端 \qquad (7.5.13)$$

比较式（7.5.12）和式（7.5.13）两式，得

$$E \geqslant E_端 \begin{pmatrix} >自发 \\ =平衡 \end{pmatrix} \qquad (7.5.14)$$

与此相反，$E_端 > E$（非自发），电解或充电过程往往如此。

当电池短路时（例如，把电池的正负极绑在一起放入电解质溶液中），$E_端 = 0$，即 $W' = 0$，其对应的反应实际上就相当于不在电池中进行的一般溶液反应，式（7.5.13）变为 $\sum_\alpha \sum_B \nu_B \mu_B^\alpha < 0$，当平衡时

$$\sum_\alpha \sum_B \nu_B \mu_B^\alpha = 0 \qquad (7.5.15)$$

此时，由于没有非体积功，该反应处于通常状况下的化学平衡。

7.6 电池电动势产生的机理

7.6.1 电池的书写方法

电池的书写方法与前面电池的示意图 7.1.1 有相似之处，但又有一套自己的严格规定。

相似之处在于书写顺序与实际电池的连接顺序基本一致，如导线—电极（1）—电解质溶液（1）—电解质溶液（2）—电极（2）—导线，即电解质溶液写在中间，电极写在两边。而电池书写方法的严格规定如下。

① 左边为负极，发生氧化反应；右边为正极，发生还原反应。

②"｜"表示相界面，有电势差存在。

③"┆"表示半透膜，通常有液接电势存在。

④"‖"表示盐桥，能使液接电势降到可以忽略不计。

⑤ 气体电极和氧化还原电极要写出导电的惰性电极，通常用铂电极。

⑥ 要注明温度和压力，不注明就是 298.15K 和标准压力 $p^{\ominus}$；要注明物质相态，气体要注明压力；溶液要注明浓度或活度。

在电池的书写中一般不书写导线。图 7.1.1 中的 Daniell 电池可书写为

$$Zn(s)\,|\,ZnSO_4(a_1)\,\vdots\,CuSO_4(a_2)\,|\,Cu(s)$$

7.6.2 电池电动势的组成

电池电动势 E 是当通过电池的电流为零时正负两极间的电势差，它是电池内各相界面电势差 φ 的代数和。各相界面的电势差是带电质点在相互接触的两相中的势能（电化学势）不同而导致电荷在两相中进行分配的结果。分配达平衡后各相的电势称为相电势，以 ϕ 表示。一个电池从负极到正极存在多个相界面，电池电动势一般包括：①正极与其电极液之间的电势差；②负极与其电极液间的电势差；③正负极电极液之间的液接电势差（如果是单液电池，则不存在这一项）；④电极与导线之间的接触电势差。

例如对 Daniell 电池

$$Cu\,|\,Zn\,|\,ZnSO_4(a_1)\,\vdots\,CuSO_4(a_2)\,|\,Cu$$

$$\varphi_{接触} \quad \varphi_{Zn|Zn^{2+}} \quad \varphi_{液接} \quad \varphi_{Cu^{2+}|Cu}$$

$$E=\sum_{\sigma}\varphi^{\sigma}=[\phi_{正极}(Cu)-\phi(Cu^{2+})]+[\phi(Cu^{2+})-\phi(Zn^{2+})]+[\phi(Zn^{2+})-\phi(Zn)]+[\phi(Zn)-\phi_{负极}(Cu)]$$

$$=\varphi_{Cu^{2+}|Cu}+\varphi_{液接}+\varphi_{Zn|Zn^{2+}}+\varphi_{接触}=\phi_{正极}(Cu)-\phi_{负极}(Cu) \tag{7.6.1}$$

接触电势差很小，一般可忽略不计。液接电势差通常也可以用盐桥消除到很小而忽略不计。

7.6.3 电极与其电极液之间的电势差

当金属电极放入其电极液中后，电极和溶液中的各种组分，由于其电化学势在两相中的不同而在两相中进行分配。当分配达到平衡，即各组分在两相中的电化学势相等后，往往一相若带上正电荷，另一相就会带上负电荷，造成两相的电势也就不同，形成电势差。

两种相反电荷分布在相界面附近（即两相电势的差值主要发生在相界面附近），形成所谓的双电层。对于固相电极一侧，由于带电质点间的静电排斥作用，电荷主要分布在电极表面。而在溶液一侧的反电荷质点——离子，一部分由于静电吸引作用而被电极中的反电荷紧密地吸引在电极表面，这一层称为紧密层；另一部分则由于其热运动而扩散地分布在溶液当中，这一层称为扩散层。因此电极和溶液之间的电势差不是全部表现在电极/溶液界面上，而是从电极/溶液界面延伸到溶液本体中，是紧密层电势差和扩散层电势差之和。

下面以具体的电极为例来讨论电极与其电极液之间的电势差。如 Cu 在铜电极和 $CuSO_4$

溶液中的分配达平衡，电极反应为：$Cu^{2+} + 2e^- (Cu) \longrightarrow Cu$，由式（7.5.8），平衡时

$$\overline{\mu}^1_{Cu^{2+}} + 2\overline{\mu}^{Cu}_e = \overline{\mu}^{Cu}_{Cu}$$

代入各电化学势具体关系 $\mu^{\ominus 1}_{Cu^{2+}} + RT\ln a_{Cu^{2+}} + 2F\phi^1 + 2\mu^{\ominus Cu}_e + 2(-F\phi^{Cu}) = \mu^{\ominus Cu}_{Cu}$

整理得

$$\phi^{Cu} - \phi^1 = \frac{\mu^{\ominus 1}_{Cu^{2+}} + 2\mu^{\ominus Cu}_e - \mu^{\ominus Cu}_{Cu}}{2F} - \frac{RT}{2F}\ln\frac{1}{a_{Cu^{2+}}}$$

$(\phi^{Cu} - \phi^1) = E_{Cu^{2+}|Cu}$ 是电极与其电极液之间的电势差。$\dfrac{\mu^{\ominus 1}_{Cu^{2+}} + 2\mu^{\ominus Cu}_e - \mu^{\ominus Cu}_{Cu}}{2F} = E^{\ominus}_{Cu^{2+}|Cu}$ 是电极与其电极液处于标准态时的电势差，电势差与离子活度的关系为

$$E_{Cu^{2+}|Cu} = E^{\ominus}_{Cu^{2+}|Cu} - \frac{RT}{2F}\ln\frac{1}{a_{Cu^{2+}}} \tag{7.6.2}$$

再如将 Pt 电极插入含有不同价态的铁离子溶液中的分配平衡，电极反应为：$Fe^{3+} + e^- (Pt) \longrightarrow Fe^{2+}$，平衡时

$$\overline{\mu}^1_{Fe^{3+}} + \overline{\mu}^{Pt}_e = \overline{\mu}^1_{Fe^{2+}}$$

$$\mu^{\ominus 1}_{Fe^{3+}} + RT\ln a_{Fe^{3+}} + 3F\phi^1 + \mu^{\ominus Pt}_e - F\phi^{Pt} = \mu^{\ominus 1}_{Fe^{2+}} + RT\ln a_{Fe^{2+}} + 2F\phi^1$$

整理后得

$$\phi^{Pt} - \phi^1 = \frac{\mu^{\ominus 1}_{Fe^{3+}} + \mu^{\ominus Pt}_e - \mu^{\ominus 1}_{Fe^{2+}}}{F} - \frac{RT}{F}\ln\frac{a_{Fe^{2+}}}{a_{Fe^{3+}}}$$

式中，$\qquad \phi^{Pt} - \phi^1 = E_{Fe^{3+},Fe^{2+}/Pt}$，$\dfrac{\mu^{\ominus 1}_{Fe^{3+}} + \mu^{\ominus Pt}_e - \mu^{\ominus 1}_{Fe^{2+}}}{F} = E^{\ominus}_{Fe^{3+},Fe^{2+}/Pt}$，即

$$E_{Fe^{3+},Fe^{2+}/Pt} = E^{\ominus}_{Fe^{3+},Fe^{2+}/Pt} - \frac{RT}{F}\ln\frac{a_{Fe^{2+}}}{a_{Fe^{3+}}}。$$

7.6.4 液体接界电势及其消除

两种不同性质的溶液相接触时，如果也能形成像电极/溶液界面那样稳定的液/液界面，那么，由于两种溶液中各组分的电化学势不同，各组分将在两相间进行重新分配，直至它们在两相的电化学势达到相等，分配达到暂态的平衡，这样，也会在液/液界面形成双电层，使两相具有相对稳定的电势差。这种发生在两种不同性质的液体接界面上的电势差称为**液体接界电势**。例如，当两种不同浓度的 HCl 溶液相接触时，在两种溶液的界面上，H^+ 和 Cl^- 从浓溶液一侧向稀溶液一侧扩散。扩散过程中，由于 H^+ 的运动速率比 Cl^- 大，在稀溶液一侧将出现净的正电荷，浓溶液一侧则由于 Cl^- 过剩而出现净的负电荷，在界面上便产生电势差，这个电势差所对应的电场使 H^+ 的运动速率减小，而使 Cl^- 的运动速率增加，直至两者以相同的速率通过界面，而界面电势差也达到稳定。

根据以上的讨论可知，液体接界电势与界面两侧电解质中各离子的浓度、价数、迁移数等有关。现以下列液体接界为例计算液体接界电势 E_l

$$(-)HCl(b_1,\alpha)\,|\,HCl(b_2,\beta)(+)$$

设正负离子的迁移数分别为 t_+ 和 t_-，左侧负极一相以 α 表示，右侧正极一相以 β 表

示。因正负离子导电方向相反，故正离子从负极迁向正极 $t_+ H^+(\alpha) \longrightarrow t_+ H^+(\beta)$，负离子从正极迁向负极 $t_- Cl^-(\beta) \longrightarrow t_- Cl^-(\alpha)$，液体接界处正负离子总变化为

$$t_+ H^+(\alpha) + t_- Cl^-(\beta) \longrightarrow t_+ H^+(\beta) + t_- Cl^-(\alpha)$$

由式（7.5.7），界面扩散达平衡时

$$t_+ \overline{\mu}_{H^+}^{\alpha} + t_- \overline{\mu}_{Cl^-}^{\beta} = t_+ \overline{\mu}_{H^+}^{\beta} + t_- \overline{\mu}_{Cl^-}^{\alpha}$$

因此

$$t_+ [\overline{\mu}_{H^+}^{\alpha} - \overline{\mu}_{H^+}^{\beta}] = t_- [\overline{\mu}_{Cl^-}^{\alpha} - \overline{\mu}_{Cl^-}^{\beta}]$$

进一步得

$$t_+ \left[RT \ln \frac{a_{H^+}^{\alpha}}{a_{H^+}^{\beta}} + F(\phi^{\alpha} - \phi^{\beta}) \right] = t_- \left[RT \ln \frac{a_{Cl^-}^{\beta}}{a_{Cl^-}^{\alpha}} - F(\phi^{\beta} - \phi^{\alpha}) \right]$$

根据德拜-休克尔理论，对于 1-1 价型电解质，$\gamma_+ = \gamma_- = \gamma_\pm$，有 $a_+ = a_- = a_\pm$。对本液体接界，$a_{H^+}^{\alpha} = a_{Cl^-}^{\alpha} = a_{\pm,1}$，$a_{H^+}^{\beta} = a_{Cl^-}^{\beta} = a_{\pm,2}$，$\phi^{\beta} - \phi^{\alpha} = E_1$，整理即得液体接界电势为

$$E_1 = (t_+ - t_-) \frac{RT}{F} \ln \frac{a_{\pm,1}}{a_{\pm,2}} \tag{7.6.3}$$

注意，该式只适用于相互接界的溶液中电解质相同且都为 1-1 型电解质的情况。对于其他类型的电解质或者相互接界的电解质种类不同的情况，也可以根据上述原理进行推导。

当 $b_1(HCl) = 0.0100 \, mol \cdot kg^{-1}$，$\gamma_\pm = 0.904$，$b_2(HCl) = 0.100 \, mol \cdot kg^{-1}$，$\gamma_\pm = 0.796$，$t_{H^+} = 0.826$，温度为 298K 时，$E_1 = -36mV$。对于电动势的精确测量这是一个不可忽略的数值。

虽然导出了液接电势的计算公式，但是，因为两种溶液通常由多孔物质隔开，这样的方式并不能使两种液体间建立起理想的液/液界面，不稳定的扩散随时存在，两种液体间也就不能有稳定的电势差。由于扩散是不可逆过程，因此具有液/液接界的电池不是热力学上的可逆电池。要想通过测量电池电动势来进行精确的热力学数据的计算时，要尽量避免使用有液/液接界的电池，如果无法避免时，也要设法尽量消除不确定的液体接界电势。

消除液接电势的方法是用盐桥连接两种液体。所谓盐桥，就是一种高浓度的电解质溶液，其中的电解质并不是任意的，盐桥所用电解质的阴阳离子必须具有非常接近的迁移数，如 KCl、NH_4NO_3 等，较高浓度的这些电解质的溶液直接通过多孔物质或被固定在琼脂中与要连接的溶液接界。由于盐桥中电解质的浓度较高，因此，盐桥与其接界液界面上的扩散主要由盐桥中的电解质向接界液中的扩散所控制，又因为盐桥中阴阳离子的迁移数很接近，根据以上讨论，这样的界面的液接电势将会很小，经过计算大约有 1～3mV，另外，由于盐桥两端液体接界所形成的电场的方向相反，两端的液接电势也因此还可以抵消一些，但因为界面的不稳定性，并不能完全抵消。在选择盐桥用电解质时应注意避免其与要接界的溶液发生反应，例如要连接的溶液中有 Ag^+ 时就不能用 KCl，而应选择不反应的 NH_4NO_3 等。

7.6.5 接触电势差

金属铜与金属锌接触，因为不同金属的电子的电化学势不同，因而在接触界面上由于电

子分布不均匀而形成双电层，产生电势差，称为**接触电势差**，只要电极与导线不是同一种金属，即存在接触电势差。接触电势差的数值很小，且非常稳定，受环境的影响也很小，而通常用的连接线都相同（如铜导线），所以，一般可不考虑接触电势。

7.7 可逆电池及电池电动势的测定

7.7.1 可逆电池

将电化学势概念与电化学平衡原理用于电池中发生的化学反应，可得出化学能转换为电能的能量转化关系式

$$\sum_\alpha \sum_B \nu_B \mu_B^\alpha = \Delta_r G_m = -zFE \tag{7.7.1}$$

宏观上的平衡对应着微观上的可逆，所以能完成上述平衡关系的电池必须是可逆电池。$-zFE$ 是可逆电池完成单元反应进度反应时所能做出的最大电功。

所谓电化学可逆过程即无限接近于电化学平衡的过程。由可逆过程的概念可知，对可逆电池，具体要求如下。

① 电池充电和放电时的化学反应必须是同一个反应，只是方向不同而已。即各极上进行的氧化还原反应必须可以正反两个方向进行，正反应的反应物必须是逆反应的产物。因为可逆过程要求，当过程反向进行时，必须沿着原来的途径复原。

② 过程的推动力无限小，流过电池的电流无限小，所进行的过程无限缓慢。只有这样才能无限接近于平衡态，放电时输出最大电功，充电时输入最小电功。

③ 电池内部不存在两种不同液体的接界。因为，如果有这种接界，电池过程将伴随不可逆的扩散过程。如图 7.1.1 所示的丹聂耳电池中就有 $ZnSO_4$ 与 $CuSO_4$ 溶液的接界，因此，这种电池不是可逆电池。

满足上述要求的电池就是可逆电池。

例如：将 $Zn(s)$ 和 $Ag(s)\,|\,AgCl(s)$ 电极插入 $ZnCl_2$ 溶液中就组成一个原电池，此电池中，Zn 极的电极电势小于 $Ag(s)\,|\,AgCl$ 极的电极电势。这种电池没有两种液体的接界，称为**单液电池**。电极上进行的反应，其正反应的反应物是逆反应的产物，如果将这个研究电池与另外一个等电动势的电池并联，或接入一个阻值为无穷大的电阻时，流经电池的电流无限小，两电极上进行的化学反应达到平衡。

正极（阴极）：$2AgCl(s) + 2e^- \rightleftharpoons 2Ag(s) + 2Cl^-$

负极（阳极）：$Zn(s) \rightleftharpoons Zn^{2+} + 2e^-$

电池的化学反应：$2AgCl(s) + Zn(s) \rightleftharpoons 2Ag(s) + Zn^{2+} + 2Cl^-$

这种情况下的电池就是可逆电池。两极间的电势差就是该电池的电动势，且满足 $\sum_\alpha \sum_B \nu_B \mu_B^\alpha = -2FE$。这个式子可以通过将电池中各物质的电化学势代入电化学平衡关系式中得到，上述电池的电化学反应式为：

$$2AgCl(s) + Zn(s) + 2e^-(Cu') \rightleftharpoons 2Ag(s) + Zn^{2+} + 2Cl^- + 2e^-(Cu)$$

平衡时

$$2\overline{\mu}_{AgCl}^{AgCl} + \overline{\mu}_{Zn}^{Zn} + 2\overline{\mu}_{e}^{Cu'} = 2\overline{\mu}_{Ag}^{Ag} + \overline{\mu}_{Zn^{2+}}^{l} + 2\overline{\mu}_{Cl^{-}}^{l} + 2\overline{\mu}_{e}^{Cu}$$

进一步展开得

$$2\mu_{AgCl}^{AgCl} + \mu_{Zn}^{Zn} + 2\mu_{e}^{Cu'} - 2F\phi^{Cu'} = 2\mu_{Ag}^{Ag} + \mu_{Zn^{2+}}^{l} + 2F\phi^{l} + 2\mu_{Cl^{-}}^{l} - 2F\phi^{l} + 2\mu_{e}^{Cu} - 2F\phi^{Cu}$$

整理得 $\qquad -2F(\phi^{Cu'} - \phi^{Cu}) = -2\mu_{AgCl}^{AgCl} - \mu_{Zn}^{Zn} + 2\mu_{Ag}^{Ag} + \mu_{Zn^{2+}}^{l} + 2\mu_{Cl^{-}}^{l}$

因 $(\phi^{Cu'} - \phi^{Cu}) = E$，$-2\mu_{AgCl}^{AgCl} - \mu_{Zn}^{Zn} + 2\mu_{Ag}^{Ag} + \mu_{Zn^{2+}}^{l} + 2\mu_{Cl^{-}}^{l} = \sum\limits_{\alpha}\sum\limits_{B}\nu_{B}\mu_{B}^{\alpha}$，所以有

$$-2FE = \sum\limits_{\alpha}\sum\limits_{B}\nu_{B}\mu_{B}^{\alpha} = \Delta_{r}G_{m}$$

这说明具有微观推动力的可逆变化与宏观的平衡状态的热力学结果一致。

如果在上面电池的两极间接入一个阻值有限的电阻时，则有电子从 Zn 极以很快的速度流向 Ag(s)｜AgCl 极，两极上进行的电极反应为

正极（阴极）：$AgCl(s) + e^{-} \longrightarrow Ag(s) + Cl^{-}$

负极（阳极）：$\dfrac{1}{2}Zn(s) \longrightarrow \dfrac{1}{2}Zn^{2+} + e^{-}$

电池的化学反应：$AgCl(s) + \dfrac{1}{2}Zn(s) \longrightarrow Ag(s) + \dfrac{1}{2}Zn^{2+} + Cl^{-}$

由于电池过程进行较快，这种情况下的电池不是热力学可逆电池。这种情况下，电池的端电压小于电池的电动势（见本章后面电极极化内容）。

7.7.2 标准电池

韦斯顿电池是一种电化学中常用的电池，由于其电动势稳定且已知，所以又称为标准电池。当流过该电池的电流无限小时，该电池也是一种可逆电池，其构造如图 7.7.1 所示。电池的正极是 $Hg(l)$ 与 Hg_2SO_4（s）的糊状物，为了引入的导线和糊状物接触紧密，在糊状物的下面放入少许 $Hg(l)$。负极是 Cd 含量为 $w(Cd) = 0.125$ 的镉汞齐。电池内部的电解质溶液是 $CdSO_4 \cdot \dfrac{8}{3}H_2O$ 的饱和液，为了让溶液在一定温度范围仍能保持饱和状态，在正极糊状物及负极镉汞齐的上面均放有 $CdSO_4 \cdot \dfrac{8}{3}H_2O(s)$ 晶体。从电池的构造可知，该电池也是单液电池。

韦斯顿标准电池的电极和电池反应分别为：

正极（＋）　$Hg_2SO_4(s) + 2e^{-} \Longrightarrow 2Hg(l) + SO_4^{2-}$

负极（－）　$Cd(汞齐) + SO_4^{2-} + \dfrac{8}{3}H_2O(l) \Longrightarrow CdSO_4 \cdot \dfrac{8}{3}H_2O(s) + 2e^{-}$

电池的化学反应　$Cd(汞齐) + Hg_2SO_4(s) + \dfrac{8}{3}H_2O(l) \Longrightarrow 2Hg(l) + CdSO_4 \cdot \dfrac{8}{3}H_2O(s)$

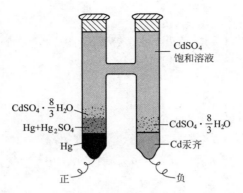

图 7.7.1　韦斯顿标准电池构造示意图

7.7.3　电池电动势的测定

　　电池电动势是电池在可逆（平衡）状态下两极之间的电势差，电池要想处于可逆状态，则要求流过电池的电流必须无限小，为了达到这个目的，常用对消法测量电池的电动势。对消法的原理如图 7.7.2 所示。

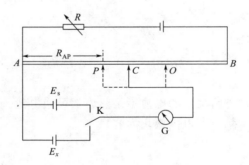

图 7.7.2　对消法测电动势原理示意图

　　工作电源通过可变电阻 R 与一个均匀的电阻 AB 相连并形成回路，AB 的阻值以及 AB 上每一段的阻值都是已知的。标准电池和待测电池都可以通过检流计 G 与 AB 相连，并与工作电池成并联关系，C 为滑动触点。测定时要先对流经电阻 AB 的电流进行标定，即滑动触点 C 到一个特定的位置 O，通过开关 K 将已知电动势 E_s 的标准电池接入电路，并通过调整可变电阻 R 使检流计的指针趋于零，这样 AO 段电阻上的电压降就等于标准电池的电动势，则流经 AB 的电流就可以算出

$$I = \frac{E_s}{R_{AO}} \tag{7.7.2}$$

　　标定步骤完成后，将开关 K 拨到测定电池，通过调整滑动触点的位置，使得检流计指针趋于零。如果这时的滑动触点移动到 P 点，则被测电池的电动势即为

$$E_x = IR_{AP} = \frac{E_s}{R_{AO}} R_{AP} \tag{7.7.3}$$

由于式（7.7.2）右侧各项都是已知的，所以 E_x 可求。实际测量时，仪器可自动显示这个数值。

测定时要注意，应尽可能控制流经电池的电量及电流，否则将破坏电池的初始状态和可逆性。另外，由于不同的固体材料中电子的势能不同，两固体接触时，接界处也有接触电势差（接界电势），因此，在严格的电动势测定中，只有当连接电极的导线和电极材料相同时测得的电动势才是被测电池的电动势（可参考电化学专业书籍）。

7.8 可逆电池的热力学

本节讨论与可逆电池过程相关的能量转化关系以及电池的状态如温度、电解质的浓度等因素对这些能量转化关系的影响。

7.8.1 可逆电池电动势与电池中化学反应吉布斯函数的关系

前面已经给出，在恒温恒压条件下，由电化学平衡概念，可逆电池符合下述关系式

$$\Delta_r G_m = -zFE \tag{7.8.1}$$

由式（7.8.1）可知，通过测量电池电动势可以求得对应状态下普通化学反应的摩尔反应吉布斯函数。

如果参与电池反应的各个物质都处于标准状态，这时电池的电动势称为**标准电池电动势**，记为 $E^{\ominus}$，$E^{\ominus} = E^{\ominus}_{正极} - E^{\ominus}_{负极}$。$E^{\ominus}_{正极}$、$E^{\ominus}_{负极}$ 分别是标准状态下正、负极的电极电势。由上式可知

$$\Delta_r G_m^{\ominus} = -zFE^{\ominus} \tag{7.8.2}$$

需要说明的是，由于 $\Delta_r G_m$ 与过程无关，所以在非可逆过程中式（7.8.1）也成立，只不过非可逆电池过程下电池的端电压 $E_{端}$ 不等于电池的电动势，这时

$$\Delta_r G_m = \left(\frac{\partial G}{\partial \xi}\right)_{T,p} = -zFE \neq -zFE_{端} \tag{7.8.3}$$

7.8.2 由电池电动势的温度系数计算电池中化学反应的摩尔反应熵

据热力学基本公式可知 $\left(\dfrac{\partial G}{\partial T}\right)_p = -S$，所以 $\left[\dfrac{\partial(\Delta G)}{\partial T}\right]_p = -\Delta S$，将式（7.8.1）代入该式可得

$$\Delta_r S_m = zF\left(\frac{\partial E}{\partial T}\right)_p \tag{7.8.4}$$

式中，$\left(\dfrac{\partial E}{\partial T}\right)_p$ 是一定压力下电池电动势随温度的变化关系，称为电池**电动势的温度系数**，可以通过实验来测定，因此，可以通过式（7.8.4）计算化学反应的摩尔反应熵。实际上这就是测定摩尔反应熵的方法之一。

7.8.3 电池可逆放电时的摩尔反应热

根据热力学第二定律，对于恒温可逆过程，其可逆热 $Q_r = T\Delta S$，因此，可逆电池放电时的反应热为 $Q_r = T\Delta_r S_m$，代入式（7.8.4）可得

$$Q_r = zFT\left(\frac{\partial E}{\partial T}\right)_p \tag{7.8.5}$$

因此通过电池的温度系数可以求得电池在恒温可逆放电时的反应热。

7.8.4 由电池电动势及其温度系数计算电池中化学反应的摩尔反应焓

对于处于一定状态（一定 T、p 及各物种浓度）下的化学反应，由热力学关系式知 $\Delta_r H_m = \Delta_r G_m + T\Delta_r S_m$，将式（7.8.1）和式（7.8.4）代入该式可得

$$\Delta_r H_m = -zFE + zFT\left(\frac{\partial E}{\partial T}\right)_p \tag{7.8.6}$$

由于反应是在电池中进行的，伴随着反应的进行有非体积功（电功）的参与，因此在可逆电池中交换的反应可逆热 Q_r 不等于化学反应的 $\Delta_r H_m$。如果同样的反应不在电池中进行，过程中也没有其他非体积功的参与，那么此种情况下的恒压反应热就等于化学反应的 $\Delta_r H_m$ 了。

7.8.5 化学能转化为电能的效率问题*

根据热力学第二定律，热机的热功效率是有限的。例如，卡诺热机的热机效率是工作在相同的高低温热源间的热机中效率最高的，设当高温热源的温度为 2800K（一般四冲程汽油机机室瞬间达到的最高温度为 2200～2800K），低温热源的温度为 1500K 时（一般四冲程汽油机机室做功终了时的温度为 1500～1700K），其热机效率为

$$\eta_{热机} = \frac{T_2 - T_1}{T_2} = \frac{2.8\times10^3\,K - 1.5\times10^3\,K}{2.8\times10^3\,K} = 0.46$$

据文献报道，目前不管是燃油发动机还是燃气发动机，其最好的热效率也只有 40% 左右。

某化学反应，在恒温恒压不做非体积功的条件下进行 1mol 反应时，其放出的热量为该反应的摩尔反应焓的负值，$-\Delta_r H_m$，如果用这个热量通过热机对外做功或者发电，最多只能得到这个热量的 40% 左右的功，但是如果能将这个反应安排成电池，则根据热力学第二定律，这个电池对外所能做的最大电功为 $-W' = -\Delta_r G_m$，这时这个反应系统的焓的减少仍然还是 $-\Delta_r H_m$，为了与没有非体积功参与的系统进行对比，把 $-\Delta_r H_m$ 作为要转化的化学能，则利用电池将化学能转换为电能时，理论上的能量转换效率为

$$\eta_{电池} = \frac{-\Delta_r G_m}{-\Delta_r H_m} = \frac{zFE}{zFE - zF\left(\dfrac{\partial E}{\partial T}\right)_p} \tag{7.8.7}$$

当 $\left(\dfrac{\partial E}{\partial T}\right)_p = 0$ 时，$Q_r = 0$，$\eta = 1$，即：此种情况下，电池反应系统焓的减少全部用来做功。

当 $\left(\dfrac{\partial E}{\partial T}\right)_p < 0$ 时，$Q_r < 0$，$\eta < 1$，即：此种情况下，电池反应系统熵的减少大于对外做的功，剩余的能量以热的形式放出。

当 $\left(\dfrac{\partial E}{\partial T}\right)_p > 0$ 时，$Q_r > 0$，$\eta > 1$，即：此种情况下，电池反应系统熵的减少小于对外做的功，不足的部分通过从环境吸热来补充。

由上可知，电池的理论能量转换效率与电池的温度系数密切相关，温度系数越高，能量转换效率也越高，甚至可以超过 100%。

如辛烷的燃烧反应

$$2C_8H_{18}(l) + 25O_2(g) =\!\!=\!\!= 16CO_2(g) + 18H_2O(g)$$

在 25℃ 时，该反应的 $\Delta_r H_m = -11.0kJ \cdot mol^{-1}$，$\Delta_r G_m = -10.6kJ \cdot mol^{-1}$，因此，以辛烷作燃料的燃料电池的理论电能转化效率为

$$\eta = \frac{\Delta G}{\Delta H} = \frac{-10.6}{-11.0} = 0.964$$

由此可见，在理论上通过电池将化学能转换为电能的方式的效率要比热机效率高很多。当然，电池在实际工作时不可能是在可逆的情况下进行，即不能做最大功，但即使如此，也能有较高的能量转化效率。这也正是各国加紧进行包括燃料电池在内的各种电池研究的重要原因之一。

【例 7.7.1】 298K 时电池 Ag | AgCl(s) | HCl(b) | Cl$_2$(g, 100kPa) | Pt 的电动势的温度系数 $\left(\dfrac{\partial E}{\partial T}\right)_p = -5.95 \times 10^{-4} V \cdot K^{-1}$，电池电动势为 1.136V。电池反应 2Ag(s) + Cl$_2$ (g, $p^{\ominus}$) = 2AgCl(s)，计算 298K 时电池反应的 $\Delta_r G_m$、$\Delta_r S_m$、$\Delta_r H_m$ 及该过程的可逆热效应 Q_r。

解 电池反应 2Ag(s) + Cl$_2$(g, $p^{\ominus}$) =\!\!=\!\!= 2AgCl(s) 的 $z = 2$，则

$$\Delta_r G_m = -zFE = (-2 \times 96485 \times 1.136) J \cdot mol^{-1} = -219.2kJ \cdot mol^{-1}$$

$$\Delta_r S_m = zF\left(\frac{\partial E}{\partial T}\right)_p = [2 \times 96485 \times (-5.95 \times 10^{-4})] J \cdot K^{-1} \cdot mol^{-1} = -115J \cdot K^{-1} \cdot mol^{-1}$$

则 $\Delta_r H_m = \Delta_r G_m + T\Delta_r S_m = -219.2kJ \cdot mol^{-1} + 298K \times (-115J \cdot K^{-1} \cdot mol^{-1}) = -253.5kJ \cdot mol^{-1}$

对应过程的可逆热效应为

$$Q_r = T\Delta_r S_m = 298K \times (-115J \cdot K^{-1} \cdot mol^{-1}) = -34.3kJ \cdot mol^{-1}$$

该电池的理论能量转换效率为

$$\eta = \frac{\Delta_r G_m}{\Delta_r H_m} = \frac{-219.2}{-253.5} = 0.865$$

7.8.6 能斯特方程

将 $\mu_B = \mu_B^{\ominus} + RT\ln a_B$ 代入 $\sum\limits_{\alpha}\sum\limits_{B} \nu_B \mu_B^{\alpha} = -zFE$，整理可得

$$E = E^{\ominus} - \frac{RT}{zF} \ln \prod_B a_B^{\nu_B} \tag{7.8.8}$$

式中，a_B 为参与反应的各物质的活度，对于气体 $a_B = f_B/p^{\ominus}$。上式称为**能斯特**（Nernst）**方程**，是电化学的基本公式和重要的公式之一。它表明了温度（T）、电池的本性（$E^{\ominus}$）以及各物种的活度对电池电动势的影响。即电池的状态（温度、参加反应的物种的种类及其活度）一定时，其电动势有定值。

电动势 E 是强度性质，与物质的量无关。对于同一个电池，其反应的写法不同，其 $\Delta_r G_m$ 和 z 值不同，但电动势是不变的，这一点也可以从式（7.8.1）得出，由式（7.8.1）可知 $E = -\Delta_r G_m/zF$，对于同一反应当写法不同时，$\Delta_r G_m$ 和 z 的值不同，但其比值不变，所以 E 不变。

当电池短路其对应的反应相当于一般溶液反应时，该反应最终所达到的平衡亦为通常状况下的**化学平衡**。但此时仍可利用反应在电池中进行时对应的标准电池电动势数据计算反应的平衡常数。即可把 $\mu_B = \mu_B^{\ominus} + RT \ln a_B$ 和 $E = E^{\ominus} - \frac{RT}{zF} \ln \prod_B a_B^{\nu_B}$ 代入 $\sum_{\alpha} \sum_B \nu_B \mu_B^{\alpha} = -zFE$ 中，得

$$\sum_{\alpha} \sum_B \nu_B \mu_B^{\ominus} + RT \ln \prod_B (a_B^{eq})^{\nu_B} = -zFE^{\ominus} + RT \ln \prod_B (a_B^{eq})^{\nu_B}$$

化学平衡时，上式左边右边都等于零，且溶液中溶剂不参加反应 $\prod_B (a_B^{eq})^{\nu_B} = K^{\ominus}$，所以有

$$RT \ln K^{\ominus} = zFE^{\ominus} \tag{7.8.9}$$

7.9 电极电势

7.9.1 电极电势

常见的电极由固液两相构成，电极反应则是在固液界面上发生的得失电子的反应。根据静电学理论，某点的电势是把单位正电荷从无穷远处移到该处时外力所做的功。那么，电极电势就是把单位正电荷从无穷远处移到该电极内部时外力所做的功。对于由固液两相构成的电极，若规定本体溶液的电势为零，则前面介绍的电极与其电极液之间的电势差就是该电极的电极电势。虽然定义是这样，并且还能通过电化学势概念导出各电极电势的理论表达式，但是单个电极的电极电势绝对值却无法计算（$E_{电极}^{\ominus}$ 的绝对值无法得出），也无法测量（ϕ^{I} 一侧无法与测量装置连接）。为方便计算和理论研究，人们引入了相对电极电势的概念。即选定一个参考电极作为共同的比较标准，并将其与研究电极组成电池，测出电池电动势也就等于测出了研究电极的电极电势。

虽然原则上任何电极都可以作为参考的标准，但考虑到使用上的方便以及标准的稳定性等问题，IUPAC（国际纯粹和应用化学联合会）规定，采用标准氢电极作为参考的标准。即定义：给定电极的**电极电势**就是某温度下以标准氢电极作负极，给定电极作正极所组成的电池的电动势。这样定义的电极电势可称为氢标还原电极电势。这个电池可表示如下

$$Pt \mid H_2(g, 100kPa) \mid H^+(a=1) \parallel 待测电极$$

电极电势用 E（电极）表示，如果待测电极的各个物种都处在标准态，相应的电极电势称为该电极的标准电极电势，用 $E^{\ominus}$（电极）表示。按照电极电势的定义，任意温度下，标准氢电极的电极电势为零，$E^{\ominus}[H^+ \mid H_2(g)] = 0$。

如果实际上给定电极的电极电势比标准氢电极的电极电势低，当它和标准氢电极组成电池时，它是实际上的负极，而标准氢电极是实际上的正极，测出这个电池的电动势后取负值便是按照电极电势定义的电池的电动势，即这种情况下，给定电极的电极电势为负。如果给定电极的电极电势比标准氢电极的电势高，则按照电极电势定义的电池电动势就会是正值，那么给定电极的电极电势为正。由此可见，根据 IUPAC 定义所得的电极电势的高低和实际上电极电势的高低是一致的。

将两个电极组成电池时，电极电势较高的是实际上的正极，电极电势较低的是实际上的负极。电极电势较高的电极发生还原反应，因此，某电极的电极电势越高，其氧化态的氧化能力（得电子被还原的能力）就越强。电极电势较低的电极发生氧化反应，因此，某电极的电极电势越低，其还原态的还原能力（失电子被氧化的能力）就越强。

对于任意给定电极，当作为正极与标准氢电极组成原电池

$$Pt \mid H_2(g, 100kPa) \mid H^+(a=1) \parallel 给定电极$$

时，其给定电极反应可表示为

$$\nu_O O + z e^- \Longrightarrow \nu_R R$$

其中，O 表示氧化态，R 表示还原态。标准氢电极的电极反应为

$$H_2(g, 100kPa) \Longrightarrow 2H^+(a_{H^+} = 1) + 2e^-$$

电池总的化学反应为

$$\nu_O O + \frac{z}{2} H_2(g, 100kPa) \Longrightarrow \nu_R R + z H^+(a_{H^+} = 1)$$

据能斯特方程式，该电池的电动势为

$$E = E^{\ominus} - \frac{RT}{zF} \ln \frac{a_R^{\nu_R} a_{H^+}}{a_O^{\nu_O} p_{H_2}/p^{\ominus}}$$

因为 $a_{H^+} = 1$，$p_{H_2}/p^{\ominus} = 1$，所以，上述电池电动势，亦即给定电极的电势为

$$E_{O/R} = E_{O/R}^{\ominus} - \frac{RT}{zF} \ln \frac{a_R^{\nu_R}}{a_O^{\nu_O}} \tag{7.9.1}$$

该式就是任意电极的能斯特方程，其中 E 为电极电势，$E^{\ominus}$ 为标准电极电势，即给定电极各物种都处在标准态时的电极电势。

例如，对于 $Cu^{2+} \mid Cu$ 电极，其作为正极的电极反应为

$$Cu^{2+}(a_{Cu^{2+}}) + 2e^- \Longrightarrow Cu$$

按能斯特方程给出的电极电势为

$$E_{Cu^{2+}/Cu} = E^{\ominus}_{Cu^{2+}/Cu} - \frac{RT}{2F}\ln\frac{1}{a_{Cu^{2+}}} = E^{\ominus}_{Cu^{2+}/Cu} + \frac{RT}{2F}\ln a_{Cu^{2+}}$$

结果表明，按 IUPAC 定义所得的电极电势与 7.6 节第 3 部分所示的电极和电极液之间的电势差值是一致的。

对于 $Cl_2 \mid Cl^-$ 电极，其作为正极的电极反应为

$$Cl_2(p_{Cl_2}) + 2e^- \Longrightarrow 2Cl^-(a_{Cl^-})$$

其能斯特方程为

$$E_{Cl_2/Cl^-} = E^{\ominus}_{Cl_2/Cl^-} - \frac{RT}{2F}\ln\frac{a^2_{Cl^-}}{p_{Cl_2}/p^{\ominus}}$$

需要注意的是当氯气的压力较高时，公式中的 p_{Cl_2} 要用氯气的逸度 f_{Cl_2} 代替。

对于 $MnO_4^- \mid Mn^{2+}$ 电极，其作为正极的电极反应为

$$MnO_4^-(a_{MnO_4^-}) + 8H^+(a_{H^+}) + 5e^- \Longrightarrow Mn^{2+}(a_{Mn^{2+}}) + 4H_2O$$

其能斯特方程为

$$E_{MnO_4^- \mid Mn^{2+}} = E^{\ominus}_{MnO_4^- \mid Mn^{2+}} - \frac{RT}{5F}\ln\frac{a_{Mn^{2+}} a^4_{H_2O}}{a_{MnO_4^-} a^8_{H^+}}$$

在稀溶液中可认为 $a_{H_2O} \approx 1$。

表 7.9.1 列出了 25℃时水溶液中一些常见电极的标准电极电势。

表 7.9.1 25℃时水溶液中一些常见电极的标准电极电势 (标准压力 $p^{\ominus} = 100kPa$)

电极	电极反应	标准电极电势/V
$Li^+ \mid Li$	$Li^+ + e^- \Longrightarrow Li$	-3.0403
$K^+ \mid K$	$K^+ + e^- \Longrightarrow K$	-2.931
$Ba^{2+} \mid Ba$	$Ba^{2+} + 2e^- \Longrightarrow Ba$	-2.912
$Ca^{2+} \mid Ca$	$Ca^{2+} + 2e^- \Longrightarrow Ca$	-2.868
$Na^+ \mid Na$	$Na^+ + e^- \Longrightarrow Na$	-2.71
$Mg^{2+} \mid Mg$	$Mg^{2+} + 2e^- \Longrightarrow Mg$	-2.372
$H_2O, OH^- \mid H_2(g) \mid Pt$	$2H_2O + 2e^- \Longrightarrow H_2(g) + 2OH^-$	-0.8277
$Zn^{2+} \mid Zn$	$Zn^{2+} + 2e^- \Longrightarrow Zn$	-0.7620
$Cr^{3+} \mid Cr$	$Cr^{3+} + 3e^- \Longrightarrow Cr$	-0.744
$Cr^{3+}, Cr^{2+} \mid Pt$	$Cr^{3+} + e^- \Longrightarrow Cr^{2+}$	-0.407
$Cd^{2+} \mid Cd$	$Cd^{2+} + 2e^- \Longrightarrow Cd$	-0.4032
$SO_4^{2-} \mid PbSO_4(s) \mid Pb$	$PbSO_4(s) + 2e^- \Longrightarrow Pb + SO_4^{2-}$	-0.3590
$Co^{2+} \mid Co$	$Co^{2+} + 2e^- \Longrightarrow Co$	-0.28
$Ni^{2+} \mid Ni$	$Ni^{2+} + 2e^- \Longrightarrow Ni$	-0.257
$I^- \mid AgI(s) \mid Ag$	$AgI(s) + e^- \Longrightarrow Ag + I^-$	-0.15241
$Sn^{2+} \mid Sn$	$Sn^{2+} + 2e^- \Longrightarrow Sn$	-0.1377
$Pb^{2+} \mid Pb$	$Pb^{2+} + 2e^- \Longrightarrow Pb$	-0.1264
$Fe^{3+} \mid Fe$	$Fe^{3+} + 3e^- \Longrightarrow Fe$	-0.037
$H^+ \mid H_2(g) \mid Pt$	$2H^+ + 2e^- \Longrightarrow H_2(g)$	0
$Br^- \mid AgBr(s) \mid Ag$	$AgBr(s) + e^- \Longrightarrow Ag + Br^-$	$+0.07116$
$Sn^{4+}, Sn^{2+} \mid Pt$	$Sn^{4+} + 2e^- \Longrightarrow Sn^{2+}$	$+0.151$

电极	电极反应	标准电极电势/V
$Cu^{2+},Cu^+\|Pt$	$Cu^{2+}+e^-{=\!=\!=}Cu^+$	$+0.153$
$Cl^-\|AgCl(s)\|Ag$	$AgCl(s)+e^-{=\!=\!=}Ag+Cl^-$	$+0.22216$
$Cl^-\|Hg_2Cl_2(s)\|Hg$	$Hg_2Cl_2(s)+2e^-{=\!=\!=}2Hg+2Cl^-$	$+0.26791$
$Cu^{2+}\|Cu$	$Cu^{2+}+2e^-{=\!=\!=}Cu$	$+0.3417$
$H_2O,OH^-,O_2(g)\|Pt$	$O_2(g)+2H_2O+4e^-{=\!=\!=}4OH^-$	$+0.401$
$Cu^+\|Cu$	$Cu^++e^-{=\!=\!=}Cu$	$+0.521$
$I^-\|I_2(s)\|Pt$	$I_2(s)+2e^-{=\!=\!=}2I^-$	$+0.5353$
$H^+,醌,氢醌\|Pt$	$C_6H_4O_2+2H^++2e^-{=\!=\!=}C_6H_4(OH)_2$	$+0.6990$
$Fe^{3+},Fe^{2+}\|Pt$	$Fe^{3+}+e^-{=\!=\!=}Fe^{2+}$	$+0.771$
$Hg_2^{2+}\|Hg$	$Hg_2^{2+}+2e^-{=\!=\!=}2Hg$	$+0.7971$
$Ag^+\|Ag$	$Ag^++e^-{=\!=\!=}Ag$	$+0.7994$
$Hg^{2+}\|Hg$	$Hg^{2+}+2e^-{=\!=\!=}Hg$	$+0.851$
$Br^-\|Br_2(l)\|Pt$	$Br_2(l)+2e^-{=\!=\!=}2Br^-$	$+1.066$
$H_2O,H^+,O_2(g)\|Pt$	$O_2(g)+4H^++4e^-{=\!=\!=}2H_2O$	$+1.229$
$Tl^{3+},Tl^+\|Pt$	$Tl^{3+}+2e^-{=\!=\!=}Tl^+$	$+1.252$
$Cl^-\|Cl_2(g)\|Pt$	$Cl_2(g)+2e^-{=\!=\!=}2Cl^-$	$+1.3579$
$Au^+\|Au$	$Au^++e^-{=\!=\!=}Au$	$+1.692$
$Ce^{4+},Ce^{3+}\|Pt$	$Ce^{4+}+e^-{=\!=\!=}Ce^{3+}$	$+1.72$
$Co^{3+},Co^{2+}\|Pt$	$Co^{3+}+e^-{=\!=\!=}Co^{2+}$	$+1.92$
$F^-\|F_2(g)\|Pt$	$F_2(g)+2e^-{=\!=\!=}2F^-$	$+2.866$

7.9.2 电池电动势的计算

如果已知组成电池的各电极的状态，就可以利用标准电极电势和能斯特方程计算电池的电动势。可以先算出正负极的电极电势，然后计算出电池电动势，也可以先算出电池的标准电池电动势，再结合能斯特方程算出电池的电动势。

电极用作正极时发生还原作用，这和前面规定的还原电极电势的正负方向一致；电极用作负极时发生氧化作用，这和前面规定的还原电极电势的正负方向相反。所以

$$E_{电池}=E_{+,还原}+E_{-,氧化}=E_{+,还原}-E_{-,还原} \tag{7.9.2}$$

【例 7.9.1】 试计算 25℃时下列电池的电动势

$$Zn\|ZnSO_4(b=0.0100mol\cdot kg^{-1})\|\|CuSO_4(b=0.100mol\cdot kg^{-1})\|Cu$$

解 查表得 25℃时正极的标准电极电势为 $E^{\ominus}_{Cu^{2+}/Cu}=0.521V$，$0.100mol\cdot kg^{-1}CuSO_4$ 溶液的 $\gamma_{\pm}=0.16$，根据德拜—休克尔公式，对于阴阳离子电荷数相同的电解质，其 $\gamma_{\pm}=\gamma_+=\gamma_-$，则正极的电极电势为

$$E_{Cu^{2+}/Cu}=E^{\ominus}_{Cu^{2+}/Cu}-\frac{RT}{2F}\ln\frac{a_{Cu}}{a_{Cu^{2+}}}=E^{\ominus}_{Cu^{2+}/Cu}-\frac{RT}{2F}\ln\frac{1}{\gamma_{Cu^{2+}}b_{Cu^{2+}}/b^{\ominus}}$$

$$=0.521V-\frac{8.314J\cdot mol^{-1}\cdot K^{-1}\times 298K}{2\times 96485C\cdot mol^{-1}}\ln\frac{1}{0.16\times 0.100}=0.468V$$

查表 7.9.1 可知 25℃时负极的标准电极电势为 $E^{\ominus}_{Zn^{2+}/Zn}=-0.7620V$，$0.0100mol\cdot kg^{-1}$

$ZnSO_4$ 溶液的 $\gamma_\pm = 0.387$，则负极的电极电势为

$$E_{Zn^{2+}/Zn} = E_{Zn^{2+}/Zn}^\ominus - \frac{RT}{2F}\ln\frac{a_{Zn}}{a_{Zn^{2+}}} = E_{Zn^{2+}/Zn}^\ominus - \frac{RT}{2F}\ln\frac{1}{\gamma_{Zn^{2+}}b_{Zn^{2+}}/b^\ominus}$$

$$= -0.7620V - \frac{8.314J\cdot mol^{-1}\cdot K^{-1}\times 298K}{2\times 96485C\cdot mol^{-1}}\ln\frac{1}{0.387\times 0.0100} = -0.8333V$$

则，电池的电动势为

$$E = E_{正极} - E_{负极} = 0.468V - (-0.8333V) = 1.301V$$

【例 7.9.2】 试计算 25℃时下列单液电池的电动势

$$Pt\,|\,H_2(g,100kPa)\,|\,HCl(b=0.0100mol\cdot kg^{-1})\,|\,AgCl(s)\,|\,Ag$$

解 查表得 25℃时正极的标准电极电势为 $E_{AgCl/Ag}^\ominus = 0.22216V$，负极为氢电极，其标准电极电势为 0，则电池的标准电池电动势为

$$E^\ominus = E_{正极}^\ominus - E_{负极}^\ominus = 0.22216V$$

该电池的电池反应为

$$AgCl(s) + \frac{1}{2}H_2(g,100kPa) = H^+(b=0.0100mol\cdot kg^{-1}) + Cl^-(b=0.0100mol\cdot kg^{-1}) + Ag(s)$$

则该电池对应的能斯特方程为

$$E = E^\ominus - \frac{RT}{F}\ln\frac{a_{H^+}a_{Cl^-}a_{Ag}}{a_{AgCl}(p_{H_2}/p^\ominus)^{1/2}} = E^\ominus - \frac{RT}{F}\ln a_{H^+}a_{Cl^-}$$

其中

$$a_{H^+}a_{Cl^-} = a_\pm^2 = \gamma_\pm^2(b_\pm/b^\ominus)^2 = \gamma_\pm^2(b/b^\ominus)^2$$

查表得 25℃时 $0.0100mol\cdot kg^{-1}$ HCl 的 $\gamma_\pm = 0.904$，所以

$$E = E^\ominus - \frac{RT}{F}\ln[\gamma_\pm^2(b/b^\ominus)^2] = E^\ominus - \frac{2RT}{F}\ln[\gamma_\pm(b/b^\ominus)]$$

$$= 0.22216V - \frac{2\times 8.314J\cdot mol^{-1}\cdot K^{-1}\times 298K}{96485C\cdot mol^{-1}}\ln(0.904\times 0.0100) = 0.464V$$

由例 7.9.2 可知，对于这样的单液电池，在已知电解质溶液浓度的条件下，若能查得该浓度电解质溶液的 $\gamma_\pm$，则可算得电池的电动势。反过来，如果可测得电池的电动势，则可求得对应电解质溶液的 $\gamma_\pm$。实际上，许多电解质溶液的 $\gamma_\pm$ 就是这样测得的。

7.10 电极的种类

电池由电极组成，组成电池的电极有时也称为半电池。为了对电池的构成有更深的认识，以便于设计出满足某种功能的电池，这一节对组成电池的电极做进一步介绍。传统上根据电极材料和与之相接触的溶液情况不同，可以把电极分为三类，分别称为第一类、第二类和第三类电极。另外，还有一种响应机理和这三类不同但却常见的电极——离子选择性电

极。随着人们科研和实践活动的不断深入，新的电极类型也不断出现，如化学修饰电极、电化学生物传感器等，这两类电极涉及的电化学知识较多，本章不做过多介绍，详见专业书籍。

7.10.1 第一类电极

第一类电极的特点是参与电极反应的物质存在于两个相中，电极有一个相界面。如：金属和含有该金属元素离子的溶液组成的电极；吸附在惰性固体导电物质上的气体和含有该气体元素离子的溶液所组成的电极等。例如：

① 金属电极：锌电极 $Zn^{2+}\,|\,Zn$，对应的电极反应为 $Zn^{2+}+2e^-\rightleftharpoons Zn$。

② 卤素电极：氯电极 $Pt\,|\,Cl_2(g)\,|\,Cl^-$，对应的电极反应为 $Cl_2(g)+2e^-\rightleftharpoons 2Cl^-$。

③ 氢电极：$Pt\,|\,H_2(g)\,|\,H^+$，对应的电极反应为 $2H^++2e^-\rightleftharpoons H_2(g)$。

将镀有铂黑（铂黑有助于吸附氢气）的铂电极浸入含有 H^+ 的溶液，将 $H_2(g)$ 通入溶液并维持一定压力，氢气吸附在铂黑表面，H^+ 和 $H_2(g)$ 以铂黑为中介进行电子得失反应，如图 7.10.1 所示。

如果 H^+ 的活度为 1，通入的高纯 $H_2(g)$ 的压力维持在标准压力，这样的氢电极就是标准氢电极，其电极电势为 0。氢电极的优点是其电极电势随温度的变化很小。但氢气使用时容易发生危险，并且溶液中有氧化剂时，$H_2(g)$ 容易被氧化，另外，溶液中不能有汞和砷等，因为铂黑容易吸附这些物质的气体而失去吸附 $H_2(g)$ 的能力。

前已指出，在进行电极电势测定时，将待测电极和标准氢电极组成电池而进行，虽然氢电极有电势稳定、温度系数小等优点，但在一般实验

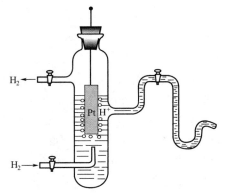

图 7.10.1 氢电极

室，构筑标准氢电极是非常困难的。在一般的科研和生产活动中常采用二级标准电极，通常称为参比电极。如后面要介绍的甘汞电极等。

如果氢电极的电极液为碱性溶液，这时的氢电极可表示为 $Pt\,|\,H_2(g)\,|\,OH^-,\,H_2O$，称为碱性氢电极，对应的电极反应可表示为 $2H_2O+2e^-\rightleftharpoons H_2(g)+2OH^-$，25℃时各个物种都处在标准态时标准电极电势为 $E^{\ominus}_{H_2O,OH^-/H_2(g)}=-0.828V$，注意，它不为 0。

④ 氧电极：氧电极和氢电极的组建方式相似，也有酸式和碱式之分。酸式氧电极可表示为 $Pt\,|\,O_2(g)\,|\,H_2O,\,H^+$，对应的电极反应为 $O_2(g)+4H^++4e^-\rightleftharpoons H_2O$。碱式氧电极可表示为 $Pt\,|\,O_2(g)\,|\,OH^-,\,H_2O$，对应的电极反应为 $O_2(g)+2H_2O+4e^-\rightleftharpoons 4OH^-$。

7.10.2 第二类电极

第二类电极的特点是参与电极反应的物质分布在三个相中，即它们之间存在两个相界面。如：金属｜金属难溶盐｜相关电解质溶液电极，一般称作难溶盐电极。金属｜金属难溶氧化物｜相关电解质溶液电极，一般称作难溶氧化物电极。

（1）难溶盐电极

常见的有银-氯化银电极和甘汞电极。

银-氯化银电极是在银的表面通过电解覆盖一层氯化银，然后将它浸入含有氯离子的溶液中构成。如图 7.10.2 所示。对应的电极反应为 $AgCl(s) + e^- \rightleftharpoons Ag(s) + Cl^-$，显然参与反应的物质涉及三个相。

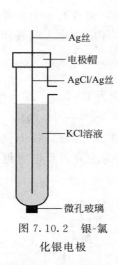

图 7.10.2　银-氯化银电极

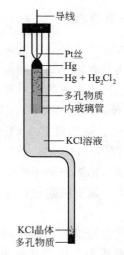

图 7.10.3　饱和甘汞电极

甘汞电极是汞与固体 $Hg_2Cl_2(s)$ 相接，而 $Hg_2Cl_2(s)$ 又与含有氯离子的溶液（一般是 KCl 溶液）相接。如图 7.10.3 所示。

制作电极时，图 7.10.3 中有 $Hg_2Cl_2(s)$ 的部分实际上是由少量的汞和 $Hg_2Cl_2(s)$ 搅拌而成的糊状物。由于要维持 $Hg_2Cl_2(s)$ 的存在，因此 KCl 溶液一定是被 $Hg_2Cl_2(s)$ 所饱和的，由于 $Hg_2Cl_2(s)$ 的溶解度很小，这一点也很容易实现。

甘汞电极对应的电极反应为 $Hg_2Cl_2(s) + 2e^- \rightleftharpoons 2Hg(l) + 2Cl^-$，显然参与反应的物质分布在三个相中。

以上两种电极由于其制作简单、电势稳定等特点，常用作参比电极。对于甘汞电极，由能斯特方程可知，KCl 溶液浓度不同，其电极电势也就不同。常见的三种浓度 KCl 溶液的甘汞电极的有关性能见表 7.10.1，其中最常用的是饱和甘汞电极。

表 7.10.1　不同浓度甘汞电极的电动势值

KCl 浓度/mol·kg^{-1}	电动势与温度的关系/V	25℃时的电动势值/V
0.1	$0.3335 - 7 \times 10^{-5}(t/^{\circ}C - 25)$	0.3335
1	$0.2799 - 2.4 \times 10^{-4}(t/^{\circ}C - 25)$	0.2799
饱和	$0.2410 - 7.6 \times 10^{-4}(t/^{\circ}C - 25)$	0.2410

（2）难溶氧化物电极

氧化锑电极：在碱性溶液中，$Sb \mid Sb_2O_3 \mid OH^-$，$H_2O$；在酸性溶液中，$Sb \mid Sb_2O_3 \mid H_2O$，$H^+$。

氧化汞电极：在碱性溶液中，$Pt \mid Hg \mid HgO \mid OH^-$，$H_2O$。

氧化钯电极：在碱性溶液中，$Pd \mid PdO \mid OH^-$，H_2O。

7.10.3　第三类电极

第三类电极又称作氧化还原电极。尽管所有电极上都要发生氧化还原反应，这种电极的特点是，除电子外，参与反应的物质都处在同一溶液相中，而电子则通过惰性金属或其他导电材料如玻碳、石墨、半导体氧化物（如导电玻璃的导电表面物质）等传递。导电材料只起输送电子的作用，不参与反应。把这样的电极材料插入到含有氧化态和还原态离子的溶液中即形成第三类电极。常见的有 $Pt \mid Fe^{3+}$，Fe^{2+} 电极，$Pt \mid MnO_4^-$，Mn^{2+}，H^+，H_2O 电极，醌氢醌电极 $Pt \mid C_6H_4(OH)_2$ (a_1)，$C_6H_4O_2(a_2)$，H^+。醌氢醌电极对应的电极反应为

$$C_6H_4O_2 + 2H^+ + 2e^- \Longleftrightarrow C_6H_4(OH)_2$$

7.10.4　离子选择性电极

以上三种类型的电极是最基本的电极，其电极电势是由电极上进行的氧化还原反应所决定。离子选择性电极也是一类常见的电极，但它的电极电势不是由电极上的氧化还原反应决定，而是由所谓的膜电势差决定。膜电势差类似于液体接界电势，电极和溶液间的界面电势差由于待测溶液组成的不同而改变，如果电极的表面膜只允许溶液中的某种离子通过，那么界面电势差将只和这种离子相关，这样的电极称为离子选择性电极。将这种电极和参比电极一同放入待测溶液，通过测定这个电池的电动势，便可测定溶液中相关离子的活度。要注意，只允许一种离子通过而完全屏蔽其他离子的膜是不存在的，只是通过的程度不同而已。

离子选择性电极的基本构造如图 7.10.4 所示，由电极套管、内参比电极（通常是 $AgCl \mid Ag$ 电极）、内充液和电极敏感膜等组成。内充液一方面充当内参比电极的电极液，使内参比电极有稳定的电势，另一方面由于内充液的组成不发生变化，可以使敏感膜的内侧膜电势差保持稳定。这样当离子选择性电极和参比电极组成电池后，电池的电动势变化就由敏感膜的外侧膜电势差的变化所决定。

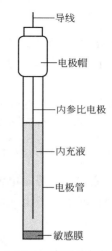

导线
电极帽
内参比电极
内充液
电极管
敏感膜

图 7.10.4　离子选择性电极
结构示意图

如果离子选择性电极的敏感膜的选择性非常好，几乎只允许一种离子通过，而其他离子几乎不能通过，那么，将电极放入含有该离子的溶液中后，由前面讨论液体接界电势的情况可知，由于该离子穿过敏感膜而在膜两侧产生电势差（膜电势），而敏感膜只允许该离子穿过，因此，这种离子的迁移数为 1，其他离子的迁移数为 0。与推导液体接界电势公式的方法类似，可导出膜电势为

$$E_m = E_1 - E_2 = \frac{RT}{zF} \ln \frac{a_{B^{z_B},2}}{a_{B^{z_B},1}} \tag{7.10.1}$$

式中，$a_{B^{z_B},1}$、$a_{B^{z_B},2}$ 分别为膜内外待测离子的活度；z 为该离子所带的电荷数。

膜电势是电化学和生物学中的重要概念，为了加深对这一概念的理解，下面从电化学势的角度出发式（7.10.1）做进一步推导。

敏感膜并不是一个几何膜，它有一定厚度，自成一相（相3）。设离子 B^{z_B} 可以穿过敏感膜，内充液（相1）中 B^{z_B} 的活度为 $a_{B^{z_B},1}$，待测液（相2）中 B^{z_B} 的活度为 $a_{B^{z_B},2}$，分配平衡后膜中 B^{z_B} 的活度为 $a_{B^{z_B},3}$。

在 1、3 相的界面上（也就是敏感膜的内侧界面上），B 达平衡时

$$\overline{\mu_{B^{z_B},3}} = \overline{\mu_{B^{z_B},1}}$$

$$\mu_{B^{z_B},3} + zFE_3 = \mu_{B^{z_B},1} + zFE_1$$

$$E_1 - E_3 = \frac{\mu_{B^{z_B},3} - \mu_{B^{z_B},1}}{zF} = \frac{\mu_{B^{z_B},3}^{\ominus} - \mu_{B^{z_B},1}^{\ominus}}{zF} + \frac{RT}{zF}\ln\frac{a_{B^{z_B},3}}{a_{B^{z_B},1}}$$

同理，在 3、2 相的界面上（也就是敏感膜的外侧界面上），B 达平衡时

$$E_3 - E_2 = \frac{\mu_{B^{z_B},2} - \mu_{B^{z_B},3}}{zF} = \frac{\mu_{B^{z_B},2}^{\ominus} - \mu_{B^{z_B},3}^{\ominus}}{zF} + \frac{RT}{zF}\ln\frac{a_{B^{z_B},2}}{a_{B^{z_B},3}}$$

膜电势为内外膜的电势差之和，将上述两式相加，并注意到 $\mu_{B^{z_B},1}^{\ominus} = \mu_{B^{z_B},2}^{\ominus}$，可得膜电势为

$$E_m = E_1 - E_2 = \frac{RT}{zF}\ln\frac{a_{B^{z_B},2}}{a_{B^{z_B},1}}$$

测定溶液 pH 的玻璃电极就是一种对 H^+ 有选择性电势响应的电极，原因就是电极的玻璃膜可以让 H^+ 选择性通过，但碱金属离子由于和 H^+ 有相似的性质而对测量有一定的干扰。

下面以 pH 玻璃电极为例说明离子选择性电极测量离子活度的原理。将玻璃电极和饱和甘汞电极共同浸入待测溶液中，形成电池如下

$$Pt\,|\,Hg\,|\,Hg_2Cl_2(s)\,|\,KCl(饱和)\,|\,待测溶液(a_{H^+,2})\,|\,玻璃膜\,|\,HCl(a_{H^+,1})\,|\,AgCl\,|\,Ag$$

该电池的电动势是电池中各相界面上电势差的总和，在不考虑饱和 KCl 和待测液的液接电势的情况下，该电池的电动势

$$E = 常数 + E_m = 常数 + \frac{RT}{F}\ln\frac{a_{H^+,2}}{a_{H^+,1}}$$

由于 $a_{H^+,1}$ 也为常数，因此，上式还可写为

$$E = 常数 + E_m = K + \frac{RT}{F}\ln a_{H^+,2} = K - \frac{2.303RT}{F}pH \tag{7.10.2}$$

式中，K 是和玻璃电极特性有关的常数，在一定温度下有定值。由此可见，一定温度下，电池电动势只与待测离子的活度相关。实际测量时，先用已知 pH 的溶液标定仪器，相当于先求出 K，然后再测定待测液中上述电池的电动势，从而求得溶液的 pH。

作为离子选择性电极的敏感膜主要有玻璃膜、晶体膜和液体膜等。尽管上面用离子选择性通过敏感膜的原理对离子选择性电极的响应机理进行了说明，但实际上离子选择性电极的许多响应现象并不能由此说明。因此，其响应机理还有待进一步研究。目前，许多常见的无机阳离子和阴离子都有对应的商品离子选择性电极。

7.11　原电池的设计及其应用

由可逆电池的热力学知识可知，如果测得了某个电池的电动势及其温度系数，就可以计算电池反应的多个热力学参数。因此，当需要测定某些物理化学过程的热力学参数时，或者

当需要通过某些物理化学过程获得电功时，就要将这些物理化学过程设计成电池。但要注意的是，尽管电极反应必然是氧化还原反应，但总的电池反应不一定是氧化还原反应。除氧化还原反应外，还可能是中和反应、沉淀反应，甚至仅仅是个物理过程而不是化学反应，如扩散过程。

电池设计的原则是，不管这个物理化学过程是否是氧化还原反应，但一定要把它安排成两个反应，一个为氧化反应（阳极反应），对应于原电池的负极，另一个是还原反应（阴极反应），对应于原电池的正极。这两个电极反应只要写出一个，另一个就可以用总反应减去已经写出的反应而得到。根据写出的电极反应和电极类型中所学的知识就很容易将其安排成电池了。下面通过一些例子加以说明。

7.11.1　将氧化还原反应设计成电池

这是一类最容易设计成电池的过程，因为很容易从总反应拆分出一个氧化反应和一个还原反应。

例如：总反应　　$Fe + 2Fe^{3+} = 3Fe^{2+}$

阳极反应　　$Fe = Fe^{2+} + 2e^-$ 反应物质在两个相中，可以安排为第一类电极。

阴极反应　　$2Fe^{3+} + 2e^- = 2Fe^{2+}$ 反应物质在同一相中，可以安排为第三类电极。

注意，两个反应中 Fe^{2+} 的浓度相同。可安排成如下电池（1）。

$$Fe | Fe^{2+} \| Fe^{3+}, Fe^{2+} | Pt$$

其摩尔反应吉布斯函数和电池电动势的关系为 $\Delta_r G_m = -2FE_1$。

同一个化学反应，可以安排成不同的电池，如上的反应还可以安排成如下两个反应：

阳极反应　　$Fe = Fe^{3+} + 3e^-$

阴极反应　　$3Fe^{3+} + 3e^- = 3Fe^{2+}$

可设计成如下电池（2）

$$Fe | Fe^{3+} \| Fe^{3+}, Fe^{2+} | Pt$$

其摩尔反应吉布斯函数和电池电动势的关系为 $\Delta_r G_m = -3FE_2$

这个电池和上个电池的负极不同，正极相同。两电池中对应的各种物种浓度相同，因此，两个电池的电动势也就不同。它们之间的关系是

$$\Delta_r G_m = -3FE_2 = -2FE_1$$

$$E_2 = \frac{2}{3} E_1$$

又如，氢气和氧气的反应（水的生成反应）

$$H_2(g) + \frac{1}{2} O_2(g) = H_2O(l)$$

可分解为阳极反应　　$H_2(g) = 2H^+ + 2e^-$

阴极反应　　$\frac{1}{2} O_2(g) + 2H^+ + 2e^- = H_2O(l)$

可设计成电池为

$$Pt \mid H_2(g) \mid H^+(aq) \mid O_2 \mid Pt$$

再如，生成反应

$$\frac{1}{2}Br_2(l) + Ag(s) = AgBr(s)$$

可分解为阳极反应
$$Ag(s) + Br^- = AgBr(s) + e^-$$

阴极反应
$$\frac{1}{2}Br_2(l) + e^- = Br^-$$

可安排成电池

$$Ag \mid AgBr(s) \mid Br^-(aq) \mid Br_2(l) \mid Pt$$

上述两个反应是水和 AgBr 的生成反应，查标准电极电势表可求得电池的标准电池电动势 $E^\ominus$，由此可求得反应的标准摩尔反应吉布斯函数 $\Delta_r G_m^\ominus = -zFE^\ominus$，并由此可求得该反应的平衡常数，$K^\ominus = \exp\left(\frac{zFE^\ominus}{RT}\right)$，如果测得标准状态下电池电动势的温度系数 $\left(\frac{\partial E^\ominus}{\partial T}\right)_p$，便可求得标准摩尔反应熵 $\Delta_r S_m^\ominus = zF\left(\frac{\partial E^\ominus}{\partial T}\right)_p$，进而可以求得标准摩尔反应焓 $\Delta_r H_m^\ominus = \Delta_r G_m^\ominus + T\Delta_r S_m^\ominus$。

7.11.2 将中和反应设计成电池

中和反应的实质为

$$H^+ + OH^- = H_2O$$

虽然它本身不是氧化还原反应，但必须是这个反应中的物质发生氧化还原才能设计成电池，最容易想到的是

$$H^+ + e^- = \frac{1}{2}H_2(g, p)$$

这是一个阴极反应，是酸性氢电极的电极反应。用总反应减去该反应就很容易写出阳极反应

$$\frac{1}{2}H_2(g, p) + OH^- = H_2O + e^-$$

这是碱性氢电极的电极反应。因此，可以设计成电池为

$$Pt \mid H_2(g, p) \mid OH^-(aq), H_2O \parallel H^+(aq) \mid H_2(g, p) \mid Pt$$

要注意两边氢气的状态必须相同。

这个反应也可以进行另外的设计，因为反应中涉及氧元素，因此，可以通过含氧物质中氧元素的价数变化来设计电池，出于这样的考虑就可以写出一个阴极反应为

$$\frac{1}{4}O_2(g, p) + H^+ + e^- = \frac{1}{2}H_2O$$

这是酸性氧电极对应的电极反应。让总反应减去这个阴极反应就可得到阳极反应

$$OH^- = \frac{1}{4}O_2(g, p) + \frac{1}{2}H_2O + e^-$$

阳极反应是碱性氧电极对应的电极反应。因此，可以设计成电池为

$$Pt \mid O_2(g, p) \mid OH^-(aq), H_2O \parallel H^+(aq), H_2O \mid O_2(g, p) \mid Pt$$

要注意两边氧气的状态必须相同。

由上述电池的标准电池电动势，可求得一定温度下上述中和反应的平衡常数（也就是水的离子积的倒数），从而可求得水的离子积，即

$$E^\ominus(\text{氢或氧电极，在酸性溶液中}) = E^\ominus(\text{氢或氧电极，在碱性溶液中}) + \frac{RT}{zF}\ln\frac{1}{K_w}$$

从上面的设计举例中可看到，只要是能用在酸碱两性溶液中的电极，就可用于中和反应电池的设计，所以第二类电极中金属及其难溶氧化物电极也可用于中和反应电池的设计。

7.11.3 将沉淀反应设计成电池

将沉淀反应 $Ag^+ + Cl^- = AgCl$ 安排成电池时，考虑到有沉淀，所以自然想到要用第二类电极，因此可以写出，阳极反应

$$Ag + Cl^- = AgCl + e^-$$

由总反应减去该反应得阴极反应为 $\quad Ag^+ + e^- = Ag$

对应的电池为 $\quad Ag \mid AgCl(s) \mid Cl^-(aq) \parallel Ag^+(aq) \mid Ag$

由该电池的标准电动势，可求得上述沉淀反应的标准平衡常数 $K^\ominus = \exp\left(\frac{zFE^\ominus}{RT}\right)$，并由此可

求得 AgCl 的活度积 $K_{sp} = a_{Ag^+} a_{Cl^-} = \dfrac{1}{K^\ominus}$。

由沉淀反应设计成电池的例子，可以得到某金属电极（一类电极）与其同种类的金属及难溶盐电极（二类电极）的电极电势关系为

$$E^\ominus(\text{二类电极}) = E^\ominus(\text{一类电极}) + \frac{RT}{zF}\ln K_{sp}$$

7.11.4 将扩散过程设计成电池——浓差电池

物质从高浓度向低浓度的扩散过程，如气体的扩散和离子的扩散等也可以设计成电池过程。

如：氯气的扩散过程 $Cl_2(g, p_1) \longrightarrow Cl_2(g, p_2)$ $(p_1 > p_2)$，可分解为如下两个电极过程：

阴极反应 $\qquad Cl_2(g, p_1) + 2e^- \longrightarrow Cl^-(a)$

阳极反应 $\qquad Cl^-(a) \longrightarrow Cl_2(g, p_2) + 2e^-$

两极所用的电极液的氯离子的活度应该相同，因此可以安排成如下单液电池

$$Pt \mid Cl_2(g, p_2) \mid Cl^-(a) \mid Cl_2(g, p_1) \mid Pt$$

电池的两极是同种电极，只是氯气的压力不同，因此，该电池的标准电池电动势 $E^\ominus = 0$，电池对应的能斯特方程为

$$E = -\frac{RT}{2F}\ln\frac{p_2}{p_1}$$

因 $p_1 > p_2$，所以 $E > 0$，在所给条件下过程可以进行。

又如，离子的扩散过程 $Cu^{2+}(a_1) \longrightarrow Cu^{2+}(a_2)(a_1 > a_2)$，可通过如下两个电极反应来进行。

阴极反应 $\qquad\qquad\qquad Cu^{2+}(a_1) + 2e^- \longrightarrow Cu(s)$

阳极反应 $\qquad\qquad\qquad Cu(s) \longrightarrow Cu^{2+}(a_2) + 2e^-$

两极的电极液活度不同应该用盐桥连接，可设计成如下电池

$$Cu \mid Cu^{2+}(a_2) \parallel Cu^{2+}(a_1) \mid Cu$$

电池的两极是同种电极，因此，该电池的标准电池电动势 $E^{\ominus} = 0$，电池对应的能斯特方程为

$$E = -\frac{RT}{2F}\ln\frac{a_2}{a_1}$$

因 $a_1 > a_2$，所以 $E > 0$，在所给条件下过程可以进行。

以上两个电池都是仅仅依靠电极上反应物质的浓度差来工作的电池，称为**浓差电池**。其特点是，由于正负极是同种电极，因此，该种电池的标准电池电动势 $E^{\ominus} = 0$。

7.11.5 化学电源

设计原电池除了可以通过测定电池的电动势而计算相应过程的热力学参数外，另一个重要的目的就是获得电能。把化学能转换成电能的装置称为原电池，也就是化学电源。根据热力学第二定律，在一定温度和压力下，$-dG > -\delta W'$ 的过程是自发过程，即系统吉布斯函数的降低大于系统对外所做的非体积功的过程是自发过程。对于电池的放电过程，这个非体积功便是电功。如果把能做一点点电功（$-\delta W' \to 0$）的电化学系统都看做是原电池的话，任何 $dG < 0$ 的化学反应都可以安排成电池。但是只能做很少功的电池显然不能作为电源来使用。不仅如此，对于那些可以做出有应用价值的电功量的电池，即通常所说的具有较大电容量的电池，还要求其放电时的电流必须足够大，否则其输出功率也达不到实际的要求。随着科研、工业生产以及国防科技要求的不断提高，设计出电容量大，体积小，功率高，使用温度广，使用寿命长，污染小、安全、廉价的电池一直是人们努力的目标。各国在化学电源领域的研究一直非常活跃。下面对化学电源做一个简单介绍。

化学电源主要分为三类，即一次电池、二次电池和燃料电池。一次电池就是常见的干电池，二次电池就是常见的可充电电池或蓄电池，这二者都具有能量存储功能，而燃料电池基本不具有能量存储能力，只是能量转换装置。

电池主要由电极材料、内部的导电介质、内部将阴阳极分开的隔膜材料和外壳等组成。电极材料的选取要使得电池具有足够大的电动势，也就是正极的电势要足够高，负极的电势要足够低，并且电极要具有较高的电化学活性，即电极反应的速率要足够快，目前大部分电池以金属氧化物作正极，较活泼的金属做负极。对于电池内部的导电介质，要求其有好的电导率，以保证电池内部两极间的电荷传输速率足够高，除此之外，还要求导电介质化学稳定性高、不易挥发、可较长时间保存等，目前常用的导电介质有电解质的水溶液、电解质的有

机介质溶液以及近年来多用于燃料电池的固体电解质。前两种电解质溶液有时为了减小体积或者使用上的其他要求而只含少量溶剂，如将电解质分散在凝胶中等。固体电解质在室温下的电导率较低，主要用于燃料电池中。两极间的隔膜起着把正负两极反应物隔开、防止两极短路功能，但又必须让电池内部的导电离子顺利通过，因此必须有较高的离子传输能力、化学稳定性和机械强度。

目前，常用的一次性电池有碱式锌锰电池和锌-空气电池。锌-氧化汞电池曾经大量使用，但由于含有有毒元素汞而基本停止使用。锌-氧化银电池因为成本较高也逐渐停止使用。

圆筒形碱式锌锰电池的外壳为一带有正极帽的镀镍钢壳，它兼作正极集电体。壳内与之紧密接触的是用电解二氧化锰、石墨和炭黑压制成的正极环层（阴极）。电池的正中间填充由锌粉和凝胶碱液调制成的锌膏，即负极胶（阳极），其内插有一根黄铜集电体。正极环层与负极锌膏之间用耐碱且吸液的隔离环膜隔离。负极集电体与负极帽相焊接，负极帽的里侧和边缘套入塑料封套。将此组合件插入电池的钢壳中，负极帽及其塑料封套正好堵住电池的底部，塑料封套起到隔离负极帽和正极材料的作用，防止短路。

碱式锌锰电池的表达式为　　$Zn(s)|KOH(浓)|MnO_2(s)$

阳极反应为　　　$Zn+2OH^- \longrightarrow Zn(OH)_2+2e^-, Zn(OH)_2+2OH^- \longrightarrow [Zn(OH)_4]^{2-}$

阴极反应为　　　$MnO_2+H_2O+e^- \longrightarrow MnOOH+OH^-$,

$$MnOOH+H_2O+e^- \longrightarrow Mn(OH)_2+OH^-$$

电池的化学反应为　$MnO_2+Zn+2H_2O+2OH^- \longrightarrow Mn(OH)_2+[Zn(OH)_4]^{2-}$

由于价格低、无毒、电容量大、电压稳定、内阻小、自放电小等优点，碱性锌锰电池已经成为市场占有量最大的一次性电池。

二次电池是可以多次充放电的电池，放电时把化学能转变为电能，充电时把电能转化为化学能使电池回到原来的状态。目前常见的有铅酸蓄电池、镍氢电池和锂电池。

铅酸蓄电池可表示为　　　$Pb(s)|H_2SO_4(aq)|PbO_2(s)$

电池是由多个 $Pb(s)$ 板和 PbO_2 板交叉放置，电极间由硫酸电解液填充。电池中进行的反应如下

阳极反应　　　$Pb(s)+SO_4^{2-} \rightleftharpoons PbSO_4(s)+2e^-$

阴极反应　　　$PbO_2(s)+SO_4^{2-}+4H^++2e^- \rightleftharpoons PbSO_4(s)+2H_2O$

电池的化学反应　$Pb(s)+PbO_2(s)+2H_2SO_4 \rightleftharpoons 2PbSO_4(s)+2H_2O$

铅酸电池制备和维护简单，价格低廉，电压稳定，自放电低，可充电次数多（250～1600 次），安全性好，从 1859 年问世到现在已有 150 多年，但仍然在大量使用着。

镍氢电池是 20 世纪 80 年代发展起来的一种性能优良的可充电电池。它的正极是 NiOOH，负极是一些金属的合金，这种合金可以在充电时吸收 H^+，随即 H^+ 在电极上得到电子被还原，并以原子态嵌入合金中形成金属氢化物 MH_x，放电时上述过程反向进行。这种电池可表示如下

$$MH_x(s)|KOH(aq)|NiOOH(s)$$

阳极反应为　　　$MH_x(s)+xOH^- \rightleftharpoons M+xH_2O+xe^-$

阴极反应为　　　$xNiOOH(s)+xH_2O+xe^- \rightleftharpoons xNi(OH)_2(s)+xOH^-$

电池的化学反应为　$MH_x(s)+xNiOOH(s) \rightleftharpoons xNi(OH)_2(s)+M$

镍氢电池是由镍镉电池改良而来，它去掉了有毒元素镉。它电容量高，充电快，使用寿

命长，无污染，所以一经问世就迅速发展起来，目前仍大量使用着。

锂电池是由可以嵌入锂化合物的各种碳材料如石墨、碳纤维等作负极，可嵌锂的过渡金属氧化物如 CoO_2、NiO_2 作正极和非水电解质溶液构成，非水电解质溶液如 $LiPF_6$ 溶于碳酸丙烯酸酯等酯类溶剂中形成。正负极之间的隔膜多采用聚乙烯、聚丙烯等聚合物的多孔膜。电池充电时锂离子在负极上得电子后以原子形式嵌入碳电极中，正极上则发生锂原子失电子离开电极进入非水电解质中的过程。放电过程与充电过程正好相反。

这种电池可表示为 $\quad Li_x C(s) | LiPF_6(有机溶剂) | CoO_2(s)$

阳极反应 $\quad Li_x C(s) \Longrightarrow C(s) + x Li^+ + x e^-$

阴极反应 $\quad CoO_2(s) + x Li^+ + x e^- \Longrightarrow Li_x CoO_2(s)$

电池的化学反应 $\quad Li_x C(s) + CoO_2(s) \Longrightarrow C(s) + Li_x CoO_2(s)$

从电池反应可知，这种电池充放电过程的实质是电池内部 Li^+ 在两极间的转移，充电时，Li^+ 从正极向负极转移，放电时 Li^+ 从负极移向正极。

锂电池由日本索尼公司于 1990 年开发，后经过不断改良，现在的锂电池比镍氢电池电容量更大，质量更轻，充电速率更快，寿命更长，自放电更小，无记忆效应，是目前最好的可充电电池，用于各种笔记本电脑、手机、数码相机及各种仪器中。

燃料电池是将燃烧反应不以燃烧形式而以电池反应形式进行，将燃烧反应的化学能转变为电能的装置。例如 20 世纪 60 年代用于宇宙飞船的燃料电池中发生的化学反应是

$$H_2 + \frac{1}{2}O_2 = H_2O$$

这样，电池不但为飞船提供了能量，而且也为航天员提供了饮用水。这个反应在燃料电池中进行时，

（负极）阳极反应为 $\quad H_2 \longrightarrow 2H^+ + 2e^-$

（正极）阴极反应为 $\quad \frac{1}{2}O_2 + 2H^+ + 2e^- \longrightarrow H_2O$

在这样的燃料电池中，燃料是 H_2。现在，其他物质作为燃料的燃料电池也在不断的研发和改进中，如甲烷、甲醇等。

燃料电池有很多种，但都是由电极和电解质组成。为了使电极反应顺利进行，电极材料一般是采用对燃料的氧化以及氧化剂的还原具有催化作用的贵金属。电解质可以是水溶液、熔融盐或是可以让离子通过的固体电解质。

正如本章前面讲到的那样，将燃烧反应放在电池中进行，可以提高化学能的利用效率，节约资源。如果使用的是含碳燃料，获得同样能量造成的碳排放将被降低，因此被称为绿色能源。

7.12 分解电压

前面各节主要讨论的是原电池中进行的过程，下面几节重点讨论与电解池相关的过程。电解过程是将电能转化为化学能的过程，也就是说在外部电功的作用下，除了那些在没有非体积功参与时能够进行的反应照样可以进行外，还可以使那些在没有非体积功参与时不能发生的化学反应（$\Delta G > 0$ 的反应）得以进行。

7.12.1 分解电压与理论分解电压

对于电解过程（或原电池的充电过程），$\delta W'$ 由外部电源提供，此时 $\delta W' = zFE_{\text{外}}\mathrm{d}\xi$，反应方向也与电池反应方向相反，$\mathrm{d}G_{T,p} = zFE\mathrm{d}\xi$，前面已经给出电池过程的判据式 (7.5.14)，则反方向的判据式为

$$E_{\text{端}} > E \, (\text{非自发})_{\text{电解}} \tag{7.12.1}$$

电解过程，$E_{\text{端}}$ 即 $E_{\text{外}}$，由此可知，理论上只要 $E_{\text{外}} = E + \mathrm{d}E$，电解反应就可以进行。但实际上并非如此，往往要加一个比对应电池的电动势大一些的电压才能观察到电解反应的发生，即才能观察到串联在电路中的电流计有明显的电流流过。

例如，用 Pt 电极电解盐酸水溶液，装置如图 7.12.1 所示。逐渐增加外加电压，同时记录电流，然后绘制二者的关系曲线得到图 7.12.2。由图可知，外加电压较小时几乎没有电流。此后有一段，电压增大电流也有所增加，当电压增大到某个值后，电流随电压急剧增加，最后，当电压增加到一定程度后，电流不再随电压的增加而增加，如果过程没有搅拌，电流达到一定值后还会下降。把电流变化剧烈的那段曲线外推到电流等于零时的电压，叫做**分解电压**。也就是使一个电解质溶液持续不断地发生电解所需施加的最小电压称为这个电解质溶液的**分解电压**，记为 $E_{\text{分解}}$。

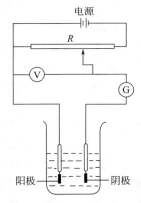

图 7.12.1　分解电压测定装置示意图

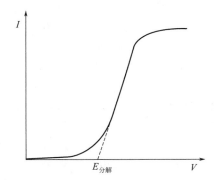

图 7.12.2　测定分解电压时的电流-电压曲线

这个过程可以这样理解。开始时，将两个相同的 Pt 电极插入同一种电解质溶液中，两个电极的电势必然相同。接下来外接直流电给电极施加电压，即通过外接电源的负极给某个 Pt 电极注入电子，而通过正极使另一个 Pt 电极上的电子流出，如果这样并没有引起电极/溶液界面发生反应的话，电子的注入和流出将直接改变 Pt 电极的电势。随着不断给两极施加电压，电极上将发生如下的反应

阴极　　　　$2\mathrm{H}^+(a) + 2\mathrm{e}^- \longrightarrow \mathrm{H}_2(\mathrm{g})$

阳极　　　　$2\mathrm{Cl}^-(a) \longrightarrow \mathrm{Cl}_2(\mathrm{g}) + 2\mathrm{e}^-$

反应生成的氢气和氯气附着在电极表面，形成一个原电池

$$\mathrm{Pt} \,|\, \mathrm{H}_2(\mathrm{g}) \,|\, \mathrm{HCl}(a) \,|\, \mathrm{Cl}_2(\mathrm{g}) \,|\, \mathrm{Pt}$$

对应的电池反应为 $\mathrm{H}_2(\mathrm{g}) + \mathrm{Cl}_2(\mathrm{g}) \longrightarrow 2\mathrm{H}^+(a) + 2\mathrm{Cl}^-(a)$，这个原电池的电动势和外加电压的方向相反，所以称为**反电动势**，记为 E_{b}。**理论分解电压**（$E_{\text{理论}}$）就是对应电池的电动势。要想电解反应进行，外加电压就要大于这个电池的电动势，即 $E_{\text{b}} < E_{\text{外}}$。但刚开始时，

溶液中氢气和氯气的活度较小,从该电池的能斯特方程 $E = E^{\ominus} - \dfrac{RT}{2F} \ln \dfrac{a_{H^+} a_{Cl^-}}{a_{H_2} a_{Cl_2}}$ 可知,上述电池的电动势较小。随着外加电压的增大,溶液中的 Cl_2 和 H_2 活度也不断增加,上述电池的电动势也不断增加。当外加电压增加到一定程度后,电极表面出现 $Cl_2(g)$ 和 $H_2(g)$ 的小气泡,但刚形成气泡时,由于气泡很小,它所受到的弯曲液面附加压力较大(参看后面表面化学一章),也就是说这些小气泡的压力是较大的,比电池所在的环境压力大许多,同时,由于电极反应的进行,电极表面附近氢离子和氯离子的浓度也变小,由上述电池对应的能斯特方程可知,这两种因素都使得上述电池的电动势变大。而在计算理论分解电压,即计算上述电池的理论电动势时,通常认为氢气和氯气的压力等于环境压力,离子在电极表面附近的浓度与本体浓度相同,这样计算出来的理论电动势比这个电池实际的电动势要小。电解反应的生成物即使不是气体,也往往是一个新的相,而由于新相体积非常小,其化学势比大体积的该物质的化学势要大许多(参见表面化学一章),就像上面的电池那样,这使得这个电池的电动势较常态下要大许多,因此,外加电压要大许多才能超过它,这就是为什么分解电压往往高于理论分解电压的一个主要原因。

7.12.2 实际分解电压与析出电势

小气泡形成后再稍稍增加一点外加电压,小气泡就会变大逸出,电极表面氢气和氯气的活度不会再增大,这时上述电池的电动势已达到最大,记为 $E_{b,max}$,它就是**实际分解电压**。由于电极的粗糙度、电极和溶液的性质及温度等不同,电极表面形成的小气泡的半径也不同,压力不同,因此 $E_{b,max}$ 也会不同。气泡刚好能逸出(如果是其他系统,则为新相刚好形成)时两极的电势,亦即外加电压等于分解电压时两极的电极电势,分别称为氢气和氧气(如果是其他物质,则称为那个物质)的**析出电势**($E_{析出}$)。在如上的电解系统中

$$E_{阳,析出} - E_{阴,析出} = E_{b,max} = E_{分解} \tag{7.12.2}$$

当外加电压大于分解电压后,外加电压继续增加时,在一定区间内,电流和外加电压有线性关系,由于定义了这条线的延长线和外加电压轴的交点为 $E_{分解}$,因此,这条直线的方程为 $I = (E_外 - E_{分解})/R$,亦即 $I = (E_外 - E_{b,max})/R$,R 便是这个电解池的电阻。

当外加电压比分解电压高很多时,由于受到气体扩散离开电极的速率、反应物离子向电极扩散的速率以及反应物在电极上得失电子的速率(电极反应速率)的限制,电流不会一直增加,如果系统没有搅拌,当电流达到极限后随着电压的增加还会降低,因为电极附近的物质反应掉了,参加反应的物质离电极越来越远了。

表 7.12.1 中列出了一些实验数据。实验所用电极为平滑铂电极,温度为室温。从表中的数据可以看出,如果电极上析出的物质相同,其分解电压也相近。大多数情况下,实际分解电压大于理论分解电压。

表 7.12.1 几种电解质溶液的分解电压(室温,铂电极)

电解质	$c/mol \cdot dm^{-3}$	电解产物	$E_{分解}$	$E_{理论}$
HCl	1	$H_2(g)$ 和 $Cl_2(g)$	1.31	1.37
HNO_3	1	$H_2(g)$ 和 $O_2(g)$	1.69	1.23
H_3PO_4	1	$H_2(g)$ 和 $O_2(g)$	1.70	1.23
H_2SO_4	0.5	$H_2(g)$ 和 $O_2(g)$	1.67	1.23
NaOH	1	$H_2(g)$ 和 $O_2(g)$	1.69	1.23
$CdSO_4$	0.5	Cd 和 $O_2(g)$	2.03	1.26
$CdNO_3$	1	Cd 和 $O_2(g)$	1.98	1.26
$NiCl_2$	0.5	Ni 和 $Cl_2(g)$	1.85	1.64

7.13 极化作用

7.13.1 极化现象

当电化学系统处于平衡态时，也就是说，当电极上没有电流流过时，电极电势称为平衡（可逆）电极电势。当电化学系统处于非平衡态，也就是当电极上有电流流过时，其电极电势将偏离平衡电极电势，并且，电流愈大，偏离就愈严重，这种电流流过时电极电势偏离平衡电极电势的现象称为**电极的极化**。某一定电流密度下的电极电势和其平衡电极电势的差值的绝对值称为**超电势**，用 η 表示，即 η 代表了电极极化的程度。

根据极化产生的原因，通常可以把极化分为两类，即**浓差极化**和**电化学极化**，并把与之相应的超电势称为**浓差超电势**和**电化学超电势**。

（1）浓差极化

当电流流过电极时，在电极上要发生氧化还原反应，电极附近溶液的浓度不同于溶液本体（离电极较远、浓度未受到电极反应干扰的溶液）的浓度，由此造成的极化称为**浓差极化**。例如，对于 Cu^{2+}｜Cu 电极，如果它作为阴极来使用，当电流流过时电极上发生还原反应，电极表面较近的 Cu^{2+} 在电极上被还原，电极周围的 Cu^{2+} 浓度将降低，如果电极表面附近的 Cu^{2+} 不能马上得到补充，那么电极表面附近 Cu^{2+} 的浓度就会小于溶液本体 Cu^{2+} 的浓度，这样就像是把电极插到了一个 Cu^{2+} 浓度较小的溶液中，根据能斯特方程，这种情况下的电极电势比起没有电流流过时处于本体溶液浓度下的电势（平衡电势）就变低了。显然，通过搅拌可以减小因浓度差而产生的极化。但由于溶液的黏滞性，电极表面附近的溶液并不能跟着搅拌快速流动，浓差极化并不能完全消除，特别是对于快速的电极反应。

（2）电化学极化

假设某个电极，例如 Cu^{2+}｜Cu 阴极，其电极反应不是很快，通过搅拌，基本可以消除浓差极化，或者说在搅拌下，浓差极化可以忽略不计。当有电流流过电极，而使电极上发生电极反应时，如果 Cu^{2+} 到电极上获得电子的速率不是足够快，外部电源注入电极的电子不能马上被消耗，结果使电极上积累了多于平衡状态的电子，这样，电极电势也会低于平衡电极电势。这种由于电化学反应的迟缓而引起的极化称为**电化学极化**。

由上面的讨论可知，不管是浓差极化还是电化学极化，阴极极化的结果总是使得其电极电势负移。同理可得，阳极极化的结果总是使其电极电势正移。通过上面的分析还可知道，电极极化的程度与电流密度有关。描述电流密度与电极电势间关系的曲线称为**极化曲线**。因为在许多情况下需要知道一定电流密度下某物质的超电势，因此极化曲线是一种重要的曲线。

7.13.2 极化曲线的测定

测定极化曲线就是要测定有电流流过电极时的不可逆电极电势，通常所用的是如图7.13.1 所示的三电极系统和恒电势仪（电化学工作站的核心部分），其中待测电极称为研究电极，与之构成回路的另一个电极称为对电极（或辅助电极，一般为惰性电极），还有一个参比电极（如甘汞电极）用于测定研究电极的电势。通常是将参比电极的一端拉成毛细管，放置时接近被测电极。这么做的原因是，流过对电极和研究电极的电流会在电解质溶液中产生欧姆电势降（常称为欧姆降）IR，若参比电极距离研究电极较远，则研究电极和参比电极间的 IR 较大，会给研究电极的电势测定带来误差。待测电极与参比电极的电势差可由恒电势仪控制，流过研究电极的电流可由恒电势仪测得并存储（关于恒电势仪的工作原理详见电化学专业书籍）。通过这些数据，仪器会自动绘制出研究电极的极化曲线，图 7.13.2 所示为研究电极为阴极的极化曲线示意图。

电极的平衡电势是流过电极的电流为 0 时的电极电势，对于阴极，这个电势记为 $E_{阴,平}$，阴极极化电势记为 $E_{阴}$，由于 $E_{阴}$ 总是小于 $E_{阴,平}$，且定义超电势总为正，所以阴极超电势 $\eta_{阴}$ 可表示为

$$\eta_{阴} = E_{阴,平} - E_{阴} \tag{7.13.1}$$

对于阳极，由于 $E_{阳}$ 总是大于 $E_{阳,平}$，所以阳极超电势 $\eta_{阳}$ 可表示为

$$\eta_{阳} = E_{阳} - E_{阳,平} \tag{7.13.2}$$

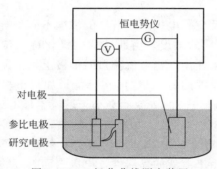

图 7.13.1　极化曲线测定装置

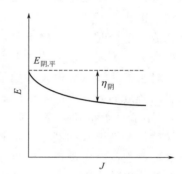

图 7.13.2　阴极极化曲线示意图

超电势除了和电流密度相关外还受诸多因素的影响，如电极材料、电极的表面状态、温度、电解质的性质和浓度、溶液中的其他成分等。所以，通常超电势测定结果的重现性较低。金属析出时的超电势较小，往往可以忽略不计，而气体析出时的超电势则较大。

氢的超电势研究得较多，1950 年塔菲尔（Tafel）提出了一个经验公式，用来表示氢超电势和电流密度间的关系，称为塔菲尔关系式，其表示如下

$$\eta = a + b\ln(J/[J]) \tag{7.13.3}$$

式中，J 为电流密度；$[J]$ 为电流密度的单位；a 和 b 为经验常数，b 对大多数金属来说为 0.050V，a 因电解池性质的不同而不同。另外，Cl_2 和 O_2 的析出也有类似式（7.13.3）的关系。因此，塔菲尔关系式具有一定的普遍性。

7.13.3　电解池与原电池极化的区别

如上所述，阴极极化总是使其电极电势负移，阳极极化总是使其电极电势正移。

在电解池中，正极是阳极，负极是阴极，因为正极的电势大于负极的电势，因此极化的结果是两极的电势差变大，也就是电解池工作时，其端电压总是大于其电动势。如图 7.13.3（a）所示，并且电流密度越大，电势差就越大。这就是说，要想使电解反应在高电流密度（高速率）下进行，得到同样量的产物就要消耗更多的电能（因为消耗的电能为 $zFE_{端电压}$）。

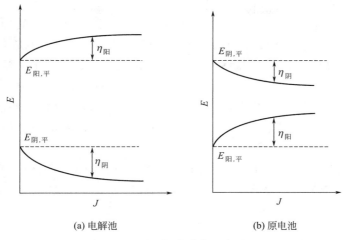

图 7.13.3 极化曲线示意图

在原电池中，正极为阴极，负极为阳极，因此，电极极化的结果将会使两极之间的电势差减小，也就是说，原电池在工作时其端电压小于其电动势。如图 7.13.3（b）所示，电流密度越大，两极之间的电势差越小，即电池在高电流密度下做功的能力将减小。

7.14 电解时电极上的竞争反应

电解时，总是希望目标产物在电极上通过氧化或还原而析出，但电解质溶液中往往有多种离子，即使只含一种电解质的水溶液除了电解质离子外还有 H^+ 和 OH^-，那么电解时需要加多大的电压，而离子又是按什么顺序在阴极或者阳极上进行反应呢？

根据电化学原理，电极电势较高的氧化—还原电对的氧化态优先在阴极上获得电子被还原，而电极电势较低的氧化-还原电对的还原态优先在阳极上失去电子被氧化。对于实际的电解过程，这里所说的电极电势是指电解反应刚刚可以持续不断进行时电极的极化电极电势，这时电流密度不为零。这时氧化—还原电对所对应的极化电极电势为

$$E_{阴,析出} = E_{阴,平} - \eta_{阴,析出}$$
$$E_{阳,析出} = E_{阳,平} + \eta_{阳,析出}$$

如前所述，极化电极电势可由实验测定。当对电解质溶液进行电解时，溶液中刚刚可以持续不断优先发生的氧化反应的极化电极电势与还原反应的极化电极电势之差便是分解电压（这里忽略了溶液电阻造成的电压降）。即对电解质溶液进行电解，当外加电压达到分解电压时，在阳极上发生的是极化电极电势最低的氧化反应；在阴极上发生的是极化电极电势最高的还原反应。如果增大外加电压，其他电极反应可能同时进行。因此，电解时发生什么反应与所施加的电压、电解质的本质、电解质的浓度、电极材料及其表面状态等因素有关，这些因素影响着电极的平衡电势和超电势。

例如用 Pt 电极电解 $1mol \cdot dm^{-3}$ 的 HCl 溶液时，由于溶液中的阳离子只有 H^+，因此在阴极上只能是 H^+ 被还原成氢气。溶液中的负离子有 Cl^- 和 OH^-，在阳极上哪种离子被氧化呢？这就要看这两个离子对应的氧化反应的极化电极电势 E_{Cl_2/Cl^-} 和 E_{O_2/OH^-} 何者低，

低者先被氧化，虽然热力学标准电极电势有 $E_{O_2/OH^-}^\ominus < E_{Cl_2/Cl^-}^\ominus$ ，但溶液中 OH^- 远小于 Cl^- 的浓度，并且 $Cl_2(g)$ 在 Pt 电极上的析出超电势比 $O_2(g)$ 在 Pt 电极上的析出超电势还要大，实际上 $E_{Cl_2/Cl^-} < E_{O_2/OH^-}$ ，因此，在分解电压下析出的是 $Cl_2(g)$ 而不是 $O_2(g)$ 。

又如，如果电解质溶液不是盐酸，而是一定浓度的 $FeCl_3$ ，在阴极上析出的就不是 $H_2(g)$ 了，而发生的是 Fe^{3+} 变为 Fe^{2+} 的反应。因为，虽然 $E_{H^+/H_2}^\ominus > E_{Fe^{3+}/Fe^{2+}}^\ominus$ ，但由于溶液中 Fe^{3+} 比 H^+ 浓度高很多，同时又由于 $H_2(g)$ 在 Pt 电极上的析出超电势较大，最终使得 $E_{Fe^{3+}/Fe^{2+}} > E_{H^+/H_2}$ 。所以，在分解电压下，阴极上发生的是电极电势较高的 Fe^{3+} 变为 Fe^{2+} 的反应。

再如，用 Pt 电极电解 $CuSO_4$ 水溶液时，在阴极上得到 Cu，阳极上 OH^- 被氧化而析出氧气，但如果用 Cu 电极电解该溶液，阴极上得到的还是 Cu，阳极上发生的是 Cu 被氧化成 Cu^{2+} 的反应，而不是析出 $O_2(g)$ ，这是因为 $E_{Cu^{2+}/Cu} < E_{O_2/OH^-}$ 。

【例 7.14.1】 在 25℃、常压下，以 Zn 为阴极电解 $ZnSO_4$ 溶液（设其活度为 1），已知氢气在 Zn 电极上的析出超电势为 0.7V，问从小到大增加外加电压时阴极首先析出的是金属锌还是氢气？

解 一般地，金属析出的超电势可以忽略，那么，根据题中所给的条件，锌析出的电极电势 $E_{Zn^{2+}/Zn} = E_{Zn^{2+}/Zn}^\ominus = -0.7620V$ 。

氢离子得电子而析出氢气的反应的电极电势为

$$E_{H^+/H_2(g),\text{平}} = E_{H^+/H_2(g)}^\ominus - \frac{RT}{2F}\ln\frac{p_{H_2}/p^\ominus}{a_{H^+}^2} = E_{H^+/H_2(g)}^\ominus - \frac{0.05916V}{2}\lg\frac{p_{H_2}/p^\ominus}{a_{H^+}^2}$$

由于电解在常压下进行，氢气析出时的压力为 $p_{H_2} = 101.325kPa$ ，电解质溶液近似看做中性，则 $a_{H^+} = 10^{-7}$ ，代入上式

$$E_{H^+/H_2(g),\text{平}} = 0 - \frac{0.05916V}{2}\lg\frac{101.325/100}{(10^{-7})^2} = -0.414V$$

而析出氢气的反应的极化电极电势为

$$E_{H^+/H_2(g)} = E_{H^+/H_2(g),\text{平}} - \eta_{\text{阴}} = -0.414V - 0.7V = -1.1V$$

因为 $E_{Zn^{2+}/Zn} > E_{H^+/H_2(g)}$ ，所以锌在阴极上析出。如果氢气析出时的反应没有超电势，则由 $E_{Zn^{2+}/Zn} < E_{H^+/H_2(g),\text{平}}$ 可知，此种情况下在阴极上首先析出的是氢气。

【例 7.14.2】 在 298K 时，当电流密度为 $0.1A \cdot cm^{-2}$ 时，$H_2(g)$ 和 $O_2(g)$ 在 Ag(s) 电极上的超电势分别为 0.87V 和 0.98V。今用 Ag(s) 电极插入 $0.01mol \cdot kg^{-1}$ 的 NaOH 溶液中进行电解，问该条件下在两个银电极上首先发生什么反应？此时外加电压为多少？（设活度系数为 1）。

解 在阴极上可能还原的阳离子有 Na^+ 和 H^+ ，计算它们的析出电势：

$$E_{Na^+,Na} = E_{Na^+,Na}^\ominus - \frac{RT}{F}\ln\frac{1}{a_{Na^+}} = -2.713V + \frac{RT}{F}\ln 0.01 = -2.831V$$

$$E_{H^+,H_2} = \frac{RT}{F}\ln a_{H^+} - \eta_{H_2} = \frac{RT}{F}\ln 10^{-12} - 0.87V = -1.58V$$

还原电势大者首先在阴极上还原，所以阴极上首先发生 H^+ 还原反应，放出 H_2 。在阳极上可能发生的反应是 OH^- 氧化生成 O_2 气或 Ag(s) 电极本身发生氧化生成 Ag_2O ，计算它们的

析出电势

$$E_{O_2,OH^-} = E^{\ominus}_{O_2,OH^-} - \frac{RT}{F}\ln a_{OH^-} + \eta_{O_2} = 0.401V - \frac{RT}{F}\ln 0.01 + 0.98V = 1.499V$$

$$2Ag(s) + 2OH^- \longrightarrow Ag_2O + H_2O + 2e^-$$

$$E_{Ag_2O,Ag} = E^{\ominus}_{Ag_2O,Ag} - \frac{RT}{2F}\ln a^2_{OH^-} = 0.344V - \frac{RT}{F}\ln 0.01 = 0.4622V$$

还原电势小者首先在阳极上氧化，故阳极上首先发生的是 Ag(s) 电极本身氧化生成 Ag$_2$O 的反应。

$$E_{分解} = E_{正极} - E_{负极} = E_{Ag_2O,Ag} - E_{H^+,H_2} = 0.4622V - (-1.58V) = 2.042V$$

此阳极过程，是一个从一类电极向二类电极转化的过程。随着转化的进行，反应会越来越慢，当转化完成后，反应也会停止。然后发生别的氧化反应。

◢ 本章要求 ◣

1. 理解法拉第定律。

2. 了解表征电解质溶液导电能力的物理量：电导、电导率、摩尔电导率、离子活度、迁移数。

3. 理解离子平均活度及平均活度因子的定义及其计算。

4. 了解离子氛概念及德拜-休克尔极限公式。

5. 了解电化学势与电化学平衡的概念，理解可逆电池的概念，理解电极与电极反应。

6. 会使用能斯特方程计算电池的电动势，掌握电池电动势与电池反应的 $\Delta_r G_m$、$\Delta_r S_m$、$\Delta_r H_m$ 及 $Q_{r,m}$ 的关系及计算，知道可逆电极的基本类型，能计算各类电极的电极电势。

7. 能将简单反应设计成原电池。

8. 了解极化作用和超电势的概念，理解浓差极化及电化学极化的概念及应用，了解测定极化曲线的方法。

9. 了解在电极上发生电化学反应的规律。

思考题

1. 在电化学中，根据什么原则来命名电解池、原电池的阴、阳极和正、负极？

2. 在 25℃ 的电解池中，放有 MX 电解质溶液。已知 M$^+$ 的电迁移速度 v_+ 是 X$^-$ 电迁移速度 v_- 的 1.5 倍，则溶液中正负离子的迁移数各为多少？

3. 在相同温度、相同电势梯度下，HCl、KCl、NaCl 三种无限稀释溶液中 Cl$^-$ 的迁移速度是否相同？Cl$^-$ 的迁移数是否一样？

4. 因为电导率 $\kappa = \dfrac{K_{cell}}{R}$，所以电导率 κ 与电导池常数 K_{cell} 成正比关系，这种说法对吗？

5. 用同一电导池分别测定浓度为 0.01mol·dm^{-3} 和 0.1mol·dm^{-3} 的不同电解质溶液的

电阻，分别为 1000Ω 及 500Ω，则它们的摩尔电导率之比为多少？

6. 在 298.15K 下，于相距为 1m 的两平行电极中间放入 1mol $BaSO_4$（基本单元）时，溶液浓度为 c，其 $\Lambda_m(BaSO_4, 298.15K) = 2.870\times10^{-2}\,S\cdot m^2\cdot mol^{-1}$。若基本单元取为 $\frac{1}{2}BaSO_4$，$\Lambda_m(\frac{1}{2}BaSO_4, 298.15K)$ 的值为多少？

7. 298K 时，$\Lambda_m(LiI)$、$\Lambda_m(H^+)$ 和 $\Lambda_m(LiCl)$ 的值分别为 $1.17\times10^{-2}\,S\cdot m^2\cdot mol^{-1}$、$3.50\times10^{-2}\,S\cdot m^2\cdot mol^{-1}$ 和 $1.15\times10^{-2}\,S\cdot m^2\cdot mol^{-1}$，已知 LiCl 中的 $t_+ = 0.34$，则 HI 中 I^- 的迁移数为（　　）（设电解质全部电离）。

(a) 0.82　　　　　(b) 0.18　　　　　(c) 0.34　　　　　(d) 0.66

8. 下列化合物中，（　　）溶液的无限稀释摩尔电导率可用 Λ_m 对 $\sqrt{c}$ 作图外推至 $c\to0$ 求得？

(a) HAc　　　　　(b) NaCl　　　　　(c) $CuSO_4$　　　　　(d) $NH_3\cdot H_2O$

9. 下列电解质溶液中，离子平均活度因子最小的是（设浓度都为 $0.01mol\cdot kg^{-1}$）（　　）。

(a) $ZnSO_4$　　　　　(b) $CaCl_2$　　　　　(c) KCl　　　　　(d) $LaCl_3$

10. 质量摩尔浓度为 b 的 K_3PO_4 溶液，平均活度因子为 $\gamma_\pm$，则 K_3PO_4 的活度为（　　）。

(a) $4\gamma_\pm^4\left(\dfrac{b}{b^\ominus}\right)^4$　　(b) $\gamma_\pm^4\left(\dfrac{b}{b^\ominus}\right)$　　(c) $4\gamma_\pm\left(\dfrac{b}{b^\ominus}\right)$　　(d) $27\gamma_\pm^4\left(\dfrac{b}{b^\ominus}\right)^4$

11. 原电池 $Ag\,|\,AgCl(s)\,|\,KCl(b_1)\,\|\,AgNO_3(b_2)\,|\,Ag$ 的电动势和电池组成间的关系可表示为 $E = E^\ominus + \dfrac{RT}{F}\ln(a_{Ag^+}\,a_{Cl^-}) = E^\ominus + \dfrac{RT}{F}\ln(\gamma_{Ag^+}\,b_{Ag^+}\,\gamma_{Cl^-}\,b_{Cl^-})$，（1）若已知 $b_2 = 0.001mol\cdot kg^{-1}\,AgNO_3$ 溶液的平均离子活度因子为 $\gamma_{\pm,1}$，$b_1 = 0.01mol\cdot kg^{-1}\,KCl$ 溶液的平均离子活度因子为 $\gamma_{\pm,2}$，能否认为电动势表达式中的 $\gamma_{Ag^+} = \gamma_{\pm,1}$、$\gamma_{Cl^-} = \gamma_{\pm,2}$？（2）若已知 $b_2 = 0.1mol\cdot kg^{-1}\,AgNO_3$ 溶液的平均离子活度因子为 $\gamma_{\pm,1}$，$b_1 = 0.5mol\cdot kg^{-1}\,KCl$ 溶液的平均离子活度因子为 $\gamma_{\pm,2}$，能否认为电动势表达式中的 $\gamma_{Ag^+} = \gamma_{\pm,1}$、$\gamma_{Cl^-} = \gamma_{\pm,2}$？

12. 标准电极电势等于电极与周围活度为 1 的电解质之间的电势差，这种说法对吗？为什么？

13. 为什么用 Zn(s) 和 Ag(s) 插在 HCl 溶液中所构成的原电池是不可逆电池？

14. 化学电池以一定的电流对外放电时，摩尔电池反应吉布斯函数变 $\Delta_r G_m$ 大于、小于还是等于所做的电功 W'_m？

15. 已知电池（a）$Pt\,|\,H_2(g, 100kPa)\,|\,HCl(a=0.8)\,|\,Cl_2(g, 100kPa)\,|\,Pt$ 的电动势为 $E = 1.3636V$，对应的 $z = 2$ 时的电池反应的 $\Delta_r G_m = -263.13kJ\cdot mol^{-1}$，电池（b）$Zn\,|\,ZnCl_2(a=0.6)\,|\,AgCl(s)\,|\,Ag$ 的电动势为 $E = 0.99072V$，对应的 $z = 2$ 时的电池反应的 $\Delta_r G_m = -191.18kJ\cdot mol^{-1}$。（1）如果分别将两电池各自的正负极短路，两电池对应的反应能否正向进行？（2）如果分别在两电池各自的正负极间接入一个阻值有限的电阻，两电池对应的反应能否正向进行？（3）如果将两电池并联，试说明两电池中的反应能否正向进行？

16. 在公式 $\Delta_r H_m = -zFE + zFT\left(\dfrac{\partial E}{\partial T}\right)_p$ 中，当 $\left(\dfrac{\partial E}{\partial T}\right)_p < 0$ 时，则 $\Delta_r H_m < -zFE$，即 $\Delta_r H_m$ 一部分转变为电功，一部分以热的形式放出。所以在相同的始终态下，化学反应的 $\Delta_r H_m$ 比安排成电池时的 $\Delta_r H_m$ 大，这种说法对不对？为什么？

17. 某电池反应可写成　$H_2(p_1) + Cl_2(p_2) \Longrightarrow 2HCl$　（1）或 $\dfrac{1}{2}H_2(p_1) + \dfrac{1}{2}Cl_2(p_2)$

══HCl （2），这两种不同的表示式算出的 E、$E^{\ominus}$、$\Delta_r G_m$ 和 $K^{\ominus}$ 是否相同？写出两者之间的关系。

18. 在标准还原电极电势表上，凡 $E^{\ominus}$ 为正数的电极一定作原电池的正极，$E^{\ominus}$ 为负数的电极一定作负极，这种说法对不对？为什么？

19. 盐桥有何作用？为什么它不能完全消除液接电势，而只把液接电势降低到可忽略不计？

20. 下列化合物哪些可用于盐桥中的盐，为什么？

(a) $LiClO_4$ (b) $NaCl$ (c) KCl (d) KNO_3

21. 设下列电池系统较大，有限的电量流过时，不会改变系统的状态，试写出当有 1F 的电量流过下列电池时，各个电池（系统）分别对应的总变化，并写出各电池电动势的表示式。

(a) $Ag(s)|AgCl(s)|KCl(a_{K^+,1}, a_{Cl^-,1})\|KCl(a_{K^+,2}, a_{Cl^-,2})|AgCl(s)|Ag(s)$

(b) $Ag(s)|AgCl(s)|KCl(a_{K^+,1}, a_{Cl^-,1})|KCl(a_{K^+,2}, a_{Cl^-,2})|AgCl(s)|Ag(s)$

(c) $Ag(s)|AgCl(s)|KCl(a_{K^+,1}, a_{Cl^-,1})\|KCl(a_{K^+,2}, a_{Cl^-,2})|Cl_2(p_{Cl_2})|Pt(s)$

(d) $Ag(s)|AgCl(s)|KCl(a_{K^+,1}, a_{Cl^-,1})|KCl(a_{K^+,2}, a_{Cl^-,2})|Cl_2(p_{Cl_2})|Pt(s)$

设在电池（b）和（d）中两电极液相界面上，K^+ 的迁移数为 t_+，Cl^- 的迁移数为 t_-。

22. 如果规定标准氢电极的电势为 1V，则可逆电池的 $E^{\ominus}$（电池）和可逆电极的 $E^{\ominus}$（电极）值将有何变化？

23. 标准氢电极的电极电势 $E^{\ominus}[H^+|H_2(g)]=0$ 时的温度是指以下何者？

(a) 18℃   (b) 25℃   (c) 273.15K   (d) 任意温度

24. 什么叫极化作用？什么叫超电势？极化作用主要有哪几种？阴阳极上由于超电势的存其不可逆电极电势的变化有何规律？

25. 在电解过程中，阴、阳离子分别在阳、阴极上析出的先后次序有何规律？

习 题

7.1 以 2.00A 的电流电解 $CuSO_4$ 溶液，10.0min 后在阴极上能析出多少质量的 Cu？在 Pt 阳极上能析出多少体积的 $O_2(g)$（298K，100kPa）。

7.2 用 Cu(s) 电极电解 $CuSO_4$ 溶液，电解前的溶液浓度为 1g 水中含有 $0.112g CuSO_4$，电解后阳极区溶液为 27.283g，其中含 $CuSO_4$ 2.863g，测得银库仑计中有 0.2504g 银沉积，计算 Cu^{2+} 和 SO_4^{2-} 的迁移数。

7.3 用银电极电解 $AgNO_3$ 溶液，溶液浓度为 1kg 水中溶有 7.39g $AgNO_3$，通电一定时间后，测得在阴极上析出 0.078g 的 Ag，阳极区溶液为 23.376g，其中含 $AgNO_3$ 0.236g。求 Ag^+ 和 NO_3^- 的迁移数。

7.4 以 Ag｜AgCl 电极电解 KCl 溶液，通电前溶液的浓度为 1kg 水中含有 1.496g KCl，通电一段时间后，测得阴极区溶液为 120.990g，其中含 KCl 0.235g，串联在电路中的库仑计上有 0.1602g 的 Ag(s) 析出，求 K^+ 和 Cl^- 的迁移数。

7.5 在 298K 时，在截面积为 $0.501cm^2$ 的迁移管中注入浓度为 33.27×10^{-3} mol·dm^{-3} 的 $GdCl_3$ 水溶液，在其上小心地注入浓度为 7.30×10^{-2} mol·dm^{-3} 的 LiCl 水溶液，使两溶液间有明显的界面，以 5.594mA 方向向下的电流电解 3976s 后，界面向下移动了

2.00cm，求 Gd^{3+} 的迁移数。

7.6 在某电导池中装入 $1.00 \times 10^{-2} mol \cdot dm^{-3}$ 的 KCl 溶液，测得其在 298K 时的电阻为 484.0Ω，换入 $2.00 \times 10^{-3} mol \cdot dm^{-3} K_2SO_4$ 溶液后测得电阻为 2772Ω，已知 298K 时 $1.00 \times 10^{-2} mol \cdot dm^{-3} KCl$ 溶液的电导率为 $0.14114 S \cdot m^{-1}$，求电导池常数及 K_2SO_4 溶液的电导率和摩尔电导率。

7.7 在电导率的测定中，一定温度下的 KCl 溶液经常用来作为标准溶液，而标定这些溶液电导率的标准方法是：在 273.15K 时，任选 a、b 两个电导池，分别盛入下列不同溶液测其电阻。如：先在 a 中加入 Hg(l)，测得其电阻为 0.99895Ω [273.15K 时，截面积为 $1mm^2$，长为 1062.936mm 的 Hg(l) 的电阻为 1Ω]，当 a、b 中盛以浓度为 $3mol \cdot dm^{-3}$ 的硫酸溶液时，测得 b 中的电阻为 a 中的 0.107811 倍。在 b 中盛以浓度为 $1.0mol \cdot dm^{-3}$ 的 KCl 溶液时，测得电阻为 17565Ω。求：(1) 电导池 a 的电导池常数；(2) 在 273.15K 时，该 KCl 溶液的电导率。

7.8 298K 时 NaCl 溶液的无限稀释摩尔电导率为 $\Lambda_m^{\infty} = 0.012639 S \cdot m^2 \cdot mol^{-1}$，$Na^+$ 的迁移数为 $t_{Na^+} = 0.396$。试计算 $\Lambda_m^{\infty}(Na^+)$ 和 $\Lambda_m^{\infty}(Cl^-)$。

7.9 在 298K 时，测得 $SrSO_4$ 饱和水溶液的电导率为 $\kappa_{溶液} = 1.482 \times 10^{-2} S \cdot m^{-1}$，在该温度下，溶解所用纯水的电导率为 $\kappa_{H_2O} = 1.496 \times 10^{-4} S \cdot m^{-1}$。试计算该条件下 $SrSO_4$ 的溶解度。已知 298K 时 $\Lambda_m^{\infty}(\frac{1}{2}Sr^{2+}) = 5.94 \times 10^{-3} S \cdot m^2 \cdot mol^{-1}$、$\Lambda_m^{\infty}(\frac{1}{2}SO_4^{2-}) = 8.00 \times 10^{-3} S \cdot m^2 \cdot mol^{-1}$。

7.10 在 298.15K 的某电导池中装入 $0.1000mol \cdot dm^{-3}$ 的 KCl 溶液，测得其电阻为 23.78Ω，换入 $2.414 \times 10^{-3} mol \cdot dm^{-3}$ HAc 溶液后测得电阻为 3942Ω，已知 298K 时 $0.1000mol \cdot dm^{-3} KCl$ 溶液的电导率为 $1.289 S \cdot m^{-1}$，$\Lambda_{m,HAc}^{\infty} = 0.03907 S \cdot m^2 \cdot mol^{-1}$，求 HAc 的解离度和解离平衡常数。

7.11 试写出 (1) NaCl，(2) $CuSO_4$，(3) $MgCl_2$，(4) $FeCl_3$ 和 (5) $Al_2(SO_4)_3$ 的平均离子活度因子 $\gamma_\pm$ 与各离子活度因子的关系；离子平均质量摩尔浓度 $b_\pm$ 与电解质溶液的质量摩尔浓度 b_B 的关系；并用电解质溶液的质量摩尔浓度 b_B 和平均活度因子 $\gamma_\pm$ 表示它们的离子平均活度 $a_\pm$ 和电解质 B 的活度 a_B。

7.12 计算由 NaCl、Na_2SO_4 和 $MgSO_4$ 各 $1.00 \times 10^{-3} mol$ 溶于 1kg 水中所形成的溶液的离子强度；利用德拜-休克尔极限公式分别计算 298K 时该溶液中三种电解质的平均离子活度因子 $\gamma_\pm(NaCl)$、$\gamma_\pm(Na_2SO_4)$、$\gamma_\pm(MgSO_4)$ 及各离子的活度因子 $\gamma(Na^+)$、$\gamma(Mg^{2+})$、$\gamma(Cl^-)$、$\gamma(SO_4^{2-})$。

7.13 原电池 $Zn(s) | ZnCl_2(0.555 mol \cdot kg^{-1}) | AgCl(s) | Ag(s)$ 的电动势与温度的关系为 $E/V = 1.015 - 4.02 \times 10^{-4}(T/K - 298.15)$。已知 $E_{Zn^{2+}/Zn}^{\ominus} = -0.7620V$，$E_{AgCl/Ag}^{\ominus} = 0.22216V$。

(1) 写出 $z = 2$ 时的电极反应及电池反应；

(2) 计算 25℃时反应的 $\Delta_r G_m$、$\Delta_r S_m$、$\Delta_r H_m$ 及电池反应的热效应 $Q_{r,m}$；

(3) 若该电池反应不在电池中进行，则 25℃、恒压下反应热 $Q_{p,m}$ 为多少？

7.14 测得原电池 $Pt | H_2(101325Pa) | HCl(b = 0.100 mol \cdot kg^{-1}) | Hg_2Cl_2(s) | Hg(l)$ 在 298.15K 时的电动势为 0.3981V，电池电动势的温度系数为 $(\frac{\partial E}{\partial T})_p = 1.52 \times 10^{-4} V \cdot K^{-1}$ 已知

25℃ 时 $E^{\ominus}[Cl^-\,|\,Hg_2Cl_2(s)\,|\,Hg]=0.26791V$。

(1) 写出 $z=1$ 时的电极反应及电池反应;

(2) 计算 25℃ 时电池反应的标准平衡常数 $K^{\ominus}$;

(3) 计算 25℃ 时反应的 $\Delta_r G_m$、$\Delta_r S_m$、$\Delta_r H_m$ 及电池反应的热效应 $Q_{r,m}$;

(4) 若该电池反应不在电池中进行,即直接在溶液中进行,则 25℃、恒压下反应热 $Q_{p,m}$ 为多少?

(5) 计算 25℃、$b=0.100\,mol\cdot kg^{-1}$ 的 HCl 水溶液的平均离子活度因子(系数)$\gamma_{\pm}$。

7.15 写出下列各电池当 $z=2$ 时的电池反应。应用标准电极电势数据计算 298.15K 时各电池的电动势、各电池反应的摩尔反应 Gibbs 函数及标准平衡常数,并指明电池反应在电池短路条件下能否进行。

(1) $Pt\,|\,H_2(100kPa)\,|\,HCl(a=0.800)\,|\,Cl_2(100kPa)\,|\,Pt$

(2) $Ag\,|\,AgCl(s)\,|\,ZnCl_2(a=0.600)\,|\,Zn$

(3) $Cd\,|\,Cd^{2+}(a=0.0100)\,\|\,Cl^-(a=0.500)\,|\,Cl_2(100kPa)\,|\,Pt$

(4) $Ag(s)\,|\,AgCl(s)\,|\,Cl^-(a=0.00100)\,\|\,Fe^{2+}(a=1.00),Fe^{3+}(a=0.100)\,|\,Pt(s)$

(5) $Zn(s)\,|\,Zn(OH)_2(s)\,|\,OH^-(a=2)\,|\,HgO(s)\,|\,Hg(l)\,|\,Pt(s)$

$\{E^{\ominus}[Zn(s)\,|\,Zn(OH)_2(s)\,|\,OH]=-1.245V;\;E^{\ominus}[Hg(l)\,|\,HgO(s)\,|\,OH]=0.0984V\}$

7.16 在 298.15K 时,电池

$$Ag\,|\,AgCl(s)\,|\,HCl(a)\,|\,Cl_2(0.1MPa)\,|\,Pt$$

电动势为 1.1362V,电池电动势的温度系数为 $-5.95\times10^{-4}\,V\cdot K^{-1}$。(1) 试写出 $z=1$ 的电池反应;(2) 求出电池反应在 298.15K 时的 $\Delta_r G_m$、$\Delta_r S_m$、$\Delta_r H_m$;(3) 该电池反应在可逆条件下的摩尔反应热为多少?(4) 对应的反应不在电池中进行(不做非体积功)时的摩尔反应热是多少?(5) 如果电池以 1.000V 不可逆放电时的摩尔反应热为多少?

7.17 已知 298.15K 时 $E^{\ominus}(Fe^{3+}/Fe)=-0.036V$,$E^{\ominus}(Fe^{3+},Fe^{2+})=0.770V$。试计算同温度下 $Fe^{2+}\,|\,Fe$ 电极的标准电极电势 $E^{\ominus}(Fe^{2+}\,|\,Fe)$。

7.18 将下列反应安排成电池

(1) $Sn^{2+}(a_{Sn^{2+}})+Pb^{2+}(a_{Pb^{2+}}){=\!=\!=}Sn^{4+}(a_{Sn^{4+}})+Pb(s)$

(2) $H_2(p_{H_2})+HgO(s){=\!=\!=}Hg(l)+H_2O(l)$

(3) $Cl_2(p_{Cl_2})+2I^-(a_{I^-}){=\!=\!=}I_2(s)+2Cl^-(a_{Cl^-})$

(4) $2Cu^+(a_{Cu^+}){=\!=\!=}Cu(s)+Cu^{2+}(a_{Cu^{2+}})$

(5) $Sn^{2+}(a_{Sn^{2+}})+Tl^{3+}(a_{Tl^{3+}}){=\!=\!=}Sn^{4+}(a_{Sn^{4+}})+Tl^+(a_{Tl^+})$

7.19 已知 298.15K 时,AgCl 的活度积 $K_{sp}^{\ominus}(AgCl)=1.605\times10^{-10}$,$E^{\ominus}(Ag^+\,|\,Ag)=0.7994V$,$E^{\ominus}[Cl^-\,|\,Cl_2(g)\,|\,Pt]=1.3579V$,试计算 298.15K 时的 $E^{\ominus}[Cl^-\,|\,AgCl(s)\,|\,Ag]$ 和 $\Delta_f G_m^{\ominus}(AgCl,s)$。

7.20 已知 298.15K 时 $\Delta_f G_m^{\ominus}(AgBr,s)=-96.90kJ\cdot mol^{-1}$,$\Delta_f H_m^{\ominus}(AgBr,s)=-100.37kJ\cdot mol^{-1}$,$E^{\ominus}(Ag^+\,|\,Ag)=0.7994V$,$E^{\ominus}[Br^-\,|\,Br_2(l)\,|\,Pt]=1.066V$。(1)将反应 $Ag(s)+\frac{1}{2}Br_2(l){=\!=\!=}AgBr(s)$设计为原电池,写出电极反应;(2) 求 298.15K、标准压力下电池放电 1F 时的热 Q_r;(3) 求 298.15K 时 AgBr 的活度积 K_{sp}。

7.21 已知 298.15K 时电池 $Pt\,|\,H_2(g,p)\,|\,H_2SO_4(b)\,|\,Ag_2SO_4(s)\,|\,Ag$ 的标准电池电动

势为 $E^{\ominus}=0.627V$，$E^{\ominus}(Ag^+|Ag)=0.7994V$。

(1) 写出电极反应和电池反应；

(2) 298.15K 时，测得当 $b=0.9985mol \cdot kg^{-1}$，$p=p^{\ominus}$ 时上述电池的电动势为 0.623V，求电解质 H_2SO_4 的平均离子活度因子 $\gamma_{\pm}$；

(3) 求 298.15K 时 Ag_2SO_4 的活度积 K_{sp}。

7.22 已知电池 $Pt|H_2(p^{\ominus})|NaOH(0.0100mol \cdot kg^{-1}) \| HCl(0.0100mol \cdot kg^{-1})|H_2(p^{\ominus})|Pt$ 在 298.15K 时的电池电动势为 0.587V，同温度下 $0.0100mol \cdot kg^{-1}$ 的 NaOH 和 HCl 溶液的 $\gamma_{\pm}$ 都为 0.904，(1) 写出电极和电池反应；(2) 求水的离子积 K_w。

7.23 分别写出下列电池的电极反应和电池反应，并求出其在 298.15K 时的电动势，判断对应的电池反应在电池短路的条件下能否进行。

(1) $Cd(s)|CdSO_4(b_1,\gamma_{\pm,1}) \| CdSO_4(b_2,\gamma_{\pm,2})|Cd(s)$

(2) $Pb|PbSO_4(s)|CdSO_4(b_1,\gamma_{\pm,1}) \| CdSO_4(b_2,\gamma_{\pm,2})|PbSO_4(s)|Pb$

(3) $Pb|PbSO_4(s)|CdSO_4(b_1,\gamma_{\pm,1})|CdSO_4(b_2,\gamma_{\pm,2})|PbSO_4(s)|Pb$

已知 $b_1=0.20mol \cdot kg^{-1}$，$\gamma_{\pm,1}=0.10$；$b_2=0.020mol \cdot kg^{-1}$，$\gamma_{\pm,2}=0.32$，在第二个电池中 Cd^{2+} 在接界处的迁移数为 0.37。

7.24 有下列电池

$Ag|AgCl(s)|KCl(b_1,\gamma_{\pm,1})|KCl(b_2,\gamma_{\pm,2})|AgCl(s)|Ag$

其中 $b_1=0.500mol \cdot kg^{-1}$、$\gamma_{\pm,1}=0.649$、$b_2=0.0500mol \cdot kg^{-1}$、$\gamma_{\pm,2}=0.812$，该电池在 298.15K 时的电动势为 0.0536V。求 K^+ 的迁移数及该电池的液接电势。

7.25 设计电池，298.15K 时，用电动势法测定下列各热力学函数，要求写出电池的表示式和列出所求函数的计算式

(1) $Ag(s)+Fe^{3+}(a_{Fe^{3+}})=\!\!=\!\!=Ag^+(a_{Ag^+})+Fe^{2+}(a_{Fe^{2+}})$ 的平衡常数；

(2) $Hg_2Cl_2(s)$ 的标准活度积常数 $K_{sp}^{\ominus}$；

(3) $HBr(0.0100mol \cdot kg^{-1})$ 溶液的平均离子活度因子 $\gamma_{\pm}$；

(4) $H_2O(l)$ 的标准生成吉布斯函数 $\Delta_f G_m^{\ominus}$。

7.26 在 298.15K 时，用玻璃电极测定溶液的 pH，参比电极为饱和甘汞电极。所组成的电池可表示如下

玻璃电极 | 缓冲溶液 | 饱和甘汞电极

当所用的缓冲溶液的 pH=4.00 时，测得电池的电动势为 0.1120V。若换用另一缓冲溶液，测得电动势为 0.2007V。求该缓冲溶液的 pH。当电池中换用 pH=2.50 的缓冲溶液时，计算电池的电动势。

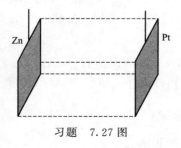

习题 7.27 图

7.27 氢气在锌电极上析出的 Tafel 公式为 $\eta/V=0.72+0.116lg[J/(A \cdot cm^{-2})]$，氧气在 Pt 电极上析出的 Tafel 公式为 $\eta/V=1.062+0.118lg[J/(A \cdot cm^{-2})]$。在 298.15K 及标准压力下，用锌电极作阴极，Pt 电极作阳极，电解 $b=0.100mol \cdot kg^{-1}$ 的 $ZnSO_4$ 溶液，设两电极与溶液的接触面积相同，均为 $1cm^2$，如图。溶液的 pH 为 7.00，所涉及的活度因子都为 1，金属的析出超电势可以忽略不计。(1) 求理论分解电压；(2) 若要使 $H_2(g)$ 不

和锌同时析出，应该控制流过锌阴极的电流密度处于什么条件。如果溶液电阻为 100Ω，这时两极间要施加的电压为多少？

7.28 在 298.15K、标准压力下，以 C（石墨）为阳极，Pt 为阴极，电解含有 $0.0100\text{mol} \cdot \text{kg}^{-1}$ $CdCl_2$ 和 $0.0200\text{mol} \cdot \text{kg}^{-1}$ $CuCl_2$ 的溶液，已知 $E^{\ominus}(Cd^{2+} \mid Cd) = -0.402V$，$E^{\ominus}(Cu^{2+} \mid Cu) = 0.337V$，$E^{\ominus}(Cl_2 \mid Cl^-) = 1.360V$，$E^{\ominus}(O_2 \mid H_2O, H^+) = 1.229V$，假设所涉及的活度系数均为 1；氢气析出的超电势较大，在金属析出时氢气不析出；其他物质的超电势可忽略不计。问：

（1）何种金属先在阴极上析出？

（2）当第二种金属析出时，第一种金属离子在溶液中的浓度为多少？

（3）第二种金属析出时，至少需要加多大的电压？

（4）若假设 $O_2(g)$ 在石墨上析出的超电势为 $0.850V$，$Cl_2(g)$ 析出的超电势可忽略时，阳极上应首先发生什么反应？

第8章 统计热力学基础

8.1 概 论

8.1.1 统计热力学的研究内容和方法

何谓统计热力学？以较简洁的方法将系统的微观性质与宏观性质联系起来，用分子的微观性质与分子间的相互作用表示出系统的热力学函数、函数间的关系及热力学性质。这样得到的理论系统，称为统计热力学。

统计热力学的研究对象与热力学一致，也是研究含有大量粒子的平衡系统。

二者在研究方法上的区别：热力学属于宏观理论，是由热力学两个经验定律为基础，研究平衡的宏观系统各性质之间的相互关系。能预测过程自动进行的方向和限度。具有高度的可靠性和普遍性。由于热力学不研究系统的微观性质，所以不能给出微观性质与宏观性质之间的联系。统计热力学的研究方法是微观的方法，从系统所含粒子的微观性质（如速度、动量、位置、转动、振动等）出发，以粒子运动时普遍遵循的力学规律为基础，用统计的方法，从大量微观粒子的集合体中，找出单个粒子所没有的统计规律性，直接推求大量粒子运动的统计平均结果，以得出平衡系统中各种宏观性质（如压力、热容、熵等热力学函数）的具体数值。统计热力学把系统的微观性质和宏观性质联系起来了。对简单分子构成的系统，使用统计热力学的方法进行运算，其结果是令人满意的。但对复杂分子构成的系统或凝聚系统，应用统计热力学的结果还存在着很大的困难。

热力学和统计热力学从两个不同的方向研究大量粒子运动的规律，彼此联系，互为补充。

8.1.2 统计系统的分类

本章把构成系统的气体、液体或固体的分子、原子或离子统称为**粒子**，或简称为**子**。为了研究的方便，可以从不同的角度将统计热力学研究的系统加以分类。

① 依据粒子能否分辨　系统分为定位系统和非定位系统。

定位系统：有固定位置，粒子可区分。也称为定域子系统，如晶体。

非定位系统：粒子处于混乱状态，不可分辨。也称为离域子系统，如气体、液体。

② 依据粒子间有无相互作用　系统分为独立子系统和相依子系统。

独立子系统：粒子间无作用力或作用力可忽略，如理想气体。系统的总能量是组成该系统的各个粒子的能量之和。

相依子系统：粒子间作用力不可忽略，如液体、真实气体。系统的总能量除了包括该系统的各个粒子的能量之和，还包括粒子间相互作用的势能 U_p。势能 U_p 与各个粒子在空间的位置有关。

由于要考虑粒子间相互作用的势能，相依子系统相较独立子系统在理论处理上要复杂得多，故本章只讨论独立子系统。

8.1.3 统计热力学的基本原理

① 系统的宏观状态对应着巨大数目的微观状态，这些微观状态各以一定的概率出现。

在统计热力学中，将微观粒子所处的量子状态叫做粒子的微观状态，简称微态。一个系统的微观状态可以用系统内各个**粒子的微观状态和**来描述，粒子的微观状态和即微观状态数，简称**微态数**。只有系统中全部粒子的微态都确定后，该系统的微态才能确定。如果系统内任何一个粒子所处的量子状态改变了，即这个粒子的任何一种运动量子数改变了，就意味着整个系统的微态发生了改变。因此可以想象，微观状态的数目是非常巨大的。虽然如此，但实际上只有那些符合宏观状态条件限制的微观状态才有可能出现，也就是说，数目虽然巨大，确是有限的。更为重要的是，在一定宏观条件下，系统的各个微观运动状态各以一定的概率出现，它们的变化具有统计规律性。

② 对于(N,U,V)确定的系统，任何一个可能出现的微观状态都具有相同的数学概率。

若系统的总微观状态数为Ω，则其中每一个微观状态出现的概率（P）都是$P=1/\Omega$。若某种分布D的微态数为W_D，则这种分布出现的概率（P_x）是$P_x=W_D/\Omega$。对于(N,U,V)确定的系统，总微观状态数Ω是确定的，故$P_x \propto W_D$，所以在统计热力学中就把W_D称为分布D的热力学概率，Ω称为系统的总热力学概率。

③ 系统的宏观性质是系统中大量粒子微观性质的统计平均值。

当对一个系统进行宏观测量时，总是需要一定的时间，而系统内的分子则瞬息万变，即使在宏观上看来相当短的时间内，在微观上看来却是足够的长。在这个时间内各种可能的微观状态都已出现，而且出现了千万次。因此宏观测知的某种物理量实际上是相应微观性质的平均值，其中由每一种微观状态所提供的那种微观性质在平均值内的贡献都是一样的。

以上三条，也称作统计力学的三个基本假定，在此基础上，即可构建出平衡态统计力学的完整框架。

④ 玻尔兹曼熵定理

根据经典热力学，对于一个N、U、V均已确定的系统，系统的熵值必然也是确定的，即熵$S=S(N,U,V)$。而根据统计力学，一个N、U、V均已确定的系统，系统的总微态数Ω也有确定的值，即$\Omega=\Omega(N,U,V)$。因此，反映系统宏观性质的熵S与反映系统微观性质的总微态数Ω之间必然存在一定的函数关系，即$S=f(\Omega)$。

设有两个小系统，它们的熵分别为S_1和S_2，总微态数分别为Ω_1和Ω_2。由这两个小系统组合成一个大系统，大系统的熵和总微态数为S和Ω。

根据概率定理，复杂事件的概率等于各个简单的、独立事件概率的乘积。作为热力学概率

$$\Omega=\Omega_1\Omega_2$$

但大系统的熵是两个小系统的熵之和

$$S=S_1+S_2$$

由于 $S=f(\Omega)$，故

$$f(\Omega)=f(\Omega_1\Omega_2)=f(\Omega_1)+f(\Omega_2)$$

只有借助对数关系，才能把 S 和 Ω 联系在一起，所以玻尔兹曼提出公式

$$S=k\ln\Omega \tag{8.1.1}$$

式中，$k=R/L$，称为玻尔兹曼常数，这就是玻尔兹曼熵定理，把宏观物理量熵和微观物理量总微态数联系在一起，成为沟通宏观与微观的一座桥梁。

8.1.4 统计方法的分类

一般分为经典统计（以经典力学为基础）和量子统计（以量子力学为基础）。经典统计又分玻尔兹曼统计和吉布斯统计。玻尔兹曼统计适用于独立子系统，吉布斯创立了统计系综理论，吉布斯统计适用于相依子系统。量子统计分为玻色-爱因斯坦统计和费米-狄拉克统计。从科学发展时间看，先有经典统计后有量子统计。从科学的严谨性来看，量子统计更准确更严格。量子统计经近似可得到玻尔兹曼统计。

本章主要介绍按照量子力学（能级与简并度概念）修正了的玻尔兹曼统计，此种统计是统计热力学的理论基础。对于温度不太低、压力不太高的气体等近独立子系统，由玻尔兹曼统计得到的结果与量子统计实际上没有什么区别。

8.2 微观粒子的运动形式、能级、量子态与简并度

通常系统处于一定的状态，都是指宏观状态。例如，可将一组参数 U、V、N 所决定的状态定义为系统的一个宏观状态。它表示系统的热力学状态。这时，系统的各种宏观性质如 T、p、S、G 等，均具有确定的数值。然而，由于微观粒子的运动随时都在改变着，因此对于已达到平衡的宏观系统在微观上仍是瞬息万变的，系统的微观状态仍在不断变化之中。那么微观状态该如何描述呢？

8.2.1 微观粒子的运动形式

微观粒子分子的运动形式可分为两大类。

① 外部运动　分子作为整体的平动。相应的能量有平动能 ε_t，以及分子间相互作用的位能 ε_p。

② 内部运动　围绕质心的转动和分子中各原子的振动，相应的有转动能 ε_r 和振动能 ε_v；原子中电子绕核的运动和自旋，相应的为电子能 ε_e；核的自旋以及核内粒子的运动，相应的为核能 ε_n。

8.2.2 运动自由度

运动自由度即描述运动分子的空间位形所必需的独立坐标的数目。对于一个具有 n 个原子的分子，运动自由度的总数为 $3n$ 个。有 3 个平动自由度（x、y、z 轴方向的平动），3 个转动自由度（围绕 3 个轴的旋转），和 $3n-6$ 个振动自由度。对于线性分子，平动自由度仍为 3 个，转动自由度变成 2 个（围绕线轴的旋转可略），相应的振动自由度成为 $3n-5$ 个，

总数仍为 $3n$ 个。

微观粒子各种运动形式能量的变化是量子化的，由于变化是不连续的，像一个个逐渐升高的台阶，故能量变化公式也称为**能级公式**。

8.2.3 分子的平动能级

设质量为 m 的分子，处于边长分别为 a、b、c 的容器中，则该分子的平动可用三维势箱（$0{\leqslant}x{\leqslant}a$，$0{\leqslant}y{\leqslant}b$，$0{\leqslant}z{\leqslant}c$）中的粒子来描述，其能量的变化为

$$\varepsilon_t = \frac{h^2}{8m}\left(\frac{n_x^2}{a^2}+\frac{n_y^2}{b^2}+\frac{n_z^2}{c^2}\right) \qquad (n_x,n_y,n_z=1,2,\cdots) \qquad (8.2.1)$$

如果 $a=b=c$，则 $a^3=V$，三维势箱成为立方势箱，式（8.2.1）可化简为

$$\varepsilon_t = \frac{h^2}{8mV^{2/3}}(n_x^2+n_y^2+n_z^2) \qquad (n_x,n_y,n_z=1,2,\cdots) \qquad (8.2.2)$$

式中，n_x,n_y,n_z 称为平动量子数，它们的取值不同，对应着不同的能量状态，是粒子平动时的一种微观状态，简称为**量子态**，用 ψ_{n_x,n_y,n_z} 来表示。量子态 $\psi_{1,1,1}$ 对应的能量最低，称为基态。随着平动量子数从小向大改变，能量也从低向高变化。通过能级公式还发现，有时几个不同的量子态对应的能量是相同的，即几个不同的量子态同处于一个能级上，这种现象在量子力学中称为**简并**，将对应于同一能级而独立的量子态的数目称为该能级的**简并度**或**多重度**，以符号 g_i 表示。$g_i=1$ 的能级叫非简并能级。平动能级的能量、简并度及对应的量子态如表 8.2.1 所示。

表 8.2.1 平动能级的能量、简并度及对应的量子态

能级	能量	量子态	简并度
基态	$h^2/(8mV^{2/3})\times 3$	$\psi_{1,1,1}$	$g_{t,0}=1$
第一激发态	$h^2/(8mV^{2/3})\times 6$	$\psi_{2,1,1}$，$\psi_{1,2,1}$，$\psi_{1,1,2}$	$g_{t,1}=3$
第二激发态	$h^2/(8mV^{2/3})\times 9$	$\psi_{1,2,2}$，$\psi_{2,1,2}$，$\psi_{2,2,1}$	$g_{t,2}=3$
第三激发态	$h^2/(8mV^{2/3})\times 12$	$\psi_{2,2,2}$	$g_{t,3}=1$
...	...	...	...

8.2.4 双原子分子的转动能级

设双原子分子 AB 中 A、B 的质量分别为 m_A 和 m_B，A、B 间的平衡键长（核间距）为 d。若平衡键长保持不变，可把双原子分子近似看作刚性转子。其能级公式为

$$\varepsilon_r = \frac{h^2}{8\pi^2 I}J(J+1) \quad (J=0,1,2,\cdots) \qquad (8.2.3)$$

式中，$I=\mu d^2=\frac{m_A m_B}{m_A+m_B}d^2$，是分子的转动惯量；$\mu=\frac{m_A m_B}{m_A+m_B}$ 称为分子的折合质量；J 是转动能级的量子数。由于转动时的角动量在空间的取向也是量子化的，角动量

$$M_z = \frac{mh}{2\pi} \quad (m=0,\pm1,\pm2,\cdots,\pm J) \qquad (8.2.4)$$

m 是磁量子数，可见当转动量子数为 J 时，磁量子数的取值有 $2J+1$ 个，即有 $2J+1$ 种量子状态。所以，转动能级的简并度为 $g_{r,i}=2J+1$。

8.2.5 双原子分子的振动能级

对于双原子分子，只有一种振动频率，并可看作是简谐振动，分子的振动能级公式为

$$\varepsilon_v=\left(\upsilon+\frac{1}{2}\right)h\nu \qquad (\upsilon=0,1,2,\cdots) \tag{8.2.5}$$

式中，ν 是振动频率；υ 是振动量子数。对振动能级 $g_{v,i}=1$，是非简并的。当 $\upsilon=0$ 时，$\varepsilon_{v,0}=\frac{1}{2}h\nu$，称为零点振动能。

8.2.6 电子运动与核运动的能级

电子运动与核运动的能级差一般都很大，因而分子中的这两种运动通常均处于基态。电子绕核运动的总动量矩是量子化的，动量矩沿某一选定的轴上的分量，可以取 $-j\sim+j$，即有 $(2j+1)$ 个不同的取向，所以电子运动基态的简并度为

$$g_{e,0}=2j+1 \tag{8.2.6}$$

核运动能级的简并度来源于原子核有自旋作用，若核自旋量子数为 i，则核自旋的简并度为 $(2i+1)$，分子核运动基态能级的简并度还取决于原子的数量 n，公式为

$$g_{n,0}=\prod_n(2i+1)_n \tag{8.2.7}$$

假设可以忽略分子各种运动形式之间的作用和影响，则分子 i 能级总能量可近似表示为各种运动形式能量的和，分子 i 能级的简并度应为各种运动形式能级的简并度之积，即

$$\varepsilon_i=\varepsilon_{t,i}+\varepsilon_{r,i}+\varepsilon_{v,i}+\varepsilon_{e,i}+\varepsilon_{n,i} \tag{8.2.8}$$

$$g_i=g_{t,i}g_{r,i}g_{v,i}g_{e,i}g_{n,i} \tag{8.2.9}$$

式中，下标 t、r、v、e 和 n 分别代表平动、转动、振动、电子运动和核运动。

8.3 最概然分布

虽然玻尔兹曼熵定理把系统的宏观量熵和微观量总微态数联系在一起了，但要求出系统的总微态数几乎是不可能的。在统计力学中，则采用研究粒子分布的方法，通过分布的方式和规律使微观状态与宏观物理量的联系变得可以操作。

8.3.1 微观粒子的分布

对于 N、U、V 确定的独立子系统，系统中的粒子必然以某些方式按某种条件或规律分布其中。

（1）能级分布

设粒子的能级为 $\varepsilon_0, \varepsilon_1, \cdots, \varepsilon_i, \cdots$，则系统中的 N 个粒子在每个能级上将分布一定数目的粒子，计为 $n_0, n_1, \cdots, n_i, \cdots$，分布在能级 i 上的粒子数 n_i 称为能级 i 的**能级分布数**，简称**分布数**。这种以能级为特点的粒子分配方式，称为**能级分布**。由于粒子不停地运动并彼此交换着能量，具有确定总能量的系统，各能级的分布数瞬息万变，因此该系统可以有各种不同的能级分布方式。但是，系统的任何能级分布方式都应满足下面两个条件，即

$$\sum_i n_i \varepsilon_i = U \qquad (8.3.1)$$

$$\sum_i n_i = N \qquad (8.3.2)$$

需要说明的是，对于 N、U、V 确定的系统，在上述两个条件的制约下，该系统有多少种能级分布是完全确定的。

【例8.3.1】 有三个在定点 A、B、C 做独立一维简谐振动的粒子构成的定域子系统，总能量为 $U = (9/2)h\nu$，写出它们有几种能级分布。

解 一维简谐振动粒子的能级公式为 $\varepsilon_v = \left(v + \dfrac{1}{2}\right)h\nu$，则 $\varepsilon_0 = \dfrac{1}{2}h\nu$，$\varepsilon_1 = \dfrac{3}{2}h\nu$，$\varepsilon_2 = \dfrac{5}{2}h\nu$，$\varepsilon_3 = \dfrac{7}{2}h\nu$，$v < 4$，因只要有一个粒子 $v = 4$，系统的总能量就会超过 $(9/2)h\nu$。由题意知 $\sum_i n_i = 3$，$\sum_i n_i \varepsilon_i = \dfrac{9}{2}h\nu$，现将符合条件的三个一维简谐振动粒子的分布方式列表如下：

能级 分布数	n_0 $(\varepsilon_0 = (1/2)h\nu)$	n_1 $(\varepsilon_1 = (3/2)h\nu)$	n_2 $(\varepsilon_2 = (5/2)h\nu)$	n_3 $(\varepsilon_3 = (7/2)h\nu)$	$\sum_i n_i$	$\sum_i n_i \varepsilon_i$
分布 Ⅰ	1	1	1	0	3	$(9/2)h\nu$
分布 Ⅱ	2	0	0	1	3	$(9/2)h\nu$
分布 Ⅲ	0	3	0	0	3	$(9/2)h\nu$

即系统共有 Ⅰ、Ⅱ、Ⅲ 三种能级分布符合条件。

（2）状态分布

能级分布给出了系统中粒子在各个能级上的分布情况，但能级存在简并时，一个能级可能有多个量子状态。此时，需要知道系统中的粒子在各个量子态上的分配方式，这种分配方式称为**状态分布**。分布在某量子态 j 的粒子数叫做**状态分布数**，用 n_j 表示。显然，若将状态分布按能级种类及各能级上的粒子数目来归类，即得出能级分布。当所有的能级均为非简并时，每一个能级只有一个量子态与之对应，此时能级分布与状态分布相同。

8.3.2 最概然分布

各种能级分布拥有的微态数是不同的，所以其热力学概率是不同的。在系统可能出现的各种分布中，热力学概率最大的分布称为**最概然分布**，用 $W_{\max}$ 表示。研究表明最概然分布的微态数最多，基本上可以用它来代替总微态数，也就是说最概然分布实质上可以代表一切分布，最概然分布实际上也就是系统平衡时的平衡分布。

为了便于说明问题，这里给出一个简单的例子。某系统有 N 个可辨粒子，分布在两个能级上。分配到第一个能级上的粒子数设为 M，分配到第二个能级上的粒子数则为 $(N-$

M），此分布的微态数为

$$W_D = C_N^M = \frac{N!}{M!\,(N-M)!}$$

系统的总微态数为

$$\Omega = \sum_{M=0}^{N} W_D = \sum_{M=0}^{N} \frac{N!}{M!\,(N-M)!}$$

式中，不同的 M 值代表着不同的分布方式，即

$$\Omega = C_N^0 + C_N^1 + C_N^2 + \cdots + C_N^M + \cdots + C_N^N = 2^N$$

当 $M = N/2$ 时对应的分布是最概然分布，其微态数为

$$W_{\max} = C_N^{N/2} = \frac{N!}{(N/2)!\,(N/2)!}$$

从系统的总微态数公式看到，该系统有（$N+1$）种分布，即有（$N+1$）个求和项，如果把每一项都当作是最大的，则显然有

$$W_{\max} \leqslant \Omega \leqslant (N+1)W_{\max}$$

取对数后又得到

$$\ln W_{\max} \leqslant \ln \Omega \leqslant \ln W_{\max} + \ln(N+1)$$

对最概然分布式引用 Stirling 公式，即

$$N! = \sqrt{2\pi N}\left(\frac{N}{e}\right)^N \quad 或 \quad \ln N! = \ln\left[\sqrt{2\pi N}\left(\frac{N}{e}\right)^N\right] \tag{8.3.3}$$

得

$$W_{\max} = \sqrt{2/(\pi N)} \times 2^N \quad 或 \quad \ln W_{\max} = \ln\sqrt{2/(\pi N)} + N\ln 2$$

设粒子数 $N \approx 10^{24}$，代入上式，得

$$\ln W_{\max} = \ln\sqrt{2/(\pi \times 10^{24})} + 10^{24} \times \ln 2 \approx 10^{24} \times \ln 2$$

而

$$\ln(N+1) = \ln(10^{24}+1) \approx \ln 10^{24} \approx 24 \times 2.303$$

比较之

$$\ln W_{\max} + \ln(N+1) \approx \ln W_{\max}$$

即

$$\ln W_{\max} \leqslant \ln \Omega \leqslant \ln W_{\max}$$

也就是说

$$\ln W_{\max} = \ln \Omega$$

另外，最概然分布的数学概率为

$$P_{\max} = \frac{W_{\max}}{\Omega} = \sqrt{2/(\pi N)} = \sqrt{2/(\pi \times 10^{24})} = 7.98 \times 10^{-13}$$

此值看来很小，是在两个能级上正好各有 0.5×10^{24} 个粒子时的概率。但人们惊奇地发现，若分布发生一个很小的偏离，如一个能级上的粒子发生了 $0.5 \times 10^{24} \pm 2\sqrt{N} = 0.5 \times 10^{24} \pm 2 \times 10^{12}$ 数目的偏离，则在此范围内所有分布的数学概率之和

$$\sum P_D = \sum_{m=-2\sqrt{10^{24}}}^{2\sqrt{10^{24}}} \frac{1}{2^{10^{24}}} \times \frac{10^{24}!}{(0.5 \times 10^{24}+m)! \times (0.5 \times 10^{24}-m)!} = 0.9999 \approx 1$$

由于 2×10^{12} 与 0.5×10^{24} 比较起来非常小，故在两个能级上粒子数的这种微小改变在宏观上是难以察觉的，此狭小区域的分布与最概然分布在实质上并无区别。

由此可见，当 N 足够大时，最概然分布实际上包括了其附近的极微小偏离的情况，足

以代表系统的一切分布。下面给出一组数据作为证明。

N	Ω	W_{max}	$P_{max}(=W_{max}/\Omega)$	$\ln W_{max}/\ln\Omega$
50	1.13×10^{15}	1.27×10^{14}	0.112	0.9370
500	2.7×10^{299}	1.35×10^{298}	0.05	0.9904
5000	1.6×10^{3008}	2.5×10^{3006}	0.015	0.9987
50000	2.5×10^{30100}	0.81×10^{30098}	0.003	0.9998
500000	5.6×10^{301026}	1.4×10^{301022}	0.000025	1.0000

　　一个热力学系统，尽管其微观状态瞬息万变，但是系统在几乎所有的时间都处于最概然分布所代表的那些微态，即反复不断地经历这些微态。从宏观上看，系统达到热力学平衡态后，系统的状态不再随时间而变化；从微观上看，系统是处于最概然分布的状态，不因时间的推移而产生显著的偏离。所以最概然分布实际上就是平衡分布。

8.4　能级分布的微态数

　　一个 N、U、V 确定的平衡系统存在着若干种方式的能级分布，每一种能级分布都拥有自己的微态数。系统某能级分布 D 所拥有的微态数称为**分布 D 的微态数**，以 W_D 表示。因此，所有能级分布方式的微态数之和叫做**系统的总微态数**，以 Ω 表示，即

$$\Omega=\sum_D W_D \tag{8.4.1}$$

　　系统某能级分布 D 所拥有的微态数 W_D 与粒子能否分辨和能级是否简并有关，运用排列组合原理，结合不同系统粒子的自身特点，可计算出某能级分布 D 所拥有的微态数 W_D。

8.4.1　定域子系统能级分布的微态数

　　(1) 玻尔兹曼按经典统计给出的微态数

　　定域子系统的粒子可以区分，设有 N 个粒子，粒子的能级为 $\varepsilon_1,\varepsilon_2,\cdots,\varepsilon_i$，各能级的分布数为 $n_1,n_2,\cdots,n_i$。

　　首先从 N 个粒子中取出 n_1 个粒子放到 ε_1 能级上，共有 $C_N^{n_1}$ 种取法（$C_N^{n_1}$ 是从 N 个粒子中取出 n_1 个粒子的组合符号）。

　　然后再从剩余的 $(N-n_1)$ 个粒子中取出 n_2 个粒子放到 ε_2 能级上，应该有 $C_{N-n_1}^{n_2}$ 种放法。

　　以此类推，可求出定域子系统能级分布的微态数为

$$W_{D,L}=C_N^{n_1}C_{N-n_1}^{n_2}\cdots=\frac{N!}{n_1!\ (N-n_1)!}\times\frac{(N-n_1)!}{n_2!\ (N-n_1-n_2)!}\cdots$$

$$=\frac{N!}{n_1!\ n_2!\ \cdots n_i!}=N!\ \prod_i\frac{1}{n_i!} \tag{8.4.2}$$

　　(2) 玻尔兹曼用量子力学修正后给出的微态数

　　设系统有 N 个可辨粒子，粒子的能级为 ε_1，$\varepsilon_2,\cdots,\varepsilon_i$，各能级的简并度为 $g_1,g_2,\cdots$，g_i，各能级的分布数为 n_1，$n_2,\cdots,n_i$。那么，怎样求该能级分布的微态数呢？

首先从 N 个粒子中取出 n_1 个粒子，共有 $C_N^{n_1}$ 种取法。接下来将 n_1 个粒子放入 ε_1 能级，由于在 ε_1 能级上有 g_1 个不同的量子态，所以这 n_1 个粒子中的第一个在 ε_1 能级上应有 g_1 种放法，同样第二个在 ε_1 能级上也有 g_1 种放法（每一能级上的粒子数不限），依此类推，将 n_1 个粒子放入 ε_1 能级上共有 $g_1^{n_1}$ 种放法。因此，从 N 个粒子中取出 n_1 个粒子放入 ε_1 能级上共有 $(g_1^{n_1} C_N^{n_1})$ 种放法。

然后再从剩余的 $(N-n_1)$ 个粒子中取出 n_2 个粒子，按上述相同的放法放入 ε_2 能级上，应该有 $(g_2^{n_2} C_{N-n_1}^{n_2})$ 种放法。

依上述方法类推，可求出用量子力学修正后定域子系统能级分布的微态数为

$$W_{D,L,R} = (g_1^{n_1} C_N^{n_1})(g_2^{n_2} C_{N-n_1}^{n_2}) \cdots = g_1^{n_1} \frac{N!}{n_1!(N-n_1)!} \times g_2^{n_2} \frac{(N-n_1)!}{n_2!(N-n_1-n_2)!} \cdots$$

$$= g_1^{n_1} g_2^{n_2} \cdots g_i^{n_i} \frac{N!}{n_1! \, n_2! \, \cdots n_i!} = N! \prod_i \frac{g_i^{n_i}}{n_i!} \tag{8.4.3}$$

8.4.2　离域子系统能级分布的微态数

（1）玻尔兹曼统计给出的离域子系统能级分布的微态数

离域子系统中各粒子不能彼此分辨，为全同粒子。因此，只要把定域子系统能级分布的微态数进行粒子等同性修正即可。

设系统有不能彼此分辨的 N 个粒子，粒子的能级为 $\varepsilon_1, \varepsilon_2, \cdots, \varepsilon_i$，各能级的简并度为 $g_1, g_2, \cdots, g_i$，各能级的分布数为 $n_1, n_2, \cdots, n_i$。那么，在计算微态数时可辨粒子比不可辨粒子多了 $N!$ 倍，则 $W_{D,NL,R} = \dfrac{W_{D,L,R}}{N!}$，即

$$W_{D,NL,R} = \prod_i \frac{g_i^{n_i}}{n_i!} \tag{8.4.4}$$

这是玻尔兹曼用量子力学修正后所得的离域子系统能级分布的微态数。玻尔兹曼给出的各能级上粒子的分布数乃至在能级上任一量子态的分布数都是任意的，而根据量子力学原理，这样的假设是不完全正确的。已知某些基本粒子如电子、中子、质子和由奇数个基本粒子组成的原子和分子，它们必须遵守 Pauli 不相容原理，即每一个量子态最多只能容纳一个粒子。但对光子和由总数为偶数个基本粒子组成的原子和分子，则不受 Pauli 原理的制约，即每一个量子态所能容纳的粒子数不受限制。对这两类粒子，当由它们组成不可分辨的离域子系统时，便产生了两种不同的量子统计法。Fermi-Dirac 给出的统计方法适合前一类粒子，Bose-Einstein 给出的统计方法适合后一类粒子。

（2）Bose-Einstein 统计给出的离域子系统能级分布的微态数

设系统有不能彼此分辨的 N 个粒子，粒子的能级为 $\varepsilon_1, \varepsilon_2, \cdots, \varepsilon_i$，各能级的简并度为 $g_1, g_2, \cdots, g_i$，各能级的分布数为 $n_1, n_2, \cdots, n_i$。

考虑其中任意能级 ε_i 的情况。如图 8.4.1 所示，把能级 ε_i 看作一个长木箱，用 $g_i - 1$ 个相同式样的隔板放入木箱中，形成 g_i 个格子（量子态），将 n_i 个相同颜色的乒乓球（粒子）放入长木箱的 g_i 个格子中去。放置方法数就是微态数，先将隔板与乒乓球和在一起作一个全排列，其放置方法数为 $(n_i + g_i - 1)!$，实际上 n_i 个乒乓球是相同的，这 n_i 个球互

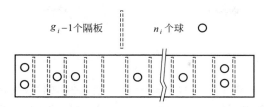

图 8.4.1 玻色子在能级上的分布方式

调不会产生新的放置方法数，g_i-1 个隔板也是如此，将多计算的放置方法数除掉，得 ε_i 能级上的放置方法数为

$$\frac{(n_i+g_i-1)!}{n_i!\,(g_i-1)!}$$

以此类推，Bose-Einstein 统计给出的离域子系统能级分布的微态数为

$$W_{D,NL,B}=\frac{(n_1+g_1-1)!}{n_1!\,(g_1-1)!}\times\cdots\times\frac{(n_i+g_i-1)!}{n_i!\,(g_i-1)!}=\prod_i\frac{(n_i+g_i-1)!}{n_i!\,(g_i-1)!} \tag{8.4.5}$$

（3）Fermi-Dirac 统计给出的离域子系统能级分布的微态数

设系统有不能彼此分辨的 N 个粒子，粒子的能级为 $\varepsilon_1,\varepsilon_2,\cdots,\varepsilon_i$，各能级的简并度为 $g_1,g_2,\cdots,g_i$，各能级的分布数为 $n_1,n_2,\cdots,n_i$。

符合 Fermi-Dirac 统计的粒子受 Pauli 原理的制约，每一个量子态最多只能容纳一个粒子，也就是说，在 ε_i 能级上的 g_i 个量子态中，n_i 个粒子只占据 n_i 个量子态，g_i-n_i 个量子态是空的。或者是从 g_i 个量子态中取出 n_i 个量子态，再将 n_i 个粒子按每个量子态放一个粒子到 n_i 个量子态上去。每个量子态都是可确定的，故从 g_i 个量子态中取出 n_i 个量子态的取法为

$$C_{g_i}^{n_i}=\frac{g_i!}{n_i!\,(g_i-n_i)!}$$

这也就是 ε_i 能级上的微态数，以此类推，Fermi-Dirac 统计给出的离域子系统能级分布的微态数为

$$W_{D,NL,F}=\frac{g_1!}{n_1!\,(g_1-n_1)!}\times\frac{g_2!}{n_2!\,(g_2-n_2)!}\times\cdots\times\frac{g_i!}{n_i!\,(g_i-n_i)!}$$
$$=\prod_i\frac{g_i!}{n_i!\,(g_i-n_i)!} \tag{8.4.6}$$

8.5 玻尔兹曼统计

根据能级分布的微态数，再通过统计系统的约束条件，求出系统的最概然分布是统计力学最重要的工作之一。显然，这是一个求带约束条件的多元函数的极值问题，需采用拉格朗日（Lagrange J L）乘因子法求解。

8.5.1 经典玻尔兹曼统计

目标函数：
$$W_{D,L}=N!\prod_i\frac{1}{n_i!}$$

约束条件： $$\sum_i n_i = N \quad 或 \quad \varphi_1 = \sum_i n_i - N = 0$$

$$\sum_i n_i \varepsilon_i = U \quad 或 \quad \varphi_2 = \sum_i n_i \varepsilon_i - U = 0$$

因为目标函数是一个连乘积，直接求微分很烦琐，但取对数后可将连乘积化为加和，且 $\ln f(x)$ 与 $f(x)$ 具有完全相同的极值性质，为简化计算，将 $W_{D,L}$ 取对数，得

$$\ln W_{D,L} = \ln N! - \sum_i \ln n_i!$$

引用 Stirling 公式，当 N 很大时

$$\ln N! = \ln\left[\sqrt{2\pi N}\left(\frac{N}{e}\right)^N\right] = \ln\sqrt{2\pi} + \frac{1}{2}\ln N + N(\ln N - 1) \approx N\ln N - N \tag{8.5.1}$$

$$\ln W_{D,L} = \ln N! - \sum_i \ln n_i! = N\ln N - N - \sum_i n_i \ln n_i + \sum_i n_i \tag{8.5.2}$$

设两待定常数 α 和 β，构造函数 Z 为

$$Z = \ln W_{D,L} + \alpha\varphi_1 + \beta\varphi_2 = N\ln N - N - \sum_i n_i \ln n_i + \sum_i n_i + \alpha\left(\sum_i n_i - N\right) + \beta\left(\sum_i n_i \varepsilon_i - U\right)$$

该函数对 n_i 求偏导数，并令其等于零，得

$$\left(\frac{\partial Z}{\partial n_i}\right)_{\alpha,\beta} = -\ln n_i + \alpha + \beta\varepsilon_i = 0 \tag{8.5.3a}$$

同理有

$$\left(\frac{\partial Z}{\partial \alpha}\right)_{n_i,\beta} = \sum_i n_i - N = 0 \tag{8.5.3b}$$

$$\left(\frac{\partial Z}{\partial \beta}\right)_{n_i,\alpha} = \sum_i n_i \varepsilon_i - U = 0 \tag{8.5.3c}$$

式(8.5.3a) 去掉对数，得

$$n_i^* = e^\alpha e^{\beta\varepsilon_i} \quad (i = 1,2,3,\cdots) \tag{8.5.4}$$

n_i^* 就是能级 i 上的最概然分布，是微观状态数最多的一种分配方式。

待定常数 α、β 的确定。

(1) α 的确定

将式(8.5.4) 代回式(8.5.3b)，$\sum_i n_i^* = \sum_i e^{\alpha+\beta\varepsilon_i} = N$，则待定常数

$$\alpha = \ln N - \ln\sum_i e^{\beta\varepsilon_i} \quad 或 \quad e^\alpha = \frac{N}{\sum_i e^{\beta\varepsilon_i}} \tag{8.5.5}$$

(2) β 的确定

将最概然分布［即式(8.5.4)］代入式(8.5.2)，再根据式(8.5.3b) 和式(8.5.3c) 得

$$\ln W_{D,L,max} = N\ln N - \sum_i n_i^* \ln e^{\alpha+\beta\varepsilon_i} = N\ln N - \alpha\sum_i n_i^* - \beta\sum_i n_i^*\varepsilon_i = N\ln N - \alpha N - \beta U$$

将 $\alpha = \ln N - \ln \sum_i e^{\beta \varepsilon_i}$ 代入上式

$$\ln W_{\mathrm{D,L,max}} = N \ln \left(\sum_i e^{\beta \varepsilon_i} \right) - \beta U$$

根据玻尔兹曼熵定理，$S = k \ln \Omega = k \ln W_{\max}$ ，将上式代入得

$$S = kN \ln \left(\sum_i e^{\beta \varepsilon_i} \right) - k\beta U \tag{8.5.6}$$

上式中 S 是 (N, U, β) 的函数，已知 S 是 (N, U, V) 的函数，N 一定时，β 是 (U, V) 的函数，故 $\left(\dfrac{\partial S}{\partial U} \right)_{V,N} = \left(\dfrac{\partial S}{\partial U} \right)_{\beta,N} + \left(\dfrac{\partial S}{\partial \beta} \right)_{U,N} \left(\dfrac{\partial \beta}{\partial U} \right)_{V,N}$ ，以此对式（8.5.6）求偏微商得

$$\left(\frac{\partial S}{\partial U} \right)_{V,N} = -k\beta + k \left[\frac{\partial}{\partial \beta} \left(N \ln \sum e^{\beta \varepsilon_i} \right) - U \right] \left(\frac{\partial \beta}{\partial U} \right)_{V,N}$$

由条件方程 $\sum_i n_i \varepsilon_i = U$ ，可知上式中的方括弧等于零，所以 $\left(\dfrac{\partial S}{\partial U} \right)_{V,N} = -k\beta$ ，根据热力学基本方程 $\mathrm{d}U = T\mathrm{d}S - p\mathrm{d}V$ ，得 $\left(\dfrac{\partial S}{\partial U} \right)_{V,N} = \dfrac{1}{T}$ ，比较两式得

$$\beta = -\frac{1}{kT} \tag{8.5.7}$$

将两待定常数代入 $\qquad n_i^* = \dfrac{N}{\sum_i e^{-\varepsilon_i / kT}} e^{-\frac{\varepsilon_i}{kT}} \qquad (i = 1, 2, 3, \cdots) \tag{8.5.8}$

此式称为玻尔兹曼最概然分布公式。

8.5.2 按量子力学修正了的玻尔兹曼统计

玻尔兹曼用量子力学修正后所得的定域子和离域子系统能级分布的微态数分别为

$$W_{\mathrm{D,L,R}} = N! \prod_i \frac{g_i^{n_i}}{n_i!} \quad \text{和} \quad W_{\mathrm{D,NL,R}} = \prod_i \frac{g_i^{n_i}}{n_i!}$$

作为目标函数，两式取对数简化后，再对 n_i 求偏导数，所得结果相同。取 $W_{\mathrm{D,NL,R}} = \prod_i \dfrac{g_i^{n_i}}{n_i!}$ ，设两待定常数 α 和 β ，构造函数 Z 为

$$Z = \ln W_{\mathrm{D,NL,R}} + \alpha \varphi_1 + \beta \varphi_2 = \sum_i n_i \ln g_i - \sum_i n_i \ln n_i + \sum_i n_i + \alpha \left(\sum_i n_i - N \right) + \beta \left(\sum_i n_i \varepsilon_i - U \right)$$

该函数对 n_i 求偏导数，并令其等于零，得

$$\ln \frac{g_i}{n_i} + \alpha + \beta \varepsilon_i = 0$$

去掉对数，得 $\qquad n_i^* = g_i e^{\alpha} e^{\beta \varepsilon_i} \qquad (i = 1, 2, 3, \cdots) \tag{8.5.9}$

两待定常数 α 和 β 求法和前面一样，$e^{\alpha} = \dfrac{N}{\sum_i g_i e^{\beta \varepsilon_i}}$ ，$\beta = -\dfrac{1}{kT}$ ，代入得

$$n_i^* = \frac{N}{\sum\limits_i g_i \mathrm{e}^{-\varepsilon_i/kT}} g_i \mathrm{e}^{-\frac{\varepsilon_i}{kT}} \quad . \quad (i=1,2,3,\cdots) \tag{8.5.10}$$

这就是按量子力学修正了的玻尔兹曼最概然分布公式。

8.5.3 Bose-Einstein 统计

Bose-Einstein 统计给出的离域子系统能级分布的微态数为

$$W_{\mathrm{D,NL,B}} = \prod_i \frac{(n_i+g_i-1)!}{n_i!\,(g_i-1)!}$$

设两待定常数 α 和 β，构造函数 Z 为

$$Z = \ln W_{\mathrm{D,NL,B}} + \alpha\varphi_1 + \beta\varphi_2$$

因为 $g_i \gg n_i \gg 1$，将 $\ln W_{\mathrm{D,NL,B}}$ 按 Stirling 公式近似并对 n_i 求偏导数，得 $\ln(n_i+g_i) - \ln n_i$，同时将 $\alpha\varphi_1 + \beta\varphi_2$ 也对 n_i 求偏导数，得 $\alpha+\beta\varepsilon_i$。两结果合并且令其为零，即

$$\ln(n_i+g_i) - \ln n_i + \alpha + \beta\varepsilon_i = 0$$

$$\frac{n_i+g_i}{n_i} = \mathrm{e}^{-(\alpha+\beta\varepsilon_i)}$$

所以 $g_i/n_i = \mathrm{e}^{-(\alpha+\beta\varepsilon_i)} - 1$，其解可以写为

$$n_i^* = \frac{g_i}{\mathrm{e}^{-(\alpha+\beta\varepsilon_i)} - 1} \quad (i=1,2,3,\cdots) \tag{8.5.11}$$

8.5.4 Fermi-Dirac 统计

Fermi-Dirac 统计给出的离域子系统能级分布的微态数为

$$W_{\mathrm{D,NL,F}} = \prod_i \frac{g_i!}{n_i!\,(g_i-n_i)!}$$

仍设两待定常数 α 和 β，构造函数 Z 为

$$Z = \ln W_{\mathrm{D,NL,F}} + \alpha\varphi_1 + \beta\varphi_2$$

将 $\ln W_{\mathrm{D,NL,B}}$ 按 Stirling 公式近似，与 $\alpha\varphi_1 + \beta\varphi_2$ 合并后共同对 n_i 求偏导数，然后令其为零，即

$$\ln(g_i-n_i) - \ln n_i + \alpha + \beta\varepsilon_i = 0$$

整理后的解可以写为 $g_i/n_i = \mathrm{e}^{-(\alpha+\beta\varepsilon_i)} + 1$，即

$$n_i^* = \frac{g_i}{\mathrm{e}^{-(\alpha+\beta\varepsilon_i)} + 1} \quad (i=1,2,3,\cdots) \tag{8.5.12}$$

8.5.5 几种统计方法的比较

经典玻尔兹曼统计为

$$n_i^* = \mathrm{e}^\alpha \mathrm{e}^{\beta \varepsilon_i} \quad \text{或} \quad 1/n_i^* = \mathrm{e}^{-(\alpha+\beta\varepsilon_i)}$$

按量子力学修正了的玻尔兹曼统计为

$$n_i^* = g_i \mathrm{e}^\alpha \mathrm{e}^{\beta \varepsilon_i} \quad \text{或} \quad g_i/n_i^* = \mathrm{e}^{-(\alpha+\beta\varepsilon_i)}$$

经典玻尔兹曼统计中，假定所有能级都是非简并的，一个能级只与一个量子态相对应。实际上每一个能级中可有若干个不同的量子态存在，反映在光谱上是一根谱线经常是由若干条非常接近的精细谱线所构成。所以，将经典玻尔兹曼统计按量子力学修正后所得结果一般是与实际情况相符的。

再看 Bose-Einstein 统计 $\qquad g_i/n_i^* = \mathrm{e}^{-(\alpha+\beta\varepsilon_i)} - 1$

Fermi-Dirac 统计为 $\qquad g_i/n_i^* = \mathrm{e}^{-(\alpha+\beta\varepsilon_i)} + 1$

二者与按量子力学修正了的玻尔兹曼统计相比，其比值 g_i/n_i 仅相差了一个 ± 1，实验事实表明，只要系统的温度不太低或压力不太高，比值 g_i/n_i 可达 10^5，即 ± 1 完全可以忽略，这样 Bose-Einstein 统计和 Fermi-Dirac 统计都可还原为 Boltzmann 统计。因此，在通常情况下，一般采用 Boltzmann 统计就能得到很好的结果了。只有在特殊情况下才考虑采用其他两种统计。故在后面只讨论 Boltzmann 统计。

8.6 粒子配分函数的定义、性质及与热力学函数的关系

8.6.1 粒子的配分函数的定义

由式(8.5.10)知 Boltzmann 最概然分布公式为

$$n_i^* = \frac{N}{\sum_i g_i \mathrm{e}^{-\varepsilon_i/kT}} g_i \mathrm{e}^{\frac{\varepsilon_i}{kT}} \qquad (i=1,2,3,\cdots)$$

式中的分母在统计热力学中具有非常重要的地位，因此将其定义为**粒子的配分函数**，以 q 表示，即

$$q \stackrel{\text{def}}{=\!=\!=} \sum_i g_i \mathrm{e}^{-\varepsilon_i/kT} \tag{8.6.1}$$

粒子的配分函数是量纲为一的量，指数项 $\mathrm{e}^{-\varepsilon_i/kT}$ 通常称为玻尔兹曼因子，q 是对系统中一个粒子的所有可能状态的玻尔兹曼因子求和，故又称为状态和。由于是独立子系统，任何粒子不受其他粒子存在的影响，q 中的各有关量、能级 ε_i 和能级的简并度 g_i 都是单个粒子的性质，与其他粒子无关，因此称 q 为粒子的配分函数，简称配分函数。将上式代回玻尔兹曼分布公式，整理得到任一能级 i 上分布的粒子数 n_i 与系统的总粒子数 N 之比为

$$\frac{n_i}{N} = \frac{g_i \mathrm{e}^{-\varepsilon_i/kT}}{q} \tag{8.6.2}$$

比值的分母是配分函数即状态和，比值的分子部分 $g_i \mathrm{e}^{-\varepsilon_i/kT}$ 称为能级 i 的**有效状态数**。

按玻尔兹曼分布公式，在任意两个能级 i 和 j 上分布的粒子数之比为两个能级上的有效状态数之比，即

$$\frac{n_i}{n_j} = \frac{g_i \, e^{-\varepsilon_i/kT}}{g_j \, e^{-\varepsilon_j/kT}} \tag{8.6.3}$$

【例 8.6.1】 若将双原子分子看作一维谐振子，现知 I_2 分子的振动能级间隔为 4.26×10^{-21} J，试计算 25℃时 I_2 分子在相邻两振动能级上的分布数之比。

解 振动能级为非兼并，且为等间隔分布。根据玻尔兹曼分布

$$\frac{n_{j+1}}{n_j} = \exp\left(-\frac{\Delta\varepsilon}{kT}\right) = \exp\left(-\frac{4.26 \times 10^{-21} \text{J}}{1.381 \times 10^{-23} \text{J} \cdot \text{K}^{-1} \times 298.15 \text{K}}\right) = 0.3554$$

8.6.2 配分函数与热力学函数的关系

配分函数之所以地位重要，是因为系统的各种热力学性质都可以用配分函数来表示，而统计热力学的最重要任务之一就是要通过配分函数来计算系统的热力学函数。

（1）热力学能与配分函数的关系

对于独立子系统

$$U = \sum_i n_i \varepsilon_i$$

将玻尔兹曼最概然分布公式代入上式

$$U = \sum_i n_i \varepsilon_i = \frac{N}{q} \sum_i g_i \varepsilon_i \, e^{-\varepsilon_i/kT} \tag{8.6.4}$$

在粒子数一定的系统中，热力学能是 T、V 的函数，粒子配分函数也同样可看成是 T、V 的函数，将粒子配分函数式（8.6.1）在恒容下对温度 T 求偏微商

$$\left(\frac{\partial q}{\partial T}\right)_V = \sum_i g_i \left(\frac{\partial}{\partial T} e^{-\varepsilon_i/(kT)}\right)_V = \frac{1}{kT^2} \sum_i g_i \varepsilon_i \, e^{-\varepsilon_i/(kT)}$$

将此式代入式（8.6.4），得

$$U = \frac{NkT^2}{q} \left(\frac{\partial q}{\partial T}\right)_V = NkT^2 \left(\frac{\partial \ln q}{\partial T}\right)_V \tag{8.6.5}$$

式（8.6.4）和式（8.6.5）对定域子系统和离域子系统都适用。

（2）熵与配分函数的关系

① 定域子系统 按照用量子力学修正了的玻尔兹曼统计，由玻尔兹曼熵定理给出的统计熵应将式（8.5.5）中的 $\left(\sum_i e^{\beta\varepsilon_i}\right)$ 改为 $\left(\sum_i g_i \, e^{\beta\varepsilon_i}\right)$ ，即 $S = kN\ln\left(\sum_i g_i \, e^{\beta\varepsilon_i}\right) - k\beta U = kN\ln\left(\sum_i g_i \, e^{-\varepsilon_i/kT}\right) + \frac{U}{T}$ ，将配分函数定义代入，得

$$S = kN\ln q + \frac{U}{T} = kN\ln q + NkT \left(\frac{\partial \ln q}{\partial T}\right)_V \tag{8.6.6}$$

② 离域子系统 离域子系统最概然分布的微态数 $W_{D,NL,R}$ 在相同条件下是定域子系统最概然分布的微态数 $W_{D,L,R}$ 的 $N!$ 分之一，由玻尔兹曼熵定理

$$S = k \ln W_{\mathrm{D,NL,R}} = k \ln \frac{W_{\mathrm{D,L,R}}}{N!} = k \ln W_{\mathrm{D,L,R}} - kN \ln N + kN$$

$$= kN \ln \frac{q}{N} + \frac{U}{T} + kN = kN \ln \frac{q}{N} + NkT \left(\frac{\partial \ln q}{\partial T} \right)_V + kN \tag{8.6.7}$$

（3）亥姆霍兹函数与配分函数的关系

① 定域子系统　将式(8.6.5) 和式(8.6.6) 代入 $A = U - TS$ ，得

$$A = NkT^2 \left(\frac{\partial \ln q}{\partial T} \right)_V - NkT \ln q - NkT^2 \left(\frac{\partial \ln q}{\partial T} \right)_V = -NkT \ln q \tag{8.6.8}$$

② 离域子系统　同理，将式(8.6.5) 和式(8.6.7) 代入 $A = U - TS$ ，整理得

$$A = -NkT \ln \frac{q}{N} - NkT \tag{8.6.9}$$

（4）其他热力学函数与配分函数的关系

有了 U、S、A 与配分函数的关系，其他热力学函数与配分函数的关系可通过热力学函数的定义式和关系式很方便地得到，结果列于表 8.6.1。

表 8.6.1　热力学函数与配分函数的关系

热力学函数	定域子系统	离域子系统
U	$NkT^2 \left(\frac{\partial \ln q}{\partial T} \right)_V$	$NkT^2 \left(\frac{\partial \ln q}{\partial T} \right)_V$
S	$kN \ln q + NkT \left(\frac{\partial \ln q}{\partial T} \right)_V$	$kN \ln \frac{q}{N} + NkT \left(\frac{\partial \ln q}{\partial T} \right)_V + kN$
$A = U - TS$	$-NkT \ln q$	$-NkT \ln \frac{q}{N} - NkT$
$p = -\left(\frac{\partial A}{\partial V} \right)_T$	$NkT \left(\frac{\partial \ln q}{\partial V} \right)_T$	$NkT \left(\frac{\partial \ln q}{\partial V} \right)_T$
$G = A + pV$	$-NkT \ln q + NkTV \left(\frac{\partial \ln q}{\partial V} \right)_T$	$-NkT \ln q - NkT + NkTV \left(\frac{\partial \ln q}{\partial V} \right)_T$
$H = U + pV$	$NkT^2 \left(\frac{\partial \ln q}{\partial T} \right)_V + NkTV \left(\frac{\partial \ln q}{\partial V} \right)_T$	$NkT^2 \left(\frac{\partial \ln q}{\partial T} \right)_V + NkTV \left(\frac{\partial \ln q}{\partial V} \right)_T$
$C_{V,\mathrm{m}} = \left(\frac{\partial U_{\mathrm{m}}}{\partial T} \right)_V$	$C_{V,\mathrm{m}} = R \left[T^2 \left(\frac{\partial^2 \ln q}{\partial T^2} \right)_V + 2T \left(\frac{\partial \ln q}{\partial T} \right)_V \right]$	$C_{V,\mathrm{m}} = R \left[T^2 \left(\frac{\partial^2 \ln q}{\partial T^2} \right)_V + 2T \left(\frac{\partial \ln q}{\partial T} \right)_V \right]$

8.6.3　配分函数的析因子性质

由于粒子的运动可被分离为独立的平动、转动、振动、电子运动和核运动，故将式(8.2.8) 和式(8.2.9) 代入粒子配分函数的定义式(8.6.1) 中：

$$q = \sum_i g_i \mathrm{e}^{-\varepsilon_i/(kT)} = \sum_i g_{\mathrm{t},i} g_{\mathrm{r},i} g_{\mathrm{v},i} g_{\mathrm{e},i} g_{\mathrm{n},i} \mathrm{e}^{-(\varepsilon_{\mathrm{t},i} + \varepsilon_{\mathrm{r},i} + \varepsilon_{\mathrm{v},i} + \varepsilon_{\mathrm{e},i} + \varepsilon_{\mathrm{n},i})/(kT)}$$

$$= \left(\sum_i g_{\mathrm{t},i} \mathrm{e}^{-\varepsilon_{\mathrm{t},i}/(kT)} \right) \left(\sum_i g_{\mathrm{r},i} \mathrm{e}^{-\varepsilon_{\mathrm{r},i}/(kT)} \right) \left(\sum_i g_{\mathrm{v},i} \mathrm{e}^{-\varepsilon_{\mathrm{v},i}/(kT)} \right) \left(\sum_i g_{\mathrm{e},i} \mathrm{e}^{-\varepsilon_{\mathrm{e},i}/(kT)} \right) \left(\sum_i g_{\mathrm{n},i} \mathrm{e}^{-\varepsilon_{\mathrm{n},i}/(kT)} \right)$$

定义：

$$q_t \overset{\text{def}}{=\!=\!=} \sum_i g_{t,i}\, e^{-\varepsilon_{t,i}/(kT)} \tag{8.6.10}$$

$$q_r \overset{\text{def}}{=\!=\!=} \sum_i g_{r,i}\, e^{-\varepsilon_{r,i}/(kT)} \tag{8.6.11}$$

$$q_v \overset{\text{def}}{=\!=\!=} \sum_i g_{v,i}\, e^{-\varepsilon_{v,i}/(kT)} \tag{8.6.12}$$

$$q_e \overset{\text{def}}{=\!=\!=} \sum_i g_{e,i}\, e^{-\varepsilon_{e,i}/(kT)} \tag{8.6.13}$$

$$q_n \overset{\text{def}}{=\!=\!=} \sum_i g_{n,i}\, e^{-\varepsilon_{n,i}/(kT)} \tag{8.6.14}$$

式中，q_t、q_r、q_v、q_e 和 q_n 分别称为粒子的平动配分函数、转动配分函数、振动配分函数、电子运动配分函数和核运动配分函数。于是

$$q = q_t\, q_r\, q_v\, q_e\, q_n \tag{8.6.15}$$

式(8.6.15) 表明粒子的配分函数可以用各独立运动的配分函数之积来表示，这一性质称为粒子配分函数的析因子性质。相对于各独立运动的配分函数而言，q 称为粒子的全配分函数。

8.6.4　能量零点的选择对配分函数的影响

q 的数值与各能级的能量值有关，而每个能级上的能量值又与能量零点的选择有关。也就是说，q 的数值与能量零点的选择有关。通常对能量零点的选择有两种规定。

第一种规定：把粒子基态能级的能量值定为 ε_0（实际上是把 0K 时分子的能量值定为 ε_0）。于是

$$q = g_0 e^{-\varepsilon_0/(kT)} + g_1 e^{-\varepsilon_1/(kT)} + g_2 e^{-\varepsilon_2/(kT)} + \cdots$$

此规定与粒子配分函数定义式一致。

第二种规定：把粒子基态能级的能量值定为 0，其他能级的能量为相对于基态能级能量的相对值。选取这种能量零点时通常用符号 ε_i^0 表示 i 能级的能量，即

$$\varepsilon_i^0 = \varepsilon_i - \varepsilon_0 \tag{8.6.16}$$

此规定下粒子的配分函数用 q^0 表示，表达式为

$$q^0 = g_0 + g_1 e^{-\varepsilon_1^0/(kT)} + g_2 e^{-\varepsilon_2^0/(kT)} + \cdots = \sum_i g_i e^{-\varepsilon_i^0/(kT)} \tag{8.6.17}$$

将式(8.6.16) 代入粒子配分函数定义式，并与式(8.6.17) 比较，得 q 与 q^0 间的关系为

$$q^0 = e^{\varepsilon_0/(kT)} q \tag{8.6.18a}$$

对应于各独立运动的配分函数定义式，亦有

$$q_t^0 = e^{\varepsilon_{t,0}/(kT)} q_t,\ q_r^0 = e^{\varepsilon_{r,0}/(kT)} q_r,\ q_v^0 = e^{\varepsilon_{v,0}/(kT)} q_v,\ q_e^0 = e^{\varepsilon_{e,0}/(kT)} q_e,\ q_n^0 = e^{\varepsilon_{n,0}/(kT)} q_n \tag{8.6.18b}$$

在通常温度下，$\varepsilon_{t,0} \approx 0$，$q_t^0 \approx q_t$；$\varepsilon_{r,0} = 0$，$q_r^0 = q_r$；$\varepsilon_{v,0} = (1/2)h\nu \neq 0$，$q_v^0 \neq q_v$；$\varepsilon_{e,0} \neq 0$，$q_e^0 \neq q_e$；$\varepsilon_{n,0} \neq 0$，$q_n^0 \neq q_n$。

第一种规定意味着不同物质有一个公共的能量零点标度，这就像不同的山均以海平面作为高度的零点来标记山高。而第二种规定则是不同物质有自己的能量零点标度，这相当于各座山都以各自的山脚处作为标记山高的零点。显然，第一种规定适合多种物质存在且发生化学变化的情况，第二种规定适合一种物质只发生物理变化的情况。

8.6.5 能量零点的选择对热力学函数的影响

（1）热力学能

第二种规定下的热力学函数加"0"上标表示，由式（8.6.5），对于两种能量零点的规定可以写出

$$U = NkT^2 \left(\frac{\partial \ln q}{\partial T} \right)_V , \quad U^0 = NkT^2 \left(\frac{\partial \ln q^0}{\partial T} \right)_V$$

将式（8.6.18a）代入，得

$$U^0 = NkT^2 \left(\frac{\partial \ln q}{\partial T} \right)_V + NkT^2 \left[\frac{\partial}{\partial T} \left(\frac{\varepsilon_0}{kT} \right) \right]_V = NkT^2 \left(\frac{\partial \ln q}{\partial T} \right)_V + NkT^2 \left(-\frac{\varepsilon_0}{kT^2} \right) = NkT^2 \left(\frac{\partial \ln q}{\partial T} \right)_V - N\varepsilon_0$$

即

$$U = U^0 + N\varepsilon_0 \tag{8.6.19}$$

式中，$N\varepsilon_0$ 是所有粒子均处于基态时系统的总能量，在统计热力学中认为是系统在 0K 时的热力学能，用 U_0 表示，则

$$U = U^0 + U_0 \tag{8.6.20}$$

这说明，热力学能的数值与能量零点的选择是有关的。

（2）热容

$$C_{V,m} = \left(\frac{\partial U_m}{\partial T} \right)_V = \left[\frac{\partial}{\partial T} (U_m^0 + U_{0,m}) \right]_V = \left(\frac{\partial U_m^0}{\partial T} \right)_V = C_{V,m}^0 \tag{8.6.21}$$

热容值与能量零点的选择无关。

（3）亥姆霍兹函数

$$A = -NkT \ln \frac{q}{N} - NkT = -NkT \ln \frac{q^0}{N} - NkT \left(-\frac{\varepsilon_0}{kT} \right) - NkT$$

$$= -NkT \ln \frac{q^0}{N} - NkT + N\varepsilon_0 = A^0 + U_0 \tag{8.6.22}$$

亥姆霍兹函数数值与能量零点的选择有关。

（4）其他热力学函数

将式（8.6.18a）分别代入另几个热力学函数与配分函数关系式中，得

$$S = S^0 \tag{8.6.23}$$

$$H = H^0 + U_0 \tag{8.6.24}$$

$$G = G^0 + U_0 \tag{8.6.25}$$

8.7 粒子配分函数的计算

8.7.1 平动配分函数的计算

将平动能级公式(8.2.1)代入平动配分函数式(8.6.10)

$$q_t = \sum_i g_{t,i} \exp\{-\varepsilon_{t,i}/(kT)\} = \sum_{n_x=1}^{\infty} \sum_{n_y=1}^{\infty} \sum_{n_z=1}^{\infty} \exp\left\{-\frac{h^2}{8mkT}\left(\frac{n_x^2}{a^2} + \frac{n_y^2}{b^2} + \frac{n_z^2}{c^2}\right)\right\}$$

$$= \sum_{n_x=1}^{\infty} \exp\left(-\frac{h^2}{8mkT} \times \frac{n_x^2}{a^2}\right) \sum_{n_y=1}^{\infty} \exp\left(-\frac{h^2}{8mkT} \times \frac{n_y^2}{b^2}\right) \sum_{n_z=1}^{\infty} \exp\left(-\frac{h^2}{8mkT} \times \frac{n_z^2}{c^2}\right) = q_{t,x} q_{t,y} q_{t,z}$$

$$\tag{8.7.1}$$

上式把对所有玻尔兹曼因子求和分解为对所有的 n_x、n_y、n_z 求和后已经包括了全部可能的微观状态，所以分解后的式子就不再出现 $g_{t,i}$ 项了。式(8.7.1)由完全相似的三项组成，只需求解其中的一个如 $q_{t,x}$ 即可。令

$$\frac{h^2}{8mkTa^2} = A^2$$

当粒子种类、系统的温度和体积确定后，A^2 是个数值极小的常数。对一系列连续相差很小的数值求和，在数学上可近似用积分代替，即

$$q_{t,x} = \sum_{n_x=1}^{\infty} \exp(-A^2 n_x^2) \approx \int_0^{\infty} \exp(-A^2 n_x^2)\, dn_x$$

利用积分公式

$$\int_0^{\infty} e^{-\alpha x^2}\, dx = \frac{1}{2}\sqrt{\pi/\alpha}$$

$$q_{t,x} = \frac{\sqrt{\pi}}{2A} = \frac{(2\pi mkT)^{1/2}}{h} a \tag{8.7.2a}$$

同理

$$q_{t,y} = \frac{(2\pi mkT)^{1/2}}{h} b \tag{8.7.2b}$$

$$q_{t,z} = \frac{(2\pi mkT)^{1/2}}{h} c \tag{8.7.2c}$$

将式(8.7.2a)、式(8.7.2b)、式(8.7.2c)代回式(8.7.1)

$$q_t = \left(\frac{2\pi mkT}{h^2}\right)^{3/2} V \tag{8.7.3}$$

式中 $V = abc$，为粒子平动空间的体积。

在通常温度下，$\varepsilon_{t,0} = 0$，$q_t^0 \approx q_t = \left(\dfrac{2\pi mkT}{h^2}\right)^{3/2} V$。

【例 8.7.1】 计算 $T = 300K$，$V = 0.025 m^3$ 时 N_2 分子的平动配分函数。

解 N_2 分子的质量为

$$m = \frac{M}{L} = \frac{28.01 \times 10^{-3}\,kg \cdot mol^{-1}}{6.022 \times 10^{23}\,mol^{-1}} = 4.651 \times 10^{-26}\,kg$$

将 m、T、V 值代入式(8.7.3)，得

$$q_t = \left(\frac{2\pi mkT}{h^2}\right)^{3/2} V = \left[\frac{2 \times 3.1416 \times 4.651 \times 10^{-26}\,kg \times 1.381 \times 10^{-23}\,J \cdot K^{-1} \times 300K}{(6.626 \times 10^{-34}\,J \cdot s)^2}\right]^{3/2} \times 0.025 m^3$$

$$= 3.620 \times 10^{30}$$

8.7.2 转动配分函数的计算

把双原子分子近似看作刚性转子。其转动能能级公式为式(8.2.3)

$$\varepsilon_r = \frac{h^2}{8\pi^2 I} J(J+1) \quad (J = 0,1,2,\cdots)$$

转动能级的简并度为 $g_{r,i} = 2J+1$。将 ε_r 和 $g_{r,i}$ 代入转动配分函数式(8.6.11)，得

$$q_r = \sum_{J=0}^{\infty} (2J+1) \exp\left[-J(J+1)\frac{h^2}{8\pi^2 IkT}\right]$$

式中，$\dfrac{h^2}{8\pi^2 Ik}$ 具有温度量纲，其数值与双原子分子的转动惯量 I 成反比，称为分子的转动特征温度，以符号 Θ_r 表示，即

$$\Theta_r = \frac{h^2}{8\pi^2 Ik} \tag{8.7.4}$$

于是

$$q_r = \sum_{J=0}^{\infty} (2J+1) \exp\left[-J(J+1)\frac{\Theta_r}{T}\right]$$

各种分子的转动特征温度可以由分子的转动惯量求得，也可以由分子的光谱数据求得。一些双原子分子的转动特征温度列于表8.7.1中。

表8.7.1 一些双原子分子的转动特征温度和振动特征温度

双原子分子	转动特征温度 Θ_r/K	振动特征温度 Θ_v/K	双原子分子	转动特征温度 Θ_r/K	振动特征温度 Θ_v/K
H_2	85.4	5983	NO	2.39	2699
N_2	2.86	3352	HCl	15.2	4151
O_2	2.07	2239	HBr	12.1	3681
CO	2.77	3084	HI	9.13	3208

由表可见，除了 H_2 外，大多数气体分子的转动特征温度均很低，在通常温度下，$\dfrac{\Theta_r}{T} \ll 1$，因此在计算转动配分函数时，求和运算可近似用积分代替（一般来说，当 T 大于 Θ_r 5倍时，就能满足这个条件），即

$$q_r \approx \int_0^{\infty} (2J+1) \exp\left[-J(J+1)\frac{\Theta_r}{T}\right] dJ$$

设 $J(J+1) = x$，则 $(2J+1)dJ = dx$，所以

$$q_r \approx \int_0^{\infty} \exp\left[-\frac{\Theta_r}{T}x\right] dx = \frac{T}{\Theta_r} = \frac{8\pi^2 IkT}{h^2}$$

这个式子只适用于绕旋转轴旋转一周只出现一次不可分辨的几何位置的异核双原子分子。通

常把分子绕旋转轴旋转一周出现不可分辨的几何位置的次数称为对称数，用 σ 表示。显然异核双原子分子的 $\sigma=1$，同核双原子分子的 $\sigma=2$，按照量子力学的结论，分子的转动量子数取值要受到结构（对称性）的影响，其配分函数需要除以 σ，即双原子分子转动配分函数的一般性公式为

$$q_r = \frac{T}{\sigma\Theta_r} = \frac{8\pi^2 IkT}{\sigma h^2} \tag{8.7.5}$$

在通常温度下　　$\varepsilon_{r,0} = 0$，$q_r^0 = q_r = \dfrac{T}{\sigma\Theta_r} = \dfrac{8\pi^2 IkT}{\sigma h^2}$

【例 8.7.2】 已知 O_2 分子的转动惯量 $I = 1.935 \times 10^{-46}\,kg \cdot m^2$，试求 O_2 的转动特征温度 Θ_r 及 298.15K 时分子的转动配分函数 q_r。

解　由式(8.7.4)得

$$\Theta_r = \frac{h^2}{8\pi^2 Ik}$$

$$= \frac{(6.626 \times 10^{-34}\,J \cdot s)^2}{8 \times 3.1416^2 \times 1.935 \times 10^{-46}\,kg \cdot m^2 \times 1.381 \times 10^{-23}\,J \cdot K^{-1}}$$

$$= 2.08K$$

O_2 是同核双原子分子，$\sigma=2$，由式(8.7.5)即求得 298.15K 时 O_2 分子的转动配分函数

$$q_r = \frac{T}{\sigma\Theta_r} = \frac{298.15K}{2 \times 2.08K} = 71.67$$

8.7.3　振动配分函数的计算

对双原子分子，只有一种振动频率，可看作是简谐振动，前面已给出简谐振动的能级公式为

$$\varepsilon_v = \left(v + \frac{1}{2}\right)h\nu \qquad (v = 0,1,2,\cdots)$$

振动能级 $g_{v,i}=1$，是非简并的。当 $v=0$ 时，$\varepsilon_{v,0} = \dfrac{1}{2}h\nu$，称为零点振动能。将这些代入振动配分函数公式，则

$$q_v = \sum_i g_{v,i}\,e^{-\varepsilon_{v,i}/(kT)} = \sum_{v=0}^{\infty} \exp\left[-\left(v + \frac{1}{2}\right)h\nu/(kT)\right]$$

式中，$h\nu/k$ 具有温度单位，称为分子的振动特征温度，以符号 Θ_v 表示，即

$$\Theta_v = \frac{h\nu}{k} \tag{8.7.6}$$

将上式代回振动配分函数公式，得

$$q_v = \exp[-\Theta_v/(2T)] \sum_{v=0}^{\infty} \exp[-v\Theta_v/T]$$

分子的振动频率可由振动光谱数据获得，进一步可求振动特征温度，一些双原子分子的振动特征温度也列于表 8.7.1 中。振动特征温度是物质的重要性质之一。振动特征温度越高，表示分子处于激发态的百分数越小，此时激发态可不考虑。若振动特征温度较低，则分子处于激发态的百分数就不是很小的数值，不能忽略。与转动特征温度 Θ_r 不同的是，多数物质的 Θ_v 值都在数千开尔文度，即在通常温度下，$\dfrac{\Theta_v}{T} \gg 1$，振动配分函数求和项中各项数值差别显著，不能用积分代替。将求和项展开，并设 $\exp(-\Theta_v/T) = x$

$$\sum_{v=0}^{\infty} \exp\left[-v\Theta_v/T\right] = 1 + \exp(-\Theta_v/T) + \exp(-2\Theta_v/T) + \exp(-3\Theta_v/T) + \cdots$$

$$= 1 + x + x^2 + x^3 + \cdots$$

因 $0 < x < 1$，故求和项是一收敛级数，其和为 $\dfrac{1}{1-x}$，将结果代回振动配分函数公式

$$q_v = \frac{\exp\left[-\Theta_v/(2T)\right]}{1 - \exp(-\Theta_v/T)} = \frac{1}{\exp\left[\Theta_v/(2T)\right] - \exp\left[-\Theta_v/(2T)\right]}$$

$$= \frac{1}{\exp\left[h\nu/(2kT)\right] - \exp\left[-h\nu/(2kT)\right]} \tag{8.7.7}$$

对于多原子分子，需要考虑自由度问题。分子的自由度是描述分子的空间位形所必需的独立坐标的数目。若一个分子由 n 个原子构成，总的自由度为 $3n$ 个。决定分子质心的平动需三个自由度，对线性分子，两个转动自由度，剩下的为振动自由度，有（$3n-3-2$）个。对非线性的多原子分子，转动自由度为 3，振动自由度为（$3n-3-3$）个，故对线性多原子分子

$$q_v = \prod_{i=1}^{3n-5} \frac{e^{\frac{h\nu_i}{2kT}}}{1 - e^{-\frac{h\nu_i}{kT}}} \tag{8.7.8}$$

对非线性多原子分子 $\qquad q_v = \prod_{i=1}^{3n-6} \frac{e^{\frac{h\nu_i}{2kT}}}{1 - e^{-\frac{h\nu_i}{kT}}}$ $\qquad$ (8.7.9)

在通常温度下，$\varepsilon_{v,0} = (1/2)h\nu \neq 0$，$q_v^0 \neq q_v$；对双原子分子，若令基态能量为零，因

$$q_v = \exp\left[-h\nu/(2kT)\right] \sum_{v=0}^{\infty} \exp\left[-vh\nu/(kT)\right]$$

则 $\qquad q_v^0 = \sum_{v=0}^{\infty} \exp\left[-vh\nu/(kT)\right] = \frac{1}{1 - \exp\left[-h\nu/(kT)\right]}$ $\qquad$ (8.7.10)

【例 8.7.3】 已知 NO 分子的振动特征温度 $\Theta_v = 2699\text{K}$，试求 300K 时 NO 分子的振动配分函数 q_v。

解 由式 (8.7.6)

$$q_v = \frac{1}{\exp\left[\Theta_v/(2T)\right] - \exp\left[-\Theta_v/(2T)\right]} = \frac{1}{e^{2699\text{K}/(2\times300\text{K})} - e^{-2699\text{K}/(2\times300\text{K})}} = 0.011$$

8.7.4 电子运动与核运动配分函数的计算

由于电子运动与核运动的能级差一般都很大，因而分子中的这两种运动通常均处于基态。按式(8.6.13)和式(8.6.14)，等式右端的加和项自第二项起均可忽略，即

$$q_e = g_{e,0} \exp\left(-\frac{\varepsilon_{e,0}}{kT}\right) \tag{8.7.11}$$

$$q_n = g_{n,0} \exp\left(-\frac{\varepsilon_{n,0}}{kT}\right) \tag{8.7.12}$$

在通常温度下，$\varepsilon_{e,0} \neq 0$，$q_e^0 \neq q_e$；$\varepsilon_{n,0} \neq 0$，$q_n^0 \neq q_n$。

8.8 统计热力学在理想气体中的应用

8.8.1 理想气体热力学函数的计算

理想气体属于离域子系统，单原子理想气体的分子内部没有振动和转动，而双原子理想气体的分子则各种运动俱全。所求热力学函数如下。

（1）亥姆霍兹函数

$$A = -NkT\ln\frac{q}{N} - NkT = -NkT\ln q_t q_r q_v q_e q_n + NkT\ln N - NkT$$

$$= (-NkT\ln q_t + NkT\ln N - NkT) - NkT\ln q_r - NkT\ln q_v - NkT\ln q_e - NkT\ln q_n$$

$$= A_t + A_r + A_v + A_e + A_n \tag{8.8.1}$$

$$\left.\begin{array}{l} A_t = -NkT\ln q_t + NkT\ln N - NkT, \quad A_r = -NkT\ln q_r \\ A_v = -NkT\ln q_v, \quad A_e = -NkT\ln q_e, \quad A_n = -NkT\ln q_n \end{array}\right\} \tag{8.8.2}$$

上面的式子把亥姆霍兹函数表示成了五种运动的亥姆霍兹函数之和。类似地，热力学能、熵、焓、吉布斯函数都可以这样表示，这一特点可看作**热力学函数的析因子性质**。显然式(8.8.1)表示的是双原子理想气体的亥姆霍兹函数，将式(8.7.3)、式(8.7.5)和式(8.7.7)～式(8.7.9)代入上式并整理，得

$$A = (N\varepsilon_{n,0} + N\varepsilon_{e,0}) - NkT\ln(g_{n,0}g_{e,0}) - NkT\ln\frac{(2\pi mkT)^{3/2}}{h^3} + NkT\ln\frac{N}{V} - NkT -$$

$$NkT\ln\frac{T}{\sigma\Theta_r} - NkT\ln\left\{\frac{1}{\exp[\Theta_v/(2T)] - \exp[-\Theta_v/(2T)]}\right\} \tag{8.8.3}$$

式(8.8.3)即用统计热力学方法计算双原子理想气体的亥姆霍兹函数的公式。式中第一项是核和电子处于基态时的能量，第二项表示相应的简并度。在讨论热力学变量时，这些都是常量，可以消去。

去掉式(8.8.3)中后两项，即 $A_r + A_v$ 部分，可得用统计热力学方法计算单原子理想气体的亥姆霍兹函数的公式。

（2）熵

因为 $S = -\left(\dfrac{\partial A}{\partial T}\right)_{V,N}$ ，所以

$$S_{t} = -\left(\frac{\partial A_{t}}{\partial T}\right)_{V,N} = Nk\left[\ln\left(\frac{2\pi mk}{h^{2}}\right)^{3/2} + \ln\frac{V}{N} + \frac{3}{2}\ln T + \frac{5}{2}\right] \tag{8.8.4}$$

$$S_{r} = -\left(\frac{\partial A_{r}}{\partial T}\right)_{V,N} = Nk\ln\frac{T}{\sigma\Theta_{r}} + Nk \tag{8.8.5}$$

$$S_{v} = -\left(\frac{\partial A_{v}}{\partial T}\right)_{V,N} = Nk\ln(1 - e^{-\Theta_{v}/T})^{-1} + Nk\Theta_{v}T^{-1}(e^{\Theta_{v}/T} - 1)^{-1} \tag{8.8.6}$$

$$S_{e} = -\left(\frac{\partial A_{e}}{\partial T}\right)_{V,N} = Nk\ln g_{e,0} \tag{8.8.7}$$

$$S_{n} = -\left(\frac{\partial A_{n}}{\partial T}\right)_{V,N} = Nk\ln g_{n,0} \tag{8.8.8}$$

将式(8.8.4)~式(8.8.8)加和起来就得到用统计热力学方法计算系统熵值的公式。在通常温度下，粒子的电子运动和核运动都处于基态，特别在一般的物理化学过程中求的是热力学函数的变化值，故可不考虑电子运动和核运动的贡献。为此，通常把由统计热力学方法计算出的系统的 S_{t}、S_{r} 与 S_{v} 之和称为**统计熵**。

对 1mol 理想气体，将 $N = L$，$Lk = R$，$m = M/L$，$V = nRT/p$，$n = 1$mol，代入式(8.8.4)并整理后可得理想气体的摩尔平动熵：

$$S_{m,t} = R\left[\ln\frac{(2\pi mkT)^{3/2}}{Lh^{3}}V_{m}\right] + \frac{5}{2}R$$

$$= R\left\{\frac{3}{2}\ln[M/(\text{kg}\cdot\text{mol}^{-1})] + \frac{5}{2}\ln(T/K) - \ln(p/\text{Pa}) + 20.723\right\} \tag{8.8.9}$$

此式称为 Sackur-Tetrode 公式。因单原子理想气体没有转动和振动，故 Sackur-Tetrode 公式常用来计算单原子理想气体的摩尔熵。

【例 8.8.1】 已知 298.15K 时氖气的标准摩尔量热熵为 146.6J·mol⁻¹·K⁻¹。试求 298.15K 时氖气的标准摩尔统计熵，并与量热熵进行比较。

解 氖 Ne 是单原子气体，其摩尔平动熵即摩尔统计熵，故可用 Sackur-Tetrode 公式计算。将氖的摩尔质量 $M = 20.1797 \times 10^{-3}$kg·mol⁻¹，温度 $T = 298.15$K 及标准压力 $p^{\ominus} = 1 \times 10^{5}$Pa 代入式(8.8.9)，得

$$S_{m}^{\ominus} = R\left[\frac{3}{2}\ln(M/\text{kg}\cdot\text{mol}^{-1}) + \frac{5}{2}\ln(T/K) - \ln(p/\text{Pa}) + 20.723\right]$$

$$= R\left[\frac{3}{2}\ln(20.1979 \times 10^{-3}) + \frac{5}{2}\ln 298.15 - \ln(1 \times 10^{5}) + 20.723\right]$$

$$= 146.32\text{J}\cdot\text{mol}^{-1}\cdot\text{K}^{-1}$$

计算结果表明，298.15K 时氖气的标准摩尔统计熵与其量热熵非常接近，相对误差仅为 -0.2%。

与平动熵类似，将 $N = L$、$Lk = R$，代入式(8.8.5)和式(8.8.6)，可得双原子理想气体的摩尔转动熵和摩尔振动熵：

$$S_{m,r} = R \ln \frac{T}{\sigma \Theta_r} + R = R \left(\ln \frac{IT}{\sigma} + \ln \frac{8\pi^2 k}{h^2} + 1 \right) = R \left(\ln \frac{IT}{\sigma} + 105.5 \right) \qquad (8.8.10)$$

$$S_{m,v} = R \ln (1 - e^{-\Theta_v/T})^{-1} + R\Theta_v T^{-1} (e^{\Theta_v/T} - 1)^{-1} \qquad (8.8.11)$$

将式(8.8.9)～式(8.8.11)加和即得双原子理想气体的摩尔统计熵。即

$$S_m = S_{m,t} + S_{m,r} + S_{m,v} \qquad (8.8.12)$$

在计算统计熵时要用到分子的光谱数据，故统计熵又称**光谱熵**。而以第三定律为基础根据量热实验测得各有关热数据计算出来的规定熵则可称作**量热熵**。数据计算表明大部分物质的统计熵与量热熵数值接近，也有部分物质的统计熵与量热熵数值差别较大，一般将这两种熵的差别称为**残余熵**。残余熵的产生原因可归结为两种熵的计算起点不一致造成。

【例8.8.2】 在298.15K和标准压力下，将1mol $O_2(g)$ 放在体积为 V 的容器中，已知电子基态的 $g_{e,0} = 3$，基态能量 $\varepsilon_{e,0} = 0$，忽略电子激发态项的贡献。O_2 的核间距 $d = 1.207 \times 10^{-10}$ m。忽略 q_v 和 q_n 的贡献。计算氧分子的 q_e、q_r、q_t 和 $S_m^{\ominus}$。

解 按题意，O_2 的全配分函数只有 q_e、q_r 和 q_t 三项，分别计算如下，可以看出它们贡献的大小。

(1) $q_e = g_{e,0} = 3$

(2) $q_r = \dfrac{8\pi^2 I k T}{\sigma h^2}$

$$I = \mu d^2 = \frac{m(O)}{2} d^2 = \frac{16 \times 10^{-3} \text{kg}}{2 \times 6.03 \times 10^{23}} \times (1.207 \times 10^{-10} \text{ m})^2 = 1.935 \times 10^{-46} \text{kg} \cdot \text{m}^2$$

将 k、h 等常数代入，O_2 的对称数 $\sigma = 2$，得

$$q_r = \frac{8\pi^2 I k T}{2h^2} = 71.6$$

(3) $$q_t = \left(\frac{2\pi m k T}{h^2} \right)^{3/2} V$$

$$m(O_2) = \frac{32 \times 10^{-3} \text{kg} \cdot \text{mol}^{-1}}{6.023 \times 10^{23} \text{mol}} = 5.313 \times 10^{-26} \text{kg}$$

$$V_m(O_2) = \frac{298.15 \text{K}}{273.15 \text{K}} \times (0.0224 \text{m}^3 \cdot \text{mol}^{-1}) = 0.02445 \text{m}^3 \cdot \text{mol}^{-1}$$

代入上式，得 $q_t = 4.29 \times 10^{30}$。从以上所得 q_e、q_r 和 q_t 的值，可见 q_t 的数值最大。

(4) $$S_m^{\ominus}(O_2) = S_{e,m} + S_{r,m} + S_{t,m}$$

$$S_{e,m} = Nk \ln g_{e,0} = R \ln 3 = 9.13 \text{J} \cdot \text{mol}^{-1} \cdot \text{K}^{-1}$$

$$S_{r,m} = -\left(\frac{\partial A_{r,m}}{\partial T} \right)_{V,N}$$

$$A_{r,m} = -NkT \ln q_r = -RT \ln \frac{8\pi^2 I k T}{\sigma h^2}$$

$$S_{r,m} = R\ln\frac{8\pi IkT}{\sigma h^2} + R = R\left(\ln\frac{IT}{\sigma} + \ln\frac{8\pi^2 k}{h^2} + 1\right) = R\left(\ln\frac{IT}{\sigma} + 105.5\right)$$

将 $I = 1.935 \times 10^{-46}\,\mathrm{kg \cdot m^2}$，$\sigma = 2$，$T = 298.15\mathrm{K}$ 代入，得

$$S_{r,m} = 43.73\mathrm{J \cdot mol^{-1} \cdot K^{-1}}$$

$S_{t,m}$ 利用 Sackur-Tetrode 公式计算，因为 $Nk = R$，所以

$$S_{t,m} = R\left[\ln\frac{(2\pi mkT)^{3/2}}{Lh^3}V_m\right] + \frac{5}{2}R$$

将 $m(O_2) = 5.313 \times 10^{-26}\,\mathrm{kg}$，$V_m(O_2) = 0.02445\mathrm{m^3 \cdot mol^{-1}}$，$L = 6.022 \times 10^{23}\,\mathrm{mol^{-1}}$，$k = 1.381 \times 10^{-23}\mathrm{J \cdot K^{-1}}$，$h = 6.626 \times 10^{-34}\mathrm{J \cdot s}$ 代入上式，得

$$S_{t,m} = 152.0\mathrm{J \cdot mol^{-1} \cdot K^{-1}}$$

所以 $\quad S_m^{\ominus}(O_2) = S_{e,m} + S_{r,m} + S_{t,m} = (9.13 + 43.73 + 152.0)\mathrm{J \cdot mol^{-1} \cdot K^{-1}}$
$$= 204.8\mathrm{J \cdot mol^{-1} \cdot K^{-1}}$$

显然，平动熵的贡献最大。

（3）热力学能

因为 $U = NkT^2\left(\dfrac{\partial\ln q}{\partial T}\right)_{V,N}$ ，所以

$$U_t = NkT^2\left(\frac{\partial\ln q_t}{\partial T}\right)_{V,N} = \frac{3}{2}NkT \tag{8.8.13}$$

$$U_r = NkT^2\left(\frac{\partial\ln q_r}{\partial T}\right)_{V,N} = NkT \tag{8.8.14}$$

$$U_v = NkT^2\left(\frac{\partial\ln q_v}{\partial T}\right)_{V,N} = Nk\,\frac{\Theta_v}{e^{\Theta_v/T}-1} = \begin{cases}\Theta_v/T \gg 1\text{ 时},U_v \approx 0,\text{ 通常情况}\\ \Theta_v/T \ll 1\text{ 时},U_v \approx NkT,\text{ 较少情况}\end{cases} \tag{8.8.15}$$

$$U_e = NkT^2\left(\frac{\partial\ln q_e}{\partial T}\right)_{V,N} = N\varepsilon_{e,0}\ln g_{e,0} \tag{8.8.16}$$

$$U_n = NkT^2\left(\frac{\partial\ln q_n}{\partial T}\right)_{V,N} = N\varepsilon_{n,0}\ln g_{n,0} \tag{8.8.17}$$

（4）热容 C_V

因 $C_V = \left(\dfrac{\partial U}{\partial T}\right)_{V,N}$ ，故

$$C_{V,t} = \left(\frac{\partial U_t}{\partial T}\right)_{V,N} = \frac{3}{2}Nk \tag{8.8.18}$$

$$C_{V,r} = \left(\frac{\partial U_r}{\partial T}\right)_{V,N} = Nk \tag{8.8.19}$$

$$C_{V,v} = \left(\frac{\partial U_v}{\partial T}\right)_{V,N} = \begin{cases}0,\text{ 通常情况,振动能级不开放}\\ Nk,\text{ 较少情况,振动能级全开放}\end{cases} \tag{8.8.20}$$

$$C_{V,\mathrm{e}} = \left(\frac{\partial U_{\mathrm{e}}}{\partial T}\right)_{V,N} = 0 \tag{8.8.21}$$

$$C_{V,\mathrm{n}} = \left(\frac{\partial U_{\mathrm{n}}}{\partial T}\right)_{V,N} = 0 \tag{8.8.22}$$

对 1mol 单原子理想气体，分子只有平动，电子运动和核运动处于基态时

$$C_{V,\mathrm{m}} = C_{V,\mathrm{t},\mathrm{m}} = \frac{3}{2}R \tag{8.8.23}$$

对 1mol 双原子理想气体，电子运动和核运动处于基态时

$$C_{V,\mathrm{m}} = C_{V,\mathrm{t},\mathrm{m}} + C_{V,\mathrm{r},\mathrm{m}} + C_{V,\mathrm{v},\mathrm{m}} = \begin{cases} (5/2)R，通常情况，振动能级不开放 \\ (7/2)R，较少情况，振动能级全开放 \end{cases} \tag{8.8.24}$$

而更一般的情况是 $C_{V,\mathrm{m}}$ 是温度的函数，$\frac{5}{2}R < C_{V,\mathrm{m}}(T) < \frac{7}{2}R$。

（5）状态方程式

$$p = -\left(\frac{\partial A}{\partial V}\right)_{T,N} = -\left(\frac{\partial A_{\mathrm{t}}}{\partial V}\right)_{T,N} = \frac{NkT}{V} \tag{8.8.25}$$

这是用统计热力学方法导出的理想气体状态方程式，可以看出状态方程只与分子的平动有关。对于理想气体状态方程，经典热力学从理论上无能为力，只能靠经验获得。

8.8.2 理想气体反应的标准平衡常数

化学平衡的计算在统计热力学中归结为不同粒子在平衡时所处的各种运动状态和相应能量的计算问题，而配分函数正是反映了平衡系统中粒子的各种运动状态和能量的分布。在前面计算粒子的配分函数时，曾指出配分函数 q 的数值与能量零点的选择有关。对于只有一种物质存在时，无论零点选在哪里，都不会影响求热力学函数的变化值。而当几种物质共同存在时，就不能容许各种物质有各自的能量坐标原点，而必须有一个公共的能量标度。因此，**在化学反应中，能量零点选择按第一种规定，但为了对基态能量进行统一处理，则按第二种规定给出的符号来表示。**如 q 表示为 $q^0 \mathrm{e}^{-\varepsilon_0/(kT)}$，$A$ 表示为 $A^0 + U_0$。

（1）理想气体的化学势与配分函数的关系

理想气体为离域子系统，化学势定义式为 $\mu = (\partial A / \partial n)_{T,V}$，粒子的配分函数与亥姆霍兹函数的关系为

$$A = -NkT\ln\frac{q}{N} - NkT = -NkT\ln\frac{q^0}{N} - NkT + N\varepsilon_0 = -nLkT\ln\frac{q^0}{nL} - nLkT + nL\varepsilon_0，$$

所以

$$\mu = \left(\frac{\partial A}{\partial n}\right)_{T,V} = -LkT\ln\frac{q^0}{N} + L\varepsilon_0 \tag{8.8.26}$$

将 $N = pV/(kT)$ 代入，得

$$\mu(T,p) = -LkT\ln\frac{q^0 kT}{pV} + L\varepsilon_0 \tag{8.8.27}$$

$p = p^{\ominus}$ 下的化学势为标准化学势，即

$$\mu^{\ominus}(T, p^{\ominus}) = -LkT\ln\frac{q^0 kT}{p^{\ominus} V} + L\varepsilon_0 \tag{8.8.28}$$

若将 $N = nL = cVL$ 代入式(8.8.26)，得

$$\mu(T, c) = -LkT\ln\frac{q^0}{cVL} + L\varepsilon_0 \tag{8.8.29}$$

$c = c^{\ominus}$ 下的标准化学势为

$$\mu^{\ominus}(T, c) = -LkT\ln\frac{q^0}{c^{\ominus} VL} + L\varepsilon_0 \tag{8.8.30}$$

（2）理想气体反应的标准平衡常数与配分函数的关系

对于理想气体反应 $0 = \sum_B \nu_B B$ 或 $aA + bB \Longrightarrow mM + nN$，标准平衡常数为

$$K^{\ominus} = \exp\left(-\frac{\sum\limits_B \nu_B \mu_B^{\ominus}}{RT}\right)$$

式中，$\mu_B^{\ominus}$ 为反应系统组分 B 的标准化学势，由式（8.8.28）

$$\mu_B^{\ominus} = -LkT\ln\frac{q_B^0 kT}{p^{\ominus} V} + L\varepsilon_{0,B} = -RT\ln\frac{q_B^0 kT}{p^{\ominus} V} + U_{0,B,m} \tag{8.8.31}$$

将式（8.8.31）代入标准平衡常数表达式

$$K_p^{\ominus} = \exp\left[-\frac{\sum\limits_B \nu_B\left(-RT\ln\dfrac{q_B^0 kT}{p^{\ominus} V} + U_{0,B,m}\right)}{RT}\right] = \prod_B\left(\frac{q_B^0 kT}{p^{\ominus} V}\right)^{\nu_B}\exp\left(-\frac{\sum\limits_B \nu_B U_{0,B,m}}{RT}\right)$$

$$= \left(\frac{RT}{p^{\ominus} L}\right)^{\sum \nu_B}\prod_B\left(\frac{q_B^0}{V}\right)^{\nu_B}\exp\left(-\frac{\Delta_r U_{0,m}}{RT}\right) \tag{8.8.32a}$$

式中，q_B^0/V 称为平衡条件下，单位体积中组分 B 的配分函数，以 q_B^* 表示。由于粒子的 q_B^0 与系统体积 V 的一次方成正比，故就只与粒子的性质和温度有关，而不再与系统体积有任何函数关系了，引入后，标准平衡常数 $K_p^{\ominus}$ 表示为

$$K_p^{\ominus} = \left(\frac{RT}{p^{\ominus}}\right)^{\sum \nu_B}\prod_B\left(\frac{q_B^*}{L}\right)^{\nu_B}\exp\left(-\frac{\Delta_r U_{0,m}}{RT}\right) \tag{8.8.32b}$$

同理，也可将式（8.8.30）代入标准平衡常数表达式

$$K_c^{\ominus} = \exp\left[-\frac{\sum\limits_B \nu_B\left(-RT\ln\dfrac{q_B^0}{c^{\ominus} VL} + U_{0,B,m}\right)}{RT}\right] = \left(\frac{1}{c^{\ominus} L}\right)^{\sum \nu_B}\prod_B\left(\frac{q_B^0}{V}\right)^{\nu_B}\exp\left(-\frac{\Delta_r U_{0,m}}{RT}\right) \tag{8.8.32c}$$

或

$$K_c^{\ominus} = \left(\frac{1}{c^{\ominus}}\right)^{\sum \nu_B}\prod_B\left(\frac{q_B^*}{L}\right)^{\nu_B}\exp\left(-\frac{\Delta_r U_{0,m}}{RT}\right) \tag{8.8.32d}$$

式(8.8.32a～d)是等价的标准平衡常数表达式，前者以 $p^{\ominus}$ 为标准态，后者以 $c^{\ominus}$ 为标

准态。

按配分函数的析因子性质，式(8.8.32)中 q_B^0 可表示为

$$q_B^0 = q_{t,B}^0 q_{r,B}^0 q_{v,B}^0 q_{e,B}^0 q_{n,B}^0 = q_{t,B} q_{r,B} q_{v,B}^0 q_{e,B}^0 q_{n,B}^0 \tag{8.8.33}$$

则

$$q_B^* = \frac{q_B^0}{V} = \left(\frac{2\pi m_B kT}{h^2}\right)^{3/2} q_{r,B} q_{v,B}^0 q_{e,B}^0 q_{n,B}^0 \tag{8.8.34}$$

式中，分子内部运动的各配分函数按前面章节给出的公式计算即可。

式(8.8.32)中

$$\Delta_r U_{0,m} = \sum_B \nu_B U_{0,B,m} \tag{8.8.35}$$

是 0K 时单位反应进度的热力学能变化，可由分子的解离能求出。分子的解离能是组成分子的各原子都处于基态时能量与分子基态能量之差，如 A 分子解离能为 D_A，分子基态能量为 $\varepsilon_{0,A}$，则

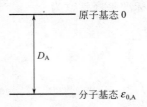

图 8.8.1 $\varepsilon_{0,A}$ 与 D_A 关系图

$$D_A = -\varepsilon_{0,A} \tag{8.8.36}$$

分子解离能与分子基态能量间的关系如图 8.8.1 所示。于是

$$\Delta_r U_{0,m} = \sum_B \nu_B U_{0,B,m} = \sum_B \nu_B L \varepsilon_{0,B} = -\sum_B \nu_B L D_B \tag{8.8.37}$$

分子的解离能可从光谱实验数据得到。

由上可见，统计热力学开辟了一条从理论上由分子的微观特性预测化学反应标准平衡常数的新途径。

对分子数不变（即 $\sum_B \nu_B = 0$）的反应，如：C+D $\Longrightarrow$ F+G，标准平衡常数 $K^\ominus$ 表达式可以大为简化。此时

$$K^\ominus = \frac{q_F^* q_G^*}{q_C^* q_D^*} \exp\left(-\frac{\Delta_r U_{0,m}}{RT}\right)$$

在配分函数各因子中，核运动配分函数可以消去，电子运动配分函数均近似为 1，也可消去。平动配分函数中 $m = M/L$，只有摩尔质量 M 和物质种类有关，转动配分函数中，只有转动惯量 I（或转动特征温度 Θ_r）与对称数 σ 和物质种类有关，其余的量均可在 $K^\ominus$ 表达式中消去，这样归纳整理后，得到

$$K^\ominus = \left(\frac{M_F M_G}{M_C M_D}\right)^{3/2} \left(\frac{I_F I_G}{I_C I_D}\right) \left(\frac{\sigma_C \sigma_D}{\sigma_F \sigma_G}\right) \frac{q_{v,F}^0 q_{v,G}^0}{q_{v,C}^0 q_{v,D}^0} \exp\left(-\frac{\Delta_r U_{0,m}}{RT}\right) \tag{8.8.38a}$$

或

$$K^\ominus = \left(\frac{M_F M_G}{M_C M_D}\right)^{3/2} \left(\frac{\Theta_{r,C} \Theta_{r,D}}{\Theta_{r,F} \Theta_{r,G}}\right) \left(\frac{\sigma_C \sigma_D}{\sigma_F \sigma_G}\right) \frac{q_{v,F}^0 q_{v,G}^0}{q_{v,C}^0 q_{v,D}^0} \exp\left(-\frac{\Delta_r U_{0,m}}{RT}\right) \tag{8.8.38b}$$

若温度不是很高，能满足 $h\nu \gg kT$ 条件时，此时振动配分函数项

$$\frac{q_{v,F}^0 q_{v,G}^0}{q_{v,C}^0 q_{v,D}^0} \approx 1$$

平衡常数 $K^\ominus$ 式进一步简化为

$$K^\ominus = \left(\frac{M_F M_G}{M_C M_D}\right)^{3/2} \left(\frac{I_F I_G}{I_C I_D}\right) \left(\frac{\sigma_C \sigma_D}{\sigma_F \sigma_G}\right) \exp\left(-\frac{\Delta_r U_{0,m}}{RT}\right) \tag{8.8.39a}$$

或
$$K^{\ominus} = \left(\frac{M_{\mathrm{F}}M_{\mathrm{G}}}{M_{\mathrm{C}}M_{\mathrm{D}}}\right)^{3/2} \left(\frac{\Theta_{\mathrm{r,C}}\Theta_{\mathrm{r,D}}}{\Theta_{\mathrm{r,F}}\Theta_{\mathrm{r,G}}}\right) \left(\frac{\sigma_{\mathrm{C}}\sigma_{\mathrm{D}}}{\sigma_{\mathrm{F}}\sigma_{\mathrm{G}}}\right) \exp\left(-\frac{\Delta_{\mathrm{r}}U_{0,\mathrm{m}}}{RT}\right) \tag{8.8.39b}$$

【例 8.8.3】 试由下表所列光谱数据计算气体反应 $\mathrm{I}_2 \Longrightarrow 2\mathrm{I}$ 在 1073K 时的标准平衡常数 $K^{\ominus}$。由碘原子 I 基态光谱项得到 $g_{\mathrm{e,0}} = 4$。

气体	Θ_r/K	Θ_v/K	$10^{20}D/J$
I_2	0.0537	309	24.693
I	—	—	—

解 按式 (8.8.32a)
$$K^{\ominus} = \left(\frac{kT}{p^{\ominus}}\right)\left(\frac{q_{\mathrm{I}}^0}{V}\right)^2 \left(\frac{q_{\mathrm{I}_2}^0}{V}\right)^{-1} \exp\left(-\frac{\Delta_{\mathrm{r}}U_{0,\mathrm{m}}}{RT}\right)$$

碘原子的摩尔质量为 $126.90 \times 10^{-3}\,\mathrm{kg \cdot mol^{-1}}$，碘分子的摩尔质量为 $253.80 \times 10^{-3}\,\mathrm{kg \cdot mol^{-1}}$，所以

$$m_{\mathrm{I}} = [126.90 \times 10^{-3}/(6.022 \times 10^{23})]\mathrm{kg} = 21.07 \times 10^{-26}\,\mathrm{kg}$$
$$m_{\mathrm{I}_2} = [253.80 \times 10^{-3}/(6.022 \times 10^{23})]\mathrm{kg} = 42.14 \times 10^{-26}\,\mathrm{kg}$$

碘原子只有平动、电子运动及核运动，核运动基态非兼并，按式 (8.8.34)

$$\frac{q_{\mathrm{I}}^0}{V} = \left(\frac{2\pi m_{\mathrm{I}}kT}{h^2}\right)^{3/2} g_{\mathrm{e,0}}g_{\mathrm{n,0}} = \left[\frac{2\pi \times 21.07 \times 10^{-26} \times 1.381 \times 10^{-23} \times 1073}{(6.626 \times 10^{-34})^2}\right]^{3/2} \times 4 \times 1 = 3.778 \times 10^{34}$$

碘分子有平动、转动、振动、电子运动及核运动，电子运动及核运动基态非兼并，按式 (8.8.34)

$$\frac{q_{\mathrm{I}_2}^0}{V} = \left(\frac{2\pi m_{\mathrm{I}_2}kT}{h^2}\right)^{3/2} \left(\frac{T}{2\Theta_r}\right)(1-\mathrm{e}^{-\Theta_v/T})^{-1} g_{\mathrm{e,0}}g_{\mathrm{n,0}}$$

$$= \left[\frac{2\pi \times 42.14 \times 10^{-26} \times 1.381 \times 10^{-23} \times 1073}{(6.626 \times 10^{-34})^2}\right]^{3/2} \times \frac{1073}{2 \times 0.0537} \times (1-\mathrm{e}^{-309/1073})^{-1} \times 1 \times 1$$

$$= 1.0666 \times 10^{39}$$

根据式 (8.8.37)
$$\Delta_{\mathrm{r}}U_{0,\mathrm{m}} = -\sum_{\mathrm{B}}\nu_{\mathrm{B}}LD_{\mathrm{B}} = -(-1) \times 6.022 \times 10^{23}\,\mathrm{mol^{-1}} \times 24.693 \times 10^{-20}\,\mathrm{J}$$
$$= 148.7 \times 10^3\,\mathrm{J \cdot mol^{-1}}$$

$$K^{\ominus} = \left(\frac{kT}{p^{\ominus}}\right)\left(\frac{q_{\mathrm{I}}^0}{V}\right)^2 \left(\frac{q_{\mathrm{I}_2}^0}{V}\right)^{-1} \exp\left(-\frac{\Delta_{\mathrm{r}}U_{0,\mathrm{m}}}{RT}\right)$$

$$= \frac{1.381 \times 10^{-23} \times 1073}{0.1 \times 10^6} \times (3.778 \times 10^{34})^2 \times (1.066 \times 10^{39})^{-1} \times \exp\left(-\frac{148.7 \times 10^3}{8.314 \times 1073}\right)$$

$$= 0.01144$$

理论计算的标准平衡常数数值与实验观测值基本一致。

(3) 从吉布斯自由能函数和焓函数计算理想气体反应的标准平衡常数

由式（8.6.22）知 $A = -NkT\ln\dfrac{q}{N} - NkT = -NkT\ln\dfrac{q^0}{N} - NkT + N\varepsilon_0$

则 $G = A + pV = -NkT\ln\dfrac{q}{N} = -NkT\ln\dfrac{q^0}{N} + N\varepsilon_0 = -NkT\ln\dfrac{q^0}{N} + U_0$ (8.8.40)

将式（8.8.40）重排，得

$$\frac{G(T) - U_0}{T} = -Nk\ln\frac{q^0}{N}$$

$[G(T) - U_0]/T$ 称为吉布斯自由**能函数**。由于 0K 时 $U_0 = H_0$，所以吉布斯自由能函数也写作 $[G(T) - H_0]/T$。对于 1mol 分子及标准状态下，吉布斯自由能函数成为

$$\frac{G_m^{\ominus}(T) - U_m^{\ominus}(0)}{T} = -R\ln\frac{q^0}{L}$$ (8.8.41)

类似的情况，由式（8.6.5）和式（8.6.20）知

$$H = U + pV = NkT^2\left(\frac{\partial\ln q^0}{\partial T}\right)_V + U_0 + NkT$$ (8.8.42)

将此式重排，得

$$H(T) - U_0 = H(T) - H_0 = NkT^2\left(\frac{\partial\ln q^0}{\partial T}\right)_V + NkT$$

$[H(T) - U_0]$ 称为**焓函数**，对于 1mol 分子及标准状态下，焓函数成为

$$H_m^{\ominus}(T) - U_m^{\ominus}(0) = RT^2\left(\frac{\partial\ln q^0}{\partial T}\right)_V + RT$$ (8.8.43)

吉布斯自由能函数和焓函数都可由各等式右边的 q^0 求得，而 q^0 又通过光谱数据算出。各种物质在不同温度时的吉布斯自由能函数和焓函数都已算出并列成表格，供人们使用。

理想气体反应达平衡时

$$-R\ln K^{\ominus} = \frac{\Delta_r G_m^{\ominus}(T)}{T} = \sum_B \nu_B\left[\frac{G_m^{\ominus}(T) - U_m^{\ominus}(0)}{T}\right]_B + \frac{\Delta_r U_m^{\ominus}(0)}{T}$$

$$\ln K^{\ominus} = -\frac{1}{R}\times\left\{\sum_B \nu_B\left[\frac{G_m^{\ominus}(T) - U_m^{\ominus}(0)}{T}\right]_B + \frac{\Delta_r U_m^{\ominus}(0)}{T}\right\}$$ (8.8.44)

式（8.8.44）中，$\Delta_r U_m^{\ominus}(0)$ 可通过 298K 时的焓函数或吉布斯自由能函数计算，即

$$\Delta_r U_m^{\ominus}(0) = \Delta_r H_m^{\ominus}(298K) - \sum_B \nu_B[H_m^{\ominus}(298K) - U_m^{\ominus}(0)]_B$$ (8.8.45)

$$\Delta_r U_m^{\ominus}(0) = \Delta_r G_m^{\ominus}(298K) - 298K\times\sum_B \nu_B\left[\frac{G_m^{\ominus}(298K) - U_m^{\ominus}(0)}{298K}\right]_B$$ (8.8.46)

式（8.8.45）中，$\Delta_r H_m^{\ominus}(298K)$ 为 298K 时的标准摩尔反应焓，可由反应物质的标准摩尔生成焓或标准摩尔燃烧焓求得，式（8.8.46）中 $\Delta_r G_m^{\ominus}(298K)$ 为 298K 时的标准摩尔反应吉布斯函数，由反应物质的标准摩尔生成吉布斯函数求得。

【**例 8.8.4**】 用吉布斯自由能函数和焓函数计算合成甲醇反应在 500K 时的标准平衡

常数。

$$CO(g) + 2H_2(g) \longrightarrow CH_3OH(g)$$

物质	$\dfrac{[G_m^{\ominus}(500K) - U_m^{\ominus}(0)]/500K}{J \cdot mol^{-1} \cdot K^{-1}}$	$\dfrac{[H_m^{\ominus}(298K) - U_m^{\ominus}(0)]}{kJ \cdot mol^{-1}}$	$\dfrac{\Delta_f H_m^{\ominus}(298K)}{kJ \cdot mol^{-1}}$
CO(g)	-183.51	8.673	-110.525
$H_2(g)$	-117.13	8.468	0
$CH_3OH(g)$	-222.34	11.427	-200.66

解 对题给反应

$$\sum_B \nu_B \left[\frac{G_m^{\ominus}(T) - U_m^{\ominus}(0)}{T} \right]_B = [-222.34 - (-183.51) - 2 \times (-117.13)] J \cdot mol^{-1} \cdot K^{-1}$$

$$= 195.43 J \cdot mol^{-1} \cdot K^{-1}$$

$$\sum_B \nu_B [H_m^{\ominus}(298K) - U_m^{\ominus}(0)]_B = (11.427 - 8.673 - 2 \times 8.468) kJ \cdot mol^{-1}$$

$$= -14.182 kJ \cdot mol^{-1}$$

$$\Delta_r H_m^{\ominus}(298K) = \sum_B \nu_B \Delta_f H_m^{\ominus}(298K) = [-200.66 - (-110.525) - 2 \times 0] kJ \cdot mol^{-1}$$

$$= -90.135 kJ \cdot mol^{-1}$$

$$\Delta_r U_m^{\ominus}(0) = \Delta_r H_m^{\ominus}(298K) - \sum_B \nu_B [H_m^{\ominus}(298K) - U_m^{\ominus}(0)]_B$$

$$= [-90.135 - (-14.182)] kJ \cdot mol^{-1} = -75.953 kJ \cdot mol^{-1}$$

$$\ln K^{\ominus} = -\frac{1}{R} \times \left\{ \sum_B \nu_B \left[\frac{G_m^{\ominus}(T) - U_m^{\ominus}(0)}{T} \right]_B + \frac{\Delta_r U_m^{\ominus}(0)}{T} \right\}$$

$$= -\frac{1}{8.314} \times \left(195.43 + \frac{-75.953 \times 10^3}{500} \right) = -5.235$$

$$K^{\ominus} = 5.327 \times 10^{-3}$$

8.9 热力学定律的统计力学解释

8.9.1 热力学第一定律

(1) 热力学能的本质

近独立粒子系统　　$U = \sum n_j \varepsilon_j = NKT^2 (\partial \ln q / \partial T)_{V,N}$

相依粒子系统　　　$U = \sum n_j \varepsilon_j + U_p$

(2) 热的本质

对近独立粒子系统，其热力学能变化值　　$dU = \sum \varepsilon_j dn_j + \sum n_j d\varepsilon_j$

对应的均相封闭系统热力学基本方程为　　$dU = TdS - pdV$

$$\sum \varepsilon_j dn_j = TdS = \delta Q_R$$

从统计力学观点看，热是由于粒子在能级上的重新分布而引起的系统的热力学能的改变。当系统吸热时，δQ_R 为正值，$\sum \varepsilon_j dn_j$ 也为正值，说明能量较高能级的 dn_j 为正值，能量较高能级上分布的粒子数增加，能量较低能级上分布的粒子数减少。

（3）功的本质

$\sum n_j \mathrm{d}\varepsilon_j = -p\mathrm{d}V = \delta W_R$ 代表环境对系统做的可逆微功。功的本质是改变粒子的能级，而不改变能级上的粒子分布数。从粒子的平动能级公式可看出，粒子的平动能与粒子所处的能级成正比，与系统的体积成反比，环境对系统做功，使系统的体积缩小，可提高组成系统的粒子的能级。

$\mathrm{d}U = \sum \varepsilon_j \mathrm{d}n_j + \sum n_j \mathrm{d}\varepsilon_j$ 可被理解成热力学基本公式的微观版。

8.9.2　热力学第二定律

（1）熵的本质

$$S = k \ln\Omega = k \ln W_{max}$$

式中，Ω 是孤立系统达到热力学平衡时的总微观状态数；W_{max} 是孤立系统达到热力学平衡时的最可几分布的微观状态数，即实现最可几分布的方式数，又称热力学概率。某一宏观状态拥有的微观状态越多，其混乱程度越高。

熵是系统混乱程度的量度，或称有序性的量度。

（2）孤立系统熵增加原理

孤立系统中能够发生的过程，其始态是非平衡态，其微观状态数可近似地用离这非平衡态不远的平衡态的微观状态数代替。随着过程的进行，微观状态数是增加的，达到平衡时，系统的微观状态数达到极大值。即有

$$\left(\frac{\partial \ln\Omega}{\partial \xi}\right)_{N,U,V} \geqslant 0$$

根据 Boltzmann 熵定理，故有

$$\left(\frac{\partial S}{\partial \xi}\right)_{N,U,V} \geqslant 0$$

熵增加原理的微观实质是，在有限的孤立系统内部能发生的过程总是从热力学概率小的状态向热力学概率大的状态过渡，是自发变化的方向。这也是热力学第二定律的本质。

8.9.3　热力学第三定律

（1）S_0 的统计力学表达式

$$S_0 = k \ln\Omega_0$$

式中，Ω_0 是在 0K 时的简并度，即各种运动形式均在基态时的简并度，也就是纯物质完美晶体在基态时的微观状态数。理论上分子在基态时的简并度（量子状态数）均为 1，分子的分布没有改变的余地，纯物质完美晶体只有一种分布方式，$\Omega_0 = 1$，故 $S_0 = 0$。这从微观角度解释了热力学第三定律。

（2）实际上 $\Omega_0 \neq 1$

因为：①由 n 个原子构成的分子晶体在核自旋基态时简并度不为 1，而是 $g_{n,0} = \prod_n (2i+1)_n$，$i$ 是原子的核自旋量子数；

② 纯物质实际上是同位素的混合物，其 Ω_0 并不是 1。为了使统计力学熵和热力学熵一致，化学家规定忽略核自旋和同位素的混合对熵的贡献，在用配分函数计算统计熵时，均不

考虑这两点。

采用了这个规定后，原则上纯物质完美晶体的 $\Omega_0 = 1$，$S_0 = 0$。应强调指出统计力学熵仍然不是熵的绝对值，仍是规定值。

（3）残余熵 $S_{残余}$

$$S_{残余} = S_{m,stal}^{\ominus} - S_{m,cal}^{\ominus} = k \ln \Omega_0$$

量热熵 $S_{m,cal}^{\ominus}$，以 $S_0 = 0$ 为计算起点；统计熵 $S_{m,stal}^{\ominus}$，以 $S_0 = k \ln \Omega_0$ 为计算起点。在 0K 附近，扣除了（2）中①和②两个因素后，有些物质在 0K 时仍不为 1。由此引起的熵，称为残余构型熵，简称残余熵。像 CO、H_2O、N_2O 等分子都存在残余熵。

■ 本章要求 ■

1. 理解统计热力学中的基本概念。
2. 理解玻尔兹曼分布，掌握玻尔兹曼分布公式的应用。
3. 理解配分函数的意义，了解热力学函数与配分函数的关系，了解能量零点的选择对二者的影响。
4. 掌握粒子不同运动形式配分函数的计算方法。
5. 了解用统计热力学方法计算理想气体的热力学函数。
6. 掌握用配分函数与解离能，吉布斯函数与焓函数计算理想气体反应 $K^{\ominus}$ 的方法。

思 考 题

1. 统计热力学的三个基本假定是什么？

2. 有 n 个原子组成的分子，只考虑平动、转动、振动时，其运动的总自由度数是多少？

3. 各种不同运动状态的能级间隔是不同的，试按大小顺序列出分子的平动、转动、振动能级间隔。

4. 在 N、U、V 确定的系统中，若 j 代表粒子具有的各种运动形式，则粒子在能级 ε_i 的统计权重（或简并度）g_i 应为下式中的_____。

(a) $(\sum\limits_j g_j)_i$ (b) $(\prod\limits_j g_j)_i$ (c) $(\sum\limits_j \ln g_j)_i$ (d) $(\prod\limits_j \ln g_j)_i$

5. 理想气体 X 分子包括 n 个原子，已知：（1）X 在低温时和 N_2 有相同的 $C_{p,m}$；（2）在高温时 X 的 $C_{p,m}$ 比 N_2 的 $C_{p,m}$ 高 25.10J·mol^{-1}·K^{-1}。请说明 X 分子的结构（设高温时振动服从能量均分原理，低温时振动不激发）。

6. 能量零点的不同选择，对热力学量 U、H、S、A、G、C_V 中哪几种的值没有影响？

7. 对单原子理想气体在室温下的一般物理化学过程，若用配分函数 q 来求热力学函数的变化，在 q_t、q_r、q_v、q_e、q_n 各种配分函数中，最少需得到哪几个配分函数？

8. 分子配分函数的数值与能量零点的选择有无关系？

9. 在配分函数 q_t、q_r、q_v、q_e、q_n 中，压力对气体的哪个配分函数有影响？

10. CO 和 N_2 分子的质量 m 相同，$\Theta_v \gg 298K$，电子均处于非简并的最低能级。两种分子的转动惯量相同。但两种分子的理想气体在 298K，$p^{\ominus}$ 时的摩尔统计熵不同，原因何在？哪个熵较大？

习 题

8.1 当热力学宏观系统的熵 S 增加 $4.18 \times 10^{-10} \, \text{J} \cdot \text{K}^{-1}$ 时，试求该系统的微观状态数 Ω 增加了多少倍？

8.21 若有 10 个颜色不同的球，放入三个箱子中，第一个箱子中放 5 个球，第二个箱子中放 4 个球，第三个箱子中放 1 个球，共有多少种放法？若箱子足够大，每个箱子均可盛下所有的球，将 10 个球随机抛进三个箱子，会有多少种放法？这时出现第一种非随机放法的概率是多少？

8.3 已知三维平动子的能级公式为 $\varepsilon_t = \dfrac{h^2}{8mV^{2/3}} (n_x^2 + n_y^2 + n_z^2)$。试求当 $(n_x^2 + n_y^2 + n_z^2)$ 的值分别等于 12、14、17、27 时对应能级的简并度和量子态。

8.4 N_2 分子的转动惯量 $I = 1.41 \times 10^{-46} \, \text{kg} \cdot \text{m}^2$，试求转动量子数 J 为 2 与 1 两能级的能量差 $\Delta\varepsilon$，并求 20℃时的 $\Delta\varepsilon / (kT)$。

8.5 有三个在定点 A、B、C 做独立一维简谐振动的粒子构成的定域子系统，总能量为 $U = (11/2)h\nu$，写出它们有几种能级分布。并求出系统全部的微观状态数。

8.6 某班有 20 名同学，其中 12 名男同学，8 名女同学。某次体育课在操场上列队。

（1）若所有同学都穿一种颜色制服，试问可列出多少种队形？

（2）若男同学有两种颜色制服可任意选穿，女同学有三种颜色制服可任意选穿，试问可列出多少种队形？

8.7 某服装陈列室，有服装男模型 12 个，有服装女模型 8 个。现男模有两种颜色男服可任意选穿，女模有三种颜色女服可任意选穿，试问有多少种陈列方式。

8.8 常见的液体化工原料或产品如原油、柴油、煤油或汽油都可用圆柱形铁皮桶来运输或储存。若制作体积为 $500 \, \text{dm}^3$ 的铁皮桶，试采用 Lagrange 乘因子法求铁皮桶的半径 r 和高 h 之间有何种关系时所需铁皮面积最少？并计算制作一只铁皮桶至少需要多大面积的铁皮。

8.9 在体积为 V 的立方形容器中有极大数目的三维平动子，其 $h^2/(8mV^{2/3}) = 4.3 \times 10^{-17} kT$，试计算该系统在平衡的情况下，$(n_x^2 + n_y^2 + n_z^2) = 14$ 的平动能级上粒子的分布数 n 与基态能级的分布数 n_0 之比。

8.10 将双原子分子看作一维谐振子，由光谱数据可知 N_2 和 O_2 分子的振动频率分别为 69.8THz 和 46.6THz。试分别计算上述两种分子 25℃时在相邻两振动能级上分布数之比。

8.11 求 $1 \, \text{mol} \, O_2$ 在 300K、100kPa 下分子的平动配分函数。

8.12 已知 HI 分子、N_2 分子的平衡核间距 d 分别为 1.615×10^{-10} m 和 1.097×10^{-10} m，求 HI 分子和 N_2 分子的转动惯量，转动特征温度及 25℃时的转动配分函数。

8.13 已知 CO 分子的振动特征温度 $\Theta_v = 3084$K，试求 CO 分子的振动频率 ν 和 300K 时 CO 分子的振动配分函数 q_v。

8.14 将 1mol N_2 于 0℃、101.325kPa 条件下置于立方容器中，并视其为理想气体。试求：（1）1mol N_2 的热力学能（振动能级不开放）U；（2）每个 N_2 分子的平均动能 $\bar{\varepsilon}_t$；（3）能量与此 $\bar{\varepsilon}_t$ 相当的 N_2 分子的平动量子数平方和 $(n_x^2 + n_y^2 + n_z^2)$。

8.15 已知含有 N 个粒子的离域子系统平衡时 $S = Nk \ln \dfrac{q}{N} + \dfrac{U}{T} + Nk$。（1）试证 $A = -kT \ln \dfrac{q^N}{N!}$；（2）试由 $\left(\dfrac{\partial A}{\partial V}\right)_{T,N} = -p$ 导出理想气体服从 $pV = NkT$。

8.16 将 1mol N_2 于 300K、100kPa 条件下置于立方容器中，并视其为理想气体。求其摩尔平动熵。由 N_2 分子平衡核间距 $d = 1.097 \times 10^{-10}$ m，求其摩尔转动熵。

8.17 试由下表所列光谱数据计算气体反应 $2HI(g) \Longrightarrow H_2(g) + I_2(g)$ 在 1000K 时的标准平衡常数 $K^{\ominus}$。

气体	Θ_r/K	Θ_v/K	$D/kJ \cdot mol^{-1}$
HI	9.13	3208	294.434
H_2	85.4	5983	431.956
I_2	0.0537	307	148.741

8.18 由表列吉布斯自由能函数和标准摩尔生成吉布斯函数数据计算气体反应 $2HI(g) \Longrightarrow H_2(g) + I_2(g)$ 在 1000K 时的标准平衡常数 $K^{\ominus}$。

气体	$[G_m^{\ominus}(1000K) - U_m^{\ominus}(0)]/1000K$ $J \cdot mol^{-1} \cdot K^{-1}$	$[G_m^{\ominus}(298K) - U_m^{\ominus}(0)]/298K$ $J \cdot mol^{-1} \cdot K^{-1}$	$\Delta_f G_m^{\ominus}(298K)$ $kJ \cdot mol^{-1}$
HI	−213.02	−177.44	1.70
H_2	−136.98	−102.17	0
I_2	−269.45	−226.69	19.327

第9章 界面现象的热力学

在物理化学中把相与相之间的交界面称为界面。自然界中的物质一般以气、液、固三种相态存在，故它们相互接触可产生五种界面：气-液、气-固、液-液、液-固、固-固界面。其中气-液和气-固界面，特别是液体或固体与真空、自身的饱和蒸气或含饱和蒸气的空气相接触的界面也叫做**表面**。

界面并不是简单的几何面，而是指处于两相之间，约有几个分子厚度的一个薄层，所以也称作**界面层**。界面层两侧的相称作**体相**。界面层的结构和性质与相邻两侧的体相均不相同，在物理化学中常将它单独处理成一个相，称为**界面相**，实际上界面相的性质并不是均匀的，它的强度性质是从一个体相沿着薄层厚度的方向连续地变到另一个体相。将界面层称为界面相，是一种模型化的做法。

在自然界中有许多与界面的特殊性质有关的现象，如在瓷盘中的微小汞滴会自动呈球形、水在玻璃毛细管中会自动上升、脱脂棉易于被水润湿、微小的液滴易于蒸发等。这些现象统称为界面现象。

界面现象的研究始于力学，但其发展与热力学密不可分。

9.1 界面现象的本质

9.1.1 界（表）面张力、表面功和表面吉布斯函数

（1）界（表）面张力

当界面面积不大时，界面层所起的作用很小，常可略而不计，但在界面面积相对较大时，则必须考虑界面层的作用。对一定量的物质，分散度越高，其表面积就越大，界面层的作用也越明显。通常用比表面来表示物质的分散度，比表面的定义为单位体积（或单位质量）的物质所具有的表面积，分别用 $A_{s,v}$ 和 $A_{s,w}$ 表示，即

$$A_{s,v} = A_s/V \qquad A_{s,w} = A_s/m$$

式中，A_s 为物质的表面积。

由于分子在体相与在界面层所处环境不同，所以受力是不同的。图 9.1.1 是液体与自身蒸气接触时液体表面分子与内部分子受力情况示意图。体相内的分子所受周围邻近相同分子的作用力是对称的，各个方向的力彼此抵消。界面层处于两个体相之间，界面层的分子受到两相分子不同的作用力，分子受力是不对称的，不能相消，有剩余的作用力。因此，界面层的分子有离开界面层进入某一体相（有向内的拉力）的趋势，它的宏观表现就是界面将收缩到具有最小面积。水滴、汞滴、气泡一般呈球形就是这个原因。

气-液界面或液体表面，从力学的观点看就是一张无限薄的具有收缩张力的弹性膜。这种收缩张力在界面中处处存在，在界面边缘处则可以明确表示。

例如用细钢丝弯成一⊏形框架，另一根细钢丝附在框架上可以自由活动。如图 9.1.2 所

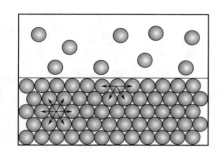

图 9.1.1 液体表面分子与内部分子受力情况

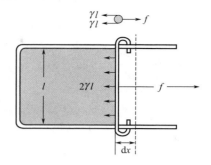

图 9.1.2 液体表面张力与表面功

示。将细钢丝固定在框架上后放入肥皂液中，然后慢慢地提出，框架上就有了一层肥皂膜。若将固定的细钢丝放松，肥皂膜会自动收缩，以减小表面积，若要维持膜保持原面积不回缩，就需要在细钢丝上施加一与自动收缩反方向的力 f 与之平衡，其大小与作用与细钢丝上膜的长度 l 成正比，比例系数以 γ 表示，因膜有两个表面，故可得

$$f = 2\gamma l \tag{9.1.1a}$$

或
$$\gamma = f/(2l) \tag{9.1.1b}$$

式中，γ 称为**表（界）面张力，是液体表面作用于界面边缘单位长度上的收缩力**，单位为 $N \cdot m^{-1}$。表面张力是沿着界面的切线方向作用于边缘上，并垂直于边缘。

（2）表面功

把物质内部分子移到表面上来，需要克服向内的拉力而做功，在温度、压力和组成不变的条件下可逆地形成新表面的过程中所消耗的功，称为表面功。表面功是非体积功。在图 9.1.2 所示实验的基础上，若使肥皂膜面积增加 dA_s，则需抵抗表面张力，在平衡力 f 的作用下使细钢丝向右移动距离 dx。既要使过程发生，又要维持力平衡，过程必然是可逆过程。将式（9.1.1a）左右两边同乘以 dx，则左边 $f dx = \delta W'_R$ 为可逆功，右边 $2\gamma l dx = \gamma dA_s$ 为抵抗表面张力而增加的表面积等于表面功，即

$$\delta W'_R = \gamma dA_s \tag{9.1.2a}$$

或
$$\gamma = \frac{\delta W'_R}{dA_s} = \frac{f dx}{2l dx} = f/(2l) \tag{9.1.2b}$$

由式（9.1.2b）可知，**表面张力又等于增加单位表面积时系统必须得到的可逆表面功**，单位为 $J \cdot m^{-2}$。这从另一个角度给出了表面张力的意义。

（3）表面吉布斯函数

由于在恒温恒压下可逆非体积功等于系统的吉布斯函数变，即 $dG_{T,p} = \delta W'_R = \gamma dA_s$，因此

$$\gamma = \left(\frac{\partial G}{\partial A_s}\right)_{T,p} \tag{9.1.3}$$

故表面张力还等于恒温恒压下系统增加单位面积时必须增加的吉布斯函数。

9.1.2 纯组分表面热力学基本方程

对于没有非体积功交换且组成不变的均相系统所发生的过程，有 $dG = -SdT + Vdp$。如果该系统是两相以上的多相系统，则必然有相界面存在，当相界面面积相对较大的系统发生变化时，往往有界面功的交换，对于气液相间无物质交换的纯组分小液滴系统，如图 9.1.3 所示。由式（9.1.3）得 $dG = -S^l dT^l - S^g dT^g + V^l dp^l + V^g dp^g + \gamma dA_s$。因 $T^l = T^g = T$，$S = S^l + S^g$，故该式又可写作 $dG = -SdT + V^l dp^l + V^g dp^g + \gamma dA_s$，由式（9.1.2）可知 γdA_s 即可逆界面功。再扩展到气液相间有物质交换的系统成为 $dG = -SdT + V^l dp^l + V^g dp^g + \gamma dA_s + \mu_r^l dn_r^l + \mu_r^g dn_r^g$，再结合 U、H、A、G 的相互关系式，得

$$dU = TdS - p^l dV^l - p^g dV^g + \gamma dA_s + \mu_r^l dn_r^l + \mu_r^g dn_r^g \qquad (9.1.4a)$$

$$dH = TdS + V^l dp^l + V^g dp^g + \gamma dA_s + \mu_r^l dn_r^l + \mu_r^g dn_r^g \qquad (9.1.4b)$$

$$dA = -SdT - p^l dV^l - p^g dV^g + \gamma dA_s + \mu_r^l dn_r^l + \mu_r^g dn_r^g \qquad (9.1.4c)$$

$$dG = -SdT + V^l dp^l + V^g dp^g + \gamma dA_s + \mu_r^l dn_r^l + \mu_r^g dn_r^g \qquad (9.1.4d)$$

这就是有表面功参与的纯组分系统的热力学基本方程。如图 9.1.3 所示系统，其热力学基本方程中的容量性质是：$S = S^l + S^g$，$V = V^l + V^g$，$n = n^l + n^g$。基本方程中的强度性质是：温度 $T^l = T^g = T$；压力 $p^l \neq p^g$，二者之间的关系将在后面介绍；化学势 μ_r^l 和 μ_r^g 之间的关系也将在后面介绍。

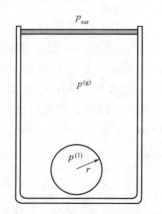

图 9.1.3　具有弯曲液面的系统

通过上述四个式子还可得到

$$\gamma = \left(\frac{\partial U}{\partial A_s}\right)_{S,V,n} = \left(\frac{\partial H}{\partial A_s}\right)_{S,p,n} = \left(\frac{\partial A}{\partial A_s}\right)_{T,V,n} = \left(\frac{\partial G}{\partial A_s}\right)_{T,p,n}$$

$$(9.1.5)$$

式（9.1.5）更进一步拓宽了界面张力的含义。

在恒温恒压和组成不变的条件下，按热力学第二定律 $dG_{T,p} = \gamma dA_s \leqslant \delta W'$，表面张力 γ 一般都是正值，说明在只做膨胀功的条件下自发的趋势是两相的界面缩小。例如图 9.1.2 所示的实验中，对已展开达平衡的液膜，如撤销外力 f 或减小外力 f，即系统与环境间表面功的传递等于零或小于可逆表面功 $\delta W'_R = \gamma dA_s$，自发的趋势是液膜展开的逆过程即液膜收缩。

9.1.3 界面张力的影响因素

界面张力与形成界面的两相物质的分子间作用力的差值相关，所以与两相物质的性质密切相关，凡是能影响两相性质的因素，对界面张力也均有影响。

界面张力与物质的本性有关。纯液体的表面张力通常是指液体与饱和了该液体蒸气的空气接触时所表现出的界面张力。纯液体表面张力的大小取决于液相分子间作用力与气相分子间作用力的差别，通常情况气相分子间作用力远小于液相分子间作用力，所以表面张力主要取决于液体分子间作用力。这里的分子间作用力包含分子与分子之间的范

德华力和氢键。一般来说，分子间相互作用力越大，其表面张力越大。故具有金属键分子的物质其表面张力最大，其次是离子键、极性共价键，具有非极性共价键分子的物质表面张力最小。水因为有氢键，所以表面张力也比较大。表9.1.1列出了一些物质在实验温度下呈液态时的表面张力。

表 9.1.1　某些液态物质的表面张力

物质	$t/℃$	$\gamma \times 10^3/N \cdot m^{-1}$	物质	$t/℃$	$\gamma \times 10^3/N \cdot m^{-1}$
正己烷	20	18.4	水	20	72.75
正辛烷	20	21.8	氯化钠	803	113.8
甲醇	20	22.6	氯化锂	614	137.8
乙醇	20	22.75	水玻璃	1000	250
丙酮	20	23.7	汞	20	470
四氯化碳	20	26.8	银	1100	878.5
苯	20	28.88	铜	1084.6	1300
甲苯	20	28.43			

　　一种液体与不互溶的其他液体形成液-液界面时，因界面层分子所处的力场取决于两种液体，故不同的液-液界面的界面张力不同。表9.1.2列出了20℃时某些液-液界面的界面张力。

表 9.1.2　20℃时某些液-液界面的界面张力

界面	水-正己烷	水-正辛烷	水-四氯化碳	水-正辛醇	水-苯	水-汞
$\gamma \times 10^3/N \cdot m^{-1}$	51.1	50.8	45.1	8.5	35.0	375

　　温度升高时，通常总是使界面张力减小。这是因为温度升高，对液体的影响更为显著，液体物质的体积膨胀，分子间的距离增加，分子间的相互作用力减弱所致。当温度增加时，大多数液体的表面张力呈线性下降，温度趋于临界温度时，饱和液体和饱和蒸气的性质趋于一致，气-液界面趋于消失，液体的表面张力也趋于零。较常用的界面张力与温度间关系式为

$$\gamma V_m^{2/3} = k(T_c - T - 6.0) \tag{9.1.6}$$

　　式中，V_m为液体的摩尔体积；k是普适常数，对于非极性液体，$k \approx 2.2 \times 10^{-7}$ J · K^{-1}；T_c是临界温度。

　　也有少数液体，如熔融的Cd、Fe、Cu及其合金，液态的某些硅酸盐等的表面张力却随温度升高而增大，这种反常现象目前尚无满意的解释。

　　压力增大，可能对气相的影响更为显著，首先是使气相密度增加，减小了液体表面分子受力不对称的程度，另外，还可使气体分子更多地溶于液体，改变液相成分。综合作用的结果，一般会使表面张力下降。通常每增加1MPa的压力，表面张力约降低1mN·m^{-1}。

　　分散度对界面张力的影响要到物质分散到曲率半径接近分子大小的尺寸时才较明显。

　　【例9.1.1】　已知水的表面吉布斯函数$\gamma = (75.895 - 0.157t) \times 10^{-3}$ J·m^{-2}，式中t为摄氏温度，假定当水的表面积改变，而水的总体积不变，试求：

　　(1) 在恒温25℃、101.325kPa下可逆地使水的表面积增加2cm²时所必须做的表面功W_r'；

　　(2) 求该过程中系统的ΔU、ΔH、ΔS、ΔG及所吸收的可逆热Q_r。

　　解　(1) $\gamma = [(75.895 - 0.157 \times 25) \times 10^{-3}]$ J·$m^{-2} = 71.97 \times 10^{-3}$ J·m^{-2}

$$W_r{}' = \gamma \Delta A_s = (71.97 \times 10^{-3} \times 2 \times 10^{-4}) \text{J} = 143.9 \times 10^{-7} \text{J}$$

（2）对单组分系统，由式（9.1.4d）得 $\left(\dfrac{\partial S}{\partial A}\right)_{T,p} = -\left(\dfrac{\partial \gamma}{\partial T}\right)_{p,A}$，故

$$\Delta S = \int -\left(\frac{\partial \gamma}{\partial T}\right)_{p,A} dA = -\left(\frac{\partial \gamma}{\partial T}\right)_{p,A} \Delta A$$

因 $\qquad \left(\dfrac{\partial \gamma}{\partial T}\right)_{p,A} = -0.157 \times 10^{-3} \text{J} \cdot \text{m}^{-2} \cdot \text{K}^{-1}$，则

$$\Delta S = [-(-0.157 \times 10^{-3}) \times 2 \times 10^{-4}] \text{J} \cdot \text{K}^{-1} = 0.314 \times 10^{-7} \text{J} \cdot \text{K}^{-1}$$

$$Q_r = T \Delta S = (298 \times 0.314 \times 10^{-7}) \text{J} = 93.6 \times 10^{-7} \text{J}$$

$$\Delta G = W_r{}' = 143.94 \times 10^{-7} \text{J}$$

$$\Delta H = \Delta G + T \Delta S = W_r{}' + Q_r = \Delta U = [93.6 \times 10^{-7} + 143.94 \times 10^{-7}] \text{J} = 237.5 \times 10^{-7} \text{J}$$

9.2 气-液界面现象

9.2.1 弯曲液面的附加压力

一般情况下，液体表面是水平的，水平液面下的液体所承受的压力就等于外界气相的压力。而液滴和水中气泡的表面是弯曲的，弯曲液面下的液体所承受的压力与水平液面下的液体所承受的压力有区别吗？这可以通过一个例子来回答。用一个玻璃管吹一个肥皂泡，将管口堵住，泡可以稳定存在，若不堵管口，泡就会不断缩小，最终聚成一个液滴。这个例子说明，弯曲液面的内外压力是不同的，究其原因是表面张力在起作用。弯曲液面的内外压力差，称为附加压力，以 Δp 表示，即

$$\Delta p \xlongequal{\text{def}} p^{\mathrm{l}} - p^{\mathrm{g}} \qquad (9.2.1)$$

下面通过做功能力判据来求附加压力与曲率半径的关系。

在一定温度和压力下，有一忽略重力作用且组成不变的液滴被周围气体所包围并与环境成平衡，如图 9.1.3 所示，系统与环境之间被一个无摩擦无重力的活塞隔开。当液滴系统气液两相之间没有物质交换，仅是液滴的体积和表面积发生一无限小变化时所符合的热力学基本关系式为

$$\mathrm{d}U = T\mathrm{d}S - p^{\mathrm{l}}\mathrm{d}V^{\mathrm{l}} - p^{\mathrm{g}}\mathrm{d}V^{\mathrm{g}} + \gamma\mathrm{d}A_s$$

将其代入做功能力的自发与平衡判据式 $\mathrm{d}U + p_{\mathrm{sur}}\mathrm{d}V - T_{\mathrm{sur}}\mathrm{d}S \leqslant 0$，系统温度和环境温度平衡相等，$T = T_{\mathrm{sur}}$，且恒容时有 $\mathrm{d}V = \mathrm{d}V^{\mathrm{l}} + \mathrm{d}V^{\mathrm{g}} = 0$，因此可得

$$-p^{\mathrm{l}}\mathrm{d}V^{\mathrm{l}} + p^{\mathrm{g}}\mathrm{d}V^{\mathrm{l}} + \gamma\mathrm{d}A_s \leqslant 0$$

再根据式（9.2.1），平衡时有如下关系

$$\gamma\mathrm{d}A_s = (p^{\mathrm{l}} - p^{\mathrm{g}})\mathrm{d}V^{\mathrm{l}} = \Delta p\mathrm{d}V^{\mathrm{l}} \qquad (9.2.2)$$

忽略重力作用的液滴是球形液滴，$V^{\mathrm{l}} = \dfrac{4}{3}\pi r^3$，$A_s = 4\pi r^2$，将这些关系代入上式，得

$$\Delta p = \frac{\gamma\mathrm{d}A_s}{\mathrm{d}V^{\mathrm{l}}} = \frac{\gamma\mathrm{d}(4\pi r^2)}{\mathrm{d}(4\pi r^3/3)} = \frac{2\gamma}{r} \qquad (9.2.3)$$

这就是球状弯曲液面附加压力的计算公式，称为拉普拉斯（Laplace）方程。若考虑重力作用，则液滴为椭球形，液面的两个主曲率半径分别为 r_1 和 r_2，而导出的公式为

$$\Delta p = \gamma(1/r_1 + 1/r_2) \tag{9.2.4}$$

当 $r_1 = r_2$ 时，式（9.2.4）还原为式（9.2.3），表明附加压力与液体表面张力成正比，与曲率半径成反比。由式（9.2.3）和式（9.2.1）可见：

若液面为凸面，$r > 0$，$\Delta p > 0$，$p^l > p^g$。若液面为凹面，$r < 0$，$\Delta p < 0$，$p^l < p^g$。若液面为平面，由于其有 $r = \infty$，$\Delta p = 0$，$p^l = p^g$。

式（9.2.3）适用于计算小液滴或液体中小气泡气液两侧及毛细管中弯曲液面的附加压力。对于空气中的气泡，如肥皂泡的附加压力，是指泡内与泡外气体的压力差。内外两个表面，这两个表面的半径又几乎完全相同，故

$$\Delta p = p^{g内} - p^{g外} = [p^{g内} - p^l] + [p^l - p^{g外}] = \frac{2\gamma}{r} + \frac{2\gamma}{r} = \frac{4\gamma}{r} \tag{9.2.5}$$

9.2.2　弯曲液面的蒸气压

弯曲液面由于存在附加压力，故曲面液体压力不同于平面液体压力。在一定温度下弯曲液面的蒸气压力也不同于平面液体的蒸气压力。或者说，弯曲液面下液体的化学势与平液面下液体的化学势不同，而与二者平衡时相对应的气相的化学势也随之不同。设弯曲液面的曲率半径为 r，弯曲液面内的压力为 p，与其平衡的饱和蒸气压为 p_r^*；与平面液体平衡的饱和蒸气压为 p^*。

对于球形液滴的气液两相平衡系统，仍如图 9.1.3 所示。当气液两相间有物质交换的微变时

$$dU = TdS - p^l dV^l - p^g dV^g + \gamma dA_s + \mu_r^l dn_r^l + \mu_r^g dn_r^g \tag{9.2.6}$$

将此式代入做功能力的自发与平衡判据式 $dU + p_{sur}dV - T_{sur}dS \leqslant 0$，得

$$TdS - p^l dV^l - p^g dV^g + \gamma dA_s + \mu_r^l dn_r^l + \mu_r^g dn_r^g + p_{sur}dV - T_{sur}dS \leqslant 0$$

恒温恒容时 $T = T_{sur}$，$dV^l + dV^g = dV = 0$，判据式转化为

$$-(p^l - p^g)dV^l + \gamma dA_s + \mu_r^l dn_r^l + \mu_r^g dn_r^g \leqslant 0$$

使用恒温恒容条件下的亥姆霍兹函数判据也可得到这个结果。由式（9.2.2）知，$\gamma dA_s = (p^l - p^g)dV^l$，并设有物质的量为 dn 的物质从气相进入液相中，即 $dn_r^l = dn > 0$，$dn_r^g = -dn$，则判据式又转化为

$$\mu_r^l dn - \mu_r^g dn \leqslant 0$$

再将判据式除以 dn，得
$$\mu_r^l \leqslant \mu_r^g \tag{9.2.7}$$
该式说明弯曲液面下液体的化学势在平衡时与对应的气相化学势相等；若气相化学势大于弯曲液面下液体化学势，则气相能自发地凝聚成小液滴，即在弯曲液面下物质也总是从高化学势相自发地进入低化学势相。

弯曲液面下液体的化学势 μ_r^l 等于平液面下液体的化学势加上由于液面弯曲所导致的压力变化而引起的化学势改变，即

$$\mu_r^l = \mu_{\text{平}}^l + \int_{p^g}^{p^l} \left(\frac{\partial \mu_{\text{平}}^l}{\partial p} \right)_T \mathrm{d}p = \mu_{\text{平}}^l + \int_{p^g}^{p^l} V_m(l)\mathrm{d}p = \mu_{\text{平}}^l + V_m(l)(p^l - p^g) = \mu_{\text{平}}^l + V_m(l)\frac{2\gamma}{r}$$

设蒸气为理想气体，与平液面平衡的气相化学势为 $\mu_{\text{平}}^l = \mu_{\text{平}}^g = \mu^{\ominus} + RT\ln(p^*/p^{\ominus})$，与球形液滴平衡的气相化学势 $\mu_r^g = \mu^{\ominus} + RT\ln(p_r^*/p^{\ominus})$，将这些关系代入式（9.2.7）中，平衡时有

$$V_m(l)\frac{2\gamma}{r} + RT\ln(p^*/p^{\ominus}) = RT\ln(p_r^*/p^{\ominus})$$

整理即得

$$RT\ln(p_r^*/p^*) = V_m(l)\frac{2\gamma}{r} = \frac{2M\gamma}{\rho r} \tag{9.2.8}$$

式中，M 是液体的摩尔质量；ρ 为密度；r 为液滴的半径。此式即为开尔文（Kelvin）方程。可以计算小液滴或毛细管中凸液面的蒸气压，此时 $r>0$，$\Delta p>0$。也可计算毛细管中凹液面的蒸气压，此时 $r<0$，$\Delta p<0$。至于液体内部的气泡，泡中液体一侧的压力可能并不是简单平面液体的压力再减掉一个附加压力，所以不能直接用开尔文方程计算泡中液体的蒸气压。

【例 9.2.1】 20℃时水的表面张力为 $72.75\times10^{-3}\,\text{N}\cdot\text{m}^{-1}$，密度是 $998.2\,\text{kg}\cdot\text{m}^{-3}$。分别计算半径在 $10^{-9}\sim10^{-5}\,\text{m}$ 范围内，不同半径的球形水滴的相对蒸气压 p_r^*/p^*，并说明在什么情况下可以忽略分散度对蒸气压的影响。

解 球形小水滴为凸液面，使用取正值的开尔文方程，$r=10^{-5}\,\text{m}$ 时

$$\ln\frac{p_r^*}{p^*} = \frac{2\gamma M}{RT\rho r}$$

$$= \frac{2\times72.75\times10^{-3}\,\text{N}\cdot\text{m}^{-1}\times18.02\times10^{-3}\,\text{kg}\cdot\text{mol}^{-1}}{8.314\,\text{J}\cdot\text{mol}^{-1}\cdot\text{K}^{-1}\times293.15\,K\times998.2\,\text{kg}\cdot\text{m}^{-1}\times1\times10^{-5}\,\text{m}}$$

$$= 1.077\times10^{-4}$$

$$p_r^*/p^* = 1.0001$$

同法可得半径在 $10^{-9}\sim10^{-6}\,\text{m}$ 范围内，不同半径的球形水滴的相对蒸气压 p_r^*/p^* 值，列表如下。

r/m	10^{-5}	10^{-6}	10^{-7}	10^{-8}	10^{-9}
p_r^*/p^*	1.0001	1.001	1.011	1.1114	2.937

计算结果表明，球形水滴的半径大于 $10^{-6}\,\text{m}$ 时，相对蒸气压 p_r^*/p^* 值近于1，分散度对蒸气压的影响可以忽略。

9.2.3 亚稳状态

在恒压下蒸气进行降温的过程中，当蒸气在某温度下相对正常液体（平面液体）达到饱和状态后，一般情况下都认为蒸气会不断地冷凝而变为液体。但实际上若蒸气达到上述饱和状态后系统中并无液相（冷凝载体或冷凝核心）存在时，情况就变化了。这些蒸气首先要生成极微小的液滴，**即新相**，其后蒸气才会不断地冷凝而变为液体。由开尔文方程知道，极微小液滴的蒸气压大于正常液体的蒸气压，在正常液体蒸气压的情况下是不会生成极微小液滴

的，也就是说要生成极微小液滴（新相），必须使蒸气过饱和，所要采取的措施可以是升压，可以是降温。在这里，继续降温是最简单易行且实际的办法。

类似的情况：液体蒸发为气体时会出现过热液体；液体凝固为固体时会出现过冷液体；溶液中有溶质结晶时会出现过饱和溶液。这些现象都是因为系统在形成新相时，由于新相的粒径极其微小，新相的表面吉布斯函数很大，新相难以自发生成所致。上述现象所对应的各"过"的状态与平衡状态相比是不稳定的，但它们又是新相生成时必须经历的状态，有时甚至能维持"相当长"的时间，通常称为**亚稳状态**。

有时外界对上述生成新相的系统进行干扰，提供一些合适的新相，可以消除亚稳状态给人们的生产、生活带来的不利影响。如在科学实验中为防止液体过热而发生爆沸现象，常在液体中放入一些素烧瓷片或毛细管等物质。这些物质是多孔物质，孔中多储有气体，加热时气体被赶出成为新相种子，可使液体的过热程度大大降低，防止了爆沸现象。再如在结晶操作中，若溶液的过饱和程度太大，一旦开始结晶，将会迅速生成许多很细小的晶粒，不利于过滤和洗涤，因而影响产品质量。在生产中常采用向结晶器中投入小晶体作为新相种子，防止溶液发生过饱和，从而获得较大颗粒的晶体。

9.2.4　溶液表面的吸附

溶液是多组分系统，看起来很均匀，但表面层浓度和内部浓度总是不同的。通常把溶质在表面层浓度和内部浓度不同的现象称为**溶液**表面的**吸附**。由于溶液表面的吸附，也引起溶液的表面张力发生变化。溶液表面张力随溶质浓度变化的关系与溶质的性质密切相关。以水作溶剂时，各种溶质对溶液表面张力的影响可归纳为三种类型，如图9.2.1所示。第一种类型溶质为无机盐、不挥发性无机强酸、无机强碱以及含有多羟基的有机化合物，如甘油和蔗糖等，如曲线Ⅰ所示，随着溶液浓度的增加，溶液的表面张力稍有升高。第二种类型溶质为有机酸、醇、酯、醚、酮等极性有机物，如曲线Ⅱ所示，这类溶液的表面张力随溶液浓度的增加而下降。第三种类型溶质为八碳以上直链有机酸的碱金属盐、高碳直链烷基硫酸盐和苯磺酸盐等，如曲线Ⅲ所示，在水中加入少量这

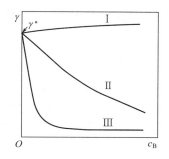

图 9.2.1　水溶液表面张力与浓度关系示意图

类溶质，就能引起溶液表面张力的急剧下降，到达一定浓度后，溶液的表面张力几乎不再随溶液浓度的增加而变化。第三种类型溶质常称为**表面活性剂**或**表面活性物质**。

恒温、恒压下，纯液体表面张力是一定值。所以纯液体通过缩小表面积来降低系统的表面吉布斯函数。而溶液则是通过自动调节溶质在表面层的浓度来降低系统的表面吉布斯函数。如果溶质溶入溶剂中会使溶液的表面张力降低，则溶质有自动向表面层富集的趋势，溶液达平衡后，溶质在表面层的浓度大于其在溶液内部的浓度，这种现象称为**正吸附**。如果溶质溶入溶剂中会使溶液的表面张力升高，则溶质有自动离开表面移向溶液内部的趋势，溶液达平衡后，溶质在表面层的浓度小于其在溶液内部的浓度，这种现象称为负吸附。无论是哪种吸附，其最终结果都是自动地降低了系统的表面吉布斯函数。

9.2.5　溶液的表面吸附量与吉布斯吸附等温式

在单位面积的表面相中所含溶质的物质的量与具有相同数量的溶剂的体相溶液中所含溶

质的物质的量之差，称为溶质的单位表面过剩量 Γ_B，即

$$\Gamma_B = \left[n_B^\sigma - n_A^\sigma \times \frac{n_B^\alpha}{n_A^\alpha} \right] \times \frac{1}{A_s} \tag{9.2.9}$$

又简称为**表面吸附量**，其单位为 $mol \cdot m^{-2}$，是由吉布斯根据自己提出的界面模型给出的。吉布斯还用热力学方法导出了溶质的单位表面过剩量 Γ_B 与溶液表面张力 γ 及溶质 B 的活度 a_B 之间的关系式，称为**吉布斯吸附等温式**：

$$\Gamma_B = -\frac{a_B}{RT} \left(\frac{\partial \gamma}{\partial a_B} \right)_T \tag{9.2.10}$$

溶液很稀时，可用浓度 c_B 代替活度 a_B，吉布斯吸附等温式成为：

$$\Gamma_B = -\frac{(c_B/c^\ominus)}{RT} \left(\frac{\partial \gamma}{\partial (c_B/c^\ominus)} \right)_T \tag{9.2.11}$$

由吉布斯吸附等温式可以看出，当 $\left(\dfrac{\partial \gamma}{\partial (c_B/c^\ominus)} \right)_T < 0$ 时，也就是加入溶质降低了溶液的表面张力时（对应图 9.2.1 中曲线 Ⅱ 和曲线 Ⅲ），Γ_B 为正值，表现为正吸附；反之，当 $\left(\dfrac{\partial \gamma}{\partial (c_B/c^\ominus)} \right)_T > 0$ 时，也就是加入溶质增加了溶液的表面张力时（对应图 9.2.1 中曲线 Ⅰ），Γ_B 为负值，表现为负吸附。

9.2.6 吉布斯界面模型和吉布斯吸附等温式的热力学导出

对于多组分系统的界面，特别是溶液的界面，各物质的数量关系与体相中完全不同。因此要了解和研究溶液界面现象，首先要了解溶液界面。吉布斯是界面热力学的奠基人，下面介绍吉布斯界面模型。

设有一个由 α 和 β 两个体相以及一个界面层构成的实际系统，如图 9.2.2（a）所示。对于任一组分 B 在界面层中的数量 $n_B^{界面层}$ 及界面层体积 $V^{界面层}$，有下述关系

$$n_B^{界面层} = n_B - n_{B,实际}^\alpha - n_{B,实际}^\beta \tag{9.2.12}$$

$$V^{界面层} = V - V_{实际}^\alpha - V_{实际}^\beta \tag{9.2.13}$$

式中，n_B 为系统中组分 B 的总量；V 为系统的总体积。若 c_B^α 和 c_B^β 分别是组分 B 在 α 相和 β 相的浓度。对界面层，只有几个分子的厚度，其体积 $V^{界面层}$ 难于测定。而组分 B 在界面层的浓度，既不同于 α 相，也不同于 β 相，而是由 α 相逐渐变化到 β 相的，因此分界线 AA' 和 BB' 的位置难以准确地确定，这就使由式（9.2.12）确定的 $n_B^{界面层}$ 带有任意性。1878 年，吉布斯提出的界面模型克服了这一困难。

模型要点如下。

① 将界面层抽象为**无厚度**、**无体积**的界面相，以符号 σ 表示，见图 9.2.2（b）中的 SS'。

界面相的热力学基本方程

对于界面相，由于存在界面张力，因此在描述系统的状态时，相应地要增加一个变量，通常选用界面面积 A_s。以吉布斯函数为例，可写出

$$G^\sigma = G^\sigma(T^\sigma, p^\sigma, A_s^\sigma, n_1^\sigma, n_2^\sigma, \cdots)$$

依照式(9.1.4)可得界面相的热力学基本方程如下

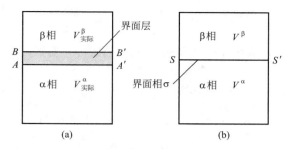

图 9.2.2 实际界面系统 (a) 与吉布斯界面模型 (b)

$$dU^\sigma = T^\sigma dS^\sigma - p^\sigma dV^\sigma + \gamma^\sigma dA_s^\sigma + \sum_B \mu_B dn_B^\sigma \qquad (9.2.14a)$$

$$dH^\sigma = T^\sigma dS^\sigma + V^\sigma dp^\sigma + \gamma^\sigma dA_s^\sigma + \sum_B \mu_B dn_B^\sigma \qquad (9.2.14b)$$

$$dA^\sigma = -S^\sigma dT^\sigma - p^\sigma dV^\sigma + \gamma^\sigma dA_s^\sigma + \sum_B \mu_B dn_B^\sigma \qquad (9.2.14c)$$

$$dG^\sigma = -S^\sigma dT^\sigma + V^\sigma dp^\sigma + \gamma^\sigma dA_s^\sigma + \sum_B \mu_B dn_B^\sigma \qquad (9.2.14d)$$

② 组分 B 在两相中的浓度仍为 c_B^α 和 c_B^β，两相的体积则分别为 V^α 和 V^β，其他强度性质也仍不变。

③ 界面相中仍然有各种物质，对于任一组分 B，其物质的量 n_B^σ 为

$$n_B^\sigma = n_B - n_B^\alpha - n_B^\beta = n_B - c_B^\alpha V^\alpha - c_B^\beta V^\beta \qquad (9.2.15)$$

式中，n_B^σ 称为界面过剩量，定义单位界面过剩量 Γ_B 为

$$\Gamma_B \stackrel{\text{def}}{=\!=\!=} n_B^\sigma / A_s \qquad (9.2.16)$$

④ 由于 V^α 和 V^β 随 SS' 的位置变化，使 n_B^σ 或 Γ_B 带有任意性。吉布斯首先建议以溶剂 A 为参照来定义溶质 B 的相对单位界面过剩量。也就是说，先令

$$\Gamma_A = n_A^\sigma / A_s = 0 \qquad (9.2.17)$$

即可给出相对于溶剂的溶质 B 的单位界面过剩量。

相对于溶剂的溶质 B 的单位界面过剩量

用 α 表示溶液的体相，A 和 B 分别表示溶剂和溶质，在等温条件下，溶液表面相和体相（压力对体相的影响忽略不计）的吉布斯-杜亥姆公式分别为

$$n_A^\sigma d\mu_A^\sigma + n_B^\sigma d\mu_B^\sigma + A_s d\gamma = 0$$

$$n_A^\alpha d\mu_A^\alpha + n_B^\alpha d\mu_B^\alpha = 0$$

先从平衡的角度考虑，平衡时溶剂和溶质在表面相和体相的化学势分别相等，即 $\mu_A^\alpha = \mu_A^\sigma$，$\mu_B^\alpha = \mu_B^\sigma$，于是体相的吉布斯-杜亥姆公式成为 $n_A^\alpha d\mu_A^\sigma = -n_B^\alpha d\mu_B^\sigma$，故 $d\mu_A^\sigma = -(n_B^\alpha / n_A^\alpha) d\mu_B^\sigma$，将此式代入表面相的吉布斯-杜亥姆公式，得

$$-(n_B^\alpha / n_A^\alpha) n_A^\sigma d\mu_B^\sigma + n_B^\sigma d\mu_B^\sigma + A_s d\gamma = 0$$

把这个式子写成如下形式

$$\left[n_B^\sigma - n_A^\sigma \times \frac{n_B^\alpha}{n_A^\alpha}\right] \times \frac{\mathrm{d}\mu_B^\sigma}{A_s} = -\mathrm{d}\gamma \tag{9.2.18}$$

再从界面过剩的角度考虑，表面相的吉布斯-杜亥姆公式亦可写成

$$\frac{n_A^\sigma}{A_s}\mathrm{d}\mu_A^\sigma + \frac{n_B^\sigma}{A_s}\mathrm{d}\mu_B^\sigma = -\mathrm{d}\gamma$$

按吉布斯界面相模型，$\Gamma_A = n_A^\sigma/A_s = 0$，$\Gamma_B = n_B^\sigma/A_s$，上式成为

$$\Gamma_B\mathrm{d}\mu_B^\sigma = -\mathrm{d}\gamma \tag{9.2.19}$$

把式（9.2.18）和式（9.2.19）比较，即得

$$\Gamma_B = \left[n_B^\sigma - n_A^\sigma \times \frac{n_B^\alpha}{n_A^\alpha}\right] \times \frac{1}{A_s}$$

这就是按吉布斯建议给出的溶质的单位界面过剩量。注意，该式是因为有了 $n_A^\sigma = 0$ 的人为规定才成立的，而不是实际的 $n_A^\sigma = 0$。

根据吉布斯界面模型，除了 $V^\sigma = 0$，界面相的其他热力学性质（容量性质）均可定义为

$$X^\sigma = X - (X^\alpha - X^\beta) \tag{9.2.20}$$

式中，X 为除 V 以外的具有容量性质的热力学函数；X^σ 称为界面过剩热力学函数，如 U^σ 为界面过剩热力学能、S^σ 为界面过剩熵、G^σ 为界面过剩吉布斯函数等。

多组分系统中若有 α 个体相和 σ 个界面相，由式（9.2.20）$X = \sum_\alpha X^\alpha + \sum_\sigma X^\sigma$，再根据第 4 章给出过的多组分、多相系统的热力学基本方程和本章的界面相热力学基本方程，就可以写出多组分、多相、多界面系统的热力学基本方程。篇幅所限，这里仅给出热力学能变基本方程，其他不示。

$$\mathrm{d}U = \sum_\alpha T^\alpha \mathrm{d}S^\alpha - \sum_\alpha p^\alpha \mathrm{d}V^\alpha + \sum_\alpha \sum_B \mu_B^\alpha \mathrm{d}n_B^\alpha + \sum_\sigma T^\sigma \mathrm{d}S^\sigma + \sum_\sigma \gamma^\sigma \mathrm{d}A_s{}^\sigma + \sum_\sigma \sum_B \mu_B^\sigma \mathrm{d}n_B^\sigma \tag{9.2.21}$$

吉布斯吸附等温式的热力学导出

把平衡关系 $\mu_B^\alpha = \mu_B^\sigma$ 代回按吉布斯模型处理过的表面相吉布斯-杜亥姆公式 $\Gamma_B\mathrm{d}\mu_B^\sigma = -\mathrm{d}\gamma$，可写成

$$\Gamma_B\mathrm{d}\mu_B^\alpha = -\mathrm{d}\gamma \tag{9.2.22}$$

因 $\mu_B = \mu_B^\ominus + RT\ln a_B$，所以 $\mathrm{d}\mu_B^\alpha = RT\dfrac{\mathrm{d}a_B}{a_B}$，代入上式整理并考虑等温条件后即得

$$\Gamma_B = -\frac{a_B}{RT} \times \left(\frac{\partial \gamma}{\partial a_B}\right)_T$$

这就是吉布斯吸附等温式。

【例 9.2.2】 很多稀水溶液的表面张力与溶液的浓度间存在线性关系：$\gamma = \gamma^* - b(c_B/c^\ominus)$，$\gamma^*$ 是水的表面张力。（1）试导出单位表面过剩量随浓度的变化关系；（2）293K 时油酸钠稀水溶液的表面张力与溶液的浓度间即存在上述线性关系。已知此温度下水的表面张力为 72.75×10^{-3} N·m^{-1}，浓度为 1×10^{-4} mol·dm^{-3} 的油酸钠稀水溶液的表面张力为 62.23×10^{-3} N·m^{-1}。计算此溶液中油酸钠的单位表面过剩量。

解 (1) $\left(\dfrac{\partial \gamma}{\partial (c_B/c^{\ominus})}\right)_T = -b$，代入式(9.2.8)，$\Gamma_B = -\dfrac{(c_B/c^{\ominus})}{RT}\left(\dfrac{\partial \gamma}{\partial (c_B/c^{\ominus})}\right)_T = \dfrac{b(c_B/c^{\ominus})}{RT}$

(2) $b = \dfrac{\gamma * - \gamma}{c_B/c^{\ominus}} = \dfrac{(72.75 - 62.23)\times 10^{-3}\text{N}\cdot\text{m}^{-1}}{1\times 10^{-4}\times 10^3} = 0.1052\text{N}\cdot\text{m}^{-1}$

$\Gamma_B = \dfrac{b\ (c_B/c^{\ominus})}{RT} = \dfrac{0.1052\text{N}\cdot\text{m}^{-1}\times 1\times 10^{-4}\times 10^3}{8.314\text{J}\cdot\text{mol}^{-1}\cdot\text{K}^{-1}\times 293\text{K}} = 4.32\times 10^{-6}\text{mol}\cdot\text{m}^{-2}$

9.2.7 表面活性剂及其性质

（1）表面活性剂的结构及性质

加入少量就能显著降低水的表面张力的物质，称为**表面活性剂**。如图 9.2.1 曲线Ⅲ所示，表面活性剂加到一定浓度后，溶液的表面张力几乎不再随溶液浓度的增加而变化。这一现象与表面活性剂分子的结构密切相关。表面活性剂分子通常由亲油的长链非极性或弱极性基团和亲水的极性基团构成。分子进入水中后，由于液面的自动吸附作用，表面活性剂分子迅速富集于液面，亲水基团伸向水相，亲油基团伸向气相，使水溶液的表面张力显著降低，当表面活性剂分子把液面完全占据，即在液面上排满一层后，表面张力趋于恒定。此时的溶液表面达到饱和吸附状态，表面吸附量为饱和吸附量，以 $\Gamma_{B,M}$ 表示。此后再增加表面活性剂浓度，溶液的表面张力也不会有明显降低。

在一定温度下，表面活性剂溶液的表面吸附量 Γ_B 和浓度 c 之间的关系如图 9.2.3 所示。图中曲线称为表面活性剂溶液的吸附等温线。Γ_B 和 c 之间的关系还可用如下的经验公式来表示

$$\Gamma_B = \Gamma_{B,M}\frac{kc}{1+kc} \tag{9.2.23}$$

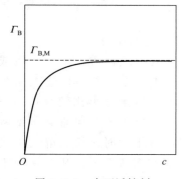

图 9.2.3 表面活性剂
溶液的吸附等温线

(a) 稀溶液　　(b) 开始形成球状胶束　　(c) 大于cmc的溶液

图 9.2.4 不同浓度溶液中表面活性剂分子的状态

式中，k 为经验常数，与溶质的表面活性大小有关。由于饱和吸附量 $\Gamma_{B,M}$ 可以看作溶液表面完全被表面活性剂分子占据时的吸附量，其倒数则为每摩尔表面活性剂分子所占的面积。由实验测出 $\Gamma_{B,M}$ 值，即可算出每个被吸附表面活性剂分子的横截面积 a_M 为

$$a_M = \frac{1}{\Gamma_{B,M}L} \tag{9.2.24}$$

式中，L 为阿伏伽德罗常数。多种表面活性剂溶液的 $\Gamma_{B,M}$ 实验测定值与 a_M 计算值表明：凡

长直链的脂肪酸、甲基酮或酰胺，不论碳链长度如何，a_M 皆为 $20.5 \times 10^{-20} \, \text{m}^2$。显然，这个结果支持饱和吸附时表面活性剂分子定向竖直排列的观点。

人们的研究发现，在表面活性剂溶液中，当浓度接近饱和吸附状态时，溶液内部的表面活性剂分子会三三两两地聚集到一起，这种表面活性剂分子的聚集体，称为**胶束**。当浓度达到或超过饱和吸附状态 $\Gamma_B = \Gamma_{B,M}$ 时，溶液中的表面活性剂分子就几十、几百地聚集在一起，排列成球状胶束，还可能生成棒状胶束，乃至层状胶束。图 9.2.4 给出了不同浓度溶液中表面活性剂分子状态的示意图，图 9.2.5 给出了棒状与层状胶束示意图。开始形成球状胶束时所需表面活性剂的最低浓度，称为临界胶束浓度，以 cmc（critical micelle concentration 的缩写）表示。实验表明，cmc 不是一个确定的数值，通常表现为一个较窄的浓度范围。

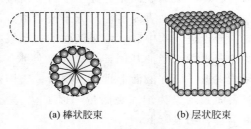

(a) 棒状胶束   (b) 层状胶束

图 9.2.5　棒状与层状胶束示意图

临界胶束浓度的存在已被 X 射线衍射图谱及光散射实验所证实。临界胶束浓度和溶液表面达到饱和吸附状态对应的浓度范围是一致的。实验还发现，在临界胶束浓度前后，不仅溶液的表面张力发生明显的变化，其他物理性质，如电导率、渗透压、蒸气压、光学性质、去污能力及增溶作用等皆产生很大的差异。如图 9.2.6 所示，表面活性剂的浓度略大于 cmc 以后，溶液的表面张力、渗透压及去污能力等几乎不再随浓度的变化而改变，但电导率、增溶作用等却随着浓度的增加而急剧增加。

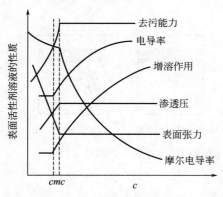

图 9.2.6　表面活性剂溶液的
性质与浓度关系示意图

（2）表面活性剂分类及应用

表面活性剂可以从物理性质、化学性质或化学结构等方面来分类，也可以从用途上来分类，一般认为按化学结构来分类比较合适。按化学结构，大体上可分为离子型和非离子型两大类。当表面活性剂溶于水时，凡能解离生成离子的，称为离子型表面活性剂；凡在水中不能解离的，就称为非离子型表面活性剂。而离子型的表面活性剂按其在水溶液中解离后具有表面活性作用部分的电性，还可进一步分类为阴离子型、阳离子型和两性表面活性剂。常见的阴离子型表面活性剂有羧酸盐类、磺酸盐类、硫酸酯盐类等；常见的阳离子型表面活性剂为有机胺盐类。氨基酸 $RNHCH_2CH_2COOH$，是常见的两性表面活性剂，在碱性溶液中它的活性基团为阴离子 $RNHCH_2CH_2COO^-$，在酸性溶液中它的活性基团为阳离子 $RN^+CH_2CH_2COOH$；非离子型表面活性剂的极性基团是具有亲水性的含氧基团（一般为醚基和羟基），如聚乙二醇类 $HOCH_2$

$(CH_2OCH_2)_nCH_2OH$、聚氧乙烯烷基胺 $R_2N\text{-}(C_2H_4O)_nH$ 等。

概括地说，表面活性剂具有润湿、乳化、去乳、分散、助磨、增溶、发泡、消泡、渗透、杀菌、防锈和消除静电等功能。因此，在许多生产、科研和日常生活中被广泛地使用。但表面活性剂的种类繁多，不同的表面活性剂常具有不同的功能。一般情况下，一种表面活性剂只具备上述一两种功能。对于一个确定的系统，如何选择合适的表面活性剂才能达到预期的效果，目前还缺乏理论指导。一般认为，比较表面活性剂分子中亲水基团的亲水性和亲油基团的亲油性是一项衡量效率（效果）的重要指标，但问题的关键在于用什么尺度来衡量亲水性和亲油性。由于亲水基团和亲油基团的性质差别较大，因此在大多数情况下不能用相同的尺度来衡量。很多科技人员提出衡量亲水性和亲油性的方法，而应用较多的是格里芬（Griffin）提出的 HLB 法。

HLB 代表亲水亲油平衡（hydrophile-lipophile balance）。一般情况下，如果两种表面活性剂的亲水基团相同时，它们的亲油基团碳链越长（摩尔质量越大），则亲油性越强，因此其亲油性可以用亲油基团的摩尔质量来表示。但对于亲水基团，由于种类繁多，用摩尔质量表示其亲水性不一定都合理。格里芬研究了聚乙二醇类非离子型表面活性剂，发现此类表面活性剂的亲水性是可以用亲水基团的摩尔质量来衡量的。格里芬用 HLB 值来表示此类表面活性剂的亲水性，其计算式为

$$HLB\ 值 = \frac{亲水基团的摩尔质量}{亲油基团的摩尔质量+亲水基团的摩尔质量} \times \frac{100}{5}$$

$$= \frac{亲水基团的摩尔质量}{表面活性剂的摩尔质量} \times \frac{100}{5} \tag{9.2.25}$$

例如石蜡完全没有亲水基团，所以 HLB=0；聚乙二醇是完全的亲水基团，HLB=20。其他非离子型表面活性剂的 HLB 值介于 0~20 之间，HLB 值越大，表面活性剂的亲水性越强。

表 9.2.1 给出了表面活性剂的 HLB 值与加水后的性质及应用功能的对应关系，对简单了解表面活性剂的应用有一定的意义。但要对实际系统选择合适的表面活性剂，单靠 HLB 值来确定还是不够的，需查阅表面活性剂方面的专著。

表9.2.1　表面活性剂的 HLB 值与加水后的性质及应用功能的对应关系

表面活性剂加水后的性质	HLB值	应用
不分层	0 2 4	W/O 乳化剂
分散不好	6	润湿剂
不稳定乳状分散体	8	润湿剂
稳定乳状分散体	10	
半透明至透明分散体	12	洗涤剂 O/W 乳化剂
透明溶液	14 16 18	增容剂

9.3　气-固界面现象

9.3.1　气-固界面上的吸附

固体表面与液体表面相比，既有共同点，也有不同点。共同点是表面层分子受力不对称，存在表面张力及表面吉布斯函数。不同点是固体表面的分子几乎是不可移动的，这使得固体不能像液体那样以收缩表面的形式来降低自身的表面吉布斯函数，但固体可以从表面的外部空间吸引气体分子到表面，以降低表面层分子受力不对称的程度，降低表面张力和表面吉布斯函数。固体自发地将气体富集到自身的表面上，使气体在固体表面的浓度（或密度）

不同于气相本体的浓度（或密度），这种现象称为固体对气体的**吸附**。具有吸附能力的固体物质称为**吸附剂**，被吸附的气体物质称为**吸附质**。例如用活性炭吸附空气中有害人体健康的气体甲醛，活性炭是吸附剂，甲醛是吸附质。

按吸附剂和吸附质作用本质的不同，常将气体在固体表面上的吸附区分为物理吸附与化学吸附。吸附剂与吸附质分子间以范德华力相互作用而发生的吸附称为物理吸附。吸附剂与吸附质分子间发生化学反应，以化学键相互结合而发生的吸附称为化学吸附。由于两类吸附在分子间作用力上的不同，所以表现出许多不同的吸附性质，主要区别列于表 9.3.1 中。

表 9.3.1　物理吸附与化学吸附在性质上的主要区别

性质	物理吸附	化学吸附
吸附力	范德华力	化学键力
吸附热	较小,近于气体液化热	较大,近于化学反应热
选择性	无或很差	有,较强
可逆性	可逆	不可逆
吸附速率	快,易达平衡	慢,不易达平衡
吸附强弱	弱	强
吸附层数	单分子层或多分子层	单分子层

物理吸附一般没有选择性，任何固体可以吸附任何气体，但是吸附量会因吸附剂和吸附质的种类不同而相差很多，通常越易液化的气体越容易被吸附。吸附可以是单分子层或多分子层，但一般是多分子层的。其吸附热数值与液化热数值相近，所以物理吸附与气体的液化相似，可以看作为表面凝聚。物理吸附是可逆的，脱附物就是原来的吸附质。吸附速率大，脱附较容易，易达到平衡。

化学吸附有较强的选择性，吸附总是单分子层的。其吸附热数值与化学反应热的数值相近，可以看作是表面化学反应。化学吸附大多是不可逆的，脱附物往往与原来的吸附质不同。例如木炭吸附 O_2 后脱附物中有 CO 和 CO_2，而且不易脱附。化学吸附速率一般较小，在低温下不易达到平衡。

这两类吸附既有差异又有联系和共同之处，如吸附作用是自发的，吉布斯函数减少，熵减少，所以通常是放热的。因此只要吸附已经达到饱和（单分子层吸附理论认为吸附剂表面吸满一层分子后该力场即达饱和，物理吸附与化学吸附的力场不同，已经饱和的物理吸附力场相对于化学吸附场仍未饱和），升高温度无论是对物理吸附还是化学吸附，平衡吸附量总是降低的。再如，在一定条件下二者往往可同时发生，当条件变化时两类吸附还可以相互转化。第一个实例是氧在金属 W 上的吸附同时有三种情况：①有的氧是以原子状态被吸附的，这是纯粹的化学吸附；②有的氧是以分子状态被吸附的，这是纯粹的物理吸附；③还有一些氧是以分子状态被吸附在氧原子上面，形成多层吸附，这说明此时既有化学吸附，又有物理吸附。第二个实例是 CO 在铂上的等压吸附。等压吸附曲线如图 9.3.1 所示，纵坐标为单位质量吸附剂所吸附的 CO 的体

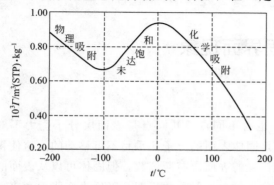

图 9.3.1　CO 在铂上的等压吸附曲线

积（吸附量 Γ），横坐标为温度。在低温时是物理吸附，吸附易达饱和，其平衡吸附量（也是饱和吸附量）随着温度的升高而降低；在 $-100 \sim 0℃$ 之间开始发生化学吸附，但未达饱和，故平衡吸附量（不是饱和吸附量）随温度的升高而增加；在 $0℃$ 以上，化学吸附达到饱和，平衡吸附量（亦即饱和吸附量）重新开始随温度升高而下降。吸附曲线记录了在同一系统中因条件的不同，物理吸附向化学吸附转化的过程。

9.3.2　气-固吸附理论

（1）吸附量

吸附量 Γ 是衡量吸附剂对吸附质吸附强弱的重要物理量。对固体表面的吸附来说，吸附只发生在表面上，内部浓度为零。按表面过剩的含义，固体对气体的吸附量可直接定义为：平衡时单位表面积上吸附的吸附质的物质的量，即 $\Gamma = n/A_s$。但由于固体吸附剂的表面积会因种种因素而变化很大，且不易准确方便地测定，故在实用上，又常以平衡时单位质量吸附剂上所吸附的吸附质的物质的量 n 或体积 V 来定义，即

$$\Gamma \overset{\text{def}}{=\!=\!=} n/m \tag{9.3.1}$$

或

$$\Gamma \overset{\text{def}}{=\!=\!=} V/m \tag{9.3.2}$$

式中，m 为吸附剂的质量；V 是换算为 $0℃$、$p^\ominus$ 下吸附质的体积。

吸附量决定于吸附质及吸附剂的本性、温度和压力等因素。在一定温度和压力下，对一定量的吸附剂来说，比表面积越大，吸附量越大，所以细微粉末或多孔物质具有良好的吸附性能。

（2）吸附曲线

对于指定了吸附质和吸附剂的气-固吸附系统，其平衡吸附量是温度和气体的压力的函数，即 $\Gamma = f(T, p)$。为便于研究，常将 Γ、T 和 p 三个变量中的一个固定，测定另两个变量之间的函数关系。这种关系可用公式直接表示，也可作图用曲线表示。当固定温度时，$\Gamma = f(p)$，此种关系式称为吸附等温式，反映吸附量与压力之间的关系曲线称为吸附等温线，见图 9.3.2；当固定压力时，$\Gamma = f(T)$，这样的关系式称为吸附等压式，反映吸附量与温度之间的关系曲线称为吸附等压线，见图 9.3.3；当固定吸附量时，$p = f(T)$，此关系式称为吸附等量式，反映吸附平衡压力与温度的关系曲线称为吸附等量线，见图 9.3.4。

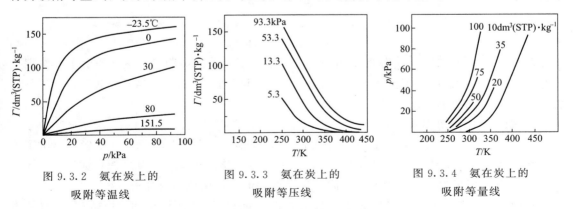

图 9.3.2　氨在炭上的吸附等温线　　　图 9.3.3　氨在炭上的吸附等压线　　　图 9.3.4　氨在炭上的吸附等量线

上述三种吸附曲线中最为常用的是吸附等温线。三种曲线之间具有内在的联系，例如测定了一组吸附等温线后，可以分别求算出吸附等压线和吸附等量线。根据积累的实验数据，

人们总结出吸附等温线大致可分成五种类型（如图 9.3.5 所示，图中纵坐标为吸附量 Γ，横坐标为相对压力 p/p^*，p^* 是吸附质在该温度下的饱和蒸气压）。第 Ⅰ 种类型为单分子层吸附，在 2.5nm 以下微孔吸附剂上的吸附等温线属于这种类型。例如 78K 时 N_2 在活性炭上的吸附及水和苯蒸气在分子筛上的吸附。第 Ⅱ 种类型常称为 S 形等温线。吸附剂孔径大小不一，发生多分子层吸附。在相对压力接近 1 时，发生毛细管孔凝现象。78K 时 N_2 在硅胶或铁催化剂上的吸附属于此类。第 Ⅲ 种类型较少见，当吸附剂和吸附质相互作用很弱时会出现这种等温线，如 352K 时，Br_2 在硅胶上的吸附。第 Ⅳ 种类型，多孔吸附剂发生多分子层吸附时会有这种等温线。在相对压力较高时，有毛细凝聚现象。例如在 323K 时，苯在氧化铁凝胶上的吸附属于此类。第 Ⅴ 种类型，开始时吸附剂和吸附质相互作用很弱，吸附量很小，当相对压力增高后，发生多分子层吸附，有毛细凝聚现象。例如 373K 时，水蒸气在活性炭上的吸附属于这种类型。

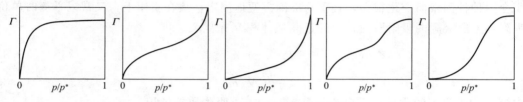

图 9.3.5　五种类型的吸附等温线

五种类型的吸附等温线，反映了吸附剂表面性质的不同、孔分布的差别以及吸附质和吸附剂间相互作用的不同。

（3）吸附等温式

1）弗罗因德利希等温式

弗罗因德利希（Freundlich）在研究木炭等吸附剂对一些气体的吸附时提出一个经验公式

$$\Gamma = k p^n \tag{9.3.3}$$

此式称为弗罗因德利希等温式。式中 n 和 k 是两个经验常数，对于指定的吸附系统，它们是温度的函数。k 值可视作是单位压力时的吸附量，一般来说，k 值随温度升高而降低。n 的数值一般在 0 与 1 之间，它的大小反映出压力对吸附量影响的强弱，同时也告诉我们弗罗因德利希经验公式描述的是第 Ⅰ 种类型的等温线。

将式（9.3.3）取对数，得

$$\lg\{\Gamma\} = \lg\{k\} + n\lg\{p\} \tag{9.3.4}$$

此式表明，以 $\lg\{\Gamma\}$ 对 $\lg\{p\}$ 作图应得直线，其斜率为 n，由截距可得 k。若由实验数据作图得不到直线，则表明吸附系统的行为不符合弗罗因德利希等温式。通常此式不适用于气体的压力很低或很高的情况。

2）朗缪尔吸附等温式

1916 年，朗缪尔（Langmuir）根据大量的实验事实，从动力学的观点出发，提出了一个吸附等温式，并总结出了朗缪尔单分子层吸附理论。该理论的几点基本假设如下。

① 单分子层吸附　固体表面有吸附力场存在，但其作用范围与分子直径相近，在 0.2～0.3nm 间。吸附剂表面吸满一层分子后该力场即达饱和，所以固体表面对气体分子只能发生单分子层吸附。

② 固体表面是均匀的　固体表面各吸附位置的吸附能力是相同的，每个位置上只能吸

附一个分子。吸附热是常数，不受覆盖度变化的影响。

③ 被吸附在固体表面上的分子相互之间无作用力　在各个吸附位置上，每个被吸附或解吸分子的难易程度，与其周围是否有其他被吸附分子的存在无关。

④ 吸附平衡是动态平衡　当吸附速率大于解吸速率，宏观上表现为吸附。当吸附速率小于解吸速率，宏观上表现为解吸。当吸附速率等于解吸速率时，宏观上表现为达到吸附平衡。

以 k_a 及 k_d 分别代表吸附与解吸的速率系数，A 代表气体，M 代表固体表面的吸附位，AM 代表气体 A 的吸附状态，则吸附的始末状态可以表示为

$$A + M \underset{k_d}{\overset{k_a}{\rightleftharpoons}} AM$$

设 θ 为任一瞬间固体表面被吸附质覆盖的分数，称为覆盖率，即

$$\theta = \frac{\text{以被吸附质覆盖的固体表面积}}{\text{固体总的表面积}}$$

显然，$(1-\theta)$ 代表固体表面上空白面积的分数，即空白率。由于气体碰撞到空白表面上时才可能被吸附，故气体的吸附速率，既与气体的压力成正比，又与固体表面上的空白率成正比。所以，吸附速率 v_a 为

$$v_a = k_a p(1-\theta)$$

而被吸附气体的解吸速率，应该与被吸附气体的分子数或覆盖率成正比，即

$$v_d = k_d \theta$$

在等温下吸附达平衡时，$v_a = v_d$，所以

$$k_a p(1-\theta) = k_d \theta$$

整理此式，得

$$\theta = \frac{k_a p}{k_d + k_a p}$$

令 $k_a / k_d = b$，即得**朗缪尔吸附等温式**

$$\theta = \frac{bp}{1+bp} \tag{9.3.5}$$

式中，b 是吸附作用的平衡常数，也称作**吸附系数**，其大小与吸附质、吸附剂的本性及温度有关，数值越大，表示吸附能力越强。若覆盖率 θ 时的吸附量为 Γ，$\theta = 1$ 时的吸附量为 Γ_∞，称为**饱和吸附量**，则 $\theta = \Gamma / \Gamma_\infty$，式（9.3.5）成为

$$\Gamma = \frac{\Gamma_\infty bp}{1+bp} \tag{9.3.6}$$

从式（9.3.6）中看到：

① 当压力足够低或吸附很弱时，$bp \ll 1$，则 $\Gamma \approx \Gamma_\infty bp$，这种情况下 Γ 与 p 成线性关系；

② 当压力足够高或吸附很强时，$bp \gg 1$，则 $\Gamma \approx \Gamma_\infty$，这种情况下 Γ 与 p 基本无关；

③ 当压力适中时，$\Gamma = \frac{\Gamma_\infty bp}{1+bp} \approx \Gamma_\infty bp^m$，$0 < m < 1$，这种情况下式（9.3.6）近似为弗罗因德利希等温式。

从上述分析可知，朗缪尔吸附等温式描述的也是第 I 种类型的吸附等温线。将式 (9.3.6) 重排后得

$$\frac{p}{\Gamma} = \frac{1}{\Gamma_{\infty} b} + \frac{p}{\Gamma_{\infty}} \tag{9.3.7}$$

若用实验数据，以 p/Γ 对 p 作图，可得直线，由直线的斜率和截距可得到饱和吸附量和吸附系数。

【例 9.3.1】 在 273.15K，测得不同平衡压力下的氮气在活性炭表面上的吸附量 Γ 数据如下：

p/kPa	0.524	1.731	3.058	4.534	5.999	7.497
Γ/dm³(STP)·kg⁻¹	0.987	3.043	5.082	7.047	8.796	10.310

根据朗缪尔吸附等温式，用图解法求氮气的饱和吸附量 Γ_{∞} 和吸附系数 b。

解 朗缪尔吸附等温式的直线形式为

$$\frac{p}{\Gamma} = \frac{1}{\Gamma_{\infty} b} + \frac{p}{\Gamma_{\infty}}$$

由此式知，以 p/Γ 对 p 作图得直线，由直线的斜率和截距可得到饱和吸附量和吸附系数。在不同平衡压力下的 p/Γ 值列表如下：

p/kPa	0.524	1.731	3.058	4.534	5.999	7.497
(p/Γ)/kPa·dm⁻³·kg	0.531	0.569	0.602	0.643	0.682	0.727

作 p/Γ-p 图，如图 9.3.6 所示，确为一条直线。求得直线斜率为

$$m = \frac{1}{\Gamma_{\infty}/\text{dm}^3 \cdot \text{kg}^{-1}} = 0.029375$$

$$\Gamma_{\infty} = 34.043 \text{dm}^3 \cdot \text{kg}^{-1}$$

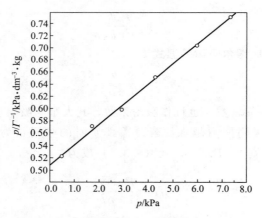

图 9.3.6 氮气在活性炭上吸附的 p/Γ-p 图

将最后一组数据代入朗缪尔吸附等温式的直线方程，得

$$\frac{1}{\Gamma_{\infty} b} = 0.727 - \frac{7.497}{34.043} = 0.507$$

$$b = 0.058 \text{kPa}^{-1}$$

3) BET 吸附等温式

由于朗缪尔吸附模型过于简单，因此所得等温式只能对五种吸附类型等温线中的第一种类型有较好的说明，而对其余四种则无法解释。1938 年，布鲁诺尔（Brunauer）、埃迈特（Emmett）和泰勒（Teller）三人在朗缪尔吸附理论的基础上认为：吸附剂表面吸满一层分子后力场仍未达饱和，可继续吸附其他气体分子，即第二层吸附，第三层吸附，…参见图 9.3.7，但第一层的吸附热不同于其他各层，其他各层的吸附热都等于吸附质的液化热。每一层的吸附平衡都使用朗缪尔模型同样的处理方法，总吸附量为各层吸附量之和，由此提出了多分子层吸附理论，简称为 **BET 理论**。提出的公式称为 **BET 公式**，其中层数不受限制的双参数 BET 公式为

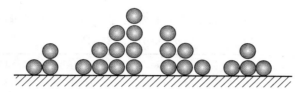

图 9.3.7　多层吸附示意图

$$\Gamma = \frac{\Gamma_\infty c p}{(p^* - p)\left[1 + (c-1)p/p^*\right]} \tag{9.3.8}$$

式中，Γ_∞ 与朗缪尔吸附等温式中的含义相同，是吸满第一层的吸附量；c 是与第一层吸附热、吸附质的液化热及温度有关的参数。通过直线化方法可获取 BET 公式中的两个参数。令 $p/p^* = \pi$，则式（9.3.8）对应的直线方程为

$$\frac{\pi}{\Gamma(1-\pi)} = \frac{c-1}{\Gamma_\infty c}\pi + \frac{1}{\Gamma_\infty c} \tag{9.3.9}$$

取实验数据，以 $\dfrac{\pi}{\Gamma(1-\pi)}$ 对 π 作图，则斜率为 $\dfrac{c-1}{\Gamma_\infty c}$，截距为 $\dfrac{1}{\Gamma_\infty c}$，且知斜率＋截距＝$\dfrac{c-1}{\Gamma_\infty c}$＋$\dfrac{1}{\Gamma_\infty c} = \dfrac{1}{\Gamma_\infty}$，即 $\Gamma_\infty = \dfrac{1}{斜率+截距}$，再由截距可进一步求得 c（见图 9.3.9）。

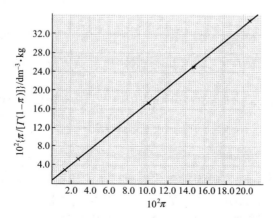

图 9.3.8　$N_2(g)$ 在 $ZrSO_4(s)$ 上的 BET 吸附等温线

BET 吸附等温式能较好地表达全部五种类型吸附等温线的中间部分，以 $p/p^* = 0.05 \sim 0.35$ 间为最佳。而限定吸附层数的三参数 BET 等温式（略），适用范围可扩展至 $p/p^* = 0.60$。对吸附等温式的进一步改进，则需要考虑固体表面的不均匀性、同层吸附分

子间的相互作用以及毛细管凝结现象等。

BET 吸附等温式的最重要应用是测定吸附剂或催化剂的比表面 A_m。从所得 Γ_∞ 值，可得吸满单位质量吸附剂表面上单分子层的吸附质的物质的量 n/m，如 Γ_∞ 的单位用 $dm^3 \cdot kg^{-1}$，则 $n/m = \Gamma_\infty/(22.4dm^3 \cdot mol^{-1})$，若已知每个吸附质分子的截面积 a_M，即可求出吸附剂的比表面积：

$$A_m = a_M L n/m \qquad (9.3.10)$$

式中，L 为阿伏伽德罗常数。

【例 9.3.2】 在 77.35K 时，$N_2(g)$ 在 $ZrSO_4(s)$ 上的吸附符合 BET 等温式。今取 17.52g 样品进行吸附测定，$N_2(g)$ 在不同平衡压力下的被吸附体积如表所示（所有吸附体积都已换算成标准状况），已知饱和压力 $p^* = 101.325kPa$。

p/kPa	1.39	2.77	10.13	14.93	21.01
$V/10^{-3} \cdot dm^3$	8.16	8.96	11.04	12.16	13.09

试计算：(1) 形成单分子层所需的体积；(2) 每克样品的表面积，已知每个 $N_2(g)$ 分子的截面积为 $0.162nm^2$。

解 (1) 按 $p/p^* = \pi$，$V/m = G$，先将 p-V 数据转换成 π-G 数据，并求出 $\dfrac{\pi}{G(1-\pi)}$。

$10^2\pi$	1.37	2.73	10.00	14.73	20.74
$\Gamma/dm^3 \cdot kg^{-1}$	0.466	0.511	0.630	0.694	0.747
$\dfrac{10^2\pi}{\Gamma(1-\pi)}/dm^{-3} \cdot kg$	2.98	5.49	17.64	24.89	35.03

按式 (9.3.9)，以 $\dfrac{\pi}{\Gamma(1-\pi)}$ 对 π 作图，截距 $= 0.8 \times 10^{-2} dm^{-3} \cdot kg$，斜率 $= \dfrac{36-0.8}{21.4} = 1.64486 dm^{-3} \cdot kg$，由此得

$$\Gamma_\infty = \frac{1}{斜率 + 截距} = \frac{dm^3 \cdot kg^{-1}}{1.64486 + 0.8 \times 10^{-2}} = 0.605 dm^3 \cdot kg^{-1} = 0.605 cm^3 \cdot g^{-1}$$

形成单分子层所需的体积为

$$V = m\Gamma_\infty = 17.52g \times 0.605cm^3 \cdot g^{-1} = 10.60cm^3$$

(2) $$n/m = \Gamma_\infty/(22.4dm^3 \cdot mol^{-1}) = \frac{0.605}{22.4} mol \cdot kg^{-1}$$

$$A_m = a_M L n/m = 0.162nm^2 \times 6.022 \times 10^{23} mol^{-1} \times \frac{0.605}{22.4} mol \cdot kg^{-1} = 26.35 \times 10^{20} nm^2 \cdot kg^{-1}$$

每克样品的表面积为 $\qquad A_m = 2.635 m^2 \cdot g^{-1}$。

(4) 吸附热

吸附是自发过程，$\Delta G < 0$，吸附过程将吸附质从三维空间限制在二维表面上，运动自由度减小，$\Delta S < 0$。等温下，$\Delta H = \Delta G + T\Delta S < 0$，所以通常情况下吸附是放热的。

吸附热可以直接实验测定。用量热计测量干净固体表面上达一定吸附量 Γ 且平衡时的吸附热 Q_I 叫**积分吸附热**。测定一组吸附热 Q_I 随吸附量 Γ 变化的数据，作 Q_I-Γ 图，得一曲线。曲线上任意一点的斜率 $\left(\dfrac{\partial Q_I}{\partial \Gamma}\right)_T = Q_D$，称为该吸附量 Γ 时的**微分吸附热**。

吸附热还可以从图 9.3.4 所示的吸附等量线上获得。气体在固体表面上的吸附类似于气

体在固体表面上的液化，吸附热也类似于液化热，因此可由克劳修斯-克拉佩龙方程得到

$$\left(\frac{\partial \ln p}{\partial T}\right)_\Gamma = -\frac{\Delta_{\text{liq}} H_{\text{m}}}{RT^2} = \frac{Q_{\text{ST}}}{RT^2} \tag{9.3.11}$$

式中，$\Delta_{\text{liq}} H_{\text{m}}$ 是气体的摩尔液化热；Q_{ST} 是等量吸附热。研究发现，等量吸附热与微分吸附热数值接近，二者的差距小于实验误差，故 $Q_{\text{ST}} \approx Q_{\text{D}}$。在吸附等量线上获得的是不同温度下的 $\left(\frac{\partial p}{\partial T}\right)_\Gamma$ 值，吸附热计算式为

$$Q_{\text{ST}} = \frac{RT^2}{p}\left(\frac{\partial p}{\partial T}\right)_\Gamma \tag{9.3.12}$$

实验表明，吸附热随覆盖率 θ 的变化而变化。多数情况下是吸附热随覆盖率 θ 的增加而减小，极少情况下是吸附热等于常数而与 θ 无关。而变化的原因可能主要是由于表面的不均匀性所致，其次可能是吸附分子之间的相互作用。

9.4 液-固界面现象

液-固界面上发生的过程一般分为两类来讨论，一类是润湿，另一类是吸附。简单地说，润湿是固体与液体接触后，液体取代原来固体表面上的气体而产生液-固界面的过程。液体可以是纯液体，也可以是溶液。而吸附则是溶液与固体在完全润湿的前提下，在液-固界面上仍存在力场的不对称性，使其对溶液中的分子也像固体吸附气体一样具有吸附作用，造成吸附前后溶液浓度的变化。下面先介绍润湿过程，然后介绍吸附过程。

9.4.1 润湿现象

将液体滴在固体表面上，由于两者间性质差异程度的不同，有的会铺展开来，如将水滴在干净的玻璃板上；有的则黏附在表面上成为凸透镜状，如将水滴在石蜡板上。这就是润湿现象，很明显，前述两种情况的润湿程度是不同的。在许多工农业生产过程中，如选矿、采油、防水、农用药剂喷施、洗涤、印染等，润湿程度都是一个非常重要的性能指标。

实际上，润湿是多种界面相互取代的过程。因此，在一定温度和压力下，润湿过程的推动力可用界面吉布斯函数的改变量 ΔG 来衡量，即界面吉布斯函数减少得越多，越易于润湿。按润湿程度的深浅，一般可将润湿分为三类：沾湿、浸湿和铺展。

（1）沾湿

如图 9.4.1（a）所示，当液体与固体表面相接触，即由气-液界面与气-固界面转变为液-固界面的过程，称为沾湿。在温度、压力和组成一定的情况下，由多组分、多界面系统的热力学基本方程得

$$dG_a = \sum_\sigma \gamma^\sigma dA_s^\sigma = \gamma^{\text{g-l}} dA_s^{\text{g-l}} + \gamma^{\text{g-s}} dA_s^{\text{g-s}} + \gamma^{\text{l-s}} dA_s^{\text{l-s}}$$

因为是相同面积的气-液界面与气-固界面被相同面积的液-固界面所取代，设这个相同面积的微变为 dA_s，恒大于 0，则 $dA_s^{\text{l-s}} = dA_s$，$dA_s^{\text{g-l}} = dA_s^{\text{g-s}} = -dA_s$，代入上式得

$$dG_a = (\gamma^{\text{l-s}} - \gamma^{\text{g-s}} - \gamma^{\text{g-l}}) dA_s$$

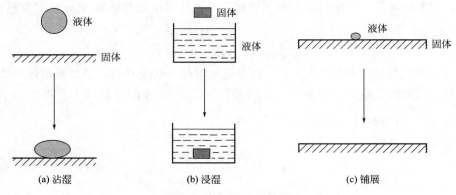

图 9.4.1　三类润湿的模型

或
$$\left(\frac{\partial G_a}{\partial A_s}\right)_{T,p,n} = \gamma^{l-s} - \gamma^{g-s} - \gamma^{g-l} = \Delta G_a \tag{9.4.1}$$

式中，ΔG_a 表示单位面积上沾湿过程的吉布斯函数变化，其中没有考虑较大液体时重力对沾湿过程的影响。若考虑较大液体时重力对沾湿过程的影响，因液体是系统的一部分，所以液体的重力也是系统性质的一部分。则定性的解释是

$$dG_a = (\gamma^{l-s} - \gamma^{g-s} - \gamma^{g-l})dA_s + mg\,dx$$

式中，m 是液滴的质量；g 是重力加速度；x 是液滴的质量中心由于重力作用而改变的距离，不考虑重力的影响时液滴为球形，液滴的质量中心到沾湿面的距离为球体半径 r；考虑重力的影响时液滴为椭球形，若椭球体的两个主曲率半径分别为长半径 r_1 和短半径 r_2，对相同质量的液滴，显然有 $r_1 > r > r_2$，椭球形时液滴的质量中心到沾湿面的距离为椭球体的短半径 r_2，则 $dx = r_2 - r$ 应为一负值。令 $dx = r_2 - r = -dh$，dh 为一正值。可知液滴的质量越大，dh 数值越大。上式可写为

$$dG_a = (\gamma^{l-s} - \gamma^{g-s} - \gamma^{g-l})dA_s - mg\,dh$$

或
$$\Delta G_a = \left(\frac{\partial G_a}{\partial A_s}\right)_{T,p,n} = \gamma^{l-s} - \gamma^{g-s} - \gamma^{g-l} - mg\frac{dh}{dA_s}$$

根据吉布斯函数判据，在恒温恒压时的沾湿过程中，若液体高度分散、重力的影响可以忽略的情况下有

$$\Delta G_a = \gamma^{l-s} - \gamma^{g-s} - \gamma^{g-l} \leqslant 0 \begin{cases} < & 自发 \\ = & 平衡 \end{cases}$$

而较大液体、重力的影响不能忽略的情况下有

$$\Delta G_a = \gamma^{l-s} - \gamma^{g-s} - \gamma^{g-l} - mg\frac{dh}{dA_s} \leqslant 0 \begin{cases} < & 自发 \\ = & 平衡 \end{cases}$$

比较两式，显然较大液体、重力影响不能忽略情况下沾湿过程的自发性更强。例如，不管是将与玻璃润湿性较好的水还是将与玻璃润湿性不好的汞倒入 U 形玻璃管中，由于液体比空气重，玻璃管中的气体都能被液体取代，液体对玻璃管内壁总是可以沾湿的。

该沾湿过程的逆过程，即把单位面积已沾湿的液-固界面可逆地分开形成气-液界面与气-固界面过程所做的功，称为沾湿功，用 W_a' 表示。显然

$$W_a' = -\Delta G_a \tag{9.4.2}$$

（2）浸湿

如图 9.4.1（b）所示，当固体浸入液体之中，气-固界面完全被液-固界面所取代时称为浸湿。应用多组分、多界面系统的热力学基本方程，使用与沾湿过程同样的处理方法得

$$dG_i = (\gamma^{l-s} - \gamma^{g-s}) dA_s$$

或

$$\left(\frac{\partial G_i}{\partial A_s}\right)_{T,p,N} = \gamma^{l-s} - \gamma^{g-s} = \Delta G_i \tag{9.4.3}$$

式中，ΔG_i 表示单位面积上浸湿过程的吉布斯函数变化。同理，对恒温恒压且无外力的浸湿过程

$$\Delta G_i = \gamma^{l-s} - \gamma^{g-s} \leqslant 0 \begin{cases} < & \text{自发} \\ = & \text{平衡} \end{cases}$$

这是高度分散度系统，忽略重力及浮力且没有其他外力作用于系统的情况，若浸湿过程自发，必有 $\Delta G_i < 0$。

对于大块固体的浸湿过程，其吉布斯函数变中应包含固体的重力项和液体对固体的浮力项。如果固体的密度比液体的密度大许多，重力除了克服浮力外仍然还有剩余，则浸湿过程也可以自发进行。如果固体的密度比液体的密度小，液体浮力大于固体重力，则该固体可能不会被液体浸湿。但若固体又受到除重力以外的其他外力作用，这个外力和重力加起来就有可能克服浮力，而使浸湿过程得以进行，但已非自发。

该浸湿过程的逆过程，即把单位面积已浸湿的液-固界面可逆地分开形成气-固界面过程所做的功，称为浸湿功，用 W_i' 表示。显然

$$W_i' = -\Delta G_i \tag{9.4.4}$$

（3）铺展

如图 9.4.1（c）所示，少量的液体在固体表面上展开，形成一层薄膜的过程称为铺展。也就是液-固界面与气-液界面共同取代气-固界面的过程。同样应用多组分、多界面系统的热力学基本方程，得

$$dG_s = (\gamma^{l-s} + \gamma^{g-l} - \gamma^{g-s}) dA_s$$

或

$$\left(\frac{\partial G_s}{\partial A_s}\right)_{T,p,n} = \gamma^{l-s} + \gamma^{g-l} - \gamma^{g-s} = \Delta G_s \tag{9.4.5}$$

式中，ΔG_s 表示单位面积上铺展过程的吉布斯函数变化。由于液体很少、液膜很薄，重力对过程方向的影响与界面能的变化相比可以忽略不计，若过程中也没有其他外力对系统发生作用，则有

$$\Delta G_s = \gamma^{l-s} + \gamma^{g-l} - \gamma^{g-s} \leqslant 0 \begin{cases} < & \text{自发} \\ = & \text{平衡} \end{cases}$$

铺展过程自发时，必有 $\Delta G_s < 0$。令

$$S = -\Delta G_s = \gamma^{g-s} - \gamma^{l-s} - \gamma^{g-l} \tag{9.4.6}$$

称为**铺展系数**。$S > 0$ 时，铺展过程自发。

比较三类润湿的吉布斯函数变化，$\Delta G_s > \Delta G_i > \Delta G_a$。也就是说，对指定的液-固系统，一定的温度、压力下，若能铺展，必能浸湿，更可沾湿。

9.4.2 接触角与杨氏方程

液体对固体的润湿程度也可以用接触角来表示。在一定的温度、压力下,当液体滴在固体表面上达到平衡时会出现气-液、气-固和液-固三个界面张力呈平衡的现象,如图9.4.2所示。在气、液、固三相交界的 O 点处,液-固界面切线与气-液界面切线之间的夹角称为**接触角**或**润湿角**,以 θ 表示。平衡时,三个界面张力的关系为

$$\gamma^{g-s} = \gamma^{l-s} + \gamma^{g-l}\cos\theta \tag{9.4.7}$$

或

$$\cos\theta = (\gamma^{g-s} - \gamma^{l-s})/\gamma^{g-l} \tag{9.4.8}$$

上面两式称为杨氏(T. Young)方程。分析杨氏方程,可看出接触角与润湿程度间的关系。

① 若 $\gamma^{g-s} - \gamma^{l-s} > 0$,即 $\gamma^{g-s} > \gamma^{l-s}$,此时 $\cos\theta > 0$,$\theta < 90°$。增大液-固界面,减小气-固界面,液体散开是自发变化的方向。这种情况称为润湿,接触角越小,润湿程度越好,当 $\theta = 0°$ 时称为完全润湿,这是润湿的极限情况。

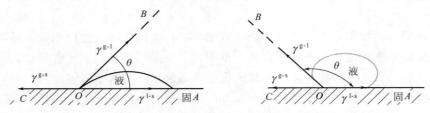

图 9.4.2 不同润湿状态下的接触角及平衡时界面张力间的关系

② 若 $\gamma^{g-s} - \gamma^{l-s} < 0$,即 $\gamma^{g-s} < \gamma^{l-s}$,此时 $\cos\theta < 0$,$\theta > 90°$。增大气-固界面,减小液-固界面,液体收缩是自发变化的方向。这种情况称为不润湿,接触角越大,不润湿程度越大,当 $\theta = 180°$ 时称为完全不润湿。

9.4.3 接触角与沾湿、浸湿和铺展的关系

沾湿、浸湿和铺展虽然可以用过程的吉布斯函数变化来表示,但其中的气-固界面张力和液-固界面张力到目前为止并无可靠的测量方法,因此利用杨氏方程将其转换为接触角的测量也不失为一种较好的解决办法。将式(9.4.7)分别代入式(9.4.1)、式(9.4.3)和式(9.4.5)得

$$\Delta G_a = -W_a = -\gamma^{g-l}(\cos\theta + 1) \tag{9.4.9}$$

$$\Delta G_i = -W_i = -\gamma^{g-l}\cos\theta \tag{9.4.10}$$

$$\Delta G_s = -S = -\gamma^{g-l}(\cos\theta - 1) \tag{9.4.11}$$

因为 $\gamma^{g-l} > 0$,对高度分散系统,各过程自动发生时 $\Delta G < 0$,所以接触角满足各过程自动发生的条件是:沾湿过程,$\theta \leq 180°$;浸湿过程,$\theta \leq 90°$;铺展过程,$\Delta G_s = 0$,$\theta = 0°$;$\Delta G_s < 0$,无解。结果表明,对铺展过程,$\Delta G_s = 0$ 时,$\theta = 0°$,应是铺展过程发生的最低要求;$\Delta G_s < 0$ 时,铺展过程能自发顺利进行,但无法解出对应的接触角。对于浸湿过程,只要 $\theta \leq 90°$,即可发生浸湿,这与润湿的结果基本一致。而对于沾湿过程,只要 $\theta \leq 180°$,沾湿即可进行,实际上任何液体在固体上的接触角总是小于 $180°$ 的,沾湿过程是任何液体和固体之间都能进

行的过程。

9.4.4　毛细现象

具有细微缝隙和多孔的固体物质同液体接触时，液体会沿细小孔隙上升或下降，这种现象称为毛细现象，是一种重要的液-固界面现象。关于毛细现象，可将一根毛细管直接插入液体中进行观察研究。研究表明，液体在毛细管中是上升还是下降与液体能否润湿固体有关。若液体能润湿固体，即 $\gamma^{g-s} > \gamma^{l-s}$，$\theta < 90°$，毛细管中液体呈凹面，由于凹液面的附加压力，使管内液面所受的压力小于管外平液面所受的压力，导致管内液面上升，如将玻璃毛细管插入水中即如此。反之，若液体不能润湿固体，则毛细管中液体呈凸面，最终导致管内液面下降，将玻璃毛细管插入汞中是典型的例子。

液体在毛细管中上升或下降的高度，可通过热力学方法进行计算。液体在毛细管中上升或下降的过程中，仍存在气-液、气-固和液-固三个界面，但只有气-固和液-固两个界面面积发生了改变。以液面上升为例，结果是液-固界面取代了相同面积的气-固界面，同时液体取代了相同体积的气体（若为液面降低，则情况正好相反）。在温度、组成一定的情况下，由多组分、多界面系统的热力学基本公式得

$$dU = TdS - p^l dV^l - p^g dV^g + \gamma^{l-s} dA_s^{l-s} + \gamma^{g-s} dA_s^{g-s} \tag{9.4.12}$$

将其代入自发与平衡的做功能力判据式中

$$TdS - p^l dV^l - p^g dV^g + \gamma^{l-s} dA_s^{l-s} + \gamma^{g-s} dA_s^{g-s} + p_{sur} dV - T_{sur} dS \leqslant 0$$

恒温、恒容且平衡时

$$-p^l dV^l + p^g dV^l + \gamma^{l-s} dA_s^{l-s} + \gamma^{g-s} dA_s^{g-s} = 0 \tag{9.4.13}$$

同样，使用亥姆霍兹函数判据亦可获得这一结果。

若毛细管半径为 r，液体密度为 ρ，毛细管中液体上升高度为 h，气、液压力的关系为 $p^l + (\rho - \rho_0) gh = p^g$，$\rho_0$ 为气体密度，相对液体密度可忽略不计，即 $p^l + \rho gh = p^g$，又 $dV^l = \pi r^2 dh$，故

$$-p^l dV^l + p^g dV^l = \rho gh \pi r^2 dh$$

液体上升 $dA_s^{l-s} = dA_s$，$dA_s^{g-s} = -dA_s$，并将杨氏方程 $\gamma^{g-s} - \gamma^{l-s} = \gamma^{g-l} \cos\theta$ 代入，则

$$\gamma^{l-s} dA_s^{l-s} + \gamma^{g-s} dA_s^{g-s} = (\gamma^{l-s} - \gamma^{g-s}) dA_s = (\gamma^{l-s} - \gamma^{g-s}) \times 2\pi r dh = -\gamma^{g-l} \cos\theta \times 2\pi r dh$$

将两组关系代入平衡公式（9.4.13）中，得

$$\rho gh \pi r^2 dh = \gamma^{g-l} \cos\theta \times 2\pi r dh$$

整理即可得液体在毛细管中上升高度的公式

$$h = \frac{2\gamma^{g-l} \cos\theta}{\rho gr} \tag{9.4.14}$$

式（9.4.14）表明：液体在毛细管中上升的高度与气-液界面张力（即液体表面张力）成正比，与毛细管半径及液体密度成反比，还与接触角的余弦值成正比。

测定液体在毛细管中上升或下降的高度及接触角是一种较常用的确定液体表面张力的方法。

9.4.5 固体自溶液中的吸附

固体自溶液中的吸附较固体对气体的吸附更为复杂，故迄今尚未有完满的理论。但由于它在工业生产及科学研究当中有着重要的应用，人们在长期的实践中也总结出了一些有用的规律。

固体自溶液中对溶质的**吸附量**，可根据吸附前后溶液浓度的变化来计算：

$$\Gamma = \frac{n_a}{m} = \frac{V(c_0 - c)}{m} \tag{9.4.15}$$

式中，Γ 为单位质量的吸附剂在溶液平衡浓度为 c 时的吸附量；m 为吸附剂的质量；V 为溶液的体积；c_0 和 c 分别为溶液的配制浓度和吸附平衡后的浓度。实际上，溶液中的溶剂和溶质可能同时被吸附，但式（9.4.15）在计算中没有考虑到溶剂的吸附，这样算得的吸附量通常称为**相对吸附量**，其数值低于溶质的实际吸附量。测定溶质的实际吸附量要比测定表观吸附量困难得多。

对具体的系统，在一定的温度和压力下，测定吸附量随浓度的变化关系，即可得到固体自溶液中对溶质吸附的等温线。

在稀溶液范围，尽管因具体的系统不同所得到的等温线有多种形式。但大部分系统都可以借用气-固吸附的等温式来表达。

如弗罗因德利希吸附等温式可写为

$$\Gamma = kc^n \tag{9.4.16}$$

朗缪尔吸附等温式可写为
$$\Gamma = \frac{\Gamma_\infty bc}{1 + bc} \tag{9.4.17}$$

两式与原式相比，虽然只是将压力写成了浓度，但有的公式的性质已发生了变化。如式（9.4.17）已经成为一个纯粹的经验性公式，里面各常数的含义也不像原来那样明确了。

在较浓溶液或全浓度范围，测定固体对溶液吸附的等温线如图 9.4.3 所示，完全不同于气-固等温吸附的五种类型，而呈现为倒 U 形或倒 S 形。

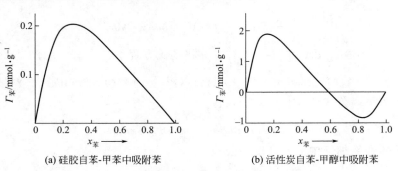

(a) 硅胶自苯-甲苯中吸附苯   (b) 活性炭自苯-甲醇中吸附苯

图 9.4.3 在全浓度区间，固体对溶液的吸附等温线

一般认为，倒 U 形等温线是在全浓度范围内，都是固体对溶质的实际吸附量大于或等于对溶剂的实际吸附量，固体对溶质的实际吸附量大于对溶剂的实际吸附量时，相对吸附量大于零，此时溶质在表面的浓度高于在溶液本体中的浓度，按表面吸附量的定义是发生了正吸附。在 $x = 0$ 时是固体对溶质、溶剂的实际吸附量和相对吸附量都为零，在 $x = 1$ 时是固体对溶质、溶剂的相对吸附量为零，但实际吸附量不为零。相对吸附量为零的情况都称为零

吸附。

对倒 S 形等温线，其中溶液浓度较低时的倒 U 部分为正吸附，溶液浓度较高时的正 U 部分为负吸附，即固体对溶质的实际吸附量小于对溶剂的实际吸附量或相对吸附量小于零。正吸附与负吸附的过渡点也是固体对溶质、溶剂的相对吸附量为零，但实际吸附量不为零的零吸附情况。

9.5 液-液界面现象

9.5.1. 液-液界面的铺展

某液体 B 能否在另一不互溶的液体 A 上铺展开来，取决于各液体自身的表面张力 γ^B、γ^A 以及两液体之间的界面张力 γ^{AB}。类似于液体在固体表面上的铺展，在温度、压力及组成一定的情况下，液-液界面上铺展过程的吉布斯函数的微小变化为

$$dG = \gamma^A dA_s^A + \gamma^B dA_s^B + \gamma^{AB} dA_s^{AB}$$

该过程为 AB 界面取代了相同面积的 A 表面并生成了相同面积的 B 表面。故

$$dA_s^{AB} = dA_s^B = -dA_s^A = dA_s$$

$$\left(\frac{\partial G}{\partial A_s}\right)_{T,p,n} = \gamma^{AB} + \gamma^B - \gamma^A$$

式中 $\left(\dfrac{\partial G}{\partial A_s}\right)_{T,p,n}$ 表示单位面积上铺展过程的吉布斯函数变化。若铺展过程自发，必有 $\left(\dfrac{\partial G}{\partial A_s}\right)_{T,p,n} < 0$。令

$$S_{B/A} = -\left(\frac{\partial G}{\partial A_s}\right)_{T,p,n} = \gamma^A - \gamma^B - \gamma^{AB} \tag{9.5.1}$$

式中，$S_{B/A}$ 称为 B 液体在 A 液体上的铺展系数。显然 $S_{B/A} > 0$ 时，B 可以在 A 上铺展，反之，则不能铺展。

需要指明的是，式 (9.5.1) 只适用于 A、B 两液体完全不互溶的情况。若二者间有微小的互溶，则开始时式 (9.5.1) 仍适用，但随着铺展的进行，二者间微小的互溶开始，两液体各自的表面张力也将发生微小的变化，最终结果需重新考察（即最终的铺展系数和开始的铺展系数不一定一致）。

9.5.2 液-液界面张力

1907 年，安托诺夫（Antonoff）提出了一个计算液-液界面张力的经验公式：

$$\gamma^{AB} = \gamma^{A(B)} - \gamma^{B(A)} \tag{9.5.2}$$

式中，$\gamma^{A(B)}$ 和 $\gamma^{B(A)}$ 是两种液体相互饱和时的界面张力。

1957 年，杰里菲尔柯（Girifalco）和戈特（Good）在统计力学的基础上，应用了径向分布函数和势函数，并假设两个分子之间相互作用的势函数是两个单分子势函数的几何平均值，导出一个计算液-液界面张力的半理论公式：

$$\gamma^{AB} = \gamma^A + \gamma^B - 2\phi(\gamma^A \gamma^B)^{1/2} \tag{9.5.3}$$

式中，ϕ 是一个与两液体性质特别是摩尔体积有关的经验参数，数值在 $0.5 \sim 1.5$ 之间。

1964 年，福克斯（Fowkes）分析了水-碳氢化合物系统的特点，认为两种分子间仅存在色散作用力，这样 $\phi=1$，于是水-碳氢化合物系统的液-液界面张力公式成为：

$$\gamma^{AB} = \gamma^A + \gamma^B - 2(\gamma^A \gamma^B)^{1/2} \tag{9.5.4}$$

9.5.3 不溶性单分子表面膜

把难溶于水的油滴铺展到水面上，可形成只有一个分子厚度的油膜，这种膜称为不溶性单分子表面膜。碳链较长，在水中溶解度极小的表面活性物质在水面上也可形成不溶性单分子表面膜。由于许多溶剂都能在水面上铺展，因此可以将成膜材料溶于这类溶剂中制备成铺展溶液，然后滴加到水面上，待溶剂挥发后，即得到不溶性表面膜。倘若选择适当的溶剂和控制成膜材料的量，则能得到厚度只有一个分子的单分子膜。成膜材料一般是：①带有比较大的亲油基团的两亲分子，如碳原子数大于 16 的脂肪酸、脂肪醇等；②天然的和合成的高分子化合物，如聚乙烯醇、聚丙烯酸酯、蛋白质等，可以是带极性基团的水不溶物，也可以是水溶性的高分子。

（1）表面压

在水面上形成一不溶性表面膜后，有膜处与无膜处存在一种不平衡的力。此力来源于有膜处与无膜处表面张力的不同，无膜处的表面张力是水的表面张力，以 γ_0 表示，一般较大；有膜处的表面张力是不溶膜的表面张力，以 γ 表示，一般较小。由于 $dG = -(\gamma_0 - \gamma)dA_s < 0$，说明不溶膜在水面上有继续自发铺展做表面功的能力。如将一个剪成箭镞形状的薄纸片，在根部涂上一层液体洗洁精后平放到一静止的水面上，则该纸片能在水面上沿箭指方向前行。令

$$\pi = \gamma_0 - \gamma \tag{9.5.5}$$

式中，π 是不溶膜继续铺展的推动力，故称其为**铺展压或表面压**。

表面压是二维压力，是可以直接测定的。常用的仪器为表面压测定仪，由 Langmuir 膜天平不断改进而得。图 9.5.1 是 Langmuir 膜天平示意图。测定表面压的目的是给出 π-a 图，进一步了解不溶膜的结构类型。

（2）不溶膜的 π-a 关系

将质量为 m 的成膜材料溶于适量溶剂中并

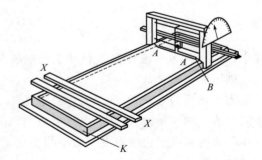

图 9.5.1　Langmuir 膜天平示意图

铺展成膜，若膜的面积为 A_s，则每个成膜分子的平均占有面积 a 为

$$a = \frac{A_s}{(m/M)L} = \frac{A_s M}{mL} \tag{9.5.6}$$

改变膜面积 A_s，即改变了成膜分子的平均占有面积 a，也就改变了膜的结构，相应的表面压 π 也随之发生变化。在一定温度下，测定不同膜面积时的表面压，即得该温度下的 π-a 曲线。研究发现，不溶性单分子膜可视为二维平面中的物质，根据表面压和分子所占面积的不同，可以形成不同的聚集状态，这与在三维空间中物质的聚集状态随压力而变的情况非常相似。不溶性单分子膜的 π-a 关系的示意图如图 9.5.2 所示。图中右半部分和实际气体液化的 p-V 图很类似，也有一个两相共存区，即图中虚线所包围的部分；但图中左半部分

和实际气体液化的 p-V 图有很大区别。图中 S 线很陡，代表**固态膜**，说明膜近于不可压缩，膜中的分子近于紧密排列。M 线和 L 线都是**液态膜**，前者膜中分子有直立的也有倾斜的，接近紧密排列，称为**凝聚液态膜**；后者膜中分子有直立的，也有倾斜的，甚至还有横躺着的，称为**扩张液态膜**。有一些不溶性单分子膜在 M 线和 L 线之间会出现**过渡区**，如 15 碳脂肪酸在 $17.9 \sim 35.2℃$ 之间的 π-a 关系就有明显的过渡。图 9.5.2 的过渡区部分是大大夸张了的，有的系统不明显，有的系统测不到。G 线代表**气态膜**，气态膜中分子完全横躺在表面上，行为和气体类似，a 大（大于 40nm^2）π 小（小于 $0.5 \text{mN} \cdot \text{m}^{-1}$）时，$\pi$-$a$ 关系可用二维理想气体状态方程

$$\pi a = kT \text{（或 } \pi A_{sm} = RT\text{）} \tag{9.5.7}$$

表示，k 为玻尔兹曼常数。a 小 π 大时，π-a 关系可用二维范德华气体状态方程表示。G 线和 L 线之间的水平线段（也是夸张了的）和三维空间中气液平衡的情形相似，在表面膜中发生从气态膜到液态膜的相变，系统处于二维空间的气-液平衡状态，膜呈现不均匀性和很大的压缩率。

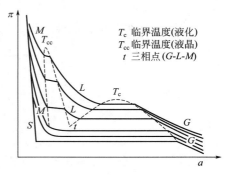

图 9.5.2 不溶性单分子膜 π-a 关系示意图

需要说明的是，图 9.5.2 仅是不溶性单分子膜 π-a 关系的示意图，把各种可能发生的单分子膜的类型都放在了一张图上。实际系统在一定条件下可能只存在其中一两种类型或是三四种类型。研究不溶性单分子膜的 π-a 关系及膜的类型，其最终目的在于研究膜的结构。

（3）不溶性单分子膜的应用

利用高分子形成的气态膜，可以测定高分子的分子量，此法的优点是可以测定分子量小于 25000 的物质。单分子膜还可用来帮助确定复杂分子的可能结构，所需样品的量极微，是研究天然产物很重要的方法。利用表面膜研究表面反应也是一个很重要的应用，因为反应之后分子的面积可能改变，因此可用于研究表面反应的动力学等，在生物化学中是很有用的。此外，利用单分子膜还可以防止水的蒸发散失。在沙漠地区和水库，每年因蒸发损失大量的水，但若在水面上展开一层不溶物的表面膜，只需单分子层，即可大大降低水的蒸发量，这方面已取得一定的进展。在许多工业中常常需要乳状液和泡沫稳定，有时又需要它们易于被破坏，利用单分子膜的技术可以研究如何使界面上形成的膜变得坚实或易于被破坏。

若将单分子膜转变为 LB 膜，则其用途将更为广泛。LB 膜是朗缪尔（Langmuir）和他的学生勃洛杰托（Blodgett）首创的一种将不溶性单分子膜通过简单方法经多次转移，在固体基质上得到的保持定向排列的多层单分子膜。LB 膜是具有相对规整的分子排列、高度各相异性的层结构，且人为可控的纳米尺寸厚度的薄膜。目前已知 LB 膜有 X 型（板-尾-头-尾-头型）、Y 型（板-尾-头-头-尾型）和 Z 型（板-头-尾-头-尾型）三种结构。目前，已经制成了由计算机控制的制备各种 LB 膜的成套设备。制备 LB 膜的技术简称 LB 技术，利用这种技术可以制造电子学器件、非线性光学器材、光电转化器件、化学传感器和生物传感器等。

■ **本章要求** ■

1. 理解表面张力和表面吉布斯函数的概念，了解多组分、多界面系统的热力学基本方程。

2. 了解弯曲液面对热力学性质的影响，理解拉普拉斯方程及开尔文公式的应用。

3. 了解溶液界面的吸附现象及表面活性物质的作用，理解吉布斯吸附公式的含义和应用。

4. 了解物理吸附和化学吸附的含义及区别，理解朗缪尔单分子层吸附理论及吸附等温式。

5. 了解液体在固体表面上的润湿作用，了解各界面张力、润湿角与润湿及铺展的关系，了解毛细现象。

6. 了解不溶性表面膜与表面压的概念。

思 考 题

1. 比表面吉布斯函数和表面张力的物理意义，单位？

2. 纯液体、溶液和固体各采用什么方法来降低表面吉布斯函数以达到稳定状态？

3. 请根据物理化学原理简要说明锄地保墒的科学道理。

4. 什么叫接触角？

5. 两块平板玻璃在干燥时，叠放在一起很容易分开，若在其间放些水，再叠放在一起，使之分开就很费劲，为什么？

6. 人工降雨的原理是什么？为什么会发生毛细凝聚现象？为什么有机物蒸馏时要加沸石？定量分析中的"陈化"过程的目的是什么？

7. 用不同大小的 $CaCO_3(s)$ 颗粒做热分解实验，在相同温度下，哪些颗粒的分解压大，为什么？

8. 根据定义式 $G = H - TS$ 说明气体在固体上的恒温恒压吸附过程为放热过程。

9. 什么是表面活性剂，具有哪些基本性质？

10. 物理吸附和化学吸附具有哪些基本特点？

11. 什么叫表面过剩？

12. 朗缪尔单分子吸附理论的基本假设是什么？

习 题

9.1 水在 20℃时的表面张力为 $72.75 \times 10^{-3} \, \text{N} \cdot \text{m}^{-1}$。在此温度下，将半径为 2mm 的水滴分散成半径为 2μm 的小水滴，计算此过程中表面积的增加值，表面吉布斯函数的增加值，完成该过程环境至少需做功多少？

9.2 对存在一个界面相的单组分系统，其热力学基本方程为

$$dU = TdS - pdV + \gamma dA_S$$
$$dH = TdS + Vdp + \gamma dA_S$$
$$dA = -SdT - pdV + \gamma dA_S$$
$$dG = -SdT + Vdp + \gamma dA_S$$

应用全微分的性质，每一个方程都可以写出三个条件关系式，如第一个基本方程可以写出

$$\left(\frac{\partial T}{\partial V}\right)_{S,A_S} = -\left(\frac{\partial p}{\partial S}\right)_{V,A_S}, \quad -\left(\frac{\partial p}{\partial A_S}\right)_{V,S} = \left(\frac{\partial \gamma}{\partial V}\right)_{A_S,S}, \quad \left(\frac{\partial T}{\partial A_S}\right)_{S,V} = \left(\frac{\partial \gamma}{\partial S}\right)_{A_S,V}$$

试写出另外三个基本方程的条件关系式。

9.3 水在 10℃ 时的表面张力为 $74.325 \times 10^{-3} N \cdot m^{-1}$，可逆地使水的表面积增大 $1.0 m^2$，吸热 $0.04J$，计算该过程的 W、ΔU、ΔH、ΔS、ΔA 和 ΔG。

9.4 水在 298.15K 时的表面张力为 $71.97 \times 10^{-3} N \cdot m^{-1}$，现向 $1 m^3$ 水中加入 $0.2 mol$ 的某皂粉形成皂液。已知皂液的表面张力与皂粉浓度的关系为 $\gamma/N \cdot m^{-1} = 71.97 \times 10^{-3} - 3.7 \times 10^{-2} c/mol \cdot m^{-3}$，求下列情况下弯曲液面承受的附加压力。

（1）空气中存在半径为 $1\mu m$ 的小液滴；（2）该皂液中存在半径为 $1\mu m$ 的小气泡；（3）空气中存在半径为 $1\mu m$ 的小气泡。

9.5 水蒸气骤冷会发生过饱和现象，夏日北上的暖湿气流与南下的冷空气发生交汇后，暖湿气流骤降至 293.15K，水汽的过饱和度（p/p^*）达到 4。已知水在 293.15K 时的表面张力为 $72.75 \times 10^{-3} N \cdot m^{-1}$，密度为 $998.2 kg \cdot m^{-3}$，试计算：

（1）在此时形成雨滴的半径；（2）每个雨滴中有多少个水分子。

9.6 乙醇水溶液的表面张力 γ 与浓度 c 在 298K 时的关系为

$$\gamma/N \cdot m^{-1} = 72 \times 10^{-3} - 0.50 \times 10^{-6} c/mol \cdot m^{-3} + 0.20 \times 10^{-9} (c/mol \cdot m^{-3})^2$$

试计算浓度为 $0.3 mol \cdot dm^{-3}$ 时的单位表面过剩量 Γ_B。

9.7 丁酸水溶液在 292.15K 时的表面张力可以表示为 $\gamma = \gamma_0 - a\ln(1 + bc)$，式中 γ_0 为纯水的表面张力，c 为丁酸水溶液的浓度，a 和 b 皆为常数。

（1）试求该溶液中丁酸的表面过剩量 Γ 和浓度 c 的关系。

（2）若已知 $a = 13.1 \times 10^{-3} N \cdot m^{-1}$，$b = 19.62 \times 10^{-3} m^3 \cdot mol^{-1}$，试计算当丁酸的浓度 $c = 0.20 mol \cdot dm^{-3}$ 时的表面过剩量 Γ。

（3）当丁酸的浓度足够大，达到 $bc \gg 1$ 时，丁酸的表面过剩量即达到饱和吸附量 $\Gamma_{B,M}$，求 $\Gamma_{B,M}$。设此时表面上丁酸呈单分子层吸附，计算表面上每个丁酸分子的横截面积 a_M。

9.8 239.55K 时测得在活性炭上吸附 CO 气体的数据如下：

p/kPa	13.47	25.07	42.66	57.33	71.99	89.33
$\Gamma/dm^3 \cdot kg^{-1}$	8.54	13.1	18.2	21.0	23.8	26.3

设此吸附关系符合弗罗因德利希等温式 $\Gamma = kp^n$，试求等温式中的常数 k 和 n。

9.9 473K 时测定氧气在某催化剂表面上的吸附作用，当氧气的平衡压力为 0.1MPa 及 1MPa 时，测得每千克催化剂吸附氧的量分别为 2.5dm³(STP) 及 4.2dm³(STP)。设吸附作用服从朗缪尔吸附等温式，计算当氧气的吸附量为饱和吸附量的 3/4 时，相应的氧气的平衡压力。

9.10 273.15K 时测定 $CHCl_3$ 在活性炭上的吸附作用，当 $CHCl_3$ 的平衡压力为 $p_1 = 13.375kPa$ 时，其平衡吸附量为 82.5dm³·kg⁻¹，又测得其饱和吸附量为 93.8dm³·kg⁻¹，试求当 $CHCl_3$ 的平衡压力为 $p_2 = 0.5p_1$ 时，其平衡吸附量为多少？

9.11 在 77.2K 时，进行 $N_2(g)$ 在微球型硅酸铝催化剂上的吸附测定。在 1kg 催化剂上，$N_2(g)$ 在不同平衡压力下被吸附体积如表所示（所有吸附体积都已换算成标准状况）。

p/kPa	8.699	13.639	22.112	29.924	38.910
V/dm^3	115.58	126.30	150.69	166.38	184.42

已知 77.2K 时 $N_2(g)$ 的饱和压力 $p^* = 99.125kPa$，每个 $N_2(g)$ 分子的截面积为 $0.162nm^2$。试由 BET 等温式计算该催化剂的比表面积。

9.12 已知在某活性炭样品上吸附 $8.95 \times 10^{-4}dm^3$ 的氮气（在标准状况下），吸附的平衡压力与温度之间的关系为

T/K	194	225	273
p/kPa	4.6	11.5	35.4

计算上述条件下，在活性炭上吸附 $8.95 \times 10^{-4}dm^3$ 的氮气的吸附热。

9.13 欲在 1100℃ 时向某固体材料表面涂银。已知该温度下固体材料的表面张力 $\gamma^s = 0.965N \cdot m^{-1}$，液态银的表面张力 $\gamma^l = 0.8785N \cdot m^{-1}$，液态银与固体材料间的表面张力 $\gamma^{s-l} = 1.364N \cdot m^{-1}$。计算液态银与固体材料间的接触角，判断液态银能否润湿该固体材料表面。

9.14 已知水-石墨系统的下述数据：在 298K 时，水的表面张力 $\gamma^{l-g} = 0.072N \cdot m^{-1}$，测得水在石墨表面上的接触角为 90°，求水与石墨的沾湿功、浸湿功和铺展系数。

9.15 在 298K、101.325kPa 下，将直径为 0.1mm 的毛细管插入水中，若不加额外的压力，让水面上升，达平衡后管内液面上升多高？已知该温度下水的表面张力为 $0.072N \cdot m^{-1}$，水的密度为 1000kg·m⁻³，设接触角为 0°，重力加速度为 $g = 9.8m \cdot s^{-2}$。

9.16 在 291.15K 的恒温条件下，用骨炭从醋酸的水溶液中吸附醋酸，在不同的平衡浓度下，每千克骨炭吸附醋酸的吸附量如下：

$10^3c/mol \cdot dm^{-3}$	2.02	2.46	3.05	4.10	5.81	12.8	100	200	500
$\Gamma/mol \cdot kg^{-1}$	0.202	0.244	0.299	0.394	0.541	1.05	3.38	4.03	4.57

试由朗缪尔吸附等温式 $\Gamma = \dfrac{\Gamma_\infty bc}{1 + bc}$ 表示上述数据关系，并求出式中的常数 Γ_∞ 和 b。

9.17 在 298K 时，根据下列表面张力的数据，

界面	苯-水	苯-气	水-气	汞-气	汞-水	汞-苯
$10^3\gamma/N \cdot m^{-1}$	35	28.9	72	483	375	357

试计算下列情况的铺展系数并判断能否铺展：（1）苯在水面上（未互溶前）；（2）水在汞面上；（3）苯在汞面上。

9.18 在298K时有一月桂酸的水溶液，当表面压 $\pi = 1.0 \times 10^{-4} \, N \cdot m^{-1}$ 时，每个月桂酸分子的截面积为 $41nm^2$，假定月桂酸能在水面上形成理想的二维表面膜，试计算该二度空间的摩尔气体常数。

9.19 在298K时，将含1mg蛋白质的水溶液铺在质量分数为0.05的 $(NH_4)_2SO_4$ 溶液表面，当溶液表面积为 $0.1m^2$ 时，测得其表面压 $\pi = 6.0 \times 10^{-4} \, N \cdot m^{-1}$。试计算该蛋白质的摩尔质量。

第10章　化学动力学

物理化学包括两个最重要的基础理论体系，即化学热力学和化学动力学。化学热力学主要研究伴随着化学变化的能量转化规律，并由此判断给定条件下化学变化的方向和限度。它可以给出一定条件下一个假定的化学变化是否可能发生，以及伴随着这个变化，各种能量的相互转换关系。但它并不能给出发生这个变化所需要的时间以及这个变化所经历的具体步骤，即反应的机理。而化学动力学正是研究化学反应速率及化学反应机理的学科。

化学动力学不但要研究化学反应速率的表示方法，而且要研究包括温度、压力、浓度以及催化剂等各种因素对化学反应速率的影响规律，从这些影响规律辅之于各种现代微观检测手段所检测到的中间物质等推测反应机理。所谓反应机理主要是指：反应分几步进行，各步的反应速率及影响因素等。通过对反应机理的掌握，则可以更有目的地控制反应，如抑制副反应，加快主反应，由此可以节约能耗，简化分离等。又如，在核电站中，有效地控制核反应使之稳定输出电能，平稳安全地运行。所以，化学动力学数据是化工设计的重要数据，化学动力学是化学反应工程学的主要理论基础之一。

化学热力学主要研究的是化学变化的可能性问题，它不考虑"时间"这个参数。化学动力学则主要研究的是化学变化的现实性问题，"时间"这个参数是化学动力学考虑的核心问题，两者相辅相成。例如，如果想设计一个化学变化过程，可以首先通过热力学的计算判明在给定条件下该变化是否可能发生，如果不能发生，要么放弃，要么改变条件使之可能发生。对于可能发生的变化，利用动力学的知识，可以找到合适的条件使之按照人们希望的速率进行。

应该注意的是，这里所说的用热力学计算判断一定条件下一个化学变化能不能发生的问题，更多的是指在实际生产过程中，无论间歇式生产还是连续式生产，产物和反应物是处在同一容器中的浓度不为零的情况。因此在设计生产工艺时就必须考虑，在反应物和产物都有一定浓度的情况下，该化学反应还能不能正向进行的问题。对于可能发生的反应，再运用动力学知识创造条件有效地控制反应速率。

从上述讨论可知，从热力学理论的角度看，反应物之间能进行所有不违背质能守恒定律的反应。但现实中，在特定的反应物间，真正观察到的反应却并不是那么多。这是因为这些特定的反应物在动力学上所进行的反应有选择性，即生成某种产物的反应进行很快，生成另一些产物的反应则进行很慢，这说明物质的化学结构与反应速率间是有联系的。既然化学动力学要研究各种因素对反应速率的影响，因此，从微观角度揭示物质结构和反应速率间的联系也是化学动力学的任务之一。

化学动力学虽然和化学热力学一样是物理化学的基础理论，但由于其涉及的内容要广泛、复杂得多，因此化学动力学并没有化学热力学那样成熟，这一领域的理论仍在不断的发展当中，本章主要介绍一些较为成熟的基本理论。

10.1 化学反应速率的表示和速率方程

化学动力学的主要任务之一是研究各种因素对化学反应速率的影响规律，常见的影响反应速率的因素有反应物浓度、反应温度以及催化剂等，本章首先介绍浓度对反应速率的影响。在其他条件都不变的情况下，表示化学反应速率与浓度间的关系式，称为化学反应速率方程。其积分式是浓度与时间之间的关系式，也称为化学反应速率方程或动力学方程。

10.1.1 反应速率的定义

设有某反应，其计量方程式为

$$0 = \sum_B \nu_B B$$

如果该反应没有中间步骤，或者虽有中间步骤但中间产物的浓度很低或在讨论问题的时间间隔内基本不变，那么，这样的反应称为**非依时计量学反应**。如果反应有中间步骤且中间产物的浓度随时间逐渐变化，那么，反应物和最终产物间就不具有上述的计量关系，这样的反应称为**依时计量学反应**。

根据 IUPAC 的推荐和我国国标 GB 3102.8—93，对于非依时计量学反应，**转化速率**$\dot{\xi}$的定义为

$$\dot{\xi} = \frac{d\xi}{dt} = \frac{dn_B}{\nu_B dt} \tag{10.1.1}$$

式中，ξ 为反应进度，见式（5.1.1）和式（5.1.2）。**反应速率**v 的定义为

$$v = \frac{\dot{\xi}}{V} = \frac{d\xi}{V dt} = \frac{dn_B}{\nu_B V dt} \tag{10.1.2}$$

式中，n_B 为物质 B 的量；t 为反应时间；V 为反应系统的体积。因为反应进度与反应计量式的写法有关，与物质 B 的选择无关，因此，转化速率和反应速率也与反应计量式的写法有关，与物质 B 的选择无关。反应速率为标量，所以总为正值。

对于恒容反应或体积变化可以忽略的反应（如溶液中的反应），反应速率表达式为

$$v = \frac{dc_B}{\nu_B dt} \quad （恒容） \tag{10.1.3}$$

式中，c_B 为 B 的物质的量浓度。以下如不特别指明，均指反应在恒容条件下进行。

化学反应的进行过程就是反应物不断消耗和产物不断生成的过程，因此有时经常用反应物的**消耗速率**或产物的**生成速率**来代表反应速率。若 B 为反应物，其消耗速率的定义为

$$v_B = -\frac{dn_B}{V dt} \tag{10.1.4}$$

在恒容条件下

$$v_B = -\frac{dc_B}{dt} \tag{10.1.5}$$

若 B 为产物，其生成速率的定义为

$$v_B = \frac{dn_B}{V dt} \tag{10.1.6}$$

在恒容条件下

$$v_B = \frac{dc_B}{dt} \tag{10.1.7}$$

注意，在以上四个定义式中，右侧分式中分母上没有物质的计量系数。因此，对于同一个反应，当各物质的计量系数不同时，不同反应物的消耗速率以及不同产物的生成速率是不同的。

例如对于如下反应

$$-\nu_A A - \nu_B B - \cdots \longrightarrow \nu_G G + \nu_H H + \cdots$$

由式（10.1.3）其反应速率为

$$v = \frac{dc_A}{\nu_A dt} = \frac{dc_B}{\nu_B dt} = \cdots = \frac{dc_G}{\nu_G dt} = \frac{dc_H}{\nu_H dt} = \cdots$$

与各物质消耗、生成速率和反应速率间的关系为

$$v = \frac{v_A}{-\nu_A} = \frac{v_B}{-\nu_B} = \cdots = \frac{v_G}{\nu_G} = \frac{v_H}{\nu_H} = \cdots \tag{10.1.8}$$

从上式可知，不同物质的消耗或生成速率与其计量系数的绝对值成正比。

对于恒容下的气相反应，由于物质的分压与物质的量浓度成正比，且压力较容易测定，因此反应速率也常用如下形式表示

$$v_p = \frac{dp_B}{\nu_B dt} \quad (恒容) \tag{10.1.9}$$

反应物的消耗速率可表示为
$$v_{p,B} = -\frac{dp_B}{dt} \tag{10.1.10}$$

产物的生成速率可表示为
$$v_{p,B} = \frac{dp_B}{dt} \tag{10.1.11}$$

由式（10.1.3）式和（10.1.9）可知 $v_p = RTv$ \qquad(10.1.12)

10.1.2 反应速率的测定

由反应速率的定义式可知，要测定反应速率，必须测出不同反应时刻反应物或产物的浓度。然后绘制浓度对时间的关系曲线（动力学曲线），曲线上某点的斜率就是对应时刻该物质的消耗或生成速率，除以其计量系数就是反应速率。反应开始时的速率称为反应的初速率，由于这时生成物的干扰很小，所以反应的初速率是研究化学反应动力学的重要参数。

测定反应系统中物种浓度的方法有化学法和物理法。顾名思义，化学法就是通过化学分析的方法测定浓度，一般是在某一时刻从反应系统中取出部分样品，并通过骤冷、冲稀、去除催化剂、加入阻化剂等方法使反应尽可能迅速停止或变缓到不至于影响测定结果的程度。然后通过导入新的化学反应（如沉淀反应、配合反应、氧化还原反应等），测定样品中某组分的浓度。而物理法则是通过测量与某组分浓度相关的物理性质达到测量其浓度的目的。这种方法的特点是不需要从反应系统中取出样品，可以进行原位（in situ）测量。常用的方法有测定压力、吸光度、旋光度、折射率、电导率、电动势、介电常数、黏度、热导率等，另外现代测量手段还有色谱、质谱、色-质联用、原位红外、原位拉曼光谱、核磁共振。随着现代测量技术的迅速发展，测量方法也在不断更新和发展变化着。在动力学研究中，对于快速反应，仪器的时间分辨能力起着关键的作用，利用超短脉冲激光技术，已经可以检测到飞秒（fs，10^{-15} s）级的变化。现代分析方法不但时间分辨率高，而且能够监测极其微量的中间体，在动力学研究中发挥着重要的作用。

10.1.3 速率方程

影响反应速率的因素很多，如浓度、温度、催化剂等，在其他因素固定的情况下，表示

反应速率和浓度间关系的方程称作**反应速率方程**，即

$$v = \frac{dc_B}{\nu_B dt} = f(c) \tag{10.1.13}$$

此微分式也常称为**微分速率方程**。对其积分可得

$$c = f(t) \tag{10.1.14}$$

此式称为**积分速率方程**，也称为**动力学方程**。对于不同的反应，速率方程的形式会不同，其具体形式应该由实验测定来确定。这些研究动力学性质的实验一般称为动力学实验。

10.1.4 非基元反应、基元反应、基元反应分子数

绝大多数实际的化学反应，并不像方程式中所写的那样，反应物分子按照其计量系数同时作用在一起，原子间重排一次就生成了计量方程中的产物。即这种方程并不代表实际的反应机理。如氢气和氯气反应的计量方程为

$$H_2 + Cl_2 \longrightarrow 2HCl$$

实际上反应由下列几步完成

① $Cl_2 + M^0 \longrightarrow 2Cl \cdot + M_0$　　　② $Cl \cdot + H_2 \longrightarrow HCl + H \cdot$

③ $H \cdot + Cl_2 \longrightarrow HCl + Cl \cdot$　　　④ $Cl \cdot + Cl \cdot + M_0 \longrightarrow Cl_2 + M^0$

式中，M^0 和 M_0 分别代表能量较高和能量较低的某种分子。

那种并不代表实际反应机理的计量反应称为**非基元反应（或总包反应、总反应、复杂反应）**。而由反应物微粒（分子、原子或离子）发生一次碰撞，直接生成产物微粒，没有中间步骤，一步就完成的这种反应称为**基元反应**。在上例中氢气和氯气的反应为非基元反应，组成这个反应的每一步翔实反应为基元反应。所谓**反应机理**（也称**反应历程**），一般是指一个非基元反应由哪些基元反应组成，每一步的快慢如何。一般的化学反应方程式，除非特别指明，都是计量方程而不是基元反应方程。

基元反应中，反应物的分子个数称为**反应分子数**。由于基元反应是一步反应，如果是几个分子参与的基元反应，则要求分子作用在一起时能量、方位等必须非常匹配，由于分子有空间结构，参与反应的分子数越多，这种匹配关系越难形成。因此，目前已知的只有单分子反应（如分解反应、异构化反应）、双分子反应和三分子反应。还没有发现大于三分子的基元反应。

10.1.5 基元反应的速率方程-质量作用定律

实验表明，对于基元反应，其速率方程具有简单的形式并具有如下规律，如，对于如下的基元反应

$$a A + b B + \cdots \longrightarrow 产物$$

其速率方程为

$$v = \frac{dc_B}{\nu_B dt} = k c_A^a c_B^b \cdots \tag{10.1.15}$$

即基元反应的反应速率与各反应物浓度的幂的乘积成正比，其中某物种浓度的方次就是该物种参与该基元反应的分子个数，这个规律称为**质量作用定律**。质量作用定律只适用于基元反应，对于非基元反应不适用。

质量作用定律在 19 世纪中叶经实验发现并提出，是个经验规律。当时把浓度称为有效质量，所以这个定律叫做质量作用定律。但现在可以通过气体分子运动论结合碰撞理论或过

渡态理论推导证明（推导过程详见有关书籍或文献）。

依据质量作用定律，对于单分子反应　　　A $\longrightarrow$ 产物

其速率方程为

$$v = -\frac{dc_A}{dt} = kc_A$$

对于单分子反应的质量作用定律，定性地可以理解为，一定温度下，系统中物质的浓度越高，单位体积中活化分子数就越多，单位时间单位体积中发生反应的分子就越多，反应速率就越快，因此，反应速率与反应物浓度成正比。

对于双分子反应　　　　　　　A + A $\longrightarrow$ 产物

A + B $\longrightarrow$ 产物

其速率方程分别为

$$v = -\frac{dc_A}{dt} = kc_A^2$$

$$v = -\frac{dc_A}{dt} = -\frac{dc_B}{dt} = kc_A c_B$$

对于双分子反应的质量作用定律，定性地理解如下，即分子间发生反应时需要碰撞，一定温度下，单位时间、单位体积中的碰撞数越多，反应速率越快。根据气体分子运动论，一定温度下，单位时间、单位体积中的碰撞数与参与碰撞的分子的浓度的乘积成正比，因此，反应速率与反应物浓度的乘积成正比。

虽然对于一个总包反应，其基元反应是分步骤分先后进行的，但是实际的反应系统中总是含有大量的反应物分子，它们开始反应的时刻有先有后，因此，系统中组成这个总包反应的各基元反应是同时存在的。如果一个物种参与了不止一个基元反应，在这些基元反应的速率方程中，对应的这个物种的浓度都是相同的，即等于那个时刻系统当中这个物种的浓度。并且，随着时间的变化，这个物种净的生成或消耗速率是它在所涉及的这几个反应中生成或消耗速率的总和。例如，在氯气和氢气的反应中

① $Cl_2 + M^0 \xrightarrow{k_1} 2Cl \cdot + M_0$　　　　② $Cl \cdot + H_2 \xrightarrow{k_2} HCl + H \cdot$

③ $H \cdot + Cl_2 \xrightarrow{k_3} HCl + Cl \cdot$　　　　④ $Cl \cdot + Cl \cdot + M_0 \xrightarrow{k_4} Cl_2 + M^0$

氢自由基（H·）的净生成速率为第②步的生成速率减去第③步的消耗速率，即

$$\frac{dc_{H\cdot}}{dt} = k_2 c_{Cl\cdot} c_{H_2} - k_3 c_{H\cdot} c_{Cl_2}$$

10.1.6　总包反应的速率方程

总包反应的速率方程不能根据反应计量式用类似质量作用定律的那种方式写出速率方程，其速率方程要由实验测定或由反应历程推得。总包反应的速率方程有的还具有浓度幂乘积的形式，有的则不具有这种简单形式，有的速率方程中还包含产物的浓度项。例如，总包反应 $H_2 + I_2 =\!=\!= 2HI$ 的速率方程为

$$v = kc_{H_2} c_{I_2}$$

总包反应 $H_2 + Cl_2 =\!=\!= 2HCl$ 的速率方程为　　　$v = kc_{H_2} c_{Cl_2}^{1/2}$

总包反应 $CO + Cl_2 =\!=\!= COCl_2$ 的速率方程为　　　$v = kc_{CO} c_{Cl_2}^{3/2}$

总包反应 $H_2 + Br_2 =\!=\!= 2HBr$ 的速率方程为　　　$v = \dfrac{kc_{H_2} c_{Br_2}^{1/2}}{1 + k' c_{HBr}/c_{Br_2}}$

从上几例中可以看出，总包反应的速率方程没有明显的规律性。

10.1.7 反应级数和速率常数

如果某反应的速率方程具有浓度幂乘积的形式

$$v = k c_A^{n_A} c_B^{n_B} \cdots \tag{10.1.16}$$

则把 n_A、n_B … 分别称为反应对物种 A、B … 的**反应级数或分级数**，量纲为 1。A、B … 可以是反应物，也可以是产物或催化剂。各分级数的和

$$n = n_A + n_B + \cdots \tag{10.1.17}$$

称为反应的总级数，可简称为反应级数。式中的比例常数 k 称为**反应速率常数**。

关于反应级数应注意如下事项。

① 对于速率方程不具有浓度幂乘积形式的反应，反应级数无意义，即没有反应级数。

② 反应级数与反应的计量系数无关。反应级数可正可负，可以是整数，也可以是分数或 0（即相应物质的浓度不出现在速率方程中，反应速率与该物质的浓度无关）。对于基元反应，单分子反应为一级反应，双分子反应为二级反应，三分子反应为三级反应。

③ 对于速率方程具有浓度幂乘积形式的反应系统，如果某物质 A 的浓度很大，远远超过其他物质的浓度，在反应过程中其浓度基本不变，可假设该物种的浓度幂为常数，可以合并到速率常数中，实验测到的反应总级数不包括 n_A（A 的分级数），这时得到的表观反应级数称为准（或假）反应级数。

例如，在水溶液中酸催化下蔗糖的水解反应

$$C_{12}H_{22}O_{11}(\text{蔗糖}) + H_2O \longrightarrow C_6H_{12}O_6(\text{葡萄糖}) + C_6H_{12}O_6(\text{果糖})$$

是二级反应
$$v = k c_{\text{蔗糖}} c_{H_2O}$$

由于过程中水的浓度基本不变，所以表观反应速率为

$$v = k' c_{\text{蔗糖}}$$

即在这种条件下，该反应为准（假）一级反应，式中，k' 为表观反应速率常数。

速率常数代表了除浓度外其他因素，如温度、反应介质、催化剂等对速率的影响。从速率方程可以看出，速率常数也是单位浓度时的反应速率，因此它更能体现一个反应进行快慢的本质，是反应的一个特征物理量，是一个重要的动力学参数。

速率常数 k 的量纲为（浓度）$^{1-n}$·（时间）$^{-1}$，对于 n 级反应，k 的 SI 单位为 $(\text{mol} \cdot \text{m}^{-3})^{1-n} \cdot \text{s}^{-1}$。对于不同级数的反应，速率常数 k 的单位不同，因此，可以通过一个给定的速率常数的单位判断其对应的反应级数。

对于气相反应，在温度和体积恒定的条件下，各物质的分压与浓度成正比，因此对于同一反应，如果在速率方程中用各物质的分压代替浓度，方程的形式不变（反应的总级数和分级数不变），但是反应速率及速率常数可能会发生变化。不难导出，对应的速率常数 k_p 与 k_c 的关系为

$$k_p = k_c (RT)^{1-n} \tag{10.1.18}$$

对于一级反应，二者相等。

另外要注意，反应的速率常数 k 与某反应物的消耗速率或生成速率的速率常数不同。如，对于反应

$$a A + b B \longrightarrow g G + h H$$

其反应速率和相关物质的消耗和生成速率可分别表示为

$$v = -\frac{dc_A}{a\,dt} = -\frac{dc_B}{b\,dt} = \frac{dc_G}{g\,dt} = \frac{dc_H}{h\,dt} = kc_A^{n_A}c_B^{n_B}$$

$$v_A = -\frac{dc_A}{dt} = k_A c_A^{n_A}c_B^{n_B} \qquad\qquad v_B = -\frac{dc_B}{dt} = k_B c_A^{n_A}c_B^{n_B}$$

$$v_G = \frac{dc_G}{dt} = k_G c_A^{n_A}c_B^{n_B} \qquad\qquad v_H = \frac{dc_H}{dt} = k_H c_A^{n_A}c_B^{n_B}$$

各速率常数间的关系为
$$\frac{k_A}{a} = \frac{k_B}{b} = \frac{k_G}{g} = \frac{k_H}{h} = k \qquad\qquad (10.1.19)$$

10.2 速率方程的积分式

速率方程代表了一个反应的动力学规律和特征（反应级数和速率常数），由 10.1.3 小节可知，速率方程有微分形式和积分形式。从本章后面的内容可知，由一个反应的反应机理可推导出其微分速率方程，因此，微分速率方程便于理论分析。将微分速率方程积分，可得到反应系统中组分浓度与时间的关系式，即积分速率方程，这个方程同样也包含着反应的特征参数（反应级数和速率常数），在动力学实验中常常获得的正是组分浓度与时间的关系，因此，将动力学实验的规律性（浓度和时间的规律性）与不同级数的积分速率方程相比较，便可确定反应级数和速率常数。本节讨论具有**简单级数反应**的积分速率方程及相应的动力学特征。

10.2.1 一级反应

反应速率与反应物浓度的一次方呈正比的反应称为一级反应。例如某些有机物的热分解或分子内重排以及异构化、放射性同位素的蜕变、五氧化二氮的分解等为一级反应。

$$_{88}^{226}Ra \longrightarrow\ _{86}^{222}Ra + _2^4H$$

$$N_2O_5(g) \longrightarrow N_2O_4(g) + \frac{1}{2}O_2(g)$$

一般地，设如下反应（式中的箭头代表单向反应）为一级反应

$$aA \longrightarrow 产物$$

则
$$v = -\frac{dc_A}{a\,dt} = kc_A$$

或
$$-\frac{dc_A}{dt} = k_A c_A \qquad\qquad (10.2.1)$$

设 $t = 0$ 时 A 的浓度为 $c_{A,0}$，t 时刻 A 的浓度为 c_A，则上式的积分为

$$-\int_{c_{A,0}}^{c_A}\frac{dc_A}{c_A} = \int_0^t k_A\,dt$$

可得一级反应的积分速率方程为

$$\ln\frac{c_{A,0}}{c_A} = k_A t \qquad\qquad (10.2.2)$$

或
$$\ln c_A = -k_A t + \ln c_{A,0} \qquad\qquad (10.2.3)$$

$$c_A = c_{A,0}e^{-k_A t} \qquad\qquad (10.2.4)$$

式（10.2.2）是一级反应动力学方程的常用形式，等号左边的一项也可以用反应物的转化率来表示，根据转化率的定义

$$x_A = \frac{c_{A,0} - c_A}{c_{A,0}}$$

可得
$$c_A = c_{A,0}(1 - x_A) \tag{10.2.5}$$

代入式（10.2.2）可得
$$\ln \frac{1}{1 - x_A} = k_A t \tag{10.2.6}$$

因此，式（10.2.6）是一级反应速率方程的另一种形式。

化学反应进行快慢的本质可由速率常数表达，除此之外，还经常用反应进行到一定程度所用的时间来表达，有衰期和寿期两种。衰期是指反应中某反应物浓度衰减至起始浓度某分数[$c_A = c_{A,0}(1 - x_A)$]所用的时间 t_{1-x_A}。如反应的 3/4 衰期是指反应达到 $1 - x_A = 3/4$，即 $x_A = 1/4$ 时所用的时间即 $t_{3/4}$。而寿期是指转化掉的反应物占起始浓度达某一分数时（$c_{A,0} - c_A = c_{A,0} x_A$）所用的时间 t'_{x_A}。如反应的 1/4 寿期是指反应达到 $x_A = 1/4$ 时所需的时间 $t'_{1/4}$。显然反应的 3/4 衰期和 1/4 寿期所用的时间是相等的，即 $t_{3/4} = t'_{1/4}$。按上述论述，当反应物浓度降到其初始值的一半时所需要的时间既可以称为**半衰期** $t_{1/2}$，也可以称为**半寿期** $t'_{1/2}$。由式（10.2.2）可知，当 $c_A = \frac{1}{2} c_{A,0}$ 时

$$t_{1/2} = \frac{\ln 2}{k_A} \tag{10.2.7}$$

即一级反应的半衰期与反应物的初浓度无关。

从式（10.2.6）可以看出，对于一级反应，反应的任意分数衰期或分数寿期都与反应物的初浓度无关。

一级反应的动力学特征总结如下。

① 以 $\ln c_A$ 对 t 作图可得一直线，其斜率为 $-k_A$，截距为 $\ln c_{A,0}$。

② 从式（10.2.2）可以看出用任何与浓度成正比的物理量代替浓度时，速率常数不变。这一点也可以从速率常数的量纲上看出，即量纲中无浓度项。

③ 速率常数的量纲为（时间）$^{-1}$，其单位可以为 s^{-1}、min^{-1}、h^{-1} 或 d^{-1} 等。

④ 半衰期或任意分数衰期及分数寿期都与反应物的初浓度无关。由此可得

$$t_{1/2} : t_{1/4} : t_{1/8} = 1 : 2 : 3 \text{（或写成 } t'_{1/2} : t'_{3/4} : t'_{7/8} = 1 : 2 : 3\text{）}$$

【例 10.2.1】 某一级反应 A ⟶ 产物，初始速率为 1×10^{-3} mol·dm^{-3}·min^{-1}，1h 后速率为 0.25×10^{-3} mol·dm^{-3}·min^{-1}。求 k、$t_{1/2}$ 和初始浓度 $c_{A,0}$。

解 $v_A = k c_A$，$v_{A,0} = k c_{A,0}$，反应 1h 后

$$c_A / c_{A,0} = k c_A / k c_{A,0} = 0.25 \times 10^{-3} / 10^{-3} = 0.25$$

$$k = -\frac{1}{t} \ln \frac{c_A}{c_{A,0}} = -\frac{1}{60 \text{min}} \ln 0.25 = 2.31 \times 10^{-2} \text{min}^{-1}$$

$$t_{1/2} = \frac{\ln 2}{k} = \frac{\ln 2}{2.31 \times 10^{-2} \text{min}^{-1}} = 30 \text{min}$$

$$c_{A,0} = v_{A,0} / k = 10^{-3} / 0.0231 = 0.0433 \text{mol·dm}^{-3}$$

【例 10.2.2】 把一定量的 $PH_3(g)$ 迅速引入温度为 950K 的已抽空的容器中，待反应物

达到该温度时开始计时（此时已有部分分解），测得实验数据如下：

t/s	0	58	108	∞
p/kPa	35.00	36.34	36.68	36.85

已知反应 $4PH_3(g) \xrightarrow{k} P_4(g) + 6H_2(g)$ 为一级反应，求该反应的速率常数 k 值（设在 $t=\infty$ 时反应基本完成）。

解　对一级反应，其积分式为 $\ln(c_{A,0}/c_A) = kt$，下面找出总压 p 与反应物浓度 c_A 间的关系。设

$$c_A = Mp + N \tag{1}$$

当 $t=0$ 时，$c_A = c_{A,0}$，$p = p_0$，　　　$c_{A,0} = Mp_0 + N \tag{2}$

当 $t=\infty$ 时，$c_A = 0$，$p = p_\infty$，　　　$0 = Mp_\infty + N \tag{3}$

式(2)－式(3)，得　　　$c_{A,0} = M(p_0 - p_\infty) \tag{4}$

式(1)－式(3)，得　　　$c_A = M(p - p_\infty) \tag{5}$

式(4)、式(5)代入一级反应积分式得　　　$\ln\dfrac{p_0 - p_\infty}{p - p_\infty} = kt$

所以，当 $t=58s$ 时　　　$k_1 = \dfrac{1}{t}\ln\dfrac{p_\infty - p_0}{p_\infty - p} = \dfrac{1}{58s} \times \ln\dfrac{36.85 - 35.00}{36.85 - 36.34} = 0.0222 s^{-1}$

当 $t=108s$ 时　　　$k_2 = \dfrac{1}{108s} \times \ln\dfrac{36.85 - 35.00}{36.85 - 36.68} = 0.0221 s^{-1}$

$\overline{k} = (k_1 + k_2)/2 = 0.0222 s^{-1}$，即反应的速率常数为 $0.0222 s^{-1}$。

10.2.2　二级反应

简单级数的二级反应分为两类，一类是其速率与某单一反应物的浓度的二次方成正比，另一类是其反应速率与两种不同反应物浓度的一次方的乘积成正比。如碘化氢的气相热分解反应及气相合成反应，乙烯、丙烯、异丁烯的二聚反应，水溶液中乙酸乙酯的皂化反应等均是二级反应。

（1）只有一种反应物的二级反应

这类二级反应的计量方程可表示为

$$a A \longrightarrow 产物$$

其速率方程为　　　$-\dfrac{dc_A}{dt} = akc_A^2 = k_A c_A^2 \tag{10.2.8}$

对式（10.2.7）进行积分　　　$-\displaystyle\int_{c_{A,0}}^{c_A} \dfrac{dc_A}{c_A^2} = k_A \int_0^t dt$

可得　　　$\dfrac{1}{c_A} - \dfrac{1}{c_{A,0}} = k_A t \tag{10.2.9}$

将式(10.2.5)代入式(10.2.9)得　　　$\dfrac{1}{c_{A,0}} \times \dfrac{x_A}{1 - x_A} = k_A t \tag{10.2.10}$

将 $c_A = \dfrac{1}{2}c_{A,0}$ 代入上式可得反应的半衰期为

$$t_{1/2} = \dfrac{1}{k_A c_{A,0}} \tag{10.2.11}$$

由此可知，二级反应的半衰期和一级反应不同，不仅与速率常数成反比，还与反应物的初浓度成反比。

只有一种反应物的二级反应的动力学特征总结如下。

① 以 $\frac{1}{c_A}$ 对 t 作图可得一直线，其斜率为 k_A，截距为 $\frac{1}{c_{A,0}}$。

② 速率常数的量纲为（浓度）$^{-1}\cdot$（时间）$^{-1}$，其单位为 $m^3\cdot mol^{-1}\cdot s^{-1}$。

③ 半衰期与反应物的初浓度成反比。由此可得

$$t_{1/2} : t_{1/4} : t_{1/8} = 1 : 3 : 7$$

（2）有两种反应物的二级反应

这类二级反应的计量方程可表示为

$$aA + bB \longrightarrow 产物$$

其速率方程为
$$-\frac{dc_A}{dt} = akc_Ac_B = k_Ac_Ac_B \tag{10.2.12}$$

或
$$-\frac{dc_B}{dt} = bkc_Ac_B = k_Bc_Ac_B \tag{10.2.13}$$

下面，对于这类二级反应又可分两种情况来讨论。

① 反应物 A、B 的初浓度之比等于其计量系数之比（$c_{A,0}/c_{B,0} = a/b$）的情况

在这种情况下，由反应的计量关系可知，在反应的任意时刻都有

$$c_A/c_B = a/b$$

将这个关系代入式(10.2.12)和式(10.2.13)可得

$$-\frac{dc_A}{dt} = akc_A \times \frac{b}{a}c_A = bkc_A^2 = k_Bc_A^2 \tag{10.2.14}$$

$$-\frac{dc_B}{dt} = bk\frac{a}{b}c_Bc_B = akc_B^2 = k_Ac_B^2 \tag{10.2.15}$$

这样一来，速率方程就变得和只有一种反应物时的二级反应速率方程的形式一样了，只不过要注意式(10.2.14)对应的速率常数是 k_B 而不是 k_A，式(10.2.15)对应的速率常数是 k_A 而不是 k_B。这种类型显然包括 $c_{A,0}/c_{B,0} = a/b = 1$ 的情况。这类反应的动力学特征与只有一种反应物时二级反应的动力学特征相同。

② 反应物 A、B 的初浓度之比不等于其计量系数之比（$c_{A,0}/c_{B,0} \neq a/b$）的一般情况

在这种情况下，由反应的计量关系可知

$$\frac{c_{A,0} - c_A}{c_{B,0} - c_B} = \frac{a}{b}$$

由上式可得
$$c_A = c_{A,0} - \frac{a}{b}(c_{B,0} - c_B) = \frac{ac_B + bc_{A,0} - ac_{B,0}}{b} \tag{10.2.16}$$

将上式代入式(10.2.13)可得

$$-\frac{dc_B}{dt} = bk\frac{ac_B + bc_{A,0} - ac_{B,0}}{b}c_B = k(ac_B + bc_{A,0} - ac_{B,0})c_B$$

对上式进行变量分离得

$$-\frac{1}{(ac_B + bc_{A,0} - ac_{B,0})c_B}dc_B = -\frac{1}{bc_{A,0} - ac_{B,0}}\left(\frac{1}{c_B} - \frac{a}{ac_B + bc_{A,0} - ac_{B,0}}\right)dc_B = k\,dt$$

对上式做定积分
$$-\frac{1}{bc_{A,0} - ac_{B,0}}\int_{c_{A,0}}^{c_A}\left(\frac{1}{c_B} - \frac{a}{ac_B + bc_{A,0} - ac_{B,0}}\right)dc_B = k\int_0^t dt$$

可得
$$\frac{1}{bc_{A,0}-ac_{B,0}}\ln\frac{(ac_B+bc_{A,0}-ac_{B,0})/(bc_{A,0})}{c_B/c_{B,0}}=kt$$

将式(10.2.16)代入上式得
$$\frac{1}{bc_{A,0}-ac_{B,0}}\ln\frac{c_A/c_{A,0}}{c_B/c_{B,0}}=kt \tag{10.2.17}$$

该式是最普遍适用的二级反应的积分速率方程。当 $a/b=1$ 但 $c_{A,0}/c_{B,0}\neq a/b$ 时，式(10.2.17)变为

$$\frac{1}{c_{A,0}-c_{B,0}}\ln\frac{c_A/c_{A,0}}{c_B/c_{B,0}}=kt \tag{10.2.18}$$

该式是最常用的二级反应的积分速率方程。

在 $c_{A,0}/c_{B,0}\neq a/b$ 的情况下，A 和 B 的半衰期是不同的，所以不能笼统地说反应的半衰期。A 和 B 的半衰期要分别计算，通常关心的是较少的反应物的半衰期，需要时将相关数据代入式 (10.2.17) 计算可求。

$c_{A,0}/c_{B,0}\neq a/b$ 的二级反应的动力学特征总结如下：

Ⅰ. 以 $\frac{1}{bc_{A,0}-ac_{B,0}}\ln\frac{c_A/c_{A,0}}{c_B/c_{B,0}}$ 对 t 作图可得一直线，其斜率为 k；

Ⅱ. 速率常数的量纲为 （浓度）$^{-1}\cdot$（时间）$^{-1}$；

Ⅲ. 半衰期要针对 A、B 分别计算。

10.2.3　零级反应

反应速率与反应物浓度无关的反应为零级反应。如在多相催化反应中，反应发生在固体表面，反应速率取决于固体表面状态，与反应物浓度无关，为零级反应。又如，一些光化学反应，反应速率决定于入射光的强度，而与反应物浓度无关。零级反应不多见，但分级数为零级的反应还是较为常见的，所谓分级数为零级，就是该物质参加反应但它的浓度对反应速率无影响，其浓度项不出现在速率方程中。

设如下反应

$$a\,A\longrightarrow 产物$$

为零级反应，则其速率方程可表示为

$$-\frac{dc_A}{dt}=ak=k_A \tag{10.2.19}$$

对上式积分
$$-\int_{c_{A,0}}^{c_A}dc_A=k_A\int_0^t dt$$

可得
$$c_{A,0}-c_A=k_A t \tag{10.2.20}$$

该式为零级反应的动力学方程。将 $c_A=\frac{1}{2}c_{A,0}$ 代入上式可求得反应的半衰期为

$$t_{1/2}=\frac{c_{A,0}}{2k_A} \tag{10.2.21}$$

由此式可知，零级反应的半衰期与反应物的初浓度成正比。

零级反应的动力学特征总结如下：

Ⅰ. 以 c_A 对 t 作图可得一直线，其斜率为 $-k_A$，截距为 $c_{A,0}$；

Ⅱ. 速率常数的量纲为（浓度）$\cdot$（时间）$^{-1}$，其单位为 $mol\cdot m^{-3}\cdot s^{-1}$；

Ⅲ. 半衰期与反应物的初浓度成正比。由此可得

$$t_{1/2} : t_{1/4} : t_{1/8} = 1 : 1.5 : 1.75$$

10.2.4　n 级反应

由反应级数的定义可知，n 级反应的速率方程有多种形式，本节只讨论速率方程具有如下最简单形式的 n 级反应。

$$-\frac{dc_A}{dt} = k_A c_A^n \tag{10.2.22}$$

对应于这种形式的速率方程的 n 级反应一般有两种情况，一种情况是只有一种反应物，如

$$a A \longrightarrow 产物$$

第二种情况是反应物不止一种，但反应物的初浓度之比等于各反应物的计量系数之比，如对于 n 级反应

$$a A + b B + \cdots \longrightarrow 产物$$

$c_{A,0}/a = c_{B,0}/b = \cdots$，在这种情况下，反应速率方程也具有式(10.2.22)那样的简单形式，但式中的常数不是 k_A，可以用 k'_A 表示

$$-\frac{dc_A}{dt} = k'_A c_A^n \tag{10.2.23}$$

当 $n=1$ 时，为一级反应，其动力学特征见 10.2.1 节。

对于 $n \neq 1$ 的 n 级反应，对式(10.2.22)分离变量并积分

$$-\int_{c_{A,0}}^{c_A} \frac{dc_A}{c_A^n} = k_A \int_0^t dt$$

可得

$$\frac{1}{n-1}\left(\frac{1}{c_A^{n-1}} - \frac{1}{c_{A,0}^{n-1}}\right) = k_A t \qquad (n \neq 1) \tag{10.2.24}$$

由此可见，$\dfrac{1}{c_A^{n-1}}$ 对 t 作图可得一直线。

将 $c_A = \dfrac{1}{2}c_{A,0}$ 代入式(10.2.22)可求得反应的半衰期为

$$t_{1/2} = \frac{2^{n-1}-1}{(n-1)k_A c_{A,0}^{n-1}} \qquad (n \neq 1) \tag{10.2.25}$$

由此式可知，n 级反应的半衰期与 $c_{A,0}^{n-1}$ 成反比。

n 级反应速率常数的量纲为(浓度)$^{1-n}$·(时间)$^{-1}$，其单位为 $(mol \cdot m^{-3})^{1-n} \cdot s^{-1}$，速率常数的单位会随着反应级数的不同而发生变化，因此不同级数反应的速率常数没有可比性，亦即，无法通过比较不同级数反应的速率常数来比较反应的快慢。但无论是几级反应，其半衰期均具有时间的量纲，因此，可以通过比较半衰期的长短来比较不同级数反应的快慢。因此，半衰期是化学动力学中的一个重要参数。

10.2.5　简单级数反级动力学特征小结

将速率方程具有 $-\dfrac{dc_A}{dt} = k_A c_A^n$ 形式的 $0,1,2,3,n(n \neq 1)$ 级反应的动力学方程及其特征列于表 10.2.1 中。

表 10.2.1 简单级数反应的速率方程及特征

级数	速率方程		特征		
	微分式	积分式	k_A 的单位	直线关系	$t_{1/2}$
0	$-\dfrac{dc_A}{dt}=k_A$	$c_{A,0}-c_A=k_A t$	$mol \cdot m^{-3} \cdot s^{-1}$	c_A-t	$\dfrac{c_{A,0}}{2k_A}$
1	$-\dfrac{dc_A}{dt}=k_A c_A$	$\ln\dfrac{c_{A,0}}{c_A}=k_A t$	s^{-1}	$\ln c_A$-t	$\dfrac{\ln 2}{k_A}$
2	$-\dfrac{dc_A}{dt}=k_A c_A^2$	$\dfrac{1}{c_A}-\dfrac{1}{c_{A,0}}=k_A t$	$(mol \cdot m^{-3})^{-1} \cdot s^{-1}$	$\dfrac{1}{c_A}$-t	$\dfrac{1}{k_A c_{A,0}}$
3	$-\dfrac{dc_A}{dt}=k_A c_A^3$	$\dfrac{1}{2}\left(\dfrac{1}{c_A^2}-\dfrac{1}{c_{A,0}^2}\right)=k_A t$	$(mol \cdot m^{-3})^{-2} \cdot s^{-1}$	$\dfrac{1}{c_A^2}$-t	$\dfrac{3}{2k_A c_{A,0}^2}$
n	$-\dfrac{dc_A}{dt}=k_A c_A^n$	$\dfrac{1}{n-1}\left(\dfrac{1}{c_A^{n-1}}-\dfrac{1}{c_{A,0}^{n-1}}\right)=k_A t$	$(mol \cdot m^{-3})^{1-n} \cdot s^{-1}$	$\dfrac{1}{c_A^{n-1}}$-t	$\dfrac{2^{n-1}-1}{(n-1)k_A c_{A,0}^{n-1}}$

10.3 速率方程的确定

反应速率方程是指导化工生产、化工设计和推测反应机理的重要依据，因此，通过动力学实验确定反应速率方程是化学动力学研究的重要内容之一。本节主要讨论具有简单级数反应的速率方程的确定。

速率方程通常可表示成如下形式

$$v=-\frac{dc_A}{a\,dt}=kc_A^{n_A} c_B^{n_B}\cdots \tag{10.3.1}$$

确定速率方程就是要确定反应级数和速率常数，其中最关键的是通过实验确定反应的分级数。对于具有这类速率方程的反应，往往还可以通过适当的设计实验使反应速率方程具有如下最简单的形式

$$v=-\frac{dc_A}{a\,dt}=kc_A^{n_A}$$

这样一来，反应级数和速率常数的确定就变得容易进行了，下面介绍几种常用的方法。

10.3.1 积分法

积分法也称作尝试法。就是尝试利用各级反应速率方程积分式的线性关系特征来确定反应级数的做法。即用不同时刻测得的组分浓度代入所假设级数的反应速率的动力学方程中，观察是否具有 $\ln c_A$-t 或 $\dfrac{1}{c_A^{n-1}}$-t 这样的线性关系，具有线性关系者所对应的级数便是所测反应的反应级数，再通过斜率可求得速率常数。

考察数据所具有的线性关系时，可以用作图的方法，也可以用各种计算机软件进行线性回归，通过观察线性相关系数来确定其线性关系。

尝试法的缺点是不灵敏，使用这种方法时数据的范围要尽可能宽，即尽可能采集较大反应转化率范围内的数据，一般反应至少要进行 60%。如果数据范围较小，数据按不同级数处理时都具有较好的线性关系，则难以确定反应级数。

【例 10.3.1】 气体 1,3-丁二烯在较高温度下能进行如下二聚反应

$$2C_4H_6(g)\longrightarrow C_8H_{12}(g)$$

将 1,3-丁二烯放入一定体积的容器中，并维持容器的温度为 326℃，测得不同时刻系统的压

力如下表所示。实验开始（$t=0$）时，1,3-丁二烯在容器中的压力为 84.25kPa。

t/min	8.02	12.18	17.30	24.55	33.00	42.50	55.08	68.05	90.05	119.00
p/kPa	79.90	77.88	75.63	72.89	70.36	67.90	65.35	63.27	60.43	57.69

试求反应级数和速率常数。

解 可将实验数据代入各级反应的动力学线性方程进行检验，判断反应级数。为方便起见，先将反应测得的系统总压转换为相应时刻 1,3-丁二烯的分压。它们之间的关系为

$$2C_4H_6(g) \longrightarrow C_8H_{12}(g)$$

$$t=0 \qquad p_{A,0} \qquad\qquad 0 \qquad\qquad p_0 = p_{A,0}$$

$$t=t \qquad p_A \qquad \frac{1}{2}(p_{A,0}-p_A) \qquad p=\frac{1}{2}(p_{A,0}-p_A)+p_A=\frac{1}{2}(p_{A,0}+p_A)$$

由此可得 $p_A = 2p - p_{A,0}$，则不同时刻 1,3-丁二烯的分压 p_A 如表 10.3.1 所示。

表 10.3.1　不同时刻 1,3-丁二烯的分压 p_A 与时间的关系

t/min	0	8.02	12.18	17.30	24.55	33.00	42.50	55.08	68.05	90.05	119.00
p_A/kPa	84.25	75.55	71.51	67.01	61.53	56.47	51.55	46.45	42.29	36.61	31.13

以此数据为基础，利用作图软件可分别计算出假设反应级数为 0、0.5、1、1.5、2、2.5、3 级反应时对应的 $p_A\text{-}t$、$p_A^{1/2}\text{-}t$、$\ln p_A\text{-}t$、$p_A^{-1/2}\text{-}t$、$p_A^{-1}\text{-}t$、$p_A^{-3/2}\text{-}t$、$p_A^{-2}\text{-}t$ 直线关系的线性相关系数 R^2 分别为 0.9134、0.9480、0.9748、0.9923、0.9997、0.9972、0.9857。从这些数据可以看出，假设反应为 2 级反应时对应的线性关系最好，所以可以认为反应为 2 级反应。其对应的速率方程为

$$\frac{1}{p_A}-\frac{1}{p_{A,0}}=k_A t$$

由作图软件得到 $p_A^{-1}\text{-}t$ 直线关系的斜率为 $1.705\times10^{-4}\text{kPa}^{-1}\cdot\text{min}^{-1}$，即为该反应的速率常数。

10.3.2　微分法

微分法基于微分速率方程来确定反应级数，原理如下：对只有一种反应物的简单反应，设某反应的速率方程有如下简单的形式

$$v=-\frac{\mathrm{d}c_A}{a\,\mathrm{d}t}=kc_A^{n_A}$$

将此速率方程两边取对数得 $\qquad \ln v=\ln k+n_A\ln c_A \qquad\qquad (10.3.2)$

可见以 $\ln v$ 对 $\ln c_A$ 作图应得一条直线，由斜率可得反应级数 n_A，并由截距可算出反应速率常数 k。原则上有两组数据即可由下式计算出反应级数 n_A，但由于所用实验数据太少，结果误差会较大。

$$n_A=\frac{\ln v_1-\ln v_2}{\ln c_{A,1}-\ln c_{A,2}} \qquad\qquad (10.3.3)$$

微分法从反应的实验数据求取反应级数，又可区分为初速率法和一次法。

① 初速率法是做一系列不同初始浓度的动力学实验，用作图法求出相应浓度的初速率，再以 $\ln v_0$ 对 $\ln c_{A,0}$ 作图，由直线斜率求出反应级数即可。此法的优点是速率的测定不受反应

产物的干扰。

② 一次法则是用一次动力学实验所测得的 c_A-t 曲线，用作图法或用多项式进行曲线拟合，得出曲线在不同时刻的斜率即速率 v，然后再以所得的 $\ln v$ 对 $\ln c_A$ 作图，由直线斜率求出反应级数。该法的优点是实验工作量少，但是所求得的反应级数有时会与初速率法不同。究其原因就是反应产物在其中起了作用，若初速率法测得的反应级数用 n_c 表示，一次法测得的反应级数用 n_t 表示，随着反应的进行，当反应物浓度降低时，反应速率也随之降低。由于产物的存在，若出现 $n_t > n_c$，告诉人们非初反应速率比初反应速率降得更多，说明产物起的是阻滞作用；若出现 $n_t < n_c$，告诉人们非初反应速率比初反应速率降得更少，说明产物起的是加速作用，这种情况叫自催化作用。

【例 10.3.2】 气体 1,3-丁二烯在较高温度下能进行二聚反应 $2C_4H_6(g) \longrightarrow C_8H_{12}(g)$，实验数据见例 10.3.1。若数据经过处理后得不同时刻 1,3-丁二烯的分压 p_A 与时间的关系为

t/min	0	8.02	12.18	17.30	24.55	33.00	42.50	55.08	68.05	90.05	119.00
p_A/kPa	84.25	75.55	71.51	67.01	61.53	56.47	51.55	46.45	42.29	36.61	31.13

试用微分法求反应级数和速率常数。

解 微分法是将所得的数据以 $\ln(dp_A/dt)$ 对 $\ln p_A$ 作图，由直线斜率求出反应级数。求 dp_A/dt 可用作图法或多项式进行曲线拟合法，本例给出一种简单但精度高于作图的方法，称为中值定理法。其原理是对常见的 0~3 级反应，反应物浓度随时间变化的关系一般可用二次多项式曲线来描述，依据拉格朗日中值定理，则多项式曲线上 i 点及相邻 $i+1$ 及 $i-1$ 两点间有如下关系

$$(dp_A/dt)_i = \frac{p_{A,i+1} - p_{A,i-1}}{t_{i+1} - t_{i-1}} \tag{10.3.4}$$

$$t_i = \frac{t_{i+1} + t_{i-1}}{2} \tag{10.3.5}$$

具体作法是根据实验数据做出 p_A-t 圆滑曲线图，见图 10.3.1，在 p_A-t 曲线上按等时间间隔读出一组数据如下表。

t/min	0	5	10	15	20	25	30	35	40	45	50	55
p_A/kPa	84.25	78.6	73.7	69.3	65.5	62.0	58.9	56.1	53.5	51.2	49.0	47.1
t/min	60	65	70	75	80	85	90	95	100	105	110	115
p_A/kPa	45.3	43.6	42.0	40.6	39.2	37.9	36.8	35.6	34.6	33.6	32.7	31.8

按照拉格朗日中值定理，求出一组 dp_A/dt-t 数据见下表。

t/min	0	10	20	30	40	50	60	70	80	90	100	110
$-[d(p_A/\text{kPa})/d(t/\text{min})]$	1.13	0.93	0.73	0.59	0.49	0.41	035	0.30	0.27	0.23	0.20	0.18

最后求出一组 $\ln(dp_A/dt)$-$\ln p_A$ 数据见下表。

$\ln[-d(p_A/\text{kPa})/d(t/\text{min})]$	0.12	−0.07	−0.32	−0.53	−0.71	−0.89	−1.05	−1.20	−1.31	−1.47	−1.61	−1.72
$\ln(p_A/\text{kPa})$	4.43	4.30	4.18	4.08	3.98	3.89	3.81	3.74	3.67	3.61	3.54	3.49

以 $\ln(dp_A/dt)$ 对 $\ln p_A$ 作图得一直线，见图 10.3.2，直线斜率 $m = 1.98$，由直线斜率可求得反应级数为 2。$\ln k = \ln(dp_A/dt) - n_A \ln p_A = -1.61 - 2 \times 3.54 = -8.69$，$k = 1.7 \times 10^{-4}$

$kPa^{-1} \cdot min^{-1}$。

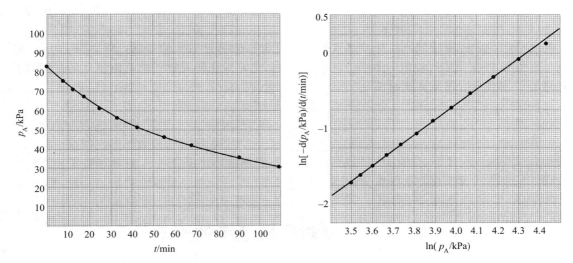

图 10.3.1 1,3-丁二烯的分压与时间的关系曲线　　图 10.3.2 微分法求 1,3-丁二烯二聚反应的反应级数

10.3.3 半衰期法

由表 10.2.1 可知，对于 n（$n \neq 1$）级反应，其反应的半衰期为

$$t_{1/2} = \frac{2^{n-1} - 1}{(n-1)k_A c_{A,0}^{n-1}}$$

对于同一反应，$\dfrac{2^{n-1} - 1}{(n-1)k_A}$ 为常数，可将这个常数记为 K，则上式可写为

$$t_{1/2} = K c_{A,0}^{1-n} \tag{10.3.6}$$

若能测定两个不同初浓度下对应的半衰期，则有

$$\frac{t'_{1/2}}{t_{1/2}} = \left(\frac{c'_{A,0}}{c_{A,0}} \right)^{1-n} \tag{10.3.7}$$

由式(10.3.7)可求得 n。

对式(10.3.6)取对数可得

$$\ln t_{1/2} = \ln K + (1-n) \ln c_{A,0} \tag{10.3.8}$$

由式（10.3.8）可知，如果能获得在同一条件下某化学反应在一系列不同初浓度时的半衰期，则可利用上式进行线性回归，从直线的斜率求得反应级数。

需要指出的是，要获得多组不同初浓度下的半衰期数据，并不需要通过改变初浓度而进行多次实验，只要在同一次动力学实验（一般是测定不同时刻反应物浓度的实验）所得的 c_A-t（或 p_A-t）曲线上，选取多个不同时刻的反应物浓度作为初浓度，找到其对应的半衰期即可。在选取初浓度数据时要使其有一定的分布，不要太集中，这样可使数据对反应的特征具有较好的代表性，另外，所选浓度对应的半衰期必须在图上能查到。

10.3.4 隔离法

对于反应物较多的情况，其速率方程常可写为

$$v_A = -\frac{dc_A}{dt} = k_A c_A^{n_A} c_B^{n_B} c_C^{n_C} \cdots \tag{10.3.9}$$

若在动力学实验中使其他组分比要确定反应级数的组分大大地过量，如 $c_B \gg c_A$，$c_C \gg c_A$，$\cdots$，这样在反应过程中 $c_B \approx c_{B,0}$，$c_C \approx c_{C,0}$，$\cdots$，即在研究过程中其他组分的浓度可看作常数，则其反应速率方程可简化为

$$v_A = -\frac{dc_A}{dt} = k' c_A^{n_A} \tag{10.3.10}$$

式中，$k' = k_A c_{B,0}^{n_B} c_{C,0}^{n_C} \cdots$ 这样就可以用尝试法和半衰期法确定反应对 A 的分级数了。人们把这样的处理方法称为隔离法或孤立法。

10.4　温度对反应速率的影响

10.4.1　阿伦尼乌斯（Arrhenius）　方程

通过实验，人们早已注意到温度对反应速率的影响非常大。由反应速率方程的一般形式可知，温度只能通过改变反应速率常数来影响反应速率。对于均相的热化学反应，范特霍夫（van't Hoff）曾提出一个表示反应速率常数 k 与温度的关系的经验规则：对于一个化学反应，常温附近，温度每升高 10K，反应速率常数大约增加为原来的 2～4 倍，即

$$\frac{k_{T+10K}}{k_T} = 2 \sim 4 \tag{10.4.1}$$

按此规则。温度升高 100K，速率常数即大约增加为原来的 $2^{10} \sim 4^{10}$ 倍。从温度对速率常数粗略的影响数值可以看到，温度对反应速率的影响远远高于改变反应物浓度对反应速率的影响。

受到范特霍夫经验规则的启发，1889 年，阿伦尼乌斯（Arrhenius）在总结前人实验的基础上，提出了描述反应速率常数与温度关系的更为精确的经验关系式，即

$$k = A e^{-E_a/RT} \tag{10.4.2}$$

这就是著名的**阿伦尼乌斯方程**。式中 k 为温度 T 时的速率常数；R 是摩尔气体常数；A 和 E_a 是和具体反应相关的常数，分别称为**指前因子**（指数前因子）和**活化能**（表观活化能）。活化能的单位为 $J \cdot mol^{-1}$，而 A 与速率常数有相同的量纲。阿伦尼乌斯认为 E_a 和 A 与温度无关，只决定于反应的本性。

对式（10.4.2）取对数可得

$$\ln k = -\frac{E_a}{RT} + \ln A \tag{10.4.3}$$

设 E_a 和 A 与温度无关，上式对 T 求微分可得

$$\frac{\mathrm{d}\ln k}{\mathrm{d}T} = \frac{E_a}{RT^2} \tag{10.4.4}$$

对式（10.4.4）求定积分，且设温度为 T_1 和 T_2 时速率常数分别为 k_1 和 k_2，则有

$$\ln\frac{k_2}{k_1} = \frac{E_a}{R}\left(\frac{1}{T_1} - \frac{1}{T_2}\right) \tag{10.4.5}$$

关于阿伦尼乌斯方程的讨论如下。

① 由式（10.4.3）可知，以 $\ln k$ 对 $\frac{1}{T}$ 作图（简称为 Arrhenius 图）可得一直线，由直线的斜率和截距可分别求得反应的活化能和指前因子。

② 由式（10.4.5）可知，如果已知两个温度下的速率常数可求得活化能，若已知一个温度下的速率常数和活化能可求得另一个温度下的速率常数。

③ 由式（10.4.4）可知，对于活化能相同的反应，发生相同的温度改变所引起的速率变化在高温时比低温时要小。

④ 由式（10.4.4）还可看出，如果将两个活化能不同的反应从同一个温度升到另一个较高温度时，活化能大的反应速率常数增加得更多，即温度对活化能大的反应影响大，或者说活化能大的反应对温度更敏感。

⑤ 对于指前因子相同的反应，同一温度下，活化能小的反应速率常数大。

更精密的实验表明，阿伦尼乌斯方程中的 E_a 和 A 并非与温度无关，例如在温度范围较大时，$\ln k$-$1/T$ 关系偏离直线关系。为此，后来的研究者对阿伦尼乌斯公式进行了修正

$$k = AT^B e^{-E/RT} \tag{10.4.6}$$

该式中的 E 和 A 才是与温度无关的常数，另外，式中 B 也是与温度无关的常数，通常在 $0\sim4$ 之间，关于 E、A 和 B 的含义将在本章后续的"反应速率理论"中详细介绍。对式（10.4.6）两边取对数并对 T 微分可得

$$\frac{\mathrm{d}\ln k}{\mathrm{d}T} = \frac{B}{T} + \frac{E}{RT^2} \tag{10.4.7}$$

该式与式（10.4.4）比较可知

$$E_a = E + BRT \tag{10.4.8}$$

由该式可以更清楚地看出，活化能是与温度相关的。

在温度对反应速率影响的研究中发现，除了一部分反应服从阿伦尼乌斯方程外，也有许多反应不服从这一规律，图 10.4.1 给出了常见的几种情况。

其中，（a）代表反应速率与温度间服从阿伦尼乌斯方程的情况，即反应速率随温度的升高而升高，二者之间呈指数关系，这是一类最常见的反应；（b）是爆炸反应的反应速率与温度的关系，在低温时反应速率较慢，服从阿伦尼乌斯方程，当温度达到某一临界值时反应速率迅速增大；（c）对应于多相催化和酶催化反应的情况，在温度太低和太高时反应速率都较低，这是由于催化剂在较高和较低的温度时失活所造成；（d）这种情况一般是在较高温度下发生副反应所致，如碳的氧化反应；（e）反应速率随着温度的升高而下降，这种反应很少，一氧化氮氧化为二氧化氮的反应属于这种情况。

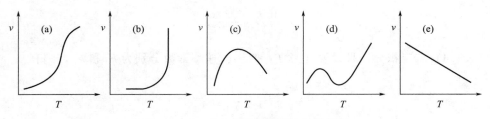

图 10.4.1　反应速率与温度的关系类型

10.4.2　阿伦尼乌斯（Arrhenius）活化能

由式（10.4.4）可得活化能的定义式为

$$E_a = -R \frac{\mathrm{d}\ln k}{\mathrm{d}(1/T)} \tag{10.4.9}$$

即 E_a 是 Arrhenius 图中直线（或曲线）在温度 T 下的斜率中的能量因子。为了解释 E_a，阿伦尼乌斯提出了活化热的概念，他认为，分子间要发生反应必须进行碰撞，但并不是每次碰撞都能引起反应，只有能量较高的分子进行碰撞时才能发生反应，这些能量高到能发生反应的分子称为活化分子，活化分子的浓度决定反应速率，反应物分子要想发生反应，首先要变成能量较高的活化分子，普通分子变为活化分子时要吸收一定的能量，这个能量便是 E_a。经过若干年的发展和认识，科学界逐渐把 E_a 演变为活化能，并称之为阿伦尼乌斯活化能。

对于基元反应，可赋予阿伦尼乌斯活化能比较明确的物理意义。Tolman 用统计的方法处理了单分子反应和双分子反应，证明了阿伦尼乌斯活化能为 1mol 活化分子的平均能量与 1mol 所有反应物分子的平均能量的差值。

微观上，阿伦尼乌斯活化能可作如下理解。例如，对于基元反应 $2HI \longrightarrow H_2 + 2I\cdot$，HI 分子间要想发生反应必须靠近，相碰撞时分子必须有足够的能量，才能克服 H 原子周围电子云间的斥力，形成 H—H 键，同时使 H—I 键断开。因此，从反应物变为产物的过程中，要经历一个势能比反应物和产物都要高的中间状态，此时新键还没有完全生成，旧键还没有完全破裂，这个中间状态称为**活化状态**，对于反应 $2HI \longrightarrow H_2 + 2I\cdot$，其活化状态可表示为 $I\cdots H\cdots H\cdots I$，因此这个基元反应的微观过程可表示为

$$2HI \longrightarrow I\cdots H\cdots H\cdots I \longrightarrow H_2 + 2I\cdot$$

这个微观过程所伴随的势能变化情况可用图 10.4.2 表示。

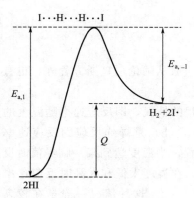

图 10.4.2　正逆反应活化能与反应热的关系

从图 10.4.2 中可以看出，反应物分子要想变为产物，首先要获得能量 $E_{a,1}$ 变成活化状态，才能越过能峰变为产物，$E_{a,1}$ 是正反应的活化能。由力学中的**微观可逆性原理**可知，基元反应的逆反应必然也是基元反应，而且逆过程和正过程的途径相同、方向相反。所以，图 10.4.2 中 $E_{a,-1}$ 便是上述反应的逆反应 $H_2 + 2I\cdot \longrightarrow 2HI$ 的活化能。

普通分子变为活化分子可以通过获得热能（热活化）、电能（电活化）和光能（光活化）等形式的能量

来实现。

非基元反应的活化能没有明确的物理意义，故常称为**表观活化能**，它与组成非基元反应的各基元反应的活化能之间有联系，这种联系将在 10.6 节中介绍。

10.4.3　活化能与反应热的关系

对于某一基元反应及其逆反应，如

$$2HI \underset{k_{-1}}{\overset{k_1}{\rightleftharpoons}} H_2 + 2I \cdot$$

平衡时

$$k_1 c_{HI}^2 = k_{-1} c_{I \cdot}^2 c_{H_2}$$

$$K_c = \frac{(c_{I \cdot})^2 c_{H_2}}{(c_{HI})^2} = \frac{k_1}{k_{-1}} \tag{10.4.10}$$

已知反应两不同标准平衡态常数之间的关系为

$$K_c^{\ominus} = K_p^{\ominus} (c^{\ominus} RT / p^{\ominus})^{-\sum\limits_{B} \nu_B} \tag{10.4.11}$$

将此关系式取对数，再对温度求导数，可得

$$\frac{d\ln K_c^{\ominus}}{dT} = \frac{d\ln K_p^{\ominus}}{dT} - \sum_{B} \nu_B \frac{d\ln(c^{\ominus} RT / p^{\ominus})}{dT} = \frac{\Delta_r H_m^{\ominus}}{RT^2} - \frac{\sum\limits_{B} \nu_B}{T} = \frac{\Delta_r U_m^{\ominus}}{RT^2} \tag{10.4.12}$$

不考虑标准态时为

$$\frac{d\ln K_c}{dT} = \frac{\Delta_r U_m}{RT^2} \tag{10.4.13}$$

式中，$\Delta_r U_m$ 是摩尔恒容反应热。将式（10.4.10）代入式（10.4.13）可得

$$\frac{d\ln(k_1/k_{-1})}{dT} = \frac{\Delta_r U_m}{RT^2} \tag{10.4.14}$$

由阿伦尼乌斯方程可知

$$\frac{d\ln k_1}{dT} = \frac{E_{a,1}}{RT^2}, \qquad \frac{d\ln k_{-1}}{dT} = \frac{E_{a,-1}}{RT^2}$$

由此两式可得

$$\frac{d\ln(k_1/k_{-1})}{dT} = \frac{E_{a,1} - E_{a,-1}}{RT^2} \tag{10.4.15}$$

将式（10.4.15）与式（10.4.14）比较可得

$$\Delta_r U_m = E_{a,1} - E_{a,-1} \tag{10.4.16}$$

即，正反应与逆反应的活化能之差为摩尔恒容反应的热效应，如图 10.4.2 中所示的 Q。

前面讨论的阿伦尼乌斯方程中，活化能 E_a 对应的是浓度速率常数 k。在气相化学反应中，压力比浓度更容易测定，所以也经常使用反应物质的压力随时间的变化率来表示反应的速率，对应的速率常数 k_p 称为压力速率常数。在由压力速率常数计算反应的活化能时，需要先将其转换为浓度速率常数［见式（10.1.21）］，然后再使用阿伦尼乌斯方程计算，即

$$\ln \frac{k_2}{k_1} = \ln \frac{k_{p,2}(RT_2)^{n-1}}{k_{p,1}(RT_1)^{n-1}} = \ln \frac{k_{p,2}}{k_{p,1}} + (n-1)\ln \frac{T_2}{T_1} = -\frac{E_a}{R}\left(\frac{1}{T_2} - \frac{1}{T_1}\right)$$

$$\ln \frac{k_{p,2}}{k_{p,1}} = -\frac{E_a}{R}\left(\frac{1}{T_2} - \frac{1}{T_1}\right) - (n-1)\ln \frac{T_2}{T_1} \tag{10.4.17}$$

否则容易产生错误。

同理，当参与反应物质以压力表示，反应达平衡时 $k_{p,1}p_{HI}^2 = k_{p,-1}p_{I_2}p_{H_2}$，得

$$k_{p,1}/k_{p,-1} = p_{I_2}p_{H_2}/p_{HI}^2 = K_p$$

$$\frac{d\ln(k_{p,1}/k_{p,-1})}{dT} = \frac{d\ln K_p}{dT} = \frac{E_{a,p,1} - E_{a,p,-1}}{RT^2} = \frac{\Delta_r H_m}{RT^2} \tag{10.4.18}$$

$$E_{a,p,1} - E_{a,p,-1} = \Delta_r H_m \tag{10.4.19}$$

即当参与反应物质以压力表示时，正向反应与逆向反应的活化能之差在数值上等于摩尔恒压反应热。此时的活化能 $E_{a,p}$ 称为压力速率常数活化能，其定义为

$$E_{a,p} = -R\frac{d\ln k_p}{d(1/T)} \tag{10.4.20}$$

它与浓度速率常数活化能间的关系为

$$E_{a,p} = E_a - (n-1)RT \tag{10.4.21}$$

10.5　典型的复合反应

复合反应是指由两个或两个以上基元反应组成的反应。大多数反应为复合反应，最典型的复合反应有三类：对行反应、平行反应和连串反应。这些反应多是依时计量学反应。

10.5.1　对行反应

正向和逆向均能以可观的速率进行的反应称为**对行反应**（或可逆反应、对峙反应）。由化学平衡理论或微观可逆性原理可知，原则上所有反应都是对行的，但当某方向的反应速率较大而另一方向的反应速率较小时，较小速率的反应则可以忽略不计，10.2 节讨论的均是这种情况，即只考虑单向反应。下面讨论逆向反应不忽略时的情况。

最简单的对行反应为正逆反应都是一级的反应，通常称为 **1-1 级对行反应**，下面推导这种反应的动力学方程。设有如下 1-1 级对行反应

$$A \underset{k_{-1}}{\overset{k_1}{\rightleftharpoons}} B$$

$t=0$	$c_{A,0}$	$c_{B,0}=0$
$t=t$	c_A	$c_B = c_{A,0} - c_A$
$t=t_e$	$c_{A,e}$	$c_{B,e} = c_{A,0} - c_{A,e}$

式中，k_1、k_{-1} 代表正、逆反应的速率常数，下标"e"代表平衡。任一时刻，净反应速率可表示为

$$-\frac{dc_A}{dt} = k_1 c_A - k_{-1}(c_{A,0} - c_A) \tag{10.5.1}$$

反应达平衡时有
$$-\frac{dc_A}{dt}=k_1 c_{A,e}-k_{-1}(c_{A,0}-c_{A,e})=0 \tag{10.5.2}$$

则
$$\frac{c_{B,e}}{c_{A,e}}=\frac{c_{A,0}-c_{A,e}}{c_{A,e}}=\frac{k_1}{k_{-1}}=K_c \tag{10.5.3}$$

式中，K_c 为平衡常数。由式（10.5.3）可得

$$c_{A,0}=\frac{k_1}{k_{-1}}c_{A,e}+c_{A,e} \tag{10.5.4}$$

代入式（10.5.1）可得
$$-\frac{dc_A}{dt}=(k_1+k_{-1})(c_A-c_{A,e}) \tag{10.5.5}$$

该式为 1-1 级对行反应微分速率方程的另一种形式。

由式（10.5.3）可知，对于 $c_{A,0}$ 一定的反应，$c_{A,e}$ 有定值，则式（10.5.5）可写为

$$-\frac{d(c_A-c_{A,e})}{dt}=(k_1+k_{-1})(c_A-c_{A,e}) \tag{10.5.6}$$

等号左边表示 A 物质的浓度向平衡浓度靠近的速率，亦即反应趋向平衡的速率。

由式（10.5.6）可以看出，正逆反应速率常数增大都有利于反应尽快趋向平衡，但两种影响的意义是不同的。毫无疑问，正反应速率常数增加，有利于加快到达平衡状态，而由式（10.5.1）可知，逆反应速率常数增大，反而减小了净的反应速率，由式（10.5.3）可知，k_{-1} 的增加只是使得反应的平衡状态更偏向于反应物转化率较小的状态，才使得反应容易较快到达平衡状态而已，在一般情况下这并不是希望的，如：当希望得到更多 B 时，则要求 K_c 较大，即 $k_1 \gg k_{-1}$。

当 $k_1 \gg k_{-1}$，亦即 K_c 很大时，$c_{A,e}$ 趋于零，式（10.5.6）变为

$$-\frac{dc_A}{dt}=k_1 c_A$$

即反应表现为单向一级反应。

参照式（10.5.1）可知，不管是几级对行反应，要想确定正反应的级数，最好采用初浓度法，以消除产物对反应速率的影响。

对式（10.5.6）积分 $-\displaystyle\int_{c_{A,0}}^{c_A}\frac{d(c_A-c_{A,e})}{(c_A-c_{A,e})}=\int_0^t (k_1+k_{-1})dt$，可得

$$\ln\frac{(c_{A,0}-c_{A,e})}{(c_A-c_{A,e})}=(k_1+k_{-1})t \tag{10.5.7}$$

该式为 1-1 级对行反应的积分速率方程。

当 $k_1 \gg k_{-1}$，亦即 K_c 很大时，$c_{A,e}$ 趋于零，式（10.5.7）变为

$$\ln\frac{c_{A,0}}{c_A}=k_1 t$$

即反应表现为单向一级反应的动力学方程。由式（10.5.7）可知，以 $\ln(c_A-c_{A,e})$ 对 t 作图可得一直线，由直线的斜率可求得 (k_1+k_{-1})，由实验的平衡浓度可测得 K_c，将 $K_c=k_1/$

k_{-1} 与前者联立,可求得 k_1 和 k_{-1}。

图 10.5.1 是 1-1 级对行反应的反应物及产物浓度随时间的变化关系示意图。其特征是,经过足够长的时间,反应物和产物的浓度趋于平衡浓度,且反应物的平衡浓度有可观的数值。一些分子内重排反应是 1-1 级对行反应。而对于 k_{-1} 很小的近乎单向进行的反应,反应物的平衡浓度趋于零。

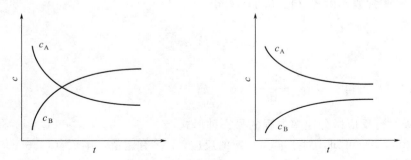

图 10.5.1 1-1 级对行反应的 c-t 关系示意图

除了 1-1 级对行反应外,还有 2-2 级、1-2 级、2-1 级等对行反应,但由上述讨论可知,不管是哪种对行反应,逆反应的存在总是对产率和反应速率不利的。为了获得较高的反应速率和产率,在反应过程中最好将反应产物不断分离出去。

温度对于对行反应的影响较复杂。由式(10.5.1)和式(10.5.3)可知,1-1 级对行反应的净反应速率为

$$-\frac{dc_A}{dt} = k_1(c_A - \frac{1}{K_c}c_B) \tag{10.5.8}$$

由阿伦尼乌斯方程和化学平衡移动规律可知,对于吸热的 1-1 级对行反应,升高温度时 k_1 和 K_c 都升高,则由式(10.5.8)可知,升高温度对于提高 1-1 级对行反应速率是有利的。对于放热的 1-1 级对行反应,在温度较低时 K_c 较大,在某一反应时刻,在 $\frac{1}{K_c}c_B$ 与 c_A 相比可以忽略的范围内,升高温度有利于增加反应速率,但在较高温度时,K_c 较小,当 $\frac{1}{K_c}c_B > c_A$ 时,$-\frac{dc_A}{dt}$ 为负值,即反应温度较高时,不但不能增加反应速率,反而使得反应逆向进行。由此可知,对于放热的 1-1 级对行反应,在反应进行的每个时刻,都有一个**最佳的反应温度**,在这个温度时反应速率最大。其他级数的放热对行反应也有最佳反应温度。

例如 SO_2 的氧化反应,随着反应物的减少和生成物的增多,最佳反应温度是逐渐降低的。对于这样的系统,在设计反应器时,要使反应器的温度随反应的进行不断降低。工业上常见的放热对行反应还有合成氨反应和水煤气转化反应等。

10.5.2 平行反应

反应物能同时进行几个独立的不同反应称为**平行反应**。这种情况在有机反应中比较常见,一般把生成目标产物的反应称为**主反应**,其他反应称为**副反应**。例如,甲苯和甲醇在催化剂作用下可以生成邻二甲苯、间二甲苯、对二甲苯和乙苯。平行进行的几个反应的级数可

以相同,也可以不同,下面考虑最简单的情况,即由两个一级反应组成的平行反应。

$$A \begin{cases} \xrightarrow{k_1} B \\ \xrightarrow{k_2} C \end{cases}$$

对于这两个一级反应,反应速率可分别表示为

$$\frac{\mathrm{d}c_B}{\mathrm{d}t} = k_1 c_A \qquad (10.5.9)$$

$$\frac{\mathrm{d}c_C}{\mathrm{d}t} = k_2 c_A \qquad (10.5.10)$$

则

$$-\frac{\mathrm{d}c_A}{\mathrm{d}t} = \frac{\mathrm{d}c_B}{\mathrm{d}t} + \frac{\mathrm{d}c_C}{\mathrm{d}t} = k_1 c_A + k_2 c_A = (k_1 + k_2)c_A \qquad (10.5.11)$$

积分上式

$$-\int_{c_{A,0}}^{c_A} \frac{\mathrm{d}c_A}{c_A} = \int_0^t (k_1 + k_2)\mathrm{d}t$$

得

$$\ln \frac{c_{A,0}}{c_A} = (k_1 + k_2)t \qquad (10.5.12)$$

所以

$$c_A = c_{A,0} e^{-(k_1+k_2)t} \qquad (10.5.13)$$

将上式代入式(10.5.9)和式(10.5.10),进行积分,并设开始时系统中没有 B 和 C,可得

$$c_B = \frac{k_1 c_{A,0}}{k_1 + k_2} [1 - e^{-(k_1+k_2)t}] \qquad (10.5.14)$$

$$c_C = \frac{k_2 c_{A,0}}{k_1 + k_2} [1 - e^{-(k_1+k_2)t}] \qquad (10.5.15)$$

据式(10.5.13) ～ 式(10.5.15)可得,反应物及产物浓度对时间的关系曲线如图 10.5.2 所示。

将式(10.5.14)和式(10.5.15)相比可得

$$\frac{c_B}{c_C} = \frac{k_1}{k_2} \qquad (10.5.16)$$

即,如果初始时反应系统中没有 B 和 C,则任意时刻,两产物的浓度比为常数,且等于两反应的速率常数之比。对于任意反应级数相同的平行反应,根据反应速率方程式,总有

$$\frac{\mathrm{d}c_B}{\mathrm{d}c_C} = \frac{k_1}{k_2} \qquad (10.5.17)$$

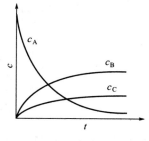

图 10.5.2 一级平行
反应的 c-t 曲线

积分上式,只要反应开始时没有反应产物,则总有

$$\frac{c_B}{c_C} = \frac{k_1}{k_2}$$

这是级数相同的平行反应的特征。

对于级数相同的平行反应,利用其积分动力学方程的 c-t 特征,可求得其速率常数 $k_1 +$

k_2，再测出某时刻的产物浓度比可求出 $\dfrac{k_1}{k_2}$，由此便可分别求得 k_1 和 k_2。

对于多于两个相同级数反应的平行反应，上述平行反应的特征及其处理方法也是适用的。

增加平行反应的选择性通常有两种方法。一种是改变温度，因为平行反应的活化能各不相同，根据阿伦尼乌斯方程，改变温度时活化能大的反应速率常数改变得更多，即提高温度时，活化能大的反应的速率常数增加得更多，降低温度时活化能大的反应的速率常数降低得也更多，因此，高温有利于活化能大的反应，而低温有利于活化能小的反应。另一种是选择合适的催化剂，催化主反应。

10.5.3　连串反应

当一个反应的产物还可以进一步发生反应而产生其他物质时，这样的连续步骤称为**连串反应**或**连续反应**。连串反应很常见，如有机化合物的卤化、同位素的衰变等都是连串反应。

下面考虑最简单的连串反应，即连串反应由两个步骤组成，且每个步骤都是一级反应。这个反应可表示为

$$A \xrightarrow{k_1} B \xrightarrow{k_2} C$$

$$
\begin{array}{llll}
t_0 = 0 & c_{A,0} & 0 & 0 \\
t = t & c_A & c_B & c_C
\end{array}
$$

对于此连串反应，任意时刻，各物质的生成速率为

$$\frac{dc_A}{dt} = -k_1 c_A \tag{10.5.18}$$

$$\frac{dc_B}{dt} = k_1 c_A - k_2 c_B \tag{10.5.19}$$

$$\frac{dc_C}{dt} = k_2 c_B \tag{10.5.20}$$

按照上面所示的反应条件，对式(10.5.18)积分可得

$$c_A = c_{A,0} e^{-k_1 t} \tag{10.5.21}$$

将上式代入式(10.5.19)可得

$$\frac{dc_B}{dt} = k_1 c_{A,0} e^{-k_1 t} - k_2 c_B \tag{10.5.22}$$

上式为一阶非齐次线性微分方程，可直接查数学公式得到方程的解，也可以进行如下求解。在上式两边同乘以 $e^{k_2 t}$ 得

$$e^{k_2 t} \frac{dc_B}{dt} = k_1 c_{A,0} e^{(k_2 - k_1)t} - k_2 c_B e^{k_2 t}$$

移项可得

$$e^{k_2 t} \frac{dc_B}{dt} + k_2 c_B e^{k_2 t} = k_1 c_{A,0} e^{(k_2 - k_1)t}$$

上式左边即为 $\dfrac{\mathrm{d}(c_B e^{k_2 t})}{\mathrm{d}t}$，所以

$$\frac{\mathrm{d}(c_B e^{k_2 t})}{\mathrm{d}t} = k_1 c_{A,0} e^{(k_2-k_1)t}$$

对上式积分

$$\int_{c_{B,0} e^{k_2 t_0}}^{c_B e^{k_2 t}} \mathrm{d}(c_B e^{k_2 t}) = k_1 c_{A,0} \int_{t_0}^{t} e^{(k_2-k_1)t} \mathrm{d}t$$

可得

$$c_B e^{k_2 t} = \frac{k_1 c_{A,0}}{k_2-k_1}\left[e^{(k_2-k_1)t}-1\right]$$

上式两边同除以 $e^{k_2 t}$，可得
$$c_B = \frac{k_1 c_{A,0}}{k_2-k_1}(e^{-k_1 t}-e^{-k_2 t}) \tag{10.5.23}$$

将式（10.5.23）代入式（10.5.20）后积分可得

$$c_C = c_{A,0}\left[1 - \frac{1}{k_2-k_1}(k_2 e^{-k_1 t} - k_1 e^{-k_2 t})\right] \tag{10.5.24}$$

上述连串反应的各物质浓度与时间的关系，即式（10.5.21）、式（10.5.23）和式（10.5.24）可以表示为如图 10.5.3。由图可知，随着时间的增长，A 的浓度单调降低，C 的浓度单调上升，而中间产物 B 的浓度有极大值。

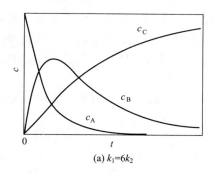
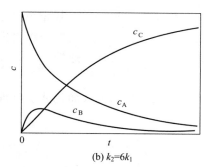

图 10.5.3　一级连串反应的 c-t 曲线

中间产物 B 的浓度在反应过程中出现极大值是连串反应的特征。这一点也很容易理解，在上述连串反应中，B 的生成速率与 A 的浓度成正比，而 B 的消耗速率与 B 的浓度成正比，在反应初期，A 的浓度较高，B 的浓度较小，则 B 的生成速率大于其消耗速率，随着反应的进行，A 的浓度不断降低，B 的浓度不断升高，到某一时刻，则 B 的消耗速率等于生成速率，这时 B 的浓度达到最大，其后，随着 A 浓度的进一步降低，B 的生成速率就会小于其消耗速率，这样 B 的浓度就会减小。

将式（10.5.23）对 t 求导，并令其为 0，可求得 B 的浓度达到极大值的时间 t_{max} 为

$$t_{max} = \frac{\ln(k_1/k_2)}{k_1-k_2} \tag{10.5.25}$$

将 t_{max} 代入式（10.5.23）可得 B 的极大浓度为

$$c_{B,max} = c_{A,0}\left(\frac{k_1}{k_2}\right)^{\frac{k_2}{k_2-k_1}} \tag{10.5.26}$$

如果中间产物 B 为目标产物，则最好在 t_{max} 附近将反应终止，分离出 B，这样可以得到较高

的产率。并且，从式（10.5.26）及图 10.5.3 可以看出，k_1/k_2 越大，$c_{B,max}$ 也就越大。因为 $E_{a,1}$ 和 $E_{a,2}$ 往往大小不同，因此，可以通过改变温度来获得较多的 B，如当 $E_{a,1} > E_{a,2}$ 时，升高温度有利于增大 k_1/k_2，而 $E_{a,1} < E_{a,2}$ 时，则要降低温度。

10.6　复合反应速率的近似处理方法

基元反应的微分速率方程可以由质量作用定律写出，并可根据反应的条件对微分速率方程积分，得到其积分速率方程（动力学方程），从而探讨反应的动力学特征，求解反应的动力学参数。对于上述简单的典型复合反应，可以通过联立组成这个复合反应的各基元反应的微分速率方程并进行求解而获得反应的动力学方程。然而，大多复合反应的机理并非如此简单，要想从数学上严格地求解多个联立的微分速率方程，从而得到反应的动力学方程是非常困难的。不仅如此，对于比较复杂的复合反应，仅从基元反应的微分速率方程严格推导出总反应的微分速率方程也是比较困难的，因此，在处理复合反应的动力学问题时，常采用一些近似处理方法，它们是速控步骤近似法、稳态近似法和平衡态近似法，在处理问题时，这些近似法有时会联合使用。

10.6.1　速控步骤近似法

在连串反应中，如果有一个基元步骤的速率比其他基元步骤慢得多，则整个连串反应的速率将主要受这个步骤所控制，这个步骤称为**速控步骤**。认为总反应速率与速控步骤速率近似相等的动力学处理方法称为速控步骤近似法。速控步骤与其他步骤的速率相差越多，这种假设就越准确。

利用这种方法，可以大大简化从反应机理求解其动力学方程的过程。例如，对于如下连串反应

$$A \xrightarrow[\text{慢}]{k_1} B \xrightarrow[\text{快}]{k_2} C \xrightarrow[\text{快}]{k_3} D$$

如要像 10.5.3 小节那样，严格求解产物 D 的浓度随时间的变化关系是比较困难的，但根据速控步骤近似法，反应物的消耗速率或者产物的生成速率由最慢步骤决定，即有

$$-\frac{dc_A}{dt} = k_1 c_A = \frac{dc_D}{dt}$$

这就是用 D 的生成速率或 A 的消耗速率表示的总反应的速率方程。

在反应的过程中，可以近似地认为 $c_B = 0$，$c_C = 0$。因为 $c_{A,0} = c_A + c_B + c_C + c_D$，所以 $c_D = c_{A,0} - c_A - c_B - c_C = c_{A,0} - c_A$。由于 $c_A = c_{A,0} e^{-k_1 t}$，所以

$$c_D = c_{A,0} - c_{A,0} e^{-k_1 t} = c_{A,0} (1 - e^{-k_1 t})$$

这样，产物 D 的浓度随时间的变化关系，即总反应的动力学方程就得到了。

10.6.2　稳态近似法

在连串反应 $A \xrightarrow[\text{慢}]{k_1} B \xrightarrow[\text{快}]{k_2} C \xrightarrow[\text{快}]{k_3} D$ 中，由于 $k_2 \gg k_1$，在反应开始后不久即可认为能达到

一种稳定状态，并可以近似地认为 $\dfrac{\mathrm{d}c_B}{\mathrm{d}t}=0$，由于 k_3 也比 k_1 大很多，因此，不管 k_2 和 k_3 的相对大小关系如何，C 也不会有积累，即亦可近似认为 $\dfrac{\mathrm{d}c_C}{\mathrm{d}t}=0$，这种处理动力学问题的方法称为**稳态近似法**。所谓稳态是指中间的活泼产物（活性较大的原子或自由基）B 和 C 的浓度近似保持稳定不变之意。

对于上述连串反应，根据稳态近似法有

$$\frac{\mathrm{d}c_B}{\mathrm{d}t}=k_1 c_A - k_2 c_B = 0 \tag{10.6.1}$$

$$\frac{\mathrm{d}c_C}{\mathrm{d}t}=k_2 c_B - k_3 c_C = 0 \tag{10.6.2}$$

所以

$$\frac{\mathrm{d}c_D}{\mathrm{d}t}=k_3 c_C = k_2 c_B = k_1 c_A = -\frac{\mathrm{d}c_A}{\mathrm{d}t}$$

即

$$\frac{\mathrm{d}c_D}{\mathrm{d}t}=k_1 c_A = -\frac{\mathrm{d}c_A}{\mathrm{d}t} \tag{10.6.3}$$

这样就得到了和用速控步骤近似法得出的相同的微分速率方程。同理也可以求出其动力学方程（从略）。

对于如下连串反应

$$A \underset{k_{-1}（快）}{\overset{k_1（慢）}{\rightleftharpoons}} B \xrightarrow[快]{k_2} C \xrightarrow[快]{k_3} D$$

根据反应中标明的机理，对于 B 和 C 仍然可以进行稳态近似。即

$$\frac{\mathrm{d}c_B}{\mathrm{d}t}=k_1 c_A - k_{-1} c_B - k_2 c_B = 0 \tag{10.6.4}$$

所以 $c_B=\dfrac{k_1 c_A}{k_{-1}+k_2}$
$$\frac{\mathrm{d}c_C}{\mathrm{d}t}=k_2 c_B - k_3 c_C = 0 \tag{10.6.5}$$

则

$$\frac{\mathrm{d}c_D}{\mathrm{d}t}=k_3 c_C = k_2 c_B = \frac{k_1 k_2}{k_{-1}+k_2} c_A \tag{10.6.6}$$

此即用 D 的生成速率表示的总反应速率方程。

10.6.3 平衡态近似法

在含有对行反应的连串反应中，如果存在速控步骤，则在速控步骤之前各对行反应步骤可近似看做平衡，这种动力学近似处理方法称为平衡态近似法。

例如：对于如下连串反应

$$A \underset{k_{-1}（快）}{\overset{k_1（快）}{\rightleftharpoons}} B \xrightarrow[慢]{k_2} C \xrightarrow[快]{k_3} D$$

首先，无论使用速控步骤近似法还是对 C 施行稳态近似，都可以得到反应速率为

$$\frac{dc_D}{dt} = k_2 c_B \tag{10.6.7}$$

但这个速率方程中的浓度项是反应中间物 B 的浓度，要找到它和反应物 A 的浓度的关系，从而把速率表示为和反应物 A 的浓度的关系。无论使用稳态近似法还是使用平衡态近似法，主要目的是要将反应速率表达式中中间产物的浓度表示成最初反应物浓度的函数。

由于 k_2 远小于 k_1 和 k_{-1}，反应过程中可近似认为第一步为平衡，其平衡常数可表示为

$$\frac{k_1}{k_{-1}} = \frac{c_B}{c_A} \tag{10.6.8}$$

所以 $c_B = k_1 c_A / k_{-1}$，将该式代入式（10.6.7）可得

$$\frac{dc_D}{dt} = k_2 \frac{k_1}{k_{-1}} c_A \tag{10.6.9}$$

此即用 D 的生成速率表示的总反应速率方程。

从以上处理过程可知，无论使用何种近似法，其主要目的就是将速率方程表达式中的中间产物的浓度用最初的反应物浓度的函数关系来表达。

为了有效地控制和利用化学反应，人们总是试图弄清各种反应的机理。反应机理是根据各种实验现象及相关知识进行假设而得到，由机理推导出的各种结论要符合与此反应相关的各种实验现象。从上可知，根据反应机理，通过合理的近似就可以推得总反应的速率方程，如果由机理推导出的速率方程和由实验测出的速率方程不符合，则说明假设的机理不正确，但是，如果相符却不能说明机理一定正确，因为，有时不同的机理对应的速率方程的形式可能相同。例如，本节所述的几种反应机理对应的速率方程形式都是一样的，即反应速率与反应物 A 的浓度成正比，因此，确定反应机理是一项非常复杂的工作，速率方程的一致性是机理正确的必要条件，但不是充分条件。

下面，以一些实际反应为例，说明上述这些近似方法的应用。

【例 10.6.1】 已知气相反应 $H_2 + I_2 \longrightarrow 2HI$ 的机理为

$$I_2 + M^0 \underset{k_{-1}(快)}{\overset{k_1(快)}{\rightleftharpoons}} 2I \cdot + M_0$$

$$H_2 + 2I \cdot \underset{(慢)}{\overset{k_2}{\longrightarrow}} 2HI$$

式中，M^0 为诱发反应的高能分子；M_0 为反应后的低能分子。试从反应机理推导出速率方程。

解 从机理可知，第二步为速控步骤，所以第一步的对行反应可认为近似处于平衡，则平衡常数为

$$\frac{k_1}{k_{-1}} = \frac{c_{I\cdot}^2 \, c_{M^0}}{c_{I_2} c_{M_0}}$$

根据气体分子运动论，在一定温度下，反应系统中 c_{M^0}/c_{M_0} 有定值，因此有 $c_{I\cdot}^2 = \dfrac{k_1}{k_{-1}} c_{I_2}$，所以

$$\frac{\mathrm{d}c_{HI}}{\mathrm{d}t}=2k_2c_{H_2}c_{I\cdot}^2=2k_2\frac{k_1}{k_{-1}}c_{H_2}c_{I_2}=kc_{H_2}c_{I_2}$$

此即反应 $H_2+I_2\longrightarrow2HI$ 的速率方程，和实验所得的速率方程是一致的。如果把反应 $H_2+I_2\longrightarrow2HI$ 看做是基元反应，也可以从质量作用定律得到相同形式的速率方程，但其他实验事实如碘原子 $I\cdot$ 的加入或光照会加快该反应，证明反应中有碘原子 $I\cdot$ 的参与，这不是一个基元反应。

【例 10.6.2】 气相反应 $2NO+O_2\longrightarrow2NO_2$ 的机理为

$$NO+NO\underset{k_{-1}(\text{快})}{\overset{k_1(\text{快})}{\rightleftharpoons}}N_2O_2$$

$$N_2O_2+O_2\overset{k_2}{\underset{(\text{慢})}{\longrightarrow}}2NO_2$$

试从反应机理推导出速率方程，并说明总反应的活化能为负值的现象。

解 根据平衡态近似法

$$c_{N_2O_2}=\frac{k_1}{k_{-1}}c_{NO}^2$$

$$\frac{\mathrm{d}c_{NO_2}}{\mathrm{d}t}=2k_2c_{N_2O_2}c_{O_2}=2k_2\frac{k_1}{k_{-1}}c_{O_2}c_{NO}^2=kc_{O_2}c_{NO}^2$$

这个方程和从实验测得的速率方程的形式是一致的。其中表观速率常数和各基元反应的速率常数之间的关系为

$$k=2k_2\frac{k_1}{k_{-1}}$$

将阿伦尼乌斯公式代入上式可得

$$Ae^{-E_a/RT}=2\frac{A_1A_2}{A_{-1}}e^{-(E_{a,2}+E_{a,1}-E_{a,-1})/RT}$$

则

$$A=2\frac{A_1A_2}{A_{-1}},\qquad E_a=E_{a,2}+E_{a,1}-E_{a,-1}$$

其中 $E_{a,1}-E_{a,-1}$ 是第一步反应的热效应 Δ_rU_m，实验表明第一步为强放热反应，即 Δ_rU_m 是一个绝对值较大的负值，以至于 $E_a=E_{a,2}+\Delta_rU_m$ 整体为负。

由实验测得速率方程可知，如果把反应 $2NO+O_2\longrightarrow2NO_2$ 看做是基元反应，也可以从质量作用定律得到相同形式的速率方程，因此，曾经有人认为这是个基元反应，但一方面三分子反应很少见，另外，反应的速率常数随着温度的升高而下降，即反应的表观活化能为负值的现象也无法解释，为此，人们提出了如题中给出的反应机理，较好地解释了反应现象。

【例 10.6.3】 实验表明反应 $N_2O_5\longrightarrow2NO_2+\frac{1}{2}O_2$ 的速率方程为 $v=kc_{N_2O_5}$，又根据其他实验事实设想机理如下

$$N_2O_5\underset{k_{-1}}{\overset{k_1}{\rightleftharpoons}}NO_2+NO_3$$

$$NO_2 + NO_3 \xrightarrow{k_2} NO_2 + O_2 + NO$$

$$NO + NO_3 \xrightarrow{k_3} 2NO_2$$

试从反应机理推导出速率方程。

解 以反应物的消耗速率表示反应速率（亦可以用产物的生成速率表示反应速率）

$$-\frac{dc_{N_2O_5}}{dt} = k_1 c_{N_2O_5} - k_{-1} c_{NO_2} c_{NO_3}$$

中间产物 NO 和 NO$_3$ 不稳定，可以进行稳态处理，即

$$\frac{dc_{NO}}{dt} = k_2 c_{NO_2} c_{NO_3} - k_3 c_{NO} c_{NO_3} = 0$$

$$\frac{dc_{NO_3}}{dt} = k_1 c_{N_2O_5} - k_{-1} c_{NO_2} c_{NO_3} - k_2 c_{NO_2} c_{NO_3} - k_3 c_{NO} c_{NO_3} = 0$$

联立以上两式可得

$$k_1 c_{N_2O_5} - k_{-1} c_{NO_2} c_{NO_3} - 2k_2 c_{NO_2} c_{NO_3} = 0$$

则

$$c_{NO_3} = \frac{k_1 c_{N_2O_5}}{(k_{-1} + 2k_2) c_{NO_2}}$$

所以

$$-\frac{dc_{N_2O_5}}{dt} = k_1 c_{N_2O_5} - k_{-1} c_{NO_2} \frac{k_1 c_{N_2O_5}}{(k_{-1} + 2k_2) c_{NO_2}} = \frac{2k_1 k_2}{k_{-1} + 2k_2} c_{N_2O_5} = k c_{N_2O_5}$$

与实验测得的速率方程的形式一致。

从该例亦可看出，虽然速率方程具有简单级数，但反应机理并不是简单的基元反应，因此测定反应速率方程的动力学实验对拟定反应机理是必要的，但不是充分的，拟定反应机理还需要大量的其他实验。

【例 10.6.4】 实验表明，在 70～80℃ 间，当 O$_3$ 的压力较高时，O$_3$ 的分解反应 $2O_3 \longrightarrow 3O_2$ 的速率方程为 $v = kc_{O_3}$，当 O$_3$ 的压力较低时，速率方程为 $v = k' c_{O_3}^2 / c_{O_2}$，为此有人提出了如下的反应机理

$$O_3 \underset{k_{-1}}{\overset{k_1}{\rightleftharpoons}} O_2 + O$$

$$O + O_3 \xrightarrow{k_2} 2O_2$$

试从机理出发推导速率方程并与实验所得的速率方程进行比较。

解 反应的速率可以用 O$_2$ 的生成速率来表示

$$\frac{dc_{O_2}}{dt} = k_1 c_{O_3} - k_{-1} c_{O_2} c_O + 2k_2 c_O c_{O_3}$$

中间产物氧原子 O 不稳定，可以进行稳态处理，即

$$\frac{dc_O}{dt} = k_1 c_{O_3} - k_{-1} c_{O_2} c_O - k_2 c_O c_{O_3} = 0$$

所以
$$c_O = \frac{k_1 c_{O_3}}{k_{-1} c_{O_2} + k_2 c_{O_3}}$$

将氧原子 O 的浓度代入 O_2 的生成速率方程中，即得

$$\frac{dc_{O_2}}{dt} = \frac{3k_1 k_2 c_{O_3}^2}{k_{-1} c_{O_2} + k_2 c_{O_3}}$$

当 O_3 的压力较高时，$k_{-1} c_{O_2} \ll k_2 c_{O_3}$，上式可简化为 $\dfrac{dc_{O_2}}{dt} = 3k_1 c_{O_3}$，与实验所得速率方程一致。当 O_3 的压力较低时，$k_{-1} c_{O_2} \gg k_2 c_{O_3}$，上式可简化为 $\dfrac{dc_{O_2}}{dt} = \dfrac{3k_1 k_2 c_{O_3}^2}{k_{-1} c_{O_2}} = k' \dfrac{c_{O_3}^2}{c_{O_2}}$，也与实验所得速率方程一致。

从上例可以看出，对于复合反应，随着反应条件的改变，实验测得的表观速率方程的形式会发生变化，反应还可能没有简单级数。但对于基元反应，一般在较大范围内改变实验条件，其反应级数和速率方程的形式也不变，这一点可以作为区分复合反应和基元反应的依据之一。

10.6.4 复合反应的活化能

阿伦尼乌斯方程对于复合反应和基元反应都适用，因此从复合反应的速率常数出发也可以求得其活化能，但如 10.4 节中所述，复合反应的活化能不像基元反应的活化能那样有明确的物理意义，因此常称为**表观活化能**。

从复合反应的反应机理推导其速率方程的过程中可以看出，复合反应的速率常数和组成复合反应的基元反应的速率常数间有某种关系，通过这些关系可以求得表观活化能和相关的基元反应的活化能间的关系（如例 10.6.2 那样）。以下分三种情况来讨论。

(1) $k = A \prod\limits_i k_i^{a_i}$（$A$ 为比例系数，不是基元反应的速率常数）

由阿伦尼乌斯公式的定义式(10.4.9) 可得

$$E_a = RT^2 \frac{d\ln k}{dT} = RT^2 \frac{d\ln(A \prod\limits_i k_i^{a_i})}{dT} = \sum_i \left[a_i RT^2 \frac{\ln k_i}{dT} \right] = \sum_i a_i E_{a_i} \quad (10.6.10)$$

(2) $k = \sum\limits_i A_i k_i$

阿伦尼乌斯活化能的定义式(10.4.9) 可以表示为

$$E_a = RT^2 \frac{d\ln k}{dT} = RT^2 \frac{dk}{k\,dT}$$

$$E_{a_i} = RT^2 \frac{dk_i}{k_i\,dT}$$

当 $k = \sum\limits_i A_i k_i$ 时

$$E_a = RT^2 \frac{d\sum\limits_i (A_i k_i)}{k\,dT} = \frac{1}{k} \sum_i \left[A_i k_i \frac{RT^2 dk_i}{k_i\,dT} \right] = \frac{1}{k} \sum_i (A_i k_i E_{a_i})$$

即

$$E_a = \frac{\sum_i A_i k_i E_{a_i}}{\sum_i A_i k_i} \quad (10.6.11)$$

$(3) k = A \prod_i k_i^{a_i} / \sum_j A_j k_j$

用和(1)、(2)相似的推导方法可以推得,对于速率常数具有(3)这种形式的复合反应的活化能与相关基元反应的活化能之间的关系为

$$E_a = \sum_i a_i E_{a_i} - \frac{\sum_j A_j k_j E_{a_j}}{\sum_j A_j k_j} \quad (10.6.12)$$

10.7 链反应

10.7.1 链反应的特征

链反应又称为**连锁反应**,是一类特殊的复合反应,这种反应被光、热以及其他方式的能量引发后就会生成自由原子或自由基等高活性的中间体(**传递物**),这些中间体接着引发新的反应,又生成新的高活性中间体,这样反应就会像链条一样不断地进行下去,直至反应物消耗殆尽或者通过降低系统的能量等手段使反应停止。化工生产的许多过程,如塑料、橡胶及其他高分子化合物的制备,石油裂解,碳氢化合物的氧化和卤化,燃烧和爆炸等都与链反应有关。因此对于链反应的研究有着重要的意义。

链反应分为直链反应和支链反应。前者的反应中,一个传递物参与反应后至多生成一个新的传递物,而后者则生成不止一个。但不管是哪种链反应,都由如下三个步骤组成。

(1)链引发

稳定分子吸收外部能量变为高活性自由原子或自由基的反应过程。这个过程涉及化学键的断裂,所以活化能比较高,所需能量可通过光、热、电得到。如 $Cl_2 + M^0 \longrightarrow 2Cl\cdot + M_0$。

(2)链传递

由链引发生成的高活性自由原子或自由基与其他分子反应生成新的自由原子或自由基,新的传递物又进行下一个类似的反应,使反应一个传一个不断进行下去的过程称为链传递。如:

$$\begin{cases} Cl\cdot + H_2 \longrightarrow HCl + H\cdot \\ H\cdot + Cl_2 \longrightarrow HCl + Cl\cdot \end{cases}$$

链传递是链反应的主体,这类反应活化能较小,反应较快,因此链反应(支链反应)可引起爆炸。

(3)链终止

传递物消亡的过程。链终止的过程不需要活化能,高活性的自由原子或自由基将能量传

给能量低的第三种物质（如固体粉末）或器壁，然后相互结合成分子而使链终止。如：

$$Cl \cdot + Cl \cdot + M_0 \longrightarrow Cl_2 + M^0$$

由于链终止涉及高活性的自由原子或自由基与器壁或第三种物质间的能量传递，因此，链反应对容器器壁的材料、容器的比表面的变化（即容器的形状及大小）及第三种物质的加入非常敏感，这是链反应的特点之一。

10.7.2 直链反应的机理及速率方程

以 $H_2 + Br_2 \longrightarrow 2HBr$ 反应为例说明一般直链反应机理及其速率方程的推导方法。1906年，波登斯坦（Bodenstein）等通过实验测得该反应在 $200 \sim 300℃$ 的速率方程为

$$\frac{dc_{HBr}}{dt} = \frac{kc_{H_2}c_{Br_2}^{1/2}}{1 + k'c_{HBr}/c_{Br_2}} \tag{10.7.1}$$

13年后，克里斯琴森（Christiansen）等人对该反应提出了如下的反应机理：

① $Br_2 + M^0 \xrightarrow{k_1} 2Br \cdot + M_0$ 链引发

② $Br \cdot + H_2 \xrightarrow{k_2} HBr + H \cdot$ $\left.\begin{array}{l}\\\\\end{array}\right\}$ 链传递

③ $H \cdot + Br_2 \xrightarrow{k_3} HBr + Br \cdot$

④ $H \cdot + HBr \xrightarrow{k_4} H_2 + Br \cdot$ 链阻滞（第二个反应的逆反应）

⑤ $Br \cdot + Br \cdot + M_0 \xrightarrow{k_5} Br_2 + M^0$ 链终止

其中，第4个反应是第2个反应的逆反应，对于链传递不利。

由以上机理可知，反应速率可以表示为

$$\frac{dc_{HBr}}{dt} = k_2 c_{Br \cdot} c_{H_2} + k_3 c_{H \cdot} c_{Br_2} - k_4 c_{H \cdot} c_{HBr} \tag{10.7.2}$$

为了把上式中的浓度项都表示成最初反应物浓度的函数，需要找出公式中那些中间物浓度和最初反应物浓度间的关系。根据稳态近似法，对于上述机理方程式中的活泼中间体可以进行稳态处理，因此有

$$\frac{dc_{H \cdot}}{dt} = k_2 c_{Br \cdot} c_{H_2} - k_3 c_{H \cdot} c_{Br_2} - k_4 c_{H \cdot} c_{HBr} = 0 \tag{10.7.3}$$

$$\frac{dc_{Br \cdot}}{dt} = 2k_1 c_{Br_2} c_{M^0} - k_2 c_{Br \cdot} c_{H_2} + k_3 c_{H \cdot} c_{Br_2} + k_4 c_{H \cdot} c_{HBr} - 2k_5 c_{Br \cdot}^2 c_{M_0} = 0 \tag{10.7.4}$$

以上两式相加得

$$k_1 c_{Br_2} c_{M^0} - k_5 c_{Br \cdot}^2 c_{M_0} = 0$$

$$c_{Br \cdot}^2 = \frac{k_1 c_{Br_2} c_{M^0}}{k_5 c_{M_0}}$$

如例 10.6.1 所述，一定温度下 c_{M^0}/c_{M_0} 为常数，设为 A。则上式变为

$$c_{Br\cdot} = (Ak_1/k_5)^{1/2} c_{Br_2}^{1/2} \tag{10.7.5}$$

将该式代入式（10.7.3）后整理得

$$c_{H\cdot} = \frac{k_2 (Ak_1/k_5)^{1/2} c_{Br_2}^{1/2} c_{H_2}}{k_3 c_{Br_2} + k_4 c_{HBr}} \tag{10.7.6}$$

将式（10.7.3）代入式（10.7.2）可得

$$\frac{dc_{HBr}}{dt} = 2k_3 c_{H\cdot} c_{Br_2}$$

将式（10.7.3）代入上式后整理可得

$$\frac{dc_{HBr}}{dt} = \frac{2k_2 (Ak_1/k_5)^{1/2} c_{Br_2}^{1/2} c_{H_2}}{1 + (k_4/k_3) c_{HBr}/c_{Br_2}} = \frac{kc_{H_2} c_{Br_2}^{1/2}}{1 + k' c_{HBr}/c_{Br_2}}$$

上式与实验所得速率方程一致，所以克里斯琴森（Christiansen）等人对于反应机理的假设是合理的。但这只是机理正确的必要条件，在提出上述机理时还做了如下考虑，即下列一些似乎也能发生的反应为何不出现在机理方程中？

$$H_2 + M^0 \longrightarrow 2H\cdot + M_0$$
$$HBr + M^0 \longrightarrow H\cdot + Br\cdot + M_0$$
$$Br\cdot + HBr \longrightarrow Br_2 + H\cdot$$
$$H\cdot + Br \longrightarrow HBr$$
$$H\cdot + H \longrightarrow H_2$$

由于 H_2 和 HBr 的键能比 Br_2 的键能大得多，所以同一系统中（同一温度下），前两者的解离反应比起后者要慢得多，可以不考虑。在 $H_2 + Br_2 \longrightarrow 2HBr$ 反应的链传递过程中，只考虑了 $Br\cdot + H_2 \xrightarrow{k_2} HBr + H\cdot$ 反应，没有考虑 $Br\cdot + HBr \longrightarrow Br_2 + H\cdot$ 反应，这是因为前者的活化能为 $74kJ\cdot mol^{-1}$，后者为 $177kJ\cdot mol^{-1}$。在 $H_2 + Br_2 \longrightarrow 2HBr$ 反应机理中，反应③的活化能几乎为零，因此，反应③比反应②快很多，这样系统中 $c_{Br\cdot} \gg c_{H\cdot} \approx 10^{-7} c_{Br\cdot}$，因此，涉及 $H\cdot$ 的链终止反应可以不予考虑。

那么，为什么 H_2 和 Br_2 不直接反应，而是要以上述链反应的方式进行呢？这是因为，对于该体系，直接反应的活化能比链反应高得多。H_2 和 Cl_2 的反应亦是如此。但 H_2 和 I_2 的反应却不是以链反应形式进行，这是因为 $I\cdot + H_2 \longrightarrow HI + H\cdot$ 反应的活化能很高（$155kJ\cdot mol^{-1}$）的缘故。

由上述讨论可知，当一种反应物可参与几个不同的基元反应时，则主要进行活化能小的反应；而当几个可能发生反应的活化能相当时（如自由基之间的反应，活化能都几乎为零），主要发生反应物浓度高的反应。

10.7.3　支链反应与爆炸

由于物质急剧氧化或分解反应而产生温度或压力迅速增加亦或两者同时迅速增加的现象叫爆炸。

前已述及支链反应中，一个传递物（自由基或自由原子）参与反应后生成不止一个新的传递物，这些新的传递物又和其他物质发生反应生成更多的传递物，这样，在很短的时间内就会有大量的反应发生，伴随着支链反应的迅速发生，系统中物质的数量也会迅速增加，系统的压力就会增加，如果支链反应是放热反应，系统的温度也会迅速增加，因此，支链反应往往和爆炸相关。由支链反应的迅速发生引起的爆炸称为**支链爆炸**。

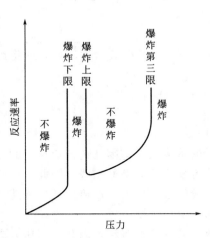

图 10.7.1 一定温度下 H_2 和 O_2 混合气体的反应速率与压力的关系

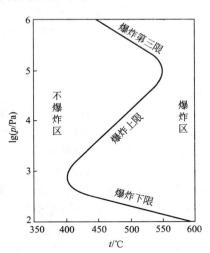

图 10.7.2 一定组成下 H_2 和 O_2 混合气体的压力、温度与爆炸限的关系

除支链爆炸外，还有一种是非支链放热反应引起的爆炸，当一个放热反应在一个散热较差的条件下进行时，反应热使得系统的温度迅速升高，根据阿伦尼乌斯方程，化学反应速率会随着反应温度呈指数形式加快，而快速反应放出的热量又使得温度迅速升高，这样温度和反应速率相互促进，在很短的时间内，系统的温度和压力就会升到很高，引起爆炸，这样的爆炸称为热爆炸。

下面以 $H_2 + O_2$ 反应为例来说明支链反应机理与支链爆炸条件间的关系。

$H_2 + O_2$ 反应并不是在任何情况下都发生爆炸，是否发生爆炸和混合气体的温度、压力及组成（二者的比例）相关。如图 10.7.1 所示，对于一定组成的混合气体，一定温度下，压力低于某个值时反应不会发生爆炸，高于这个压力，系统就会发生爆炸，这个压力称为**爆炸下限**。但是，当压力在爆炸下限以上而又超过某个值时，系统不发生爆炸，这个压力称为**爆炸上限**。压力再高到某个值时系统又发生爆炸，这个压力称为爆炸第三限。即，压力在爆炸上限和爆炸下限之间或高于爆炸第三限时，反应发生爆炸。

爆炸限和气体的组成及温度有关，当组成一定时，爆炸限和温度及压力的关系如图 10.7.2 所示。这是摩尔比为 2：1 的 H_2 和 O_2 在直径 7.4cm 的内壁涂有一层氯化钾的球形容器中的实验结果。

目前，$H_2 + O_2$ 的反应机理尚不完全确定，根据实验结果提出如下可能的机理：

链引发 　　(1) $H_2 + O_2 \longrightarrow 2OH \cdot$

　　　　　(2) $H_2 + O_2 \longrightarrow H \cdot + HO_2 \cdot$

　　　　　(3) $H_2 + M \longrightarrow 2H \cdot + M$

　　　　　(4) $O_2 + O_2 \longrightarrow O_3 \cdot + O \cdot$

直链传递　　　(5) $OH\cdot + H_2 \longrightarrow H\cdot + H_2O$（快）

　　　　　　　(6) $H\cdot + O_2 + H_2 \longrightarrow OH\cdot + H_2O$

支链传递　　　(7) $H\cdot + O_2 \longrightarrow OH\cdot + O\cdot$（慢）

　　　　　　　(8) $O\cdot + H_2 \longrightarrow OH\cdot + H\cdot$（快）

链终止　　　　(9) $OH\cdot + 器壁 \longrightarrow$ 自由基销毁（和其他物质反应生成稳定分子）

　　　　　　　(10) $H\cdot + 器壁 \longrightarrow$ 自由原子销毁

　　　　　　　(11) $HO_2\cdot + 器壁 \longrightarrow$ 自由基销毁

　　　　　　　(12) $H\cdot + O_2 + M \longrightarrow HO_2\cdot + M$（$HO_2\cdot$ 的反应活性较低，故将此反应列为链终止反应）

　　　　　　　(13) $HO_2\cdot + HO_2\cdot + 器壁 \longrightarrow H_2O_2 + O_2 + 器壁$

慢速传递　　　(14) $HO_2\cdot + H_2 \longrightarrow H_2O_2 + H\cdot$

　　　　　　　(15) $HO_2\cdot + H_2O \longrightarrow H_2O_2 + OH\cdot$

在一定温度下，当压力较低时，系统中各种粒子的浓度较小，因此链传递反应的速率就小，而粒子的平均自由程较大，所以，那些自由基较容易到达器壁而销毁，因此，反应可以在不发生爆炸的状态下进行。随着压力升高，各种粒子的浓度加大，链传递反应加速，自由基在器壁的销毁速率反而下降，到达一定压力（爆炸下限）时发生爆炸。

根据质量作用定律，气体的压力增加，对分子数多的反应更有利，因此，当压力进一步升高，反应（12）将大大加速，因为该反应为三分子反应（其中 M 为系统中的任一反应物分子，如 H_2 或 O_2），当压力大于爆炸上限后，反应（12）占据主导作用，并且因为 $HO_2\cdot$ 的活性很低，因此它可以到达器壁而不与其他分子发生反应，然后，以反应（13）的形式销毁。这样链传递得到抑制，反应又可以在不发生爆炸的状态下进行。

压力再升高，$HO_2\cdot$ 在未到达器壁前就又发生反应（14）、反应（15），生成活泼自由基，导致爆炸第三限的出现。

当温度升高时，反应系统中的粒子的能量升高，有利于需要一定活化能的链传递反应［如反应(7)］，而相对地不利于不需要活化能的链终止反应，因此，爆炸限就会如图 11.7.2 所示的那样变宽。

除了温度、压力会对系统的爆炸性质有影响外，系统的组成也对爆炸有影响。表 11.7.1 给出了部分可燃气体在空气中的爆炸上下限。例如，H_2 在空气中的爆炸低限和高限分别为 4% 和 74%。H_2 的体积分数在 4% 以下和 74% 以上时不会发生爆炸。

表 10.7.1　部分可燃气体在空气中的爆炸界限　单位:%（体积分数）

可燃气体	爆炸下限	爆炸上限	可燃气体	爆炸下限	爆炸上限
H_2	4	74	$n\text{-}C_5H_{12}$	1.4	8.0
NH_3	16	25	C_2H_4	2.7	36.0
CS_2	1.3	50	C_2H_2	2.5	100
CO	12.5	74	C_6H_6	1.2	7.8
CH_4	5.0	15.0	C_2H_5OH	3.3	19
C_3H_8	2.1	9.5	$(C_2H_5)_2O$	1.9	36

10.8　气体反应的碰撞理论

对于基元反应，其速率方程服从质量作用定律，而其中的速率常数是表示反应快慢本质的特征参数，并且，基本服从阿伦尼乌斯经验公式。人们为了从本质（微观上）解释这些速率规律，如质量作用定律的正确性、阿伦尼乌斯方程的指前因子 A 和活化能 E_a 的意义，提出了反应速率理论。因此，反应速率理论就是从微观上解释反应速率规律性的学说，它主要包括碰撞理论和过渡态理论（活化络合物理论），本节首先介绍碰撞理论。

10.8.1 气体反应的碰撞理论

碰撞理论是在气体分子运动论和阿伦尼乌斯活化能概念的基础上，由路易斯（Lewis）在 1919 年建立起来的，这种理论因为模型简单，也称为简单碰撞理论，其要点如下。

① 把反应物分子看作是具有一定半径的球，不考虑其复杂的空间结构。它们的运动规律服从气体分子运动论，即在体系处于热平衡状态下，分子的平动能分布服从玻尔兹曼（Boltzmann）分布规律。

② 反应物分子通过碰撞发生反应，但并不是每次碰撞都发生反应，只有那些能量达到或超过一定值 E_c（临界能）的碰撞才能使旧键断裂，从而引起反应，这种碰撞称为有效碰撞。反应速率就是单位时间，单位体积内的总碰撞次数与有效碰撞次数占总碰撞次数的分数的乘积。

下面以 A＋B ──→ P 这个基元反应为例来说明碰撞理论的应用。

为了求反应速率，首先计算单位时间单位体积内的总碰撞次数 Z_{AB}。设 A 和 B 为半径分别是 r_A 和 r_B 的硬球，相对运动速率为 u_{AB}，因此，当 A 和 B 的距离 d_{AB} 小于 A 和 B 的半径和 $r_A＋r_B$ 时，两者将发生碰撞，因为 u_{AB} 为两者的相对速率，因此，可以认为系统中的 B 都不动，而 A 以速率 u_{AB} 向 B 运动。这样，以一个 A 分子的中心为中心、以 $r_A＋r_B$ 为半径所形成的圆作为垂直于 A 的运动方向的截面，随着 A 的运动，这个截面在单位时间内扫过的区域 $\pi(r_A＋r_B)^2 u_{AB}$ 中的 B 分子都将和 A 发生碰撞，即一个 A 分子在单位时间内与 B 分子的碰撞次数（碰撞频率）为

$$\pi(r_A＋r_B)^2 u_{AB} L c_B$$

式中，c_B 为 B 的物质的量浓度。一般的系统中绝不止一个 A 分子，如果系统中 A 的浓度为 c_A，则单位时间、单位体积中 A 与 B 的总碰撞次数 Z_{AB} 为

$$Z_{AB}＝\pi(r_A＋r_B)^2 u_{AB} L c_B L c_A＝\pi L^2 (r_A＋r_B)^2 u_{AB} c_A c_B \tag{10.8.1}$$

根据气体分子运动论，A 与 B 的平均相对运动速率 u_{AB} 为

$$u_{AB}＝\left(\frac{8k_B T}{\pi \mu}\right)^{1/2}, \quad 其中 \mu＝\frac{m_A m_B}{m_A＋m_B}$$

式中，k_B 为玻尔兹曼常数；μ 为分子 A 和 B 的折合质量；m_A 和 m_B 分别为分子 A 和 B 的质量。所以，

$$Z_{AB}＝L^2 (r_A＋r_B)^2 \left(\frac{8\pi k_B T}{\mu}\right)^{1/2} c_A c_B \tag{10.8.2}$$

这是单位时间、单位体积的系统中 A 与 B 总的碰撞次数。

根据气体分子运动论，气体的平动能分布服从玻尔兹曼分布定律，因此，碰撞能量 $E \geqslant E_c$ 的活化碰撞占总碰撞的分数为

$$q = e^{-E_c/RT}$$

式中，E_c 是 1mol 具有临界碰撞量的碰撞分子对的能量，称为摩尔临界能，简称临界能。

在单位时间、单位体积的系统中 A 与 B 的摩尔有效碰撞次数为 qZ_{AB}/L，因此，基元反应 A+B$\longrightarrow$P 的速率可以表示为

$$-\frac{dc_A}{dt} = L(r_A + r_B)^2 \left(\frac{8\pi k_B T}{\mu}\right)^{1/2} e^{-E_c/RT} c_A c_B \tag{10.8.3}$$

在一定温度下，$L(r_A + r_B)^2 \left(\dfrac{8\pi k_B T}{\mu}\right)^{1/2} e^{-E_c/RT}$ 为常数，记为 k

$$k = L(r_A + r_B)^2 \left(\frac{8\pi k_B T}{\mu}\right)^{1/2} e^{-E_c/RT} \tag{10.8.4}$$

式(10.8.3)和式(10.8.4)便是由碰撞理论导出的异种双分子反应的速率方程和速率常数。式(10.8.3) 的导出在理论上证明了质量作用定律的正确性。

用同样的方法可以证明，对于同类双分子反应 A+A$\longrightarrow$P 有

$$Z_{AA} = 8L^2 r_A^2 \left(\frac{\pi k_B T}{m_A}\right)^{1/2} c_A^2 \tag{10.8.5}$$

$$-\frac{dc_A}{dt} = 8L r_A^2 \left(\frac{\pi k_B T}{m_A}\right)^{1/2} e^{-E_c/RT} c_A^2 \tag{10.8.6}$$

$$k = 8L r_A^2 \left(\frac{\pi k_B T}{m_A}\right)^{1/2} e^{-E_c/RT} \tag{10.8.7}$$

10.8.2 阿伦尼乌斯活化能 （实验活化能） 与临界能的关系

仍以基元反应 A+B$\longrightarrow$P 为例来说明阿伦尼乌斯活化能和临界能的联系和区别。

阿伦尼乌斯活化能可由实验测定，因此又称为实验活化能，将式（10.8.4）代入阿伦尼乌斯活化能的定义式（10.4.9）可得

$$E_a = E_c + \frac{1}{2}RT \tag{10.8.8}$$

由碰撞理论可知，阿伦尼乌斯活化能 E_a 应该与温度有关，而不是像阿伦尼乌斯认为的那样与温度无关。当温度不太高时，$E_a \approx E_c$ 且为常数。前已述及，根据 Tolman 的处理，阿伦尼乌斯活化能为 1mol 活化分子的平均能量与 1mol 所有反应物分子的平均能量的差值。但 E_c 却是一个单值，不具有差值的概念，并且是个与温度无关的常数。

10.8.3 碰撞理论导出的阿伦尼乌斯公式指前因子

由上述讨论可知，对于基元反应 A+B$\longrightarrow$P，其对应的阿伦尼乌斯活化能为 $E_a = E_c + RT/2$，则其速率常数用阿伦尼乌斯方程的形式可表示为

$$k = A e^{-E_a/RT} = A e^{-(E_c + RT/2)/RT} = A e^{-1/2} e^{-E_c/RT} \tag{10.8.9}$$

比较式(10.8.9)和式(10.8.4)可得

$$A = L(r_A + r_B)^2 \left(\frac{8e\pi k_B T}{\mu} \right)^{1/2} \tag{10.8.10}$$

这就是用碰撞理论导出的针对基元反应 $A + B \longrightarrow P$ 的阿伦尼乌斯公式的指前因子。对于基元反应 $A + A \longrightarrow P$，则由碰撞理论导出的阿伦尼乌斯公式的指前因子为

$$A = 8Lr_A^2 \left(\frac{e\pi k_B T}{m_A} \right)^{1/2} \tag{10.8.11}$$

从式(10.8.10)和式(10.8.11)可以看出，阿伦尼乌斯方程中的指前因子也是与温度有关的。不仅如此，有许多反应，由实验测得的阿伦尼乌斯方程的指前因子和用碰撞理论算出的指前因子有很大不同，如表10.8.1所示。

表 10.8.1　一些双分子反应的指前因子、活化能和概率因子

反应	$A/\text{dm}^3 \cdot \text{mol}^{-1} \cdot \text{s}^{-1}$		活化能	概率因子
	实验值	计算值	$E_a/\text{kJ} \cdot \text{mol}^{-1}$	$P = A_{实验}/A_{理论}$
$2\text{NOCl} \longrightarrow 2\text{NO} + \text{Cl}_2$	9.4×10^9	5.9×10^{10}	102.0	0.16
$2\text{NO}_2 \longrightarrow 2\text{NO} + \text{O}_2$	2.0×10^{10}	4.0×10^{10}	111.0	5.0×10^{-2}
$2\text{ClO} \longrightarrow \text{O}_2 + \text{Cl}_2$	6.3×10^7	2.5×10^{10}	0.0	2.5×10^{-3}
$\text{K} + \text{Br}_2 \longrightarrow \text{KBr} + \text{Br}^-$	1.0×10^{12}	2.1×10^{11}	0.0	4.8
$\text{H}_2 + \text{C}_2\text{H}_4 \longrightarrow \text{C}_2\text{H}_6$	1.24×10^6	7.3×10^{11}	180	1.7×10^{-6}

10.8.4　简单碰撞理论的校正

大多数反应的 $A_{理论}$ 与 $A_{实验}$（由实验数据用阿伦尼乌斯方程求得）相差较远，这说明简单的碰撞理论存在着缺陷，为了让理论值和实验值相等，在理论指前因子上人为地乘以一个校正因子 P，称为概率因子，即

$$P = A_{实验}/A_{理论} = k_{实验}/k_{理论} \tag{10.8.12}$$

在研究中还发现，大多数反应的 P 小于1，有些远远小于1。为了解释这种现象，研究者进行了如下考虑：在简单的碰撞理论中没有考虑分子的结构，认为只要能量超过临界值的碰撞都能引起反应，但实际上分子是有不同的空间结构的，因此如果碰撞位置不合适，虽然碰撞能量足够也不能发生反应，这个因素在计算有效碰撞频率时就要考虑进去，例如，对于基元反应 $A + B \longrightarrow P$，其 Z_{AB} 应为

$$Z_{AB} = PL^2(r_A + r_B)^2 \left(\frac{8\pi k_B T}{\mu} \right)^{1/2} c_A c_B$$

速率常数应为
$$k = PL(r_A + r_B)^2 \left(\frac{8\pi k_B T}{\mu} \right)^{1/2} e^{-E_c/RT} = PA_{理论} e^{-E_a/RT} \tag{10.8.13}$$

也正是基于上述的考虑，P 才称为概率因子。

碰撞理论模型简单，易于理解，导出的速率方程说明了质量作用定律的正确性，导出的速率常数也与阿伦尼乌斯方程相似，对理解阿伦尼乌斯方程中的指前因子和活化能有一定帮

助，即在一定程度上解释了动力学实验研究的结果，但是，由于模型过于简单，其定量计算的结果与实际相差较大，并且在理论上无法预言 E_c 和 P 值。由于碰撞理论存在许多不足，后来又相继发展了一些新的理论。

10.9　过渡态理论

化学反应速率理论试图从微观上说明化学反应速率的规律性，碰撞理论虽然从分子热运动的微观角度出发解释了质量作用定律以及 A 和 E_a 的物理意义，但它不考虑物质的空间结构的复杂性，必然使得其计算结果与许多实验结果相差较远，因此，不得不引入一个概率因子 P，而理论本身又无法预测 P 值。于是，研究者就想发展一种新的理论，这种理论考虑分子的空间结构，因此，在计算速率常数时，不需要专门引入 P，而是通过这个理论，将它自然地包含在速率常数中。

在量子力学和统计热力学的基础上，1935 年，艾琳（Eyring）和波兰尼（Polanyi）提出了**过渡态理论**（transition state theory，TST）理论。这个理论考虑了反应物分子空间结构的复杂性，并且认为，从反应物分子相互作用到生成产物的过程中，系统的状态要发生一系列的变化，体系的势能也随之不断变化，并且要经历一个势能较高的中间状态，那个中间状态所对应的物质形态称为活化络合物（只是这么称呼，严格地说不是络合物，不是稳定物质）。如单原子 A 和双原子分子 BC 之间的基元反应过程可表示如下

$$A+BC \longrightarrow [A\cdots B\cdots C]^{\neq} \text{（活化络合物）} \longrightarrow AB+C$$

因此，过渡态理论又称为**活化络合物理论**。这个理论以量子力学和统计热力学为基础，原则上只要知道了分子的某些结构参数，即可计算出反应速率常数，因此，这个理论又叫做**绝对速率理论**。艾琳和波兰尼所提出的过渡态理论经发展完善后称为经典的过渡态理论，后来在此基础上又出现了一些新的学说，本节只介绍经典过渡态理论。

过渡态理论在计算反应速率常数时要知道过渡态的势能和反应物的势能，为此，要首先知道反应系统从反应物到产物所经历的各种状态及其势能，而这些则可通过分析计算反应系统所有可能状态的势能而得知，因此，首先介绍描述反应系统不同状态时势能的概念——势能面。

10.9.1　势能面

以单原子 A 和双原子分子 BC 之间的基元反应为例来说明这个概念。在 A 与 BC 反应时，A 可以从不同的角度接近 BC，如图 10.9.1 所示，反应系统的势能 E 决定于 r_{AB}、r_{BC} 和 θ，这四者的关系可用四维坐标系来表示，在这个四维坐标系中，E 与 r_{AB}、r_{BC} 和 θ 关系图就是**势能面**。实际处理问题时，往往选取几个特定的 θ 来进行运算，因此，θ 是固定的，这时 E 决定于 r_{AB}、r_{BC}，这样 E 与 r_{AB}、r_{BC} 间的关系可用三维坐标描述，而 θ 固定时，E 与 r_{AB}、r_{BC} 的关系在三维空间中是一个曲面，这个曲面就是这种条件下反应系统的势能面。

例如，对于 A 与 BC 的反应系统，A 沿 B-C 轴线接近 B 时，由于受 C 的位阻作用最小，反应所需的能量最低，这是研究者最为关注的情况，这时 $\theta = \pi$。

原则上用量子力学就能计算出任何反应系统的势能面，然而，由于计算太过复杂，通常

只有一些简单的反应系统可以利用量子力学进行近似的计算，更多的情况是利用半经验公式进行计算。

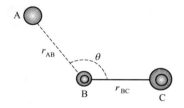

图 10.9.1 A 与 BC 反应系统

为了简化计算，过渡态理论沿用了玻恩-奥本海默（Born-Oppenheimer）的核运动绝热假设。即假设在反应过程中，核运动和其他运动之间绝热，可以分开处理。核运动状态在反应过程中不变，即核的运动与电子的运动无关，不会引起电子的跃迁。在一般反应的碰撞能量下，原子核的运动速率比电子的运动速率小得多，因此这种假设是合理的。在核运动绝热假设成立的条件下，可以近似地用经典力学运动方程代替量子力学方程对系统的性质进行计算。

势能面的计算目前多采用比较准确的 LEPS（London-Eyring-Polanyi-Sato）半经验方法。图 10.9.2（a）是 A 与 BC 的反应的三原子体系的势能 E 与 r_{AB}、r_{BC} 间的关系图（$\theta = \pi$），图 10.9.2（b）是这种系统的势能面上的等势线在垂直于势能轴平面上的投影图。

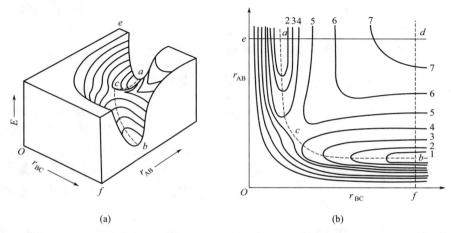

图 10.9.2 A 与 BC 的反应系统的势能面示意图(a)和等势线在平面上的投影图 （b）

由图可知，上述三原子反应系统的势能面是一个类似马鞍形状的面，三原子相距很近（斥力将会很大）或很远（自由原子）时势能都比较高，系统不稳定，表示这种状态不宜存在。图中 a 点代表反应的初态 A+BC，势能较低；b 点代表反应的终态 AB+C，势能也较低，从反应物到产物沿 acb 的路径耗能最少，是最容易发生的反应路径，所以常称为**反应途径**。而 c 点（常称为鞍点）是反应途径上能量最高的点，代表活化络合物的状态，反应物只有到达这一点后才可能跨越能峰，生成产物。由此看出，通过势能面可以得知反应系统从反应物到产物所经历的各种状态及其势能。

从图 10.9.2（b）可知反应进行的过程中，各个原子的接近程度及相关状态的势能。开始时 A 与 BC 相距较远，系统是自由原子 A 和分子 BC。当 A 迎头向 BC 靠近到一定程度，A 的轨道和 BC 的轨道发生交叠时，BC 键开始变长，系统的势能增加。然后，A 进一步靠近（如果碰撞时的平动能足够的话），BC 键进一步变长、变弱，AB 键变强，系统势能达到极值，形成所谓的活化络合物。后面随着反应的进行，AB 键继续变短、变强，BC 键变长、变弱，系统逐渐趋稳，势能逐渐降低（降低的势能将变成产物的动能），最后形成产物 AB+C。

如果以反应物 A 与 BC 的反应途径为横坐标，以反应途径上各状态对应的势能为纵坐标作图，可得图 10.9.3。

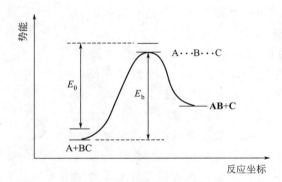

图 10.9.3　反应途径的势能曲线

从图中可以看出，反应物必须翻越能垒 E_b 才能生成产物，而能垒的大小与 A 接近 BC 时的角度有关，计算表明，对于 A+BC 的反应系统，当 A 沿着 BC 的轴线接近 B，即 $\theta=\pi$ 时，能垒最小。活化络合物与反应系统初态势能的差值来源于 A 与 BC 碰撞的平动能，因此，只有那些相撞平动能超过能垒所示的能量，反应系统才能形成活化络合物，从而形成产物。因此，反应途径上的能垒，从理论上表明了活化能的实质。

10.9.2　由过渡态理论计算反应速率常数——艾琳方程

在计算反应系统的势能面时介绍了过渡态理论的一个假设，即核运动绝热假设。过渡态理论在处理反应速率问题时还有两个假设，一个为不折回假设，另一个为热平衡分布假设。

不折回假设：假设在反应途径上，活化络合物状态是个不折回点。其意思是，正反应一旦到达这个状态就一定分解为产物，而逆反应一旦到达这个状态就一定分解为反应物。这样，如果求出了给定条件下系统中来自某一方向的活化络合物的浓度，再求出沿着这个方向活化络合物的分解速率，便可求出反应速率。

热平衡分布假设：假设反应过程中系统处于麦克斯韦-玻尔兹曼（Maxwell-Boltzmann）热平衡分布。严格地说，系统中有反应以一定的净速率进行，系统就不可能有热平衡，但如果反应速率不是特别快，如一般情况下，只要当 $E_a \geqslant 5RT$，便可以认为系统近似处于热平衡，系统中的粒子服从麦克斯韦-玻尔兹曼分布，因此，可以用经典统计热力学计算系统的性质。不仅如此，对于 A+BC 的双分子反应系统，如果系统中的全体粒子在反应过程中服从麦克斯韦-玻尔兹曼分布，那么根据统计学原理，在这种假设条件下，活化络合物的浓度就正比于 $c_A c_{BC}$（参看 P. W. Atkins 著《Physical Chemistry》第 2 版第 981-983 页），即

$$c^{\neq}=K_{c,\neq} c_A c_{BC} \tag{10.9.1}$$

式中，$K_{c,\neq}$ 为比例常数；$c^{\neq}$ 为活化络合物的浓度。若该式写成 $K_{c,\neq}=c^{\neq}/(c_A c_{BC})$，$K_{c,\neq}$ 就好像是如下平衡的平衡常数一样，

$$A+BC \rightleftharpoons [A\cdots B\cdots C]^{\neq}$$

但这是不符合不折回假设的，因此这样的平衡并不存在，只是按照式(10.9.1)的结果好像这个平衡存在一样。因此，很多教材在处理过渡态理论的问题时，对于 A+BC 的双分子反应体系，直接看作有如下机理

$$A+BC \rightleftharpoons [A\cdots B\cdots C]^{\neq} \longrightarrow AB+C$$

认为活化络合物与反应物间近似存在平衡，反应速率是活化络合物分解为产物的速率。这种思路的处理结果与式（10.9.1）一致，没有错误，又很方便，因此本书在推导相关结论时也这样处理。

活化络合物的分解是其在反应途径方向上的不对称振动所致。设过渡态 $[A\cdots B\cdots C]^{\neq}$ 为线型三原子粒子，那么，它有三个平动自由度，两个转动自由度，平动和转动都与它的分解无关，另外还有 $3n-5=4$ 个振动自由度，如图 10.9.4 所示，其中有两个弯曲振动（a）和（b），和一个对称的伸缩振动（c），这些也都不引起键的断裂，还有一个不对称的伸缩振动（d）将导致键的断裂，使得活化络合物分解为产物。

$$\uparrow \quad \uparrow \qquad \qquad \qquad \leftarrow A\cdots B\cdots C\rightarrow \qquad A\rightarrow\leftarrow B\cdots C\rightarrow$$
$$A\cdots B\cdots C \qquad A\cdots B\cdots C$$
$$\downarrow \qquad \downarrow$$
$$\text{(a)} \qquad\quad \text{(b)} \qquad\qquad\quad \text{(c)} \qquad\qquad\quad \text{(d)}$$

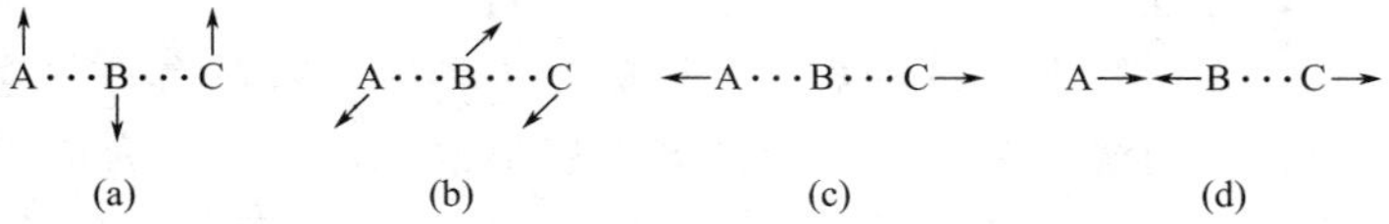

图 10.9.4　线型三原子粒子的振动方式

设这个反应途径方向（形成产物方向）上的不对称伸缩振动的频率为 ν，则反应速率可以表示为

$$-\frac{\mathrm{d}c_A}{\mathrm{d}t}=\nu c_{\neq}=\nu K_{c,\neq}c_A c_{BC} \tag{10.9.2}$$

则速率常数为

$$k=\nu K_{c,\neq} \tag{10.9.3}$$

在统计热力学原理中给出的理想气体反应标准平衡常数公式为

$$K_c^{\ominus}=\left(\frac{1}{c^{\ominus}}\right)^{\sum\limits_B \nu_B}\prod_B\left(\frac{q_B^*}{L}\right)^{\nu_B}\exp\left(-\frac{\Delta_r U_{0,m}}{RT}\right)$$

式中，q_B^* 为单位体积中分离出基态能量的配分函数。由于这里把 $K_{c,\neq}$ 当平衡常数处理，为了简便，把 q_B^* 直接写成 q_B，且知 $K_c=(c^{\ominus})^{\sum\limits_B \nu_B}K_c^{\ominus}$，所以对 $A+BC \Longleftrightarrow [A\cdots B\cdots C]^{\neq}$ 有

$$K_{c,\neq}=\prod_B\left(\frac{q_B}{L}\right)^{\nu_B}\exp\left(-\frac{\Delta_r U_{0,m}}{RT}\right)=L\frac{q_{\neq}}{q_A q_{BC}}\exp\left(-\frac{E_0}{RT}\right) \tag{10.9.4}$$

式中，$\Delta_r U_{0,m}$ 是活化络合物与反应物的基态能量（零点能）的差值。在统计热力学中零点（基态）对应的温度为 0K，所以 $\Delta_r U_{0,m}$ 又称为 0K 时反应的过渡态理论**活化能**，为简单起见常用 E_0 表示。

设活化络合物在反应途径方向上的那个振动自由度（不对称伸缩振动的自由度）的配分函数为 $f_{v,\neq}$，而其他所有自由度的配分函数的乘积为 $q'_{\neq}$，则有

$$q_{\neq}=f_{v,\neq}q'_{\neq} \tag{10.9.5}$$

根据统计热力学原理，振动配分函数 $f_{v,\neq}$ 可表示为

$$f_{v,\neq}=\left[1-\mathrm{e}^{-h\nu/(k_B T)}\right]^{-1} \tag{10.9.6}$$

由于 $[A\cdots B\cdots C]^{\neq}$ 中沿反应途径不对称伸缩振动的"键"比其他正常的键弱很多，因此振动

频率很低，所以有 $h\nu \ll k_B T$，故展开 $e^{-h\nu/k_B T}$ 并略去高次项可得 $e^{-h\nu/(k_B T)} \approx 1 - h\nu/(k_B T)$，则式(10.9.6)变为

$$f_{v,\neq} = \frac{k_B T}{h\nu} \tag{10.9.7}$$

将式(10.9.7)、式(10.9.5)、式(10.9.4)代入式(10.9.3)后可得

$$k = L \frac{k_B T}{h} \times \frac{q'_{\neq}}{q_A q_{BC}} e^{-E_0/(RT)} \tag{10.9.8}$$

式(10.9.8)称为**艾琳方程**，是过渡态理论速率常数的统计热力学表达式。

由式(10.9.8)可知，原则上只要知道了反应分子和活化络合物的质量、结构、振动频率、基态能级等性质，应用统计热力学就能计算出速率常数，这就是为什么把过渡态理论称为绝对反应速率理论的原因。反应物的性质可以通过光谱数据获得，但活化络合物极不稳定，目前还无法获得其光谱数据，对于它的结构等性质，用与组成相似的稳定分子类比的方法进行推测，然后进行速率常数的计算。

10.9.3 艾琳方程的热力学表示形式

对于双分子反应

$$A + BC \Longleftrightarrow [A \cdots B \cdots C]^{\neq} \longrightarrow AB + C$$

表示其速率常数的艾琳方程为式(10.9.8)，$L \dfrac{q'_{\neq}}{q_A q_{BC}} e^{-E_0/(RT)}$ 部分记为 $K'_{c,\neq}$，即

$$K'_{c,\neq} = L \frac{q'_{\neq}}{q_A q_{BC}} e^{-E_0/(RT)} \tag{10.9.9}$$

式中，$q'_{\neq}$ 是扣除了分解振动自由度的活化络合物配分函数；$K'_{c,\neq}$ 也是一个类似于平衡常数的因子。

由于分解振动的频率很低，并且一旦振动就分解，所以分解振动对于活化络合物的吉布斯函数 $(G^{\ominus}_{m,\neq})$ 的贡献可以忽略，则近似有 $G^{\ominus}_{m,\neq} = G'^{\ominus}_{m,\neq}$。若承认上述双分子反应中活化络合物与反应物间近似存在平衡，则有 $-RT\ln(c^{\ominus} K_{c,\neq}) = -RT\ln K^{\ominus}_{c,\neq} = \Delta_r G^{\ominus}_{m,\neq}(c^{\ominus}) = \Delta_r G'^{\ominus}_{m,\neq}(c^{\ominus}) = -RT\ln K'^{\ominus}_{c,\neq} = -RT\ln(c^{\ominus} K'_{c,\neq})$，即 $K'_{c,\neq} = K_{c,\neq}$，所以艾琳方程变为

$$k = \frac{k_B T}{h} K'_{c,\neq} = \frac{k_B T}{h} K_{c,\neq} = \frac{k_B T}{h} (c^{\ominus})^{-1} K^{\ominus}_{c,\neq} \tag{10.9.10}$$

$$k = \frac{k_B T}{h c^{\ominus}} e^{-\Delta_r G^{\ominus}_{m,\neq}(c^{\ominus})/(RT)} \tag{10.9.11}$$

此式为双分子气相反应的**艾琳方程的热力学表示形式**。对于 n 分子气相反应，其艾琳方程的热力学表示形式为

$$k = \frac{k_B T}{h} (c^{\ominus})^{1-n} e^{-\Delta_r G^{\ominus}_{m,\neq}(c^{\ominus})/(RT)} \tag{10.9.12}$$

又因 $\Delta_r G_{m,\neq}^{\ominus}(c^{\ominus}) = \Delta H_{m,\neq}^{\ominus} - T\Delta S_{m,\neq}^{\ominus}(c^{\ominus})$，所以进一步有

$$k = \frac{k_B T}{h}(c^{\ominus})^{1-n} e^{\Delta_r S_{m,\neq}^{\ominus}(c^{\ominus})/R} e^{-\Delta_r H_{m,\neq}^{\ominus}/(RT)} \tag{10.9.13}$$

式(10.9.12)和式(10.9.13)两式除可用于气相反应外，亦可用于液相反应。

10.9.4 过渡态理论导出的阿伦尼乌斯活化能和指前因子

将式（10.9.12）代入阿伦尼乌斯活化能的定义式（10.4.9）可得

$$E_a = RT - T^2 \frac{d\left[\Delta_r G_{m,\neq}^{\ominus}(c^{\ominus})/T\right]}{dT} = \Delta_r U_{m,\neq}^{\ominus} + RT = \Delta_r H_{m,\neq}^{\ominus} + nRT \tag{10.9.14}$$

此式表明了阿伦尼乌斯活化能和过渡态理论的热力学函数间的关系。

将式(10.9.14)代入式(10.9.13)可得

$$k = \frac{k_B T}{h}(c^{\ominus})^{1-n} e^n e^{\Delta_r S_{m,\neq}^{\ominus}(c^{\ominus})/R} e^{-E_a/RT} \tag{10.9.15}$$

将上式和阿伦尼乌斯方程相比较得指前因子为

$$A = \frac{k_B T}{h}(c^{\ominus})^{1-n} e^n e^{\Delta_r S_{m,\neq}^{\ominus}(c^{\ominus})/R} \tag{10.9.16}$$

此时表明阿伦尼乌斯方程的指前因子和反应物形成活化络合物时熵的变化有关。通过实验得到（由实验数据用阿伦尼乌斯方程求得）的指前因子可以计算这个熵变。进一步研究发现，公式中 $\frac{k_B T}{h}(c^{\ominus})^{1-n} e^n$ 部分在数量级上和碰撞理论中的 $A_{理论}$ 相当，因此，式中的 $e^{\Delta_r S_{m,\neq}^{\ominus}(c^{\ominus})/R}$ 部分具有碰撞理论中的概率因子 P 的意义。由于一般反应从反应物变为活化络合物，系统的混乱度降低，所以 $e^{\Delta_r S_{m,\neq}^{\ominus}(c^{\ominus})/R}$ 一般是小于1的，反应物的结构越复杂、活化络合物的结构越规整时，活化熵减少得越多，$e^{\Delta_r S_{m,\neq}^{\ominus}(c^{\ominus})/R}$ 就越小于1。

原则上，活化过程的热力学函数可由活化络合物的结构数据求得，从而求得速率常数、活化能、指前因子等，但是目前只有一些简单的反应系统才可以做到。更多的情况是由实验得到的速率常数、活化能、指前因子等反过来求算活化过程的热力学函数，从而推算活化络合物的结构，探索反应的微观变化过程。

【例10.9.1】 基元反应 $O_3(g) + NO(g) \longrightarrow NO_2(g) + O_2(g)$，在 $220 \sim 320K$ 间实验测得 $E_a = 20.8 kJ \cdot mol^{-1}$，$A = 6.0 \times 10^8 dm^3 \cdot mol^{-1} \cdot s^{-1}$。以 $c^{\ominus} = 1.0 mol \cdot dm^{-3}$ 为标准态，求该反应在 270K 时的活化焓 $\Delta_r H_{m,\neq}^{\ominus}$、活化熵 $\Delta_r S_{m,\neq}^{\ominus}(c^{\ominus})$ 和活化吉布斯自由能 $\Delta_r G_{m,\neq}^{\ominus}(c^{\ominus})$。

解 由实验数据，得

$$k = Ae^{-\frac{E_a}{RT}} = (6.0 \times 10^8 \times e^{-\frac{20.8 \times 10^3}{8.314 \times 270}}) dm^3 \cdot mol^{-1} \cdot s^{-1} = 56755 dm^3 \cdot mol^{-1} \cdot s^{-1}$$

$$\Delta_r H_{m,\neq}^{\ominus} = E_a - nRT = E_a - 2RT = (20.8 \times 10^3 - 2 \times 8.314 \times 270) J \cdot mol^{-1} = 16.310 kJ \cdot mol^{-1}$$

由 $k = \frac{k_B T}{h}(c^{\ominus})^{1-2} e^{\Delta_r S_{m,\neq}^{\ominus}(c^{\ominus})/R} e^{-\Delta_r H_{m,\neq}^{\ominus}/RT}$，得

$$\Delta_r S_{m,\neq}^{\ominus}\ (c^{\ominus}) = R\ln\frac{khc^{\ominus}}{k_B T} + \Delta_r H_{m,\neq}^{\ominus}/T$$

$$= \left(8.314\times\ln\frac{56755\times6.63\times10^{-34}\times1000}{1.38\times10^{-23}\times270} + \frac{16310}{270}\right)J\cdot K^{-1}\cdot mol^{-1}$$

$$= -35.23 J\cdot K^{-1}\cdot mol^{-1}$$

$$\Delta_r G_{m,\neq}^{\ominus}(c^{\ominus}) = \Delta_r H_{m,\neq}^{\ominus} - T\Delta_r S_{m,\neq}^{\ominus}\ (c^{\ominus})$$

$$= [16310 - 270\times(-35.23)]J\cdot mol^{-1} = 25.822 kJ\cdot mol^{-1}$$

10.10　溶液中的反应

　　溶液中的反应简称溶液反应，是一类最常见的化学反应形式，与气相反应相比，溶液反应因为多了溶剂的参与，其动力学性质的影响因素增多，溶液反应动力学比气相反应动力学要复杂得多，本节简单介绍溶液反应的一些基本特征和动力学规律。

10.10.1　笼效应

　　溶液中分子间距离比气相分子小得多，而分子间作用力则比气相分子间作用力大得多，虽然还没有像固体那样由于分子间的强烈相互作用而使分子束缚在固定的位置，但也可以想象每个反应物分子都受到周围溶剂分子比较强的相互作用，而使得这个分子在一定时间内只能在这些溶剂分子的包围中做一些小幅度的运动，这种运动可以想象成这个分子在周围溶剂分子所形成的**笼**中的振动（这种振动指的是分子整体在笼中三维空间内的振动，而不是分子内的那些振动），笼中分子在振动中不断与周围分子发生碰撞，当分子通过不断地碰撞而使得其在某个方向上的振动能量增大，或者当其向某个方向振动时，这个方向上组成笼的分子间作用力由于别的分子的碰撞而变弱时，这个笼中的分子便会冲出这个笼，做一次扩散运动，但它会再次陷入另一个笼中，在新的笼中做大约同样时间的停留后又会冲出笼子，进行扩散运动。这样溶液中的分子就不断进行这种入笼-扩散-入笼-扩散的运动。笼的存在使得溶液中分子间的碰撞和气相分子的碰撞有所不同，气相中，某个分子与其他分子碰撞后如果不发生反应，那么再和同一个分子发生碰撞的概率很小，而和另外的分子发生碰撞的概率很高，在溶液中，反应物分子扩散进入同一个笼称为**一次遭遇**，发生遭遇后，反应物分子要在笼中停留一定时间，反应物分子之间会发生反复多次的碰撞，直到形成产物或某一方冲出这个笼子。这种由于溶剂分子的存在而使得反应物遭遇后发生多次碰撞的现象称为**笼效应**。这样一来，溶剂的存在增加了临近分子间的碰撞概率，减少了远程分子间发生碰撞的概率，使得反应分子成批成批地进行碰撞。

　　下面仍以 A+BC 间的反应为例，讨论其在溶液中的反应动力学性质。考虑到笼效应的存在，A+BC 在溶液中的反应经历如下：首先 A 和 B 扩散进入同一个笼子，形成所谓的"遭遇对"，遭遇对在笼中停留一段时间，可能发生反应形成产物，也可能不发生反应而分开。这个机理可表示如下

$$A+BC \underset{}{\overset{\text{扩散}}{\rightleftharpoons}} \{A\cdots BC\} \xrightarrow{\text{反应}} AB+C$$

式中，{A···BC} 表示遭遇对。

扩散速率和温度的关系也服从阿伦尼乌斯方程，即扩散过程也有活化能，一般情况下，扩散活化能较小，而反应的活化能较高，这时扩散作用一般不会影响反应速率，这种情况称为**活化控制**或**反应控制**。但有些反应活化能较小，如自由基参与的反应、水溶液中离子间的反应等，这时反应速率取决于扩散速率，这种情况称为**扩散控制**。由于活化控制的反应活化能较扩散控制的反应的活化能高，因此活化控制的反应受温度的影响较大，而扩散控制的反应对温度不敏感，通过这一点也可协助判断反应的控制类型。

（1）活化控制的溶液反应

对于活化控制的反应，溶剂的存在除了使反应物（设是溶质）发生成批的碰撞而不同于气相反应外，据估计，体系中反应物分子间的碰撞频率和气相反应相当。因此，这时反应速率的处理方法和气相反应相似。按照过渡态理论，对于双分子反应

$$A + BC \rightleftharpoons [A \cdots B \cdots C]^{\neq} \longrightarrow AB + C$$

可得描述其速率常数的艾琳公式为式（10.9.10），即

$$k = \frac{k_B T}{h} K_{c, \neq}'$$

对于溶液中的反应，当溶质选用（T，$c^{\ominus}$）作标准态时，类似于式（10.9.11）的推导，艾琳方程可以近似写成

$$k = \frac{k_B T}{h c^{\ominus}} e^{-\Delta_r^{\neq} G_m^{\ominus}(c^{\ominus})/RT} \tag{10.10.1}$$

此式为活化控制的双分子**溶液反应**的**艾琳方程的热力学表示形式**。对于 n 分子溶液反应，其艾琳方程的热力学表示形式为

$$k = \frac{k_B T}{h} (c^{\ominus})^{1-n} e^{-\Delta_r G_{m, \neq}^{\ominus}(c^{\ominus})/RT} \tag{10.10.2}$$

因 $\Delta_r G_{m, \neq}^{\ominus} (c^{\ominus}) = \Delta_r H_{m, \neq}^{\ominus} - T \Delta_r S_{m, \neq}^{\ominus} (c^{\ominus})$，代入式（10.9.12）可得

$$k = \frac{k_B T}{h} (c^{\ominus})^{1-n} e^{\Delta_r S_{m, \neq}^{\ominus}(c^{\ominus})/R} e^{-\Delta_r H_{m, \neq}^{\ominus}/RT} \tag{10.10.3}$$

但是应当注意的是，对于活化控制的反应，溶剂对反应速率也是有影响的，同样的反应，溶剂不同，反应物和活化络合物稳定程度不同，$\Delta_r G_{m, \neq}^{\ominus} (c^{\ominus})$ 就不同，因此，反应速率常数就不同。由图 10.9.3 可知，能使活化络合物更稳定（能量更低）的溶剂，能够降低活化能，使反应加速，相反地，能使反应物更加稳定的溶剂，使反应活化能升高，反应速率降低。

例如，在极性溶剂中，若过渡态的极性比反应物更强时，极性溶剂与过渡态的作用力更强，使过渡态能量较低，会加速反应，而非极性溶剂的作用相反。

溶剂化作用对于溶液反应速率的影响也可以按如上原理说明。当活化络合物的溶剂化作用较强时，能量低，活化能小，反应快。当反应物的溶剂化作用较强时，能量低，活化能大，反应慢。

（2）扩散控制的溶液反应

当 $A + BC \longrightarrow AB + C$ 的反应受扩散控制时，总反应速率为 A 和 BC 形成遭遇对的速

率。下面求解这个速率与各种因素间的关系，为了简化问题，设反应物分子为球形，半径分别为 r_A 和 r_{BC}。设 BC 分子处于某个笼中，这个笼的周围有 A 分子，由于 A 分子一扩散进笼就立即与 BC 分子发生反应，因此，可以假设，在以 BC 为中心，半径为 $r_A + r_{BC}$ 的球面处 A 的浓度为零，而距 BC 分子较远处 A 的浓度为本体浓度。在这样的条件下，从菲克 (Fick) 扩散定律出发可以推得（本书推导过程从略）反应速率为

$$-\frac{dc_A}{dt} = 4\pi L(r_A + r_{BC})(D_A + D_{BC})c_A c_{BC} \tag{10.10.4}$$

速率常数为

$$k = 4\pi L(r_A + r_{BC})(D_A + D_{BC}) \tag{10.10.5}$$

式中，D_A 和 D_{BC} 分别为 A 和 BC 的扩散系数。根据斯托克斯—爱因斯坦 (Stockes-Einstein) 扩散系数方程，

$$D = \frac{k_B T}{6\pi \eta r} \tag{10.10.6}$$

式中，η 为溶剂的黏度系数；r 为球形粒子的半径。将上式代入式（10.9.14）可得

$$k = \frac{2RT}{3\eta} \times \frac{(r_A + r_{BC})^2}{r_A r_{BC}} \tag{10.10.7}$$

如果 $r_A \approx r_{BC}$

$$k = \frac{8RT}{3\eta} \tag{10.10.8}$$

25℃时水的黏度为 $\eta = 8.90 \times 10^{-4} \text{Pa} \cdot \text{s}$，代入上式可求得水溶液中扩散控制的二级反应的速率常数为 $7.43 \times 10^9 \text{dm}^3 \cdot \text{mol}^{-1} \cdot \text{s}^{-1}$。

如果 A 和 BC 为离子，可以推得（本书从略）扩散控制的离子反应的速率常数为

$$k = 4\pi L(r_A + r_{BC})(D_A + D_{BC})f \tag{10.10.9}$$

式中，f 称为静电因子，量纲为 1。异号离子间反应的 f 大于 1，同号离子间反应的 f 小于 1，表示异号离子由于静电吸引会加速反应，同号离子由于电荷相斥会使反应减速。对于 25℃的水溶液，异号离子间的 f 在 2～10 之间，同号离子间的 f 在 0.01～0.5 之间。

如果溶剂的介电常数大，则会降低离子间的作用力，这样就不利于异号离子间的反应，而有利于同号离子间的反应。

10.10.2 原盐效应——离子强度的影响

如果在溶液中加入无关电解质，即增加溶液的离子强度，由于无关电解质离子对于反应离子的静电作用，削弱了反应离子间的静电作用，这样就不利于异号离子间的反应，而有利于同号离子间的反应。这种由于离子强度的改变而使离子间反应速率发生改变的现象称为**原盐效应**，下面对这种作用做较为详细的理论探讨。

设溶液为强电解质稀溶液，离子间有如下反应

$$A^{z_A} + B^{z_B} \rightleftharpoons [(AB)^{z_A + z_B}]^{\neq} \longrightarrow P$$

式中，z_A、z_B 为离子电荷；$[(AB)^{z_A + z_B}]^{\neq}$ 为活化络合物。

由过渡态理论

$$k = \frac{k_B T}{h} K_{c,\neq}' \approx \frac{k_B T}{h} K_{c,\neq}$$

由于 $K_{c,\neq}' \approx K_{c,\neq}$，可以近似认为

$$k = \frac{k_B T}{h} K_{c,\neq}$$

对于双离子溶液反应的活化平衡，其平衡常数为

$$K_{a,\neq} = K_{c,\neq} \frac{\gamma_{\neq}}{\gamma_A \gamma_B}$$

则

$$K_{c,\neq} = K_{a,\neq} \frac{\gamma_A \gamma_B}{\gamma_{\neq}}$$

所以速率常数为

$$k = \frac{k_B T}{h} K_{a,\neq} \frac{\gamma_A \gamma_B}{\gamma_{\neq}} \tag{10.10.10}$$

对上式取对数，并将德拜-休克尔极限公式代入可得

$$\ln k = \ln(\frac{k_B T}{h} K_{a,\neq}) + \ln \frac{\gamma_A \gamma_B}{\gamma_{\neq}} = \ln(\frac{k_B T}{h} K_{a,\neq}) + [z_A^2 + z_B^2 - (z_A + z_B)^2] A \sqrt{I}$$

$$\ln k = \ln(\frac{k_B T}{h} K_{a,\neq}) + 2 z_A z_B A \sqrt{I} \tag{10.10.11}$$

公式右边第一项为常数，常用 $\ln k_0$ 表示。对于特定反应，当电解质浓度较低时，$\ln k$-$\sqrt{I}$ 为线性关系。

由式（10.10.11）可知：对于异号离子间的反应，离子强度增加，反应速率减小；对于同号离子间的反应，离子强度增加，反应速率增加。反应物不带电荷时，反应速率与离子强度无关。图 10.10.1 是一些反应的速率常数与离子强度间的关系。图中的结果和上述结论一致。

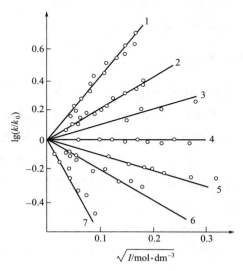

图 10.10.1 一些反应的速率常数与离子强度间的关系

"。"代表实验值；直线代表式（10.10.11）的计算值；数字代表下列反应：$1-[Co(NH_3)_5 Br]^{2+} + Hg^{2+} + 2H_2O$；$2-S_2O_8^{2-} + I^-$；$3-[NO_2 NCOOC_2 H_5]^- + OH^-$；$4-(1)[Cr(尿素)_6]^{3+} + H_2O$；$(2)CH_3 COOC_2 H_5 + OH^-$；$5-H_2 O_2 + 2H^+ + 2Br^-$；$6-[Co(NH_3)_5 Br]^{2+} + OH^-$；$7-Fe^{2+} + [Co(C_2 O_4)_5]^{3-}$

10.11 光化学反应

在光的作用下才发生的化学反应称为光化学反应。光化学反应对于地球上的生命至关重要，因为太阳的能量主要是通过光化学反应这种形式传给地球的。例如植物的光合作用就是其中之一，没有这个光化学反应，万物将失去生机。人类现在利用的主要能源石油、煤炭和天然气等也都是通过光化学反应而聚集起来的。从小的方面说，光化反应也和人类的活动密切相关，如眼睛的感光、胶片的感光、光电转换等。因为可见、红外和紫外线最普遍，因此，人们在研究光化学反应时主要涉及 $100 \sim 1000 \mathrm{nm}$ 的光。

和光化学反应相对，由加热活化导致的反应称为热化学反应，热化学反应的活化能来自于分子的热运动，而分子的热运动服从玻尔兹曼分布，即温度越高，高能分子（活化分子）越多，反应就越快，因此，热化学反应的反应速率对温度敏感。光化学反应的活化能来自于对光子的吸收，而光子的能量与光的频率有关，与温度无关，因此，光化学反应对温度不敏感，可以在低温下进行，这样可以减少热化学副反应发生。目前，光化学反应已经应用于科研和生产的很多领域。

应当注意，光是具有做功能力的一种能量，在使用热力学第二定律判断光化学反应的方向时应当使用如下判据

$$dG \leqslant \delta W' \begin{pmatrix} < 能发生 \\ = 平 \quad 衡 \end{pmatrix}$$

具体来说还应该根据选定的系统和环境做相应的分析来确定。

下面对光化学反应的基本概念和理论做简要介绍。

10.11.1 光化学反应的初级过程、次级过程

光化学反应是从反应物吸收光子被活化开始的，这个吸收光子的过程称为光化学反应的**初级过程**。反应物分子或原子吸收光子后，其电子跃迁到高能级而变为激发态，基态分子一般处于单线态，即电子都处于自旋反平行成对状态，吸收光子受激发后，配对电子中的一个跃迁到高能级，这样激发态就出现两个成单电子，如果这两个单电子的自旋相反，则称这种激发态为单线态，如果自旋平行则称为三线态。根据**选择规则**，单线态的基态分子向单线态的激发态的跃迁是允许的，而向三线态的跃迁是禁阻的，但激发态的单线态能量较高，三线态能量较低，单线态可向三线态转化。

如果激发光的频率为 ν，则其一个光子的能量为 $h\nu$，其中 h 为普朗克常数。如下反应

$$Hg + h\nu \longrightarrow Hg^*$$

$$Br_2 + h\nu \longrightarrow 2Br \cdot$$

都是光化学反应的初级阶段。

光化学反应初级阶段的产物接下来所进行的一系列过程称为光化反应的**次级过程**。如发出荧光、磷光或猝灭，也可以把能量再传给其他分子，使其他分子活化，还可以和其他分子发生化学反应等。

单线态的激发态的分子回到基态时放出**荧光**，由于激发态是不稳定的，寿命一般只有 $10^{-8}s$，所以，如果激发光切断后，荧光也就立即停止。有些分子从单线态的激发态不是直接回到基态，而是从单线态以无辐射方式转变为三线态，然后再回到基态，这时放出**磷光**。从单线态变为三线态再发射磷光的过程较慢，可有 $10^{-4} \sim 100s$，因此，当物质发射磷光时，切断光源后还可以持续一定时间。激发态分子也可以通过无辐射的方式，把能量传递给周围的分子或器壁，自己回到基态，这个过程称为**猝灭**。

激发态的分子可以和其他分子碰撞，把能量传给被撞分子，使其激发或发生反应，而本身又回到基态，这时称这种物质为**光敏剂或感光剂**。例如，二氧化碳和水并不能直接吸收太阳光而合成糖，但是叶绿素可以吸收太阳光，然后将能量传给二氧化碳和水使之发生反应：

$$6CO_2(g) + 6H_2O \xrightarrow[\text{叶绿素}]{h\nu} C_6H_{12}O_6 + 6O_2(g)$$

这时叶绿素为光敏剂。又如，下列反应中的 Hg 也是光敏剂。

$$Hg + h\nu \longrightarrow Hg^* \quad \text{初级过程}$$

$$Hg^* + Tl \longrightarrow Hg + Tl^* \quad \text{次级过程}$$

$$Hg^* + H_2 \longrightarrow Hg + 2H\cdot \quad \text{次级过程}$$

激发态的分子也可能与其物质发生化学反应，如

$$Hg^* + O_2 \longrightarrow HgO + \overset{\cdot}{O} \quad \text{次级过程}$$

还有许多光化学反应的次级过程为链反应。

10.11.2 光化学反应的基本定律

光化学第一定律：只有被分子吸收的光才能引起光化学反应。这个定律是 19 世纪由格罗特斯（Grotthus）和德拉波（Draper）总结得出的，因此，又称为格罗特斯-德拉波定律。

由于分子轨道的能量是量子化的，所以从基态到激发态所需激发的能量也是量子化的，而光能也是量子化的，因此，只有两者能量相等才能吸收，才能引起光化反应的初级阶段发生。

光化学第二定律：在光化学反应的初级阶段，一个分子（或原子）只吸收一个光子而活化。这个定律是 20 世纪初由斯塔克（Stark）和爱因斯坦（Einstein）提出，因此也称为斯塔克-爱因斯坦光化学当量定律。

按照该定律，活化 1mol 分子需要 1mol 光子。1mol 光子的能量称为 1 爱因斯坦（Einstein），记为 E

$$E = Lh\nu = Lhc/\lambda = \{0.1196(m/\lambda)\}J \cdot mol^{-1} \tag{10.11.1}$$

已有的研究结果表明，在一般的光强度（$10^{14} \sim 10^{18}\,h\nu/s$）下，光化当量定律是成立的，但是，对使用强光如激光的反应体系，分子可以吸收 2 个或更多个的光子，即这种情况下光化当量定律不成立。

10.11.3　量子效率和量子产率

由于有次级过程的存在，初级过程吸收一个光子而活化的某个分子可能引起许多反应（如链反应），也可能以放出荧光、磷光、猝灭等方式回到基态（这些过程称为消活化过程）不引起化学反应。为了对这些情况有一个衡量，辅助推导反应机理，引入量子效率和量子产率的概念。**量子效率**是指系统发生反应的分子数（通常是指被光活化的那个物质发生反应的分子数）与被吸收的光子数之比，用 φ 表示。

$$\varphi = \frac{\text{发生反应的某反应物 A 的分子数}}{\text{被吸收的光子数}} = \frac{\text{发生反应的某反应物 A 的物质的量}}{\text{被吸收光子的物质的量（爱因斯坦数）}}$$

$$= \frac{\text{某反应物 A 的消耗速率}}{\text{吸收光子速率}} = \frac{v_A}{I_a} \tag{10.11.2}$$

式中，I_a 的单位取 $\text{mol·dm}^{-3}\text{·s}^{-1}$。

量子产率是指系统中生成某产物 B 的分子数与被吸收光子数之比，用 φ' 表示。

$$\varphi' = \frac{\text{生成产物 B 的分子数}}{\text{被吸收的光子数}} = \frac{\text{生成产物 B 的物质的量}}{\text{被吸收光子的物质的量（爱因斯坦数）}}$$

$$= \frac{\text{产物 B 的生成速率}}{\text{吸收光子速率}} = \frac{v_B}{I_a} \tag{10.11.3}$$

受计量系数影响，φ 和 φ' 可能相同，也可能不同。例如，对于如下反应

$$2HI + h\nu \longrightarrow H_2 + I_2$$

量子效率为 2，量子产率为 1。表 10.11.1 列出了室温下一些光化学反应的量子效率。

表 10.11.1　室温下一些光化学反应的量子效率

反应	λ/nm	φ	关于 φ 的备注
$2NH_3 \longrightarrow N_2 + 3H_2$	210	0.25	随压力而变
$SO_2 + Cl_2 \longrightarrow SO_2Cl_2$	420	1	
$2HI \longrightarrow H_2 + I_2$	$207 \sim 282$	2	在较大的温度和压力范围内保持常数
$2HBr \longrightarrow H_2 + Br_2$	$207 \sim 253$	2	
$H_2 + Br_2 \longrightarrow 2HBr$	<600	2	是近 200℃时的数据（在 25℃附近则很小）
$3O_2 \longrightarrow 2O_3$	$170 \sim 253$	$1 \sim 3$	近室温
$CO + Cl_2 \longrightarrow COCl_2$	$400 \sim 436$	$\approx 10^3$	随温度而降，且与压力有关
$H_2 + Cl_2 \longrightarrow 2HCl$	$400 \sim 436$	$\approx 10^6$	随氢气的分压及杂质而变

$\varphi < 1$ 表示次级过程有消活化过程，$\varphi = 1$ 表示初级过程产生的活化分子直接一步变为了产物，$\varphi > 1$ 对应的光化学反应的初级过程一般会有自由基生成，这些自由基在次级过程中引发了更多的反应，其中包括链反应。如反应 $2HI + h\nu \longrightarrow H_2 + I_2$ 的机理为

$$HI + h\nu \longrightarrow H\cdot + I\cdot \quad \text{初级过程}$$

$$HI + H \cdot \longrightarrow H_2 + I \cdot$$
$$2I \cdot + M \longrightarrow I_2 + M$$
$\Big\}$ 次级过程

其量子效率为 $\varphi = 2$。而反应 $H_2 + Cl_2 \longrightarrow 2HCl$ 的机理如下

$$Cl_2 + h\nu \longrightarrow 2Cl \cdot \quad \text{初级过程}$$

$$Cl \cdot + H_2 \longrightarrow HCl + H$$
$$H \cdot + Cl_2 \longrightarrow HCl + Cl$$
$$\cdots\cdots$$
$$2Cl \cdot + M \longrightarrow Cl_2 + M$$
$\Big\}$ 次级过程

其量子效率为 $\varphi \approx 10^6$。

在没有其他反应时,量子效率与量子产率间的关系为 $\dfrac{\varphi}{|\nu_A|} = \dfrac{\varphi'}{|\nu_B|}$。

10.11.4 光化学反应动力学

光化学反应的速率方程一般比较复杂,它的初级过程的反应速率取决于被吸收光的强度(与入射光的强度和频率有关),而和反应物的浓度无关,而次级过程一般为热反应,因此,实验所得反应速率方程往往既和被吸收光的强度有关,又和反应物浓度有关。在光化学反应动力学的研究中,拟定的反应机理既要服从实验速率方程,也要与实验所测得的量子效率相一致。下面以一个简单的光化学反应模型,说明光化学反应机理与速率方程以及量子效率间的关系。

设有光化学反应 $A_2 + h\nu \longrightarrow 2A$,其反应机理如下

$$A_2 + h\nu \xrightarrow{I_a} A_2^* \qquad \text{初级过程}$$

$$A_2^* \xrightarrow{k_2} 2A \qquad \text{次级过程}$$

$$A_2^* + A_2 \xrightarrow{k_3} 2A_2 \qquad \text{次级过程}$$

在初级过程中 A_2 分子被活化,活化分子可能进行分解的次级反应也可能进行失活的次级反应。对于有大量分子的系统,即一部分活化分子分解,另一部分失活。设初级过程的被吸收光的强度为 I_a,单位为 $mol \cdot dm^{-3} \cdot s^{-1}$。根据稳态处理法,可以对 A_2^* 进行稳态处理

$$\frac{dc_{A_2^*}}{dt} = I_a - k_2 c_{A_2^*} - k_3 c_{A_2^*} c_{A_2} = 0$$

则

$$c_{A_2^*} = \frac{I_a}{k_2 + k_3 c_{A_2}}$$

第二步是生成产物的步骤,所以产物的生成速率为

$$\frac{dc_A}{dt} = 2k_2 c_{A_2^*} = \frac{2k_2 I_a}{k_2 + k_3 c_{A_2}}$$

量子效率为

$$\varphi = \frac{1}{I_a} \left(-\frac{dc_{A_2}}{dt} \right) = \frac{1}{I_a} \left(\frac{dc_A}{2dt} \right) = \frac{k_2}{k_2 + k_3 c_{A_2}}$$

又如,光化学反应 $H_2 + Cl_2 \longrightarrow 2HCl$ 的机理如下

$$Cl_2 + h\nu \xrightarrow{I_a} 2Cl\cdot \quad \text{初级过程}$$

$$\left.\begin{array}{l} Cl\cdot + H_2 \xrightarrow{k_2} HCl + H\cdot \\ H\cdot + Cl_2 \xrightarrow{k_3} HCl + Cl\cdot \\ \cdots\cdots \\ 2Cl\cdot + M \xrightarrow{k_4} Cl_2 + M \end{array}\right\} \text{次级过程}$$

设初级过程的被吸收光的强度为 I_a，单位为 $mol\cdot dm^{-3}\cdot s^{-1}$。如果以 HCl 的生成速率表示反应速率，则

$$\frac{dc_{HCl}}{dt} = k_2 c_{Cl\cdot} c_{H_2} + k_3 c_{H\cdot} c_{Cl_2}$$

根据稳态处理法

$$\frac{dc_{Cl\cdot}}{dt} = 2I_a + k_3 c_{H\cdot} c_{Cl_2} - k_2 c_{Cl\cdot} c_{H_2} - 2k_4 c_{Cl\cdot}^2 c_M = 0$$

$$\frac{dc_{H\cdot}}{dt} = k_2 c_{Cl\cdot} c_{H_2} - k_3 c_{H\cdot} c_{Cl_2} = 0$$

联立以上两式可得

$$c_{Cl\cdot} = \left(\frac{I_a}{k_4 c_M}\right)^{1/2}$$

$$c_{H\cdot} = \frac{k_2}{k_3 c_{Cl_2}}\left(\frac{I_a}{k_4 c_M}\right)^{1/2} c_{H_2}$$

将上述各式代入反应速率表达式可得

$$\frac{dc_{HCl}}{dt} = k_2 c_{Cl\cdot} c_{H_2} + k_3 c_{H\cdot} c_{Cl_2} = 2k_2 c_{Cl\cdot} c_{H_2}$$

$$\frac{dc_{HCl}}{dt} = 2k_2 \left(\frac{I_a}{k_4 c_M}\right)^{1/2} c_{H_2}$$

上述机理中的第四步氯自由原子的消去反应，也可能以下列方式进行

$$Cl\cdot + M \xrightarrow{k_5} ClM$$

这时可以推得速率方程为

$$\frac{dc_{HCl}}{dt} = 4k_2 \frac{I_a}{k_5 c_M} c_{H_2}$$

这种情况下的量子产率为

$$\varphi = \frac{\dfrac{dc_{HCl}}{dt}}{I_a} = \frac{4k_2 c_{H_2}}{k_5 c_M}$$

实际反应中，两种氯自由原子的消去机理都有发生，因此，反应速率与 I_a^n 成正比，n 介于 $1/2\sim1$ 之间。

从该例还可以看出，虽然反应物为两种，但反应速率只和一种反应物的浓度有关，这一点和热化学反应不同。

10.11.5　温度对光化学反应速率的影响

对于热化学反应，温度对于反应速率的影响主要体现在对反应速率常数的影响上，其关系服从阿伦尼乌斯方程。对于光化学反应，从上面的光化反应动力学的讨论中可知，总反应的速率常数表达式中一般既包含和温度无关的光吸收速率 I_a（它和入射光的强度和频率有关，入射光越强，频率越适合分子活化的电子跃迁，I_a 越大），也包含和温度有关的基元步骤的速率常数，因此，温度对于光化学反应的影响是复杂的。如果总反应的速率常数中只包含 I_a，则反应速率就几乎和温度无关。如果包含热反应速率常数，则要考虑温度的影响。温度影响的大小，可从阿伦尼乌斯方程进行讨论。

例如对于氯仿的光氯化反应

$$CHCl_3 + Cl_2 \xrightarrow{h\nu} CCl_4 + HCl$$

其可能的反应机理为

$$Cl_2 + h\nu \xrightarrow{I_a} 2Cl \cdot \quad 初级过程$$

$$\left.\begin{array}{l} Cl \cdot + CHCl_3 \xrightarrow{k_2} HCl + Cl_3C \cdot \\[4pt] Cl_3C \cdot + Cl_2 \xrightarrow{k_3} CCl_4 + Cl \cdot \\[4pt] 2Cl_3C \cdot + Cl_2 \xrightarrow{k_4} 2CCl_4 \end{array}\right\} 次级过程$$

其速率方程为

$$\frac{dc_{CCl_4}}{dt} = k_3 k_4^{-1/2} I_a^{1/2} c_{Cl_2}^{1/2} = k I_a^{1/2} c_{Cl_2}^{1/2}$$

从这个反应的速率方程可知，反应速率与被吸收光的强度有关。在光强一定的情况下，还和温度有关，因为有热反应速率常数 k。但温度对 k 的影响不会很大，这是因为

$$k = k_3 k_4^{-1/2}$$

根据阿伦尼乌斯方程

$$E_a = E_{a,3} - E_{a,4}/2$$

因为第三步和第四步反应中都有自由基，因此，$E_{a,3}$ 和 $E_{a,4}$ 也会较小，因此，E_a 较小。所以总体考虑，温度对整个反应的影响较小。

但是有些光化学反应的总速率常数中所涉及的热反应速率常数对应的活化能较大，这时温度便会对反应速率有较大影响，如果表观的热活化能为负值（较少见），则还会有负的温度效应。

10.11.6　光化学平衡

当化学平衡的正逆方向至少有一方是光化学反应时，对应的化学平衡就是光化学平衡。需要注意的是，同样的反应，撤去光后，也可能以热反应的方式进行，那样，平衡就是热平衡了。下面分两种简单情况讨论光化学平衡的特点。

① 设物质 A 和 B 在吸收光的情况下进行如下反应

$$A + B \xrightarrow{h\nu} C + D$$

若产物对光不敏感，则逆反应为热反应。这个化学平衡可表示为

$$A+B \underset{\text{热}}{\overset{h\nu}{\rightleftharpoons}} C+D$$

对应的例子为

$$2C_{14}H_{10}（蒽）\underset{\text{热}}{\overset{h\nu}{\rightleftharpoons}} C_{28}H_{20}（双蒽）$$

上式是这个反应的计量式，并不代表机理。对于正向反应，会涉及光化反应的初级阶段和次级阶段，而次级阶段包括激发态的蒽不发生双聚而回到基态和发生双聚等过程。有人认为正反应速率 v_1 只和被吸收光的强度成正比，即

$$v_1 = k_1 I_a$$

比例常数 k_1 与温度无关。逆反应速率 v_{-1} 为热反应，反应速率与双蒽（记为 A_2）的浓度成正比：

$$v_{-1} = k_{-1} c_{A_2}$$

平衡时 $v_1 = v_{-1}$，所以有 $\quad c_{A_2} = \dfrac{k_1}{k_{-1}} I_a$

上式说明，达到平衡时，双蒽的浓度与被吸收光的强度成正比，当被吸收光的强度一定时，双蒽的浓度（即光化学平衡常数）一定，与蒽的浓度无关。但是因为 k_{-1} 是热反应速率常数，因此，平衡常数也和温度有关。将光移开，光化学平衡随机破坏，然后将建立起热化学平衡。

② 若正逆反应都是光化学反应，则对应的化学平衡可表示为

$$A+B \underset{h\nu}{\overset{h\nu}{\rightleftharpoons}} C+D$$

根据光化反应的过程特点，这个方程只能代表计量方程，不能代表机理方程。

从光化反应动力学的讨论中可知，除了光化反应的初级过程的速率与反应物浓度无关外，总的反应速率尽管不像热反应那样一般与各反应物的浓度都有关，但一般还是和某种反应物的浓度相关的。另外，总的反应速率一般和被吸收的光的强度有关。因此，假设正反应速率为

$$v_1 = k_1 I_{a,1} c_A$$

逆反应速率为

$$v_{-1} = k_{-1} I_{a,-1} c_C$$

并设其中 k_1 和 k_{-1} 是与热反应相关的速率常数。平衡时 $v_1 = v_{-1}$，所以有平衡常数为

$$\frac{c_C}{c_A} = \frac{k_1 I_{a,1}}{k_{-1} I_{a,-1}}$$

如果 k_1 和 k_{-1} 所对应的活化能很小，则两者与温度几乎无关，由上式可知，其平衡常数取决于正逆反应的吸收光的强度。对应的例子有如下反应

$$2SO_3 \underset{h\nu}{\overset{h\nu}{\rightleftharpoons}} 2SO_2 + O_2$$

实验表明，在非光照情况下，要想使 30% 的 SO_3 分解，必须加热到 630℃。但在光化学反应

条件下，在 45℃时，就有 35％的 SO_3 分解，而且，当光强一定时，温度在 50～800℃的范围内，其平衡常数几乎不变。

10. 11. 7　化学发光*

化学发光是指由于化学反应而放出光的过程，可以看作是光化学反应的反过程。化学发光是化学反应过程中产生了激发态的分子，这些激发态的分子跃迁回基态时放出光。化学发光已广泛用于多个领域，如构成化学激光器、化学发光分析仪、电化学发光分析仪。在日常生活中也很常见，如荧光棒、荧光鱼漂等。

在化学发光分析中，最常用的一种物质是鲁米诺（lumino，氨基邻苯二甲酰肼），它在某些催化剂如 $[Fe(CN)_6]^{3-}$ 的催化下，在碱性介质中和某些氧化剂如 H_2O_2 反应，首先生成激发态的氨基邻苯二甲酸根和氮气，然后激发态的氨基邻苯二甲酸根回到基态放出蓝绿色光。

燃烧过程是个剧烈的发热发光的过程，之所以有光放出是因为燃烧反应放出大量热能，这些热能可使很多反应物分子或产物分子成为激发态，当它们回到基态时可放出光。如 CO 燃烧时可形成激发态的 CO_2^* 和 O_2^*，它们回到基态时放射出光。

当然，有很多反应放出的光不是可见光，如红外线和紫外线等。另外，某些化学反应在合适的条件下也可以放出激光，称为化学激光。为了理解什么是化学激光以及为后面要介绍的激光化学做准备，这里简单介绍一下激光的概念。

激光的英文名字 laser 来源于 light amplification by stimulated emission of radiation，其意思是受激辐射的光放大作用。就是当系统中高能粒子数比低能粒子数多的情况下，受光的激励高能粒子会跃迁到低能状态，并且发出和激励光同频率、同位相、同方向和同偏振的辐射，这就是激光。

但在一般情况下，由某种粒子（分子、离子或原子）组成的系统服从玻尔兹曼分布，即处于高能态的粒子少，处于低能态的粒子多。在激光器中通过外部不断地供给能量，可以打破这个格局，实现所谓粒子数的反转，供给能量的方式一般是通电、光照。利用化学反应可以直接实现粒子数的反转，这样产生的激光为化学激光，化学激光只是激光产生方式的一种，化学激光具有输出功率高、不需要携带发电设备等优点而备受重视。

10. 11. 8　激光化学简述*

激光由于其高单色性、高相干性、高强度等特点，已被用于科研、生产、国防等众多领域。激光在化学领域也有非常重要的应用。就像前面介绍的普通光可以引起光化学反应一样，激光也可以引起光化学反应。利用激光的高单色性，可以选择性地激发分子中的某些跃迁使分子活化，研究这些跃迁与后续所发生的化学反应的关系，掌握其中规律，从而有可能让化学反应按照人们的意愿选择性地进行。

例如，可以用激光进行同位素的分离。选择和同位素光谱中某一条谱线相同频率的激光照射同位素，使该同位素活化而进行反应，其他同位素则不发生反应而留在原料中，这样就可以将同位素分离。使用这种方法就连最难分离的 ^{235}U 和 ^{238}U 也可得到分离。

又如，甲醇中有 CH_3OH 和 CD_3OD，CH_3OH 中 OH 基的一个振动吸收带的波数在 $3681cm^{-1}$ 附近，CD_3OD 中的对应吸收带在 $2724cm^{-1}$ 附近，在室温下用 HF 气体激光器发出的 $3644cm^{-1}$ 的激光照射该系统，CH_3OH 中 OH 基发生共振而活化，而 CD_3OD 的相应

基团不受影响，同时在 Br_2 存在的情况下，系统将快速发生如下反应

$$CH_3OH \xrightarrow{h\nu} CH_3OH^*$$

$$CH_3OH^* + Br_2 \longrightarrow HCHO + 2HBr$$

用功率为 100W 的 HF 激光连续照射 CH_3OH、CD_3OD 和 Br_2 混合系统 60s，经进一步处理，可使 CD_3OD 的含量从 50％增加到 95％。

激光化学近年来的最大进展有：①开发出了几种可调频激光器；②研制出了高效率的紫外线激光器；③开发出了飞秒甚至更短持续时间的脉冲激光器。

10.12 催化作用

10.12.1 催化剂和催化作用

存在少量就能显著地改变反应速率，但反应前后自身的数量和化学性质没有改变的物质称为**催化剂**，催化剂的这种作用称为**催化作用**。能加快反应速率的催化剂称为**正催化剂**，能降低反应速率的催化剂称为**负催化剂**或**阻化剂**。因为正催化剂用得较多，一般不特别指明时均指正催化剂。有些反应的产物可以加快对应的反应，这种作用称为**自催化作用**，如，在酸性条件下高锰酸钾氧化草酸生成的 Mn^{2+} 便对该反应有自催化作用。对于自催化反应，随着反应的进行生成的自催化剂越来越多，因此反应越来越快，只是到最后反应物浓度很低时反应速率才降下来。而一般化学反应是开始时快，然后慢，因为开始时反应物浓度高。

有催化剂参加的反应称为**催化反应**，一般分为均相催化（单相催化）和多相催化（非均相催化）。催化剂和反应物在同一相中的催化反应为均相催化。如，酸存在条件下的蔗糖水解反应。催化剂和反应物不在同一相中的催化称为多相催化。如，铁催化剂存在下的合成氨反应。

要注意的是很多很平常的物质都可能作催化剂，甚至一些杂质、尘埃、反应容器的器壁都有可能对某些反应起到催化作用。因此，在进行化工生产，特别是进行化学研究时，一定要尽可能严格地控制和记录反应条件，仔细研究这些条件对于化学反应的影响情况。起初也正是研究者对于反应条件的仔细观察，才发现了催化剂的存在。

现在催化剂已遍及化学的各个领域。据统计约有 90％的化工产品与催化工程相关。并且，随着催化研究的不断深入，新型催化剂不断出现，使得原来需要苛刻条件的反应可以在很温和的条件下快速进行，使得原来副反应较多的反应的选择性大大增加，减少了产品分离提纯的难度，这些都大大节约了能源和时间。催化脱硫和催化脱硝等工艺，大大降低了煤炭燃烧造成的环境污染。催化作用与生命过程密切相关，在肌体这样温和的条件下，大量生化反应有条不紊地进行着，这都得益于酶的催化作用。研究这些酶的催化过程，对于揭示生命现象，化学模拟酶催化过程有重要意义。以节约能源、减少污染为目标的绿色化学是近年来化学工作者的努力方向，性能优良的催化剂的发现和利用无疑是实现这一目标的重要手段。

10.12.2 催化反应的一般机理和催化反应活化能

催化剂之所以可以催化反应是因为催化剂参与了反应，改变了反应的历程，降低了反应

的活化能，或增加了指前因子。由于活化能在阿伦尼乌斯方程的指数项上，因此，活化能的降低会大大加快反应。

设催化剂 K 能催化 $A+B \longrightarrow AB$ 的反应，设其机理为

$$A+K \underset{k_{-1}}{\overset{k_1}{\rightleftharpoons}} AK$$

$$AK+B \overset{k_2}{\longrightarrow} AB+K$$

设第一个反应的正逆反应速率很快，即第一个反应在反应过程中能基本保持平衡，则

$$\frac{k_1}{k_{-1}} = \frac{c_{AK}}{c_A c_K} = K_c$$

所以

$$c_{AK} = \frac{k_1}{k_{-1}} c_K c_A$$

则总反应速率可表示为

$$\frac{dc_{AB}}{dt} = k_2 c_{AK} c_B = k_2 \frac{k_1}{k_{-1}} c_K c_A c_B = k c_A c_B$$

式中，$k = k_2 \dfrac{k_1}{k_{-1}} c_K$，称为**表观速率常数**。将各基元反应的速率常数用阿伦尼乌斯方程表示，可得

$$k = A_2 \frac{A_1}{A_{-1}} c_K e^{-(E_{a,1} - E_{a,-1} + E_{a,2})/(RT)} = A c_K e^{-E_a/(RT)}$$

式中，$A = A_2 \dfrac{A_1}{A_{-1}}$，称为**表观指前因子**。从上式可知，总反应的表观活化能和各基元反应的活化能的关系为

$$E_a = E_{a,1} - E_{a,-1} + E_{a,2}$$

如上的反应机理和活化能的关系可用图 10.12.1 表示。

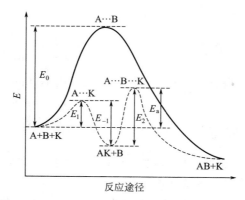

图 10.12.1 催化反应活化能与反应途径的关系

如图所示，非催化反应要克服一个活化能为 E_0 的较高的能峰，而在催化剂的参与下，

反应途径改变,反应只需越过两个较小的能峰。这样使得催化反应的表观活化能比非催化反应的活化能低,使反应速率大大加快。

由图还可看出,催化剂 K 应易与反应物发生反应,即反应的 $E_{a,1}$ 要小,但二者所形成的中间物不宜太稳定,否则 $E_{a,2}$ 将会很大,第二步反应将很慢,整个反应速率将决定于第二步反应,也将变得很慢,这时的反应机理变为

$$A+K \xrightarrow[\text{快}]{k_1} AK$$

$$AK+B \xrightarrow[\text{慢}]{k_2} AB+K$$

可近似认为在很短时间内 A 全部变为 AK,所以,反应速率方程变为

$$\frac{dc_{AB}}{dt} = k_2 c_{AK} c_B \approx k_2 c_A c_B = k c_A c_B$$

因此,那些不易与反应物作用或虽然作用但生成稳定中间化合物的物质,不能作为催化剂。

在实际中还发现,有些催化反应的活化能降低得不多,而反应速率却改变很大。另外还发现,对于同一个反应,当用不同的催化剂催化时,活化能相差不大,但反应速率相差却很大,如,甲酸的分解反应

$$HCOOH \longrightarrow H_2 + CO_2$$

在不同的固体催化剂作用下反应速率相差很大,如表 10.12.1 所示。

表 10.12.1　甲酸在不同催化剂作用下的分解速率

催化剂	玻璃	金	银	铂	铑
活化能/kJ·mol^{-1}	102	98	130	92	104
相对速率	1	40	40	2000	10000

这可能是因为,催化剂的表面状态不同,造成催化熵不同所致。根据过渡态理论,反应速率常数可表示为

$$k = \frac{k_B T}{h} (c^{\ominus})^{1-n} e^n e^{\Delta_r S_m^{\ominus, \neq}(c^{\ominus})/R} e^{-E_a/RT}$$

$$A = \frac{k_B T}{h} (c^{\ominus})^{1-n} e^n e^{\Delta_r S_m^{\ominus, \neq}(c^{\ominus})/R}$$

从公式可以看出,活化熵在指数上,它的不同,对反应速率也将有很大影响,它主要影响反应的指前因子。

10.12.3　催化剂的基本特征

① 催化剂参与反应,改变了反应历程,从而降低了反应的活化能,加快了反应。但对于大多数的催化反应的催化机理目前还不清楚。

② 反应前后,催化剂的数量和化学性质不发生变化。但物理性质会发生变化,物理性质的改变也会影响催化作用的能力,因此,催化剂也是要不断更换的。

③ 催化剂不影响化学平衡。由于反应前后其数量和化学性质不发生变化,所以,不会

影响反应的 $\Delta_r G_m^{\ominus}$，因此不会影响平衡常数。它只是缩短了达到平衡的时间，不影响平衡位置。

因为 $K = k_正 / k_逆$，由此可知，当一个催化剂对正反应有催化作用（能增大 $k_正$）时，对于逆反应必然有同样性质的催化作用（也能成比例地增大 $k_逆$）。这个原则很有用，因为在寻找催化剂时，如果正反应的条件不好控制，逆反应的条件好控制，则可研究逆反应的催化剂，找到后直接用于正反应。

因为催化剂也不会改变反应的 $\Delta_r G_m$，所以，一个在给定条件下不能进行的反应，不可能通过加入催化剂而使之进行。即，加入催化剂不能改变反应的方向。

④ 催化剂的催化作用是有选择性的。一般地，不同的反应要用不同的催化剂。对于平行反应，可以通过使用高选择性的催化剂来抑制副反应，加快主反应，从而得到主要产物。

例如，250℃乙烯与氧气可平行进行如下三个反应

a. $\qquad$ $C_2H_4 + 3O_2 \longrightarrow 2CO_2 + 2H_2O$ $\qquad$ $K_1^{\ominus} = 4.0 \times 10^{130}$

b. $\qquad$ $C_2H_4 + \dfrac{1}{2}O_2 \longrightarrow CH_3CHO$ $\qquad$ $K_2^{\ominus} = 6.3 \times 10^{18}$

c. $\qquad$ $C_2H_4 + \dfrac{1}{2}O_2 \longrightarrow H_2C\overset{\displaystyle O}{-}CH_2$ $\qquad$ $K_3^{\ominus} = 1.6 \times 10^6$

从热力学的观点考虑，当体系中三个反应都达到平衡时，必然是第一个反应的产物占绝对多数，其次是第二个反应的产物，第三个反应的产物最少。加入催化剂也不能改变这些平衡性质。但是，实际过程几乎都是当系统还未达到平衡就要将产物分离，因此，反应速率快的反应产物所占的比例高。如果用银作催化剂，只选择性地催化反应③，适时地分离产物可主要得到环氧乙烷。若用钯作催化剂，则只选择性地催化反应②，适时地分离产物可主要得到乙醛。

对于连串反应，也可以通过选择催化剂，使反应在一定的时间内主要生成某中间步骤的产物。

催化剂的选择性用下式定义

$$选择性 = \frac{转化为目标产物的原料的物质的量}{原料总的转化的物质的量} \times 100\%$$

⑤ 对于很多固体催化剂，其催化作用极易受到某些物质的影响，即使这些物质的少量存在也会大大改变催化剂的催化能力。其中，能增强催化剂的催化能力的物质称为助催化剂，能降低催化剂的催化能力的物质称为催化反应的毒物。这一特征说明催化剂的表面不都是等效的，存在着具有一定结构的催化活性中心。

10.13 均相催化反应

均相催化包括气相催化和液相催化。气相催化很少见，其动力学性质和一般气相反应动力学相同，只是多了一种参与了反应后又被放出的物质而已。液相催化比较常见，根据催化剂的种类分为酸碱催化、络合催化和酶催化等，其遵从前已述及的溶液反应动力学规律和一般催化反应的动力学规律，下面对这些反应的基本特征做简要介绍。

10.13.1 酸碱催化

根据广义酸碱理论，能够给出质子的物质称为酸，能够接受质子的物质称为碱，酸和碱对许多反应具有催化作用，这种催化作用称为酸碱催化。酸碱催化可以是均相的，也可以是多相的，本小节只介绍均相（液相）酸碱催化。酸碱催化在有机合成中应用广泛。

在酸催化过程中，反应物得到质子，反应后再将质子放出。如果酸为弱酸 HA，则酸催化反应 $S+R \xrightarrow{k} P$ 的机理可表示为

$$HA \underset{}{\overset{K_a}{\rightleftharpoons}} H^+ + A^-$$

$$S+H^+ \underset{}{\overset{K_c}{\rightleftharpoons}} SH^+$$

$$SH^+ + R \xrightarrow{k_3} P + H^+$$

其中，K_a 为酸的解离常数。根据平衡态近似法，反应速率为

$$\frac{dc_P}{dt} = k_3 c_{SH^+} c_R = k_3 K_c c_{H^+} c_S c_R \approx k_3 K_c (K_a c_{HA})^{1/2} c_S c_R = kc_S c_R$$

其中，$k = k_3 K_c (K_a c_{HA})^{1/2}$ 为酸催化反应的速率常数，如果催化时所用的酸为强酸，则 $k = k_3 K_c c_{H^+}$，如果为多元弱酸，则 $k = k_3 K_c c_{HA}^m K_a^n$，不管哪种情况，在酸浓度一定、温度一定的情况下都是常数。

如，醋酸与甲醇在酸催化下的酯化反应机理为

$$H_3C-C\overset{O}{\underset{OH}{}} + H^+ \longrightarrow H_3C-C\overset{OH^+}{\underset{OH}{}} \quad 质子化物$$

$$H_3C-C\overset{OH^+}{\underset{OH}{}} + CH_3OH \longrightarrow H_3C-C\overset{O}{\underset{OCH_3}{}} + H_2O + H^+$$

在碱催化过程中，碱接受反应物的质子，然后反应进行到一定阶段后，碱再将质子放出而复原。如在水溶液中，弱碱 B 催化反应 $SH+R \xrightarrow{k} P$ 的一般机理可表示为

$$B + H_2O \underset{}{\overset{K_b}{\rightleftharpoons}} BH^+ + OH^-$$

$$SH + OH^- \underset{}{\overset{K_c}{\rightleftharpoons}} S^- + H_2O$$

$$S^- + R \xrightarrow{k_3} P + OH^-$$

根据平衡态近似法，反应速率为

$$\frac{dc_P}{dt} = k_3 c_{S^-} c_R = k_3 K_c c_{OH^-} c_{SH} c_R \approx k_3 K_c K_b^{1/2} c_B^{1/2} c_{SH} c_R = kc_{SH} c_R$$

其中，$k = k_3 K_c K_b^{1/2} c_B^{1/2}$ 为如上机理的碱催化反应的速率常数。

例如，硝基胺的水解反应

$$NH_2NO_2 + OH^- \longrightarrow NHNO_2^- + H_2O$$

$$NHNO_2^- \longrightarrow N_2O + OH^-$$

该反应也可以用广义碱催化，如用 CH_3COO^- 催化，机理为

$$NH_2NO_2 + CH_3COO^- \longrightarrow NHNO_2^- + CH_3COOH$$

$$NHNO_2^- \longrightarrow N_2O + OH^-$$

$$OH^- + CH_3COOH \longrightarrow CH_3COO^- + H_2O$$

大量实验表明，对于广义的酸催化反应的速率常数可以表示为

$$k_a = G_a K_a^{\alpha} \qquad (10.13.1)$$

对于广义的碱催化反应的速率常数可以表示为

$$k_b = G_b K_b^{\beta} \qquad (10.13.2)$$

以上两式称为布朗斯特德（Bronsted）定律，式中 G_a、G_b、α 和 β 均为常数，与反应的种类、溶剂的种类和温度等有关。α 和 β 的值介于 $0\sim1$ 之间。

10.13.2　络合催化

络合催化也称**配位催化**，是指反应物和催化剂间通过形成络合物而进行的催化反应。络合催化可以是单相催化，也可以是多相催化，但一般是指溶液中的单相催化反应。络合催化是研究较多、应用较广和发展迅速的催化类型。

络合催化的催化剂要么开始时就是络合物，要么在反应过程中形成络合物，它和反应物相互作用时，反应物作为络合体与其中心离子（或原子）进行络合而被活化。络合催化的主要催化机理可简略表示如下：

$[ML_n] + X \longrightarrow [MXL_{n-1}] + L$　　反应物 X 与催化剂的中心原子(离子)络合

$[MXL_{n-1}] + Y \longrightarrow [MXL_{n-2}Y] + L$　　反应物 Y 与催化剂的中心原子(离子)络合

$[MXL_{n-2}Y] \xrightarrow{重排} [ML_{n-2}(X-Y)]$　　X 转移插入 M-Y 间或 Y 转移到 X 上，由于络合作用使得这种转移变得较容易进行，这是络合催化的主要作用。

下面以乙烯在 $PdCl_2$ 和 $CuCl_2$ 的盐酸溶液中氧化制乙醛反应为例具体说明络合催化机理。乙烯氧化制备乙醛的总反应可表示为

$$C_2H_4 + \frac{1}{2}O_2 \xrightarrow{PdCl_2\text{-}CuCl_2} CH_3CHO$$

在中等浓度的盐酸中 $PdCl_2$ 主要以 $[PdCl_4]^{2-}$ 的形式存在，即

$$PdCl_2 + 2Cl^- \longrightarrow [PdCl_4]^{2-}$$

普遍认为乙烯氧化制备乙醛的催化反应机理为：

① $[PdCl_4]^{2-} + C_2H_4 \underset{}{\overset{快速平衡}{\rightleftharpoons}} [Pd(C_2H_4)Cl_3]^- + Cl^-$

② $[Pd(C_2H_4)Cl_3]^- + H_2O \underset{}{\overset{快速平衡}{\rightleftharpoons}} [Pd(H_2O)(C_2H_4)Cl_2] + Cl^-$

③ $[Pd(H_2O)(C_2H_4)Cl_2]+H_2O \xrightarrow{\text{快速平衡}} [Pd(C_2H_4)(OH)Cl_2]^-+H_2O^+$

④ $[Pd(C_2H_4)(OH)Cl_2]^-+H_2O \xrightarrow[\text{慢}]{\text{重排}} [Pd(-CH_2-CH_2-OH)(H_2O)Cl_2]^-$

⑤ $[Pd(CH_2-CH_2-OH)(H_2O)Cl_2]^- \xrightarrow{\text{快}} CH_3CHO+Pd+H_2O^++2Cl^-$

⑥ $Pd+2Cu^{2+}+2Cl^- \longrightarrow PdCl_2+2Cu^+$

⑦ $2Cu^++2H^++\dfrac{1}{2}O_2 \longrightarrow 2Cu^{2+}+H_2O$

其中①～⑤步是催化反应的核心步骤。

上述反应机理中，Pd与乙烯间所形成的络合物称为 π 络合物，乙烯分子将 π 成键轨道上的一对电子填入 Pd 的空轨道形成 σ 键，但同时 Pd 提供 d 轨道上的电子填入乙烯的 π^* 反键空轨道。乙烯中 π 成键轨道电子的给出和 π^* 反键空轨道电子的填入都削弱了碳原子间的化学键，使乙烯活化而易于反应。所以，这一类催化在有机合成中起着重要的作用。

在上述反应机理的第④步，在 Pd（Ⅱ）的作用下，乙烯的碳原子间的键被削弱，同时碳原子的正电性增强，有利于羟基的亲核进攻，这些都促使这步重排（由 π 络合物向 σ 络合物的重排）反应得以进行。

根据上述反应机理，可推得反应速率方程为

$$-\frac{dc_{C_2H_4}}{dt}=k\,\frac{c_{PdCl_4^{2-}}\,c_{C_2H_4}}{c_{Cl^-}^2\,c_{H^+}^2}$$

和实验所得速率方程一致。

在均相配位催化中，催化剂的每个分子都可以参与催化过程，不像固相催化剂那样，只有表面分子才可以参与催化，因此，均相配位催化的催化效率较高。另外，配位催化是参与配位的分子间发生作用，而与特定的催化剂参与络合的分子不是任意的，参与络合的原子或化学键不是任意的，因此，络合催化具有较好的选择性。由于有这些优点，均相络合催化在工业上已得到广泛的应用，如加氢、脱氢反应，烯烃的聚合、氧化和歧化反应，羰基合成反应等。但均相催化的缺点是催化剂与反应物分离较困难，为此，在不破坏催化剂主要性能的情况下，将催化剂负载于高分散性的载体表面，或者使固体催化剂具有尽可能高的分散度是目前催化剂研究的方向之一。

10.13.3 酶催化反应

酶是具有催化作用的蛋白质，酶催化反应是指以酶为催化剂而进行的催化反应。生物体中的大多数反应都是酶催化反应。酶的摩尔质量在 $10^4 \sim 10^6\ g\cdot mol^{-1}$，粒径在 $10 \sim 100\ nm$ 间，具有胶体粒子的粒径，因此，酶催化反应可以看作是介于均相催化与非均相催化之间的催化反应，具有如下特点。

① 高选择性　a. 反应选择性，一种酶只能催化一类反应；b. 底物选择性，一种酶往往只对一类底物进行作用，有时甚至只能对一种底物进行作用；c. 立体选择性，如果底物具有立体结构时，有些酶只能对其中的一种进行催化。

② 高活性　酶的催化活性比一般有机或无机催化剂的活性高 $10^8 \sim 10^{12}$ 倍。

③ 反应条件温和　酶催化反应在常温常压下就能进行。

④ 具有均相和非均相催化反应的特点。酶本身具有胶体粒子的粒径，与溶液呈均相，但底物必须与酶的活化中心（在酶的表面或内部，具有特定的位置和空间结构）相互作用，

即吸附在酶的表面或者深入到酶的内部，才能被催化，因此又具有非均相催化反应的特点。

⑤ 酶催化反应机理复杂。由于酶的结构的复杂性，导致其催化机理的复杂性，一些研究结果表明，酶的空间结构对其催化活性有决定性的影响，而酶的空间结构由分子内部的氢键、静电作用等维系，因此，溶液的 pH、离子强度、溶剂种类、温度等都会影响酶的催化特性。

由于酶催化具有上述特点，这些特点与节能减排、可持续发展的绿色观念一致，因此，越来越受到重视。研究酶的提纯方法、酶催化反应的机理，人工合成具有酶催化活性的催化剂是催化反应动力学研究的一大主要课题。

如前所述，酶催化反应机理复杂，影响因素很多，对于只涉及一种底物的酶催化反应，米凯利斯（Michaelis L）和门顿（Menten M）提出了一个简单的酶催化反应机理，一般称为米凯利斯－门顿模型，即，酶 E 和底物 S 先结合成中间配合物 ES，然后再生成产物

$$E+S \underset{k_{-1}}{\overset{k_1}{\rightleftharpoons}} ES \tag{1}$$

$$ES \overset{k_2}{\longrightarrow} E+P \tag{2}$$

反应 2 为慢步骤。因此，反应速率可表示为

$$\frac{dc_P}{dt}=k_2 c_{ES} \tag{10.13.3}$$

对不稳定的中间配合物 ES 做稳态处理，则

$$\frac{dc_{ES}}{dt}=k_1 c_E c_S - k_{-1} c_{ES} - k_2 c_{ES}=0 \tag{10.13.4}$$

设酶的总浓度为 $c_{E,0}$，则 $c_E = c_{E,0} - c_{ES}$，代入上式并整理可得

$$c_{ES}=\frac{k_1 c_{E,0} c_S}{k_{-1}+k_2+k_1 c_S}=\frac{c_{E,0} c_S}{(k_{-1}+k_2)/k_1+c_S} \tag{10.13.5}$$

将上式代入式(10.13.3)可得

$$\frac{dc_P}{dt}=\frac{k_2 c_{E,0} c_S}{(k_{-1}+k_2)/k_1+c_S} \tag{10.13.6}$$

令 $(k_{-1}+k_2)/k_1=K_M$，则上式变为

$$v=\frac{dc_P}{dt}=\frac{k_2 c_{E,0} c_S}{K_M+c_S} \tag{10.13.7}$$

该式称为**米凯利斯-门顿方程**，式中 K_M 称为米凯利斯常数。

从式(10.13.7)可以看出，当底物浓度一定时，催化剂酶的浓度增加时，反应速率增大。

当酶的浓度一定时，底物浓度越高，反应速率 $\frac{dc_P}{dt}=\frac{k_2 c_{E,0}}{K_M/c_S+1}$ 越大，并且有如下结论。

① 当 $c_S \gg K_M$ 时，反应速率达到最大值 $v_m=k_2 c_{E,0}$。

② 当 $c_S \ll K_M$ 时，反应速率为

$$\frac{dc_P}{dt}=\frac{k_2 c_{E,0}}{K_M}c_S=\frac{v_m}{K_M}c_S=kc_S$$

即，此时反应速率与底物浓度成正比。

③ 当 $c_S = K_M$ 时，$\dfrac{dc_P}{dt} = \dfrac{1}{2}k_2 c_{E,0} = \dfrac{1}{2}v_m$，即，反应速率为最大反应速率的一半。由此也可以看出，K_M 相当于使酶催化反应速率达到最大反应速率一半时底物的浓度。

对于酶催化反应，在条件相同的情况下，v_m 越大以及 K_M 越小，表示酶的催化活性越高。酶催化反应速率和底物浓度间的关系如图 10.13.1 所示。

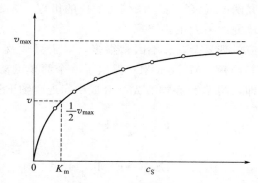

图 10.13.1　酶催化反应速率与底物浓度间的关系曲线

将式(10.13.7)取倒数并整理后可得

$$\frac{1}{v} = \frac{1}{k_2 c_{E,0}} + \frac{K_M}{k_2 c_{E,0}} \times \frac{1}{c_S} = \frac{1}{v_m} + \frac{K_M}{v_m} \times \frac{1}{c_S} \tag{10.13.8}$$

因此，作 $\dfrac{1}{v}$-$\dfrac{1}{c_S}$ 图可得一直线，如图 10.13.2 所示，从直线的斜率和截距可求得 v_m 和 K_M。这种处理方法由莱恩威佛（Lineweaver）和伯克（Burk）首先提出，所以，这种图又称为莱恩威佛-伯克图。

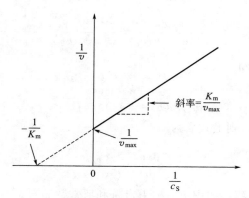

图 10.13.2　酶催化反应的 Lineweaver-Burk 图

10.14　多相催化反应

催化剂和反应物不在同一个相中，在相界面上进行的催化反应称为**多相催化反应**（或非**均相催化反应**）。在多相催化反应中，一般催化剂为固相，反应物为气相或液相，其中，前者最常见，因此本节主要讨论气-固相催化反应过程及其动力学特征。

在多相催化反应中，为了增加催化剂与反应物的接触面积，通常催化剂制作成具有大量微孔的小颗粒。并且，Taylor 等研究者指出，催化剂必须能使反应物在其表面发生化学吸附才能发生催化作用。因此，一般认为，多相催化反应的机理由以下七个连续步骤组成：

① 反应物从其体相向催化剂外表面扩散（外扩散）；

② 外表面的反应物沿着微孔向催化剂内表面扩散（内扩散）；

③ 反应物在催化剂表面发生化学吸附；

④ 被吸附的反应物发生化学反应；

⑤ 产物从催化剂表面脱附；

⑥ 脱附的产物从内表面向外表面扩散（内扩散）；

⑦ 产物从外表面扩散入气相本体中（外扩散）。

其中，①、②、⑥、⑦为扩散过程，③～⑤为表面过程，也称为动力学过程。在多相催化反应中，随着反应条件的改变，上述步骤中的任何一步都有可能成为控制步骤，如果扩散步骤为慢步骤，则称为**扩散控制**，否则称为**表面过程控制**或**动力学控制**。若催化剂活性高，颗粒小，孔径大，气流速率低，反应温度和压力高时，一般表现为外扩散控制。若催化剂活性小，颗粒小，孔径大，气流速率快，反应温度低时一般表现为动力学控制。当催化剂的颗粒大，孔径小时易表现为内扩散控制。

如果重点研究多相催化反应的动力学过程的特征时，要设法消除扩散过程的影响，一般可通过增加气流速度，减小催化剂的粒径来实现这一目的。例如，若增加气流速率，反应速率增加，则说明为外扩散控制，可继续增大气流速率，直到反应速率不受流速影响时为止。如果减小催化剂的粒径反应速率增加，则说明为内扩散控制，这时可继续减小催化剂的粒径直至反应速率不受粒径影响为止。

10.14.1 固体催化剂表面上的吸附

在表面现象章节中已对固体表面的吸附现象进行了讨论，比较了物理吸附和化学吸附的区别。在多相催化反应中，反应物必须在催化剂表面发生化学吸附，然后吸附分子间或吸附分子和气相分子间发生化学反应。

化学吸附是通过固体催化剂和反应物分子间的成键作用而发生的吸附，这种吸附改变了反应物分子的成键情况，从而改变了反应历程，降低了活化能，从而达到催化作用。因此，化学吸附是多相催化所必需的，是多相催化的基础，为此，对化学吸附现象做进一步讨论。

气体在固体催化剂（一般为金属、合金或金属氧化物）表面的化学吸附分为**解离化学吸附**和**缔合化学吸附**。解离化学吸附过程中，反应物发生原有化学键的断裂，分子的解离。如氢气及饱和烃类（如甲烷）在金属表面的化学吸附就是如此，可以表示为：

$$H_2 + 2M \longrightarrow 2MH$$

$$CH_4 + 2M \longrightarrow MCH_3 + MH$$

式中，M 代表催化剂表面的金属原子。而缔合化学吸附过程中不发生被吸附分子的解离。具有 π 电子和孤对电子的分子可以发生这种吸附。如：

$$H_2C=CH_2 + 2M \longrightarrow \begin{matrix} H_2C-CH_2 \\ | \quad\ | \\ M \quad M \end{matrix}$$

$$CO + 2M \longrightarrow \begin{matrix} O \\ \| \\ C \\ M \quad M \end{matrix}$$

$$RSH(含有巯基的有机物) + M \overset{RSH}{\longrightarrow} M$$

含有巯基的有机物或 H_2S 中的 S 原子具有很强的络合能力，可以提供孤对电子给催化剂表面的金属原子形成络合键，因此，若反应气体中含有 H_2S 时，它会很快占据催化剂表面的活性位置而使催化剂失活，这种情况称为催化剂中毒，而使催化剂失活的物质称为毒物，H_2S 是一般催化剂的烈性毒物。

如上所述，化学吸附的本质是化学反应，因此需要活化能。化学吸附物质的解吸过程当然也是化学反应，也需要活化能。当活化能较小时，吸附和解吸速率都较快。这时如果扩散速率也较快时，整个催化反应受上述机理的第④步表面反应所控制。

10.14.2　表面反应控制的气-固相反应动力学

当催化反应受表面反应控制时，可认为扩散和吸附过程都处于平衡。化学吸附为单分子层吸附，在平衡条件下，其行为符合朗缪尔吸附等温式。

（1）单分子表面反应

设表面反应为单分子反应，如 $A \longrightarrow B$，则其机理可表示为

$$化学吸附 \quad A + S \underset{k_{-1}}{\overset{k_1}{\rightleftharpoons}} A \cdot S \quad （快）$$

$$表面反应 \quad A \cdot S \overset{k_2}{\longrightarrow} B \cdot S \quad （慢）$$

$$解吸 \quad B \cdot S \underset{k_{-3}}{\overset{k_3}{\rightleftharpoons}} B + S \quad （快）$$

式中，S 为催化剂表面可以吸附反应物的部位，称为活性中心（或反应中心）。总的反应速率由第 2 步决定，其正比于 A 分子在催化剂表面的覆盖度 θ_A（相当于 A 在二维空间的"浓度"）：

$$-\frac{\mathrm{d}p_A}{\mathrm{d}t} = k_2 \theta_A \tag{10.14.1}$$

第 1 步处于快速平衡，并且假设产物 B 的吸附很弱，可以不考虑，则由朗格缪尔吸附等温式得到

$$\theta_A = \frac{b_A p_A}{1 + b_A p_A}$$

代入式(10.14.1)可得

$$-\frac{\mathrm{d}p_A}{\mathrm{d}t} = \frac{k_2 b_A p_A}{1 + b_A p_A} \tag{10.14.2}$$

由该式可得到如下结论。

①　当反应物弱吸附，即 b 较小，则在一般压力下，$b_A p_A \ll 1$，则

$$-\frac{\mathrm{d}p_A}{\mathrm{d}t} = k_2 b_A p_A = k p_A$$

这时，催化反应表现为一级反应。例如：甲酸蒸气在铂、铑、玻璃上的分解，磷化氢在陶瓷、SiO_2、玻璃上的分解，N_2O 在金上的分解，HI 在铂上的分解都有如此特征。

②　当反应物强吸附，则在一般压力下，$b_A p_A \gg 1$，这时 $\theta_A \approx 1$，催化剂表面全覆盖，

$$-\frac{\mathrm{d}p_A}{\mathrm{d}t} = k_2$$

催化反应表现为零级反应。如 HI 在金丝上的解离，氨在钨表面的解离都是零级反应。

③　如果反应物的吸附适中，则反应速率表现为

$$-\frac{\mathrm{d}p_A}{\mathrm{d}t} = k p_A^n$$

式中，$0 < n < 1$。例如，SbH_3 在锑表面的解离反应 $n = 0.6$。

由式(10.14.2)还可看出，当压力不同时反应表现的级数也不同，低压时易表现为一级，高压时即表现为零级，中等压力时易表现为分数级。

以上讨论的是产物 B 弱吸附的情况，如果考虑产物 B 的吸附，设 A、B 的表面覆盖度分别为 θ_A、θ_B，达到吸附平衡时

$$k_1 p_A (1 - \theta_A - \theta_B) = k_{-1} \theta_A$$

$$k_3 p_B (1 - \theta_A - \theta_B) = k_{-3} \theta_B$$

或

$$b_A p_A (1 - \theta_A - \theta_B) = \theta_A \tag{10.14.3}$$

$$b_B p_B (1 - \theta_A - \theta_B) = \theta_B \tag{10.14.4}$$

联立式(10.14.3)和式(10.14.4)可得

$$\theta_A = \frac{b_A p_A}{1 + b_A p_A + b_B p_B} \tag{10.14.5}$$

$$\theta_B = \frac{b_B p_B}{1 + b_A p_A + b_B p_B} \tag{10.14.6}$$

则反应速率为

$$-\frac{\mathrm{d}p_A}{\mathrm{d}t} = \frac{k_2 b_A p_A}{1 + b_A p_A + b_B p_B} \tag{10.14.7}$$

由此式可以看出，产物吸附时，反应速率降低。

（2）双分子表面反应

设表面反应为双分子反应，如 A + B $\longrightarrow$ P，则其机理可表示为

$$
\text{化学吸附} \qquad A+S \underset{k_{-1}}{\overset{k_1}{\rightleftharpoons}} A \cdot S \qquad \text{(快)}
$$

$$
B+S \underset{k_{-1}'}{\overset{k_1'}{\rightleftharpoons}} B \cdot S \qquad \text{(快)}
$$

$$
\text{表面反应} \quad A \cdot S+B \cdot S \overset{k_2}{\longrightarrow} P \cdot S \qquad \text{(慢)}
$$

$$
\text{解吸} \qquad P \cdot S \underset{k_{-3}}{\overset{k_3}{\rightleftharpoons}} P+S \qquad \text{(快)}
$$

此机理称为朗格缪尔-欣谢尔伍德(Langmuir-Hinshelwood)机理。由此机理可知，总的反应速率由表面反应这步决定，其正比于 A 和 B 分子在催化剂表面的覆盖度 θ_A 和 θ_B（这种关系又称为表面反应的质量作用定律）

$$
-\frac{\mathrm{d}p_A}{\mathrm{d}t}=k_2\theta_A\theta_B \tag{10.14.8}
$$

若产物 P 的吸附很弱，可以不考虑，则 A 和 B 的覆盖度与式(10.14.5)和式(10.14.6)相同。则

$$
-\frac{\mathrm{d}p_A}{\mathrm{d}t}=\frac{k_2 b_A b_B p_A p_B}{(1+b_A p_A+b_B p_B)^2}=\frac{k p_A p_B}{(1+b_A p_A+b_B p_B)^2} \tag{10.14.9}
$$

通过该式可以讨论 b_A、b_B、p_A、p_B 的大小对反应速率方程的影响。例如，当反应物都是弱吸附或压力很低时，上式转化为

$$
-\frac{\mathrm{d}p_A}{\mathrm{d}t}=k p_A p_B \tag{10.14.10}
$$

催化反应表现为二级反应。若对 A 发生强吸附，$b_A p_A \gg 1+b_B p_B$，则

$$
-\frac{\mathrm{d}p_A}{\mathrm{d}t}=\frac{k_2 b_B p_B}{b_A p_A}=\frac{k p_B}{p_A} \tag{10.14.11}
$$

即反应对 A 为负一级，对 B 为正一级。

以上只讨论了表面反应控制的催化反应的动力学特征，此外还有可能为扩散控制和吸附控制的气-固相催化反应，反应也可能没有速控步骤，这些情况的速率表达式可参阅其他书籍。

10.14.3 气-固催化反应的表观活化能

多相催化反应的动力学非常复杂，其速率方程的形式多种多样，有些反应速率常数和温度间的关系服从阿伦尼乌斯方程，有些则不服从。设一定温度范围内，多相催化反应的速率常数服从阿伦尼乌斯方程，即，其速率常数和表观活化能间的关系为：

$$
\frac{\mathrm{d}\ln k}{\mathrm{d}T}=\frac{E_a}{RT^2}
$$

又由于化学吸附过程的实质是化学反应，其平衡常数 b 和吸附热 Q 的关系也服从范特霍夫

方程，即

$$\frac{\mathrm{d}\ln b}{\mathrm{d}T} = \frac{Q}{RT^2} \tag{10.14.12}$$

将表面催化反应的表观速率常数代入上述方程，便可讨论吸附热、表面反应热及温度对于反应的影响。

如对于双分子表面反应中 A 强吸附的情况，由式(10.14.11)可知

$$k = \frac{k_2 b_B}{b_A}$$

则由阿伦尼乌斯方程和范特霍夫方程可得，这种情况下的催化反应的表观活化能为

$$E_a = E_{a,2} + Q_B - Q_A \tag{10.14.13}$$

注意，吸附热为负值。式(10.14.13)表明，对于双分子表面反应，催化剂只对一种物质强吸附（Q_A 的绝对值较大）时，对反应不利。

对于双分子表面反应中 A 和 B 都是弱吸附的情况，由式(10.14.9)和式(10.14.10)可知

$$k = k_2 b_A b_B$$

则由阿伦尼乌斯方程和范特霍夫方程可得，这种情况下的催化反应的表观活化能为

$$E_a = E_{a,2} + Q_A + Q_B \tag{10.14.14}$$

考虑到吸附热为负值，则由上式可知，反应对 A 和 B 都是弱吸附时，表观活化能会比 $E_{a,2}$ 低。

10.15 分子反应动态学简介[*]

粒子（分子、原子、离子等）的状态由其平动能、转动能、振动能和电子运动量子状态所决定，指定状态的粒子间的反应称为**态-态反应**。研究态-态反应规律的学科称为**分子反应动态学**，即，它是在分子水平上研究特定状态分子间进行的基元反应的微观机理。如反应分子以什么状态，什么角度靠近，以什么状态反应（交换能量、电子、原子等），产物又以什么状态和角度离开等。

在一般的反应容器中进行的反应，即使是基元反应，由于参加反应的粒子的状态是多种多样的（如果反应不是太快的话，其服从玻尔兹曼分布），所测得的动力学参数，如速率常数，也都是大量的、多种多样的态—态反应速率常数的平均结果。

交叉分子束、红外化学发光、激光诱导荧光、质谱等实验技术为分子反应动态学研究提供了有利的手段。李远哲和 D. R. Herschbach（赫希巴赫）因在交叉分子束技术研究中做出的贡献而获得 1986 诺贝尔化学奖。利用这些技术，不但可以控制参加反应的分子处于某种特定状态和接触角度，而且可以测定反应产物所处的状态和散射角度，因此，可以进行态-态反应的研究，从分子水平的微观程度弄清反应的本质规律。

势能面表达了反应系统的势能与各原子的相对位置的关系，在讨论态-态反应过程时是

一个重要的概念。前已述及理论上反应系统的势能面可以通过量子力学计算获得，但是由于计算过于复杂，目前只能对简单的反应系统（如氢原子和氢气分子间的反应）进行近似的计算而获得，但是这个概念对于讨论态-态反应的交叉分子束实验结果非常有用，交叉分子束研究的态-态反应的问题可以通过势能面来说明。

在势能面的概念中，反应物沿着反应途径变为产物，必须要到达活化络合物状态，要求分子具有足够的动能，这个能量可以通过测定发生反应时分子束中分子的动能而实现。

由上可知，相互接触的分子要发生反应时，要有足够的动能，而这些分子是具有足够的平动能好呢还是具有足够的振动能好呢（转动能影响较小）？有关势能面的计算给出了回答。对于简单的三原子反应系统

$$A + BC \longrightarrow AB + C$$

存在两种情况，如图 10.15.1 所示，其中 10.15.1（a）表示鞍点状态距反应物 BC 的平衡状态近，说明 A 和 B 在较远的距离就相互作用了，当 C 离开后，留下的 AB 键较长，因此产物处于振动的激发状态，即具有较高的振动能，这种势能面称为吸引势能面。如果 A 和 B 的吸引在 BC 的距离较远时才开始起作用，如图中 10.15.1（b）表示，这种势能面称为排斥势能面，鞍点距 BC 的平衡位置较远，这时如果反应物的动能主要是平动能，则就像图中示意的那样，这个能量只能带动系统的状态"撞到左边的山崖上，而不能翻越山谷"，即使总能量足够也不行。而振动激发的反应物分子则可以像图中所示的那样越过活化络合物状态。当 C 离开时 AB 键较短，产物中的振动能很小，主要为平动能。图中曲线的摇摆代表键的伸缩，即代表分子的振动。根据微观可逆性原理，一个基元反应，如果它的正过程是吸引的，那么它的逆过程便是排斥的。

以上是两种极限的情况，更多的情况是介于这两者之间。

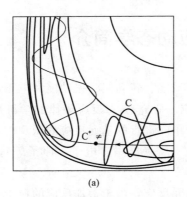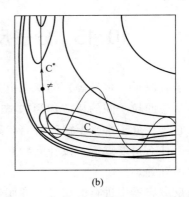

| (a) | (b) |

图 10.15.1 （a）吸引势能面，路径 C* 代表由高平动能的反应物生成了高振动能的产物和
（b）排斥势能面，路径 C* 代表由高振动能的反应物生成了高平动能的产物

■ **本章要求** ■

1. 理解化学反应速率、反应速率常数及反应级数的概念，理解基元反应及反应分子数的概念。

2. 掌握通过实验建立反应速率方程的方法。

3. 掌握零级、一级和二级反应的特征方程及其使用。

4. 了解典型复杂反应的特征，了解处理对行反应、平行反应、连串反应的动力学方法。

5. 理解复杂反应速率近似处理的几种方法。

6. 理解阿伦尼乌斯公式的意义并会应用，明确指前因子及活化能的含义。

7. 了解单分子反应的机理，能由给定机理导出速率方程，了解链反应的动力学特点。

8. 了解有效碰撞理论和过渡状态理论的有关概念和基本公式。

9. 了解溶液中反应、光化学反应、催化反应的有关概念和基本规律。

思考题

1. 反应级数和反应分子数有什么区别？

2. 级数为零的反应肯定不是基元反应，对吗？

3. 反应速率方程的确定，一般有几种方法？

4. 反应 A 与反应 B 都是一级反应，而且在某一温度 T 时，$k_A > k_B$。试问在温度 T 时，v_A 是否一定大于 v_B？

5. 对行反应 $A+B \underset{k_{-1}}{\overset{k_1}{\rightleftharpoons}} C$ 的正、逆反应都不是基元反应，$K_c = \dfrac{k_1}{k_{-1}}$ 成立吗？

6. 有一平行反应 $A+B \begin{array}{c} \overset{k_1,E_1}{\nearrow} C \\ \underset{k_2,E_2}{\searrow} D \end{array}$，某温度下 $k_1 < k_2$，$A_1 < A_2$，$E_1 > E_2$；你能否通过调节温度的办法，使产品的混合物中 C 的含量达到 50% 以上？

7. 试图寻找一种能在没有光照条件下将 CO_2 和 H_2O 转化成碳水化合物，你认为能实现吗？

8. 溶液中的反应与气相中的反应的相同之处是什么？

9. 要使某物质在溶液中解离，应选择使用介电常数大的溶剂还是介电常数小的溶剂？

10. 在某溶液中发生如下反应

$$[Co(NH_3)_5Br]^{2+} + OH^- \longrightarrow [Co(NH_3)_5OH]^{2+} + Br^-$$

问增加该溶液的 pH，能使反应的速率增加吗？

11. 光化学反应与热反应的相同之处是下列哪种情况？

(a) 反应都需要活化能； (b) 化学平衡常数与光强度无关；

(c) 反应都向 $\Delta_r G_m(T,p,W'=0)$ 减小的方向进行； (d) 温度系数小。

12. 光量子能量大小不同，当光照射到系统上时，可引起许多不同的作用，但下列哪种作用不能发生？

(a) 使系统温度升高； (b) 使分子活化或电离；

(c) 发荧光； (d) 起催化作用。

13. 关于反应 $M \overset{h\nu}{\longrightarrow} A+B$（初级过程）的速率，以下说法哪些是错的？

(a) 只与 M 的浓度有关；　　　　　　(b) 只与光的强度有关；

(c) 与 M 的浓度及光的强度都有关系。

14. 在光的作用下，O_2 可变成 O_3，当 1mol O_3 生成时，吸收 3.011×10^{23} 个光量子，此光化反应的量子效率是下列哪一种？

(a) $\varphi=1$；　　(b) $\varphi=1.5$；　　(c) $\varphi=2$；　　(d) $\varphi=2.5$；　　(e) $\varphi=3$。

15. 下列哪一项是使用催化剂无法做到的？

(a) 提高产物的平衡产率；　　　　　　(b) 改变目的产物；

(c) 改变活化能和反应速率；　　　　　(d) 改变指前因子。

16. 人们对多相催化研究最多、应用也最广。下面关于多相催化反应的说法哪些是不正确的？

(a) 多相催化反应一定包括扩散过程和表面反应过程；

(b) 多相催化反应一定有控制步骤；

(c) 表面基元反应的速率与反应物的吸附量成正比；

(d) 多相催化反应的控制步骤在一定条件下可以转化。

习　题

10.1 已知某基元反应 $a\mathrm{A}+b\mathrm{B} \longrightarrow c\mathrm{C}+d\mathrm{D}$。(1) 写出以物质 B 表示的该反应的速率方程；(2) 总反应级数；(3) 反应速率系数 k_A、k_B、k_C、k_D 之间的关系。

10.2 某理想气体反应 $\mathrm{A} \longrightarrow \mathrm{B}$。以浓度表示的速率方程为 $-\dfrac{\mathrm{d}c_A}{\mathrm{d}t}=k_{c,A} c_A^n$。由于实验中测定压力更方便，所以欲改成以压力表示的速率方程 $-\dfrac{\mathrm{d}p_A}{\mathrm{d}t}=k_{p,A} p_A^n$。试导出 $k_{p,A}$ 与 $k_{c,A}$ 二者间的关系。

10.3 某气相反应 $\mathrm{A}\,(\mathrm{g})+\mathrm{B}\,(\mathrm{g}) \longrightarrow 2\mathrm{M}\,(\mathrm{g})$ 在恒温恒容的条件下进行，以 A 的消耗速率表示的速率方程可写为 $-\dfrac{\mathrm{d}c_A}{\mathrm{d}t}=k_A c_A c_B$。当初始浓度为 $c_{A,0}=c_{B,0}=0.4\mathrm{mol \cdot dm^{-3}}$ 时，反应初速率为 $-\left(\dfrac{\mathrm{d}c_A}{\mathrm{d}t}\right)_{t=0}=9.6 \times 10^{-2}\mathrm{mol \cdot dm^{-3} \cdot s^{-1}}$，求速率常数 k_A 及 k_M。

10.4 某气相反应 $\mathrm{A}\,(\mathrm{g}) \longrightarrow \mathrm{B}\,(\mathrm{g})+\mathrm{C}\,(\mathrm{g})$，在 600K 时的速率常数 $k=8.5 \times 10^{-5}\,\mathrm{s^{-1}}$。求 600K 时反应进行 100min 时 A 的转化率是多少？

10.5 某一级反应 $\mathrm{A} \longrightarrow \mathrm{B}$ 在 300K 时反应的半衰期为 30min。求反应 1h 后 A 的转化率。

10.6 某一级反应进行 10min 后，反应物反应掉 30%，问反应掉 80% 需多少时间？

10.7 偶氮甲烷 $(\mathrm{CH_3NNCH_3})$ 气体的分解反应

$$\mathrm{CH_3NNCH_3}(\mathrm{g}) \longrightarrow \mathrm{C_2H_6}(\mathrm{g})+\mathrm{N_2}(\mathrm{g})$$

为一级反应。在 560K 的真空密闭恒容容器中充入初始压力为 21.332kPa 的偶氮甲烷气体，反应到 1000s 时测得容器中气体的压力为 22.732kPa，求该分解反应的速率常数 k 及半衰期 $t_{1/2}$。

10.8 蔗糖水溶液在 H^+ 存在的条件下，按下式进行水解：

$$C_{12}H_{22}O_{11}(蔗糖) + H_2O \xrightarrow{[H^+]} C_6H_{12}O_6(果糖) + C_6H_{12}O_6(葡萄糖)$$

利用反应物与产物旋光度这一物理性质上的差异确定反应系统中反应物浓度 c_A。28℃时测得的动力学数据如下（蔗糖的初始浓度 $c_{A0} = 0.365 \text{mol} \cdot \text{dm}^{-3}$，酸的浓度 $c_{H^+} = 1.00 \text{mol} \cdot \text{dm}^{-3}$）：

时间 t/min	6	10	16	20	30	45	60	90	t_∞
旋光度 β/(°)	11.70	10.85	9.65	8.50	6.20	3.85	2.10	−0.40	−5.10

（1）试证明此反应为一级反应，求出速率常数和半衰期；（2）蔗糖转化 85% 需多长时间。

10.9 反应 $A \longrightarrow B + C$ 为一级反应，已知在 25℃ 时的速率常数 $k = 0.0231 \text{min}^{-1}$，初始浓度为 $c_{A,0} = 0.5 \text{mol} \cdot \text{dm}^{-3}$。求半衰期 $t_{1/2}$、初始速率 $v_{A,0}$ 和反应 1h 后的转化率 x_A。

10.10 证明反应 $A \longrightarrow M$ 为一级反应时，存在 $t_{1/2} : t_{1/4} : t_{1/8} = 1 : 2 : 3$ 的关系。

10.11 某二级反应 $A + B \longrightarrow D$，两种反应物的初始浓度皆为 $0.5 \text{mol} \cdot \text{dm}^{-3}$，进行 20min 后反应掉 20%，求速率常数 k。

10.12 某二级反应 $2A(g) \longrightarrow A_2(g)$ 在恒温恒容的反应器中进行，在 298K 时测得总压数据如下：

t/s	0	100	200	400	∞
$p_{总}$/kPa	41.330	34.397	31.197	27.331	20.665

求速率常数 k_A。

10.13 在一个体积为 V 的真空容器中通入 2mol A(g) 和 1mol B(g)。350K 时发生下列反应

$$2A(g) + B(g) \longrightarrow 2D(g)$$

反应前 $p_{总} = 60\text{kPa}$，50min 后反应容器的 $p_{总} = 50\text{kPa}$。实验测出此反应的速率方程可表示为 $-\dfrac{dp_B}{dt} = k_{B,p} p_A p_B$。试求：

（1）$k_{B,p}$ 及 150min 时系统的总压力；（2）若反应速率方程用浓度变化表示为 $-\dfrac{dc_B}{dt} = k_B c_A c_B$，求速率常数 k_B 为若干？

10.14 将含 A、B 物质的量浓度相同的两溶液等体积混合，发生 $A + B \longrightarrow C$ 的反应。1h 后 A 的转化率为 75%，若在下列情况下反应 2h，A 还剩余多少没有反应？（1）对 A 为 1 级，对 B 为 0 级；（2）对 A、B 皆为 1 级。

10.15 对于 $\dfrac{1}{2}$ 级反应 $A \longrightarrow P$，试证明：

（1）$c_{A,0}^{1/2} - c_A^{1/2} = \dfrac{1}{2}kt$；（2）$t_{1/2} = \dfrac{\sqrt{2}}{k}(\sqrt{2} - 1)c_{A,0}^{1/2}$。

10.16 某物质 A 在 350K 发生分解反应，反应数据如下：

t/h	0	2	4	6	8
c_A/mol·dm^{-3}	0.500	0.317	0.232	0.183	0.151

（1）确定反应级数；（2）计算反应的速率常数；（3）求半衰期。

10.17 某化学反应 $2AB(g) \longrightarrow A_2(g) + B_2(g)$ 在恒温恒容的条件下发生。当 $AB(g)$ 的初始浓度分别为 $0.05 \text{mol} \cdot \text{dm}^{-3}$ 和 $0.5 \text{mol} \cdot \text{dm}^{-3}$ 时，反应的半衰期分别为 1600s 和 160s。求反应级数 n 及速率常数 k_{AB}。

10.18 NO 和 H_2 可进行如下化学反应

$$2NO(g) + 2H_2(g) \longrightarrow N_2(g) + 2H_2O(g)$$

在一定温度下，将等物质的量的 NO 和 H_2 混合物引入一密闭抽空容器中进行上述反应，在不同的初始压力下测得的半衰期数据为：

p_0/kPa	50.00	47.66	38.50	33.00	28.06
$t_{1/2}/\text{min}$	95	102	140	176	224

求反应的总级数。

10.19 气相反应 $3H_2 + N_2 \longrightarrow 2NH_3$，经实验测得如下数据：

$p_{0,H_2}/\text{kPa}$	13.3	26.6	53.3
$p_{0,N_2}/\text{kPa}$	133	133	67
$10^4 v_0/\text{Pa} \cdot \text{s}^{-1}$	3.7	14.8	29.6

若反应速率方程为 $v = k p_{H_2}^{\alpha} p_{N_2}^{\beta}$，试根据实验数据求 α、β 值。

10.20 反应 $A + 2B \longrightarrow P$ 的速率方程为 $-\dfrac{dc_A}{dt} = k c_A c_B$，25℃ 时 $k = 2 \times 10^{-4} \text{dm}^3 \cdot \text{mol}^{-1} \cdot \text{s}^{-1}$。

（1）若初始浓度 $c_{A,0} = 0.02 \text{mol} \cdot \text{dm}^{-3}$，$c_{B,0} = 0.04 \text{mol} \cdot \text{dm}^{-3}$，求 $t_{1/2}$；

（2）若将过量的挥发性固体反应物 A 与 B 装入 5dm^3 的密闭容器中，问 25℃ 时 0.5mol A 转化为产物需多长时间？已知 25℃ 时 A 和 B 的饱和蒸气压分别为 10kPa 和 2kPa。

10.21 65℃ 时 N_2O_5 气相分解反应的速率常数为 $k_1 = 0.292 \text{min}^{-1}$，$A = 2.6914 \times 10^{15} \text{min}^{-1}$，求 80℃ 时的 k_2 和 $t_{1/2}$。

10.22 实验测得不同温度时反应 $C_2H_5I + OH^- \longrightarrow C_2H_5OH + I^-$ 的速率常数 k 值如下：

$t/℃$	15.83	32.02	59.75	90.61
$k/\text{dm}^3 \cdot \text{mol}^{-1} \cdot \text{s}^{-1}$	0.0503	0.368	6.71	119

求该反应的活化能。

10.23 $N_2O(g)$ 的热分解反应为 $2N_2O(g) \longrightarrow 2N_2(g) + O_2(g)$，在一定温度下，反应的半衰期与初始压力成反比。在 970K 时，$N_2O(g)$ 的初始压力为 39.2kPa，测得半衰期为 1529s；在 1030K 时，$N_2O(g)$ 的初始压力为 48.0kPa，测得半衰期为 212s。

（1）判断该反应的级数；（2）计算两个温度下的速率常数；（3）求反应的活化能；（4）在 1030K，当 $N_2O(g)$ 的初始压力为 53.3kPa 时，计算总压达到 64.0kPa 所需的时间。

10.24 某反应在 343K 时进行，完成 40% 需时 48min。如果保持其他条件不变，在 363K 时进行，同样完成 40%，需时 6min。求该反应的实验活化能。

10.25 反应 $A + 2B \longrightarrow P$ 的速率方程为 $-\dfrac{dc_A}{dt} = k_A c_A^{0.5} c_B^{1.5}$，已知反应物 A、B 的初始浓度 $c_{A,0} = 0.1 \text{mol} \cdot \text{dm}^{-3}$，$c_{B,0} = 0.2 \text{mol} \cdot \text{dm}^{-3}$。

（1）若 300K 下反应 20min 后 $c_A = 0.01 \text{mol} \cdot \text{dm}^{-3}$，求再反应 20min 后 c_A 为多少；

（2）若 400K 下反应的半衰期为 0.20min，求反应的活化能 E_a。

10.26 假设 $2NO(g) + O_2(g) \underset{k_{-1}}{\overset{k_1}{\rightleftharpoons}} 2NO_2(g)$ 的正、逆向反应都是基元反应，实验测得下列数据：

T/K	600	645
$k_1/\text{dm}^6 \cdot \text{mol}^{-2} \cdot \text{min}^{-1}$	6.63×10^5	6.52×10^5
$k_{-1}/\text{dm}^3 \cdot \text{mol}^{-1} \cdot \text{min}^{-1}$	8.39	40.7

试求：（1）两个温度下反应的平衡常数；（2）反应的 $\Delta_r U_m$ 和 $\Delta_r H_m$；（3）正向反应和逆向反应的活化能。

10.27 若 $A(g) \underset{k_{-1}}{\overset{k_1}{\rightleftharpoons}} B(g)$ 为一级对行反应，A 的初始浓度为 $c_{A,0}$，时间为 t 时，A 和 B 的浓度分别为 $c_{A,0} - c_B$ 和 c_B。

（1）试证

$$\ln \frac{c_{A,0}}{c_{A,0} - \dfrac{k_1 + k_{-1}}{k_1} c_B} = (k_1 + k_{-1})t$$

（2）已知 k_1 为 0.2s^{-1}，k_{-1} 为 0.01s^{-1}，$c_{A,0} = 0.4 \text{mol} \cdot \text{dm}^{-3}$，求 100s 后 A 的转化率。$x_A = 95.25\%$

10.28 $A(g) \underset{k_{-1}}{\overset{k_1}{\rightleftharpoons}} B(g)$ 为一级对行反应，A 的初始浓度为 $c_{A,0}$。

（1）达到 $\dfrac{c_{A,0} + c_{A,e}}{2}$ 时所需的时间为半衰期 $t_{1/2}$，试证 $t_{1/2} = \dfrac{\ln 2}{k_1 + k_{-1}}$；

（2）若初始速率为每分钟消耗 A0.4%，平衡时有 80% 的 A 转化为 B，求 $t_{1/2}$。

10.29 有正、逆反应均为一级的对行反应 $A \underset{k_{-1}}{\overset{k_1}{\rightleftharpoons}} B$，已知其速率常数和平衡常数与温度的关系式分别为

$$\ln(k_1/\text{s}^{-1}) = -\frac{4605}{T/K} + 9.21$$

$$\ln K = \frac{4605}{T/K} - 9.21 \quad (K = k_1/k_{-1})$$

反应开始时，$c_{A,0} = 0.5 \text{mol} \cdot \text{dm}^{-3}$，$c_{B,0} = 0.05 \text{mol} \cdot \text{dm}^{-3}$。试计算：（1）逆反应的活化能；（2）400K 时，反应 10s 后，A 和 B 的浓度；（3）400K，反应达平衡时，A 和 B 的浓度。

10.30 在 600K 时，下面两个一级反应平行进行

$$A \xrightarrow{k_1} B$$
$$A \xrightarrow{k_2} D$$

实验测得 $k_1 = 0.4 \text{min}^{-1}$，$k_2 = 0.5 \text{min}^{-1}$。（1）计算反应物 A 反应掉 95% 所需的时间；（2）求当 A 全部转化后，转化为 D 的百分数。

10.31 对于两反应级数相同的平行反应：

$$A \begin{array}{c} \xrightarrow{k_1, E_{a,1}} B \\ \xrightarrow{k_2, E_{a,2}} C \end{array}$$

若总反应活化能为 E_a，试证明：$E_a = \dfrac{k_1 E_{a,1} + k_2 E_{a,2}}{k_1 + k_2}$。

10.32　一级连串反应为 $A \xrightarrow{k_1} B \xrightarrow{k_2} C$。试证明中间产物 B 达到最大浓度时的时间可表示为 $t_m = \dfrac{\ln(k_1/k_2)}{k_1 - k_2}$。

10.33　某气相反应的机理为

$$A \underset{k_{-1}}{\overset{k_1}{\rightleftharpoons}} B \qquad B + D \xrightarrow{k_2} P$$

其中对活泼物质 B 可运用稳态近似法处理。导出该反应的速率方程；并证明此反应在高压下为一级，低压下为二级。

10.34　若反应 $A_2 + B_2 \longrightarrow 2AB$ 有如下机理，求各机理以 v_{AB} 表示的速率方程。

（1）$A_2 \underset{慢}{\xrightarrow{k_1}} 2A$，$B_2 \underset{快平衡}{\overset{k_2}{\rightleftharpoons}} 2B$，$A + B \underset{快}{\xrightarrow{k_3}} AB$；

（2）$A_2 + B_2 \underset{慢}{\xrightarrow{k_1}} A_2 B_2$，$A_2 B_2 \underset{快}{\xrightarrow{k_2}} 2AB$。

10.35　气相反应 $H_2 + Cl_2 \longrightarrow 2HCl$ 的机理为

$$Cl_2 + M \xrightarrow{k_1} 2Cl \cdot + M \qquad E_{a,1} = 242 kJ \cdot mol^{-1}$$

$$Cl \cdot + H_2 \xrightarrow{k_2} HCl + H \cdot \qquad E_{a,2} = 24 kJ \cdot mol^{-1}$$

$$H \cdot + Cl_2 \xrightarrow{k_2} HCl + Cl \cdot \qquad E_{a,3} = 13 kJ \cdot mol^{-1}$$

$$2Cl \cdot + M \xrightarrow{k_1} Cl_2 + M \qquad E_{a,4} = 0$$

（1）试证 $\dfrac{d[HCl]}{dt} = 2k_2 \left(\dfrac{k_1}{k_4}\right)^{1/2} [H_2][Cl_2]^{1/2}$；（2）求反应的表观活化能。

10.36　已知反应 $A_2 + B_2 \longrightarrow 2AB$ 的反应机理为

$$A_2 \underset{k_{-1}}{\overset{k_1}{\rightleftharpoons}} 2A \text{（快速平衡）} \qquad B_2 \underset{k_{-2}}{\overset{k_2}{\rightleftharpoons}} 2B \text{（快速平衡）} \qquad A + B \xrightarrow{k_3} AB \text{（慢）}$$

（1）试导出以 $\dfrac{dc_{AB}}{dt}$ 表示的速率方程；（2）导出表观活化能与各基元反应活化能之间的关系。

10.37　在 300K 时，将 $1.0 g O_2(g)$ 和 $0.1 g H_2(g)$ 在 $1.0 dm^3$ 的容器内混合，试计算每秒、每单位体积内分子碰撞的总数？设 $O_2(g)$ 和 $H_2(g)$ 为硬球分子，其直径分别为 $0.339 nm$ 和 $0.247 nm$。

10.38　已知单位时间、单位体积的系统中 A 的浓度为 c_A，B 的浓度为 c_B，A 与 B 分

子总的碰撞次数为

$$Z_{AB}=L^2(r_A+r_B)^2\left(\frac{8\pi k_B T}{\mu}\right)^{1/2}c_A c_B$$

试根据此结果证明单位时间、单位体积的系统中只存在 A，且 A 的浓度为 c_A 时分子的总的碰撞次数为

$$Z_{AA}=8L^2 r_A^2\left(\frac{\pi k_B T}{m_A}\right)^{1/2}c_A^2$$

（对于同类分子间的碰撞，甲碰乙与乙碰甲实际为同一次碰撞，所以对同类分子 A，其碰撞总数 Z_{AA} 为按 Z_{AB} 计算式计算结果的 1/2）

10.39 已知乙炔气体的热分解是二级反应，其能发生反应的临界能为 190.4kJ·mol^{-1}，分子直径为 0.5nm，试计算：（1）800K，101.325kPa 时单位时间、单位体积内的碰撞数；（2）求上述反应条件下的速率常数；（3）求上述反应条件下的初始反应速率。

10.40 300K 时，A 和 B 反应的速率常数为 $k=1.18\times10^5$ （mol·cm^{-3}）$^{-1}$·s^{-1}，反应活化能 $E_a=40$kJ·mol^{-1}。

（1）用简单碰撞理论估算，具有足够能量能引起反应的碰撞数占总碰撞数的比例；（2）估算反应的概率因子的值。已知 A 和 B 分子的直径分别为 0.3nm 和 0.4nm，假定 A 和 B 的相对分子质量都为 50。

10.41 设 N_2O_5(g)的分解为一级反应，在 298K 和 318K 时的速率常数分别为 2.0×10^{-3}min^{-1} 和 3.0×10^{-2}min^{-1}，试求在平均温度时过渡态理论中的活化焓、活化熵和活化吉布斯自由能。

10.42 在 298K 时有两个级数相同的基元反应 A 和 B，其活化焓相同，速率常数 $k_A=10k_B$，求两个反应的活化熵相差多少？

10.43 某基元反应 A(g)+B(g)⟶P(g)，设在 298K 时的速率常数 $k_p(298K)=2.777\times10^{-5}$Pa^{-1}·s^{-1}；308K 时 $k_p(308K)=5.55\times10^{-5}$Pa^{-1}·s^{-1}。若 A(g)和 B(g)的原子半径和摩尔质量分别为：$r_A=0.36$nm，$r_B=0.41$nm，$M_A=28$g·mol^{-1}，$M_B=71$g·mol^{-1}。试在 298K 时：（1）该反应按碰撞理论的概率因子 P；（2）反应的活化焓 $\Delta_r H_{m,\neq}^{\ominus}$、活化熵 $\Delta_r S_{m,\neq}^{\ominus}$ （$c^{\ominus}$）和活化吉布斯自由能 $\Delta_r G_{m,\neq}^{\ominus}$ （$c^{\ominus}$）。

10.44 若增加溶液中的离子强度，是否会影响下述反应的速率常数？并指出速率常数是增大、减小、还是不变？

（1）$CH_3COOC_2H_5+OH^-\longrightarrow CH_3COO^-+C_2H_5OH$

（2）$NH_4^++CNO^-\longrightarrow CO(NH_2)_2$

（3）$S_2O_8^{2-}+2I^-\longrightarrow I_2+2SO_4^{2-}$

（4）$2[Co(NH_3)_5Br]^{2+}+Hg^{2+}+2H_2O\longrightarrow 2[Co(NH_3)_5H_2O]^{3+}+HgBr_2$

10.45 试计算 1mol 波长为 225nm 的光所具有的能量。

10.46 用波长为 313nm 的单色光照射气态丙酮，发生分解反应为：$(CH_3)_2CO\xrightarrow{h\nu}C_2H_6+CO$。若反应池容量是 0.059dm^3。丙酮吸收入射光的分数为 $\alpha=0.915$，在反应过程中，得到下列数据：

反应温度 T/K	照射时间 t/h	入射能 $u/J \cdot s^{-1}$	起始压力 p_1/kPa	终了压力 p_2/kPa
340	7	48.1×10^{-4}	102.16	104.42

计算该反应的量子效率 φ。

10.47 在 $H_2(g) + Cl_2(g) \xrightarrow{h\nu} 2HCl(g)$ 的光化学反应中，用 480nm 的光照射，量子效率约为 1×10^6，试估算每吸收 1J 的辐射能将产生多少摩尔 $HCl(g)$？

10.48 已知反应 $A(g) + B(g) \longrightarrow P(g)$ 为气-固相催化反应，机理为

$$A + S \underset{k_{-1}}{\overset{k_1}{\rightleftharpoons}} A \cdot S \quad (\text{吸附过程，快步骤，S 为吸附中心}) \tag{1}$$

$$A \cdot S + B \xrightarrow[E_a]{k_r} P \cdot S \quad (\text{反应过程，慢步骤}) \tag{2}$$

$$P \cdot S \underset{k_{-2}}{\overset{k_2}{\rightleftharpoons}} P + S \quad (\text{脱附过程，快步骤}) \tag{3}$$

设 A 的吸附符合朗格缪尔吸附，证明：当反应物 A 为弱吸附时，反应的速率可表示为

$$v = k_0 e^{-\frac{E_a + Q}{RT}} p_A p_B$$

式中，Q 是吸附过程的吸附热。

第 11 章　胶体化学

胶体化学是研究胶体系统、高分子溶液及乳状液、表面活性分子有序组合体等分散系统的物理化学性质及规律的一门科学。"胶体"这个名词最早是由英国化学家格雷厄姆（T. Graham）于 1861 年提出来的。他在比较不同物质透过羊皮纸向水中的扩散速度时发现，一类物质（如糖、无机盐等）容易透过羊皮纸，扩散速率快，此类物质蒸发掉水分后为晶体；另一类物质（如明胶、氢氧化铝等）很难透过羊皮纸而扩散，在蒸去水分后变为胶状物。因此，他把物质分为两类：晶体和胶体。后来随着科学的发展发现他的分类是不确切的，1905 年，俄国化学家维伊曼用二百多种物质做实验证明，胶体并不是某种特殊类型的物质的固有状态，而是物质以一定分散程度存在的一种状态。现在胶体就是指高度分散的多相系统。

胶体在自然界中普遍存在，并与人们的生产及日常生活密切相关。有人认为，世界上 50％以上的科学家是与界面和胶体打交道的，有 50％以上的产品属于胶体范畴。胶体化学与生物、医药、环境、材料、石油开采、催化、冶金等学科和领域相互渗透、交叉发展，已逐步成为一个独立的学科。

11.1　分散系统及胶体系统概述

11.1.1　分散系统的定义及分类

把一种或几种物质分散在另一种物质中所构成的系统，称为分散系统。分散系统中被分散的物质称为分散相；呈连续分布的物质称为分散介质。按分散相粒子的大小常把分散系统分为三类：分子分散系统、胶体分散系统和粗分散系统。

分子分散系统是指分散相粒径小于 1nm 的分散系统，分散相与分散介质以分子、离子或原子形式彼此混溶，是均匀的单相的热力学稳定系统，也称为真溶液，如硫酸铜水溶液、蔗糖水溶液等。分子分散系统的分散相扩散能力强，能穿过滤纸和半透膜，在显微镜及超显微镜下均不可见。

胶体分散系统是指分散相粒径为 1～100nm 的分散系统，如 $Fe(OH)_3$ 溶胶、金溶胶、蛋白质溶液等。胶体系统的分散相粒子扩散能力较弱，能穿过滤纸，不能穿过半透膜，用肉眼或普通显微镜观察胶体与溶液无差别，但在超显微镜或高倍显微镜下可分辨。

粗分散系统是指分散相粒径大于 100nm 的分散系统，如泥浆、豆浆等。其分散相粒子较大，不能穿过滤纸及半透膜，无扩散能力，在普通显微镜下可见。粗分散系统是多相的热力学不稳定系统。

11.1.2　胶体系统的分类

根据 IUPAC 建议，胶体系统可分为三类：溶胶、高分子溶液和缔合胶体（胶体电解质）。

溶胶：粒径介于 $1\sim100\,nm$ 之间的难溶物固体粒子分散在液体介质中所形成的胶体分散系统，也称为憎液溶胶，如氢氧化铁溶胶、碘化银溶胶等。分散相粒子是数目不等的多个分子（或离子、原子）的聚集体，有很大的相界面，易聚沉，是热力学上的不稳定系统。一旦将介质蒸发掉，再加入介质时，已聚沉的分散体系就无法再形成溶胶，因此溶胶的聚沉是一个不可逆系统。溶胶是胶体分散系统的主要研究内容。

高分子溶液：分子大小在胶体粒子范围内的高分子化合物溶解在合适的溶剂中形成的均相溶液，具有扩散慢、不能穿过半透膜等胶体系统的某些特性，如明胶水溶液、橡胶己烷溶液。由于分散相与分散介质间有良好的亲和性，也称为亲液溶胶。一旦将溶剂蒸发，高分子化合物析出，重新再加入溶剂，仍可自动形成分子分散的真溶液，因此高分子溶液是均相的、热力学稳定的、可逆的系统。近几十年来，高分子化合物已逐渐从胶体化学中分离出来，成为一个新的独立学科。

缔合胶体：表面活性剂溶于分散介质，达到一定浓度（大于临界胶束浓度）后，为了降低系统吉布斯函数，表面活性剂分子会自动缔合形成胶束（其尺度大小在 $1\sim100\,nm$ 之间），由胶束分散于介质中形成的溶液，称为缔合胶体。它也是热力学稳定系统。

胶体系统还可以根据分散相和分散介质的聚集态不同来进行分类，通常按照分散介质的聚集态来命名，如表 11.1.1 所示。其中分散相为固体粒子的液溶胶是本章研究的重点内容。

表 11.1.1　胶体分散系统按聚集态的分类

名称	分散介质	分散相	实例
气溶胶	气	液	云,雾
		固	烟,尘
液溶胶	液	气	肥皂泡沫,灭火泡沫
		液	原油,牛奶
		固	金溶胶,涂料,泥浆
固溶胶	固	气	分子筛,泡沫塑料
		液	珍珠,蛋白石
		固	有色玻璃,合金

11.1.3　溶胶系统的特点

如前所述，胶体并不是某种特殊类型的物质的固有状态，而是分散相物质以高度分散程度存在于分散介质中的一种状态。高分散度就意味着系统内相界面的表面积很大，其表面吉布斯函数也很大，因此它必然是一个热力学不稳定系统。所以溶胶系统的主要特点是：高度分散性、多相不均匀性及热力学不稳定性。

由这些特点可知，溶胶系统必然具有自动减小吉布斯函数的趋势，使系统容易发生聚结、沉降，会自动吸附某些粒子而带电。从而就使溶胶系统具有了一系列的独特现象，如光学性质、动力学性质、电学性质等。

11.2　溶胶的制备及净化

11.2.1　制备溶胶的一般条件

制备溶胶首先要求分散相在分散介质中的溶解度必须极小，即要求反应物浓度很小，使得生成的难溶物晶粒很小而且无法长大时才能得到胶体。如果反应物浓度很大，会瞬间生成很多难溶物，并自发地凝聚而生成凝胶。其次是必须有稳定剂存在。胶体系统粒径很小，比表面积很大，表面能很高，是热力学不稳定系统，若要制得稳定的胶体，必须加入第三种物质，即稳定剂（stabilizing agent）。

11.2.2　制备溶胶的方法

胶体系统的分散相粒径大小在 $1\sim100\text{nm}$ 之间，可以想象，要制备胶体可以有两种方法，它既可以由分子、原子或离子聚集而成，称为凝聚法，也可以由粗分散系统中的大粒子物质进一步粉碎分散而成，称为分散法。

（1）分散法

根据制备对象和对分散程度的要求，通常可采用机械分散、电分散、超声波分散和胶溶等分散方法。采用分散法制备胶体时，分散过程所消耗的机械功远大于系统的表面吉布斯函数变，大部分能量以热的形式传给环境；随着分散时间延长，颗粒变小，表面积增大，颗粒团聚的趋势增强，需要添加合适的分散剂（稳定剂、助磨剂），以降低粒子表面能。

机械分散：就是用粉碎设备将大块物质粉碎成要求的尺寸。这种方法适用于脆性易碎的物质。常用的粉碎设备有气流磨、各种类型高速机械冲击式粉碎机、各种类型搅拌磨、振动磨、球磨、胶体磨等。

电分散法：主要用于制备金属水溶胶。该法将欲分散的金属作为电极，浸入水中，然后通入直流电，在两电极间产生电弧，利用电弧的高温使电极表面金属气化，金属蒸气在冷水中冷凝成为胶体。

超声波分散法：主要用于制备乳状液。是利用高频率的机械波产生的密度疏密交替，对被分散的物质产生强烈的撕碎作用，这是一种清洁的分散方法。

胶溶法：先将某些新生成沉淀中多余的电解质洗去，再加入适量的电解质作稳定剂，或置于某温度下使沉淀重新分散成溶胶。但要注意，沉淀老化后就不容易再发生胶溶作用。

（2）凝聚法

凝聚法通常分为物理凝聚法和化学凝聚法。

物理凝聚法是将蒸气状态的物质或溶解状态的物质凝聚为胶体状态的方法。例如，松香易溶于乙醇而难溶于水，将松香的乙醇溶液逐滴加入水中，由良溶剂变成不良溶剂，在水中可形成松香的水溶胶。

化学凝聚法是利用水解、氧化或还原等化学反应形成不溶性化合物，通过调整分散相晶核生成及晶粒生长速度控制分散相粒径来制备溶胶。例如，利用 $FeCl_3$ 稀溶液在沸水中的水解反应可以制备 $Fe(OH)_3$ 溶胶。

$$FeCl_3(稀)+3H_2O\longrightarrow Fe(OH)_3+3HCl$$

11.2.3　溶胶的净化

制成胶体后，将胶体制备过程中引入或产生的多余的电解质及杂质除去，使溶胶能够稳定存在的过程，称为溶胶的净化。

一些方法制得的溶胶中，其中有一些会超出胶体粒径范围，其净化是利用过滤、沉降或离心分离的方法将粗粒子除去。而采用化学法制得的溶胶通常都含有较多的电解质，不利于溶胶的稳定,可采用渗析法净化。即利用溶胶粒子不能透过半透膜的特点,采用半透膜(如羊皮纸、硝化纤维素膜等)将溶胶与纯分散介质分开,使溶胶中的电解质小分子通过半透膜,使溶胶净化。为了加快渗析速度,可采用"电渗析",即在外加电场的作用下,溶胶中的电解质离子分别向带异电荷的电极移动,可较快除去溶胶中过多的电解质。

11.3 溶胶的动力性质

胶体系统的动力性质主要指胶体粒子的布朗运动(Brownian movement)及由它产生的扩散、沉降及沉降平衡等性质。

11.3.1 布朗运动

1827 年,英国植物学家布朗(R. Brown)用显微镜观察到悬浮于液面上的花粉在一直不停地做着无规则运动(见图 11.3.1)。后来他又发现其他物质如煤炭、玻璃、岩石、金属等的粉末粒子在分散介质中也有这种现象,人们就把微粒的这种运动现象称为布朗运动。

关于布朗运动的起因,人们在很长时间内并不清楚。1903 年超显微镜的发明为布朗运动的研究提供了物质条件。1905 年和 1906 年,爱因斯坦(Einstein)和斯莫卢霍夫斯基(Smoluchowski)分别依据分子运动论的原理圆满地回答了布朗运动的本质问题。

悬浮在液体中的分散相微粒处在液体分子的包围之中,而液体分子一直处于不停的热运动状态,会不断地随机碰撞悬浮在液体中的微粒。若微粒足够大,则微粒在各个方向上受力可相互抵消,因此不会发生位移。但当悬浮微粒小到胶体粒子尺寸时,这种撞击力是不均衡的,某一瞬间粒子会在某一方向上受到的撞击作用多些,致使微粒向相应方向移动。因为液体分子的热运动是不规则的,所以胶体粒子的运动也是不规则的,如图 11.3.2 所示。由此可知,布朗运动的本质就是胶体粒子的热运动。

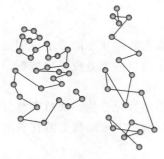

图 11.3.1 布朗运动

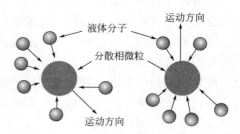

图 11.3.2 液体分子对胶粒的碰撞示意图

爱因斯坦认为溶胶粒子的布朗运动与分子运动类似,他运用分子运动论原理提出了球形粒子在布朗运动中的平均位移 $\bar{x}$ 与粒子大小 r、温度 T、介质黏度 η 和位移时间 t 的关系式

$$\bar{x} = \sqrt{\frac{RT}{L} \times \frac{t}{3\pi\eta r}} \qquad (11.3.1)$$

此式常称为 Einstein-Brown 运动公式。公式表明,在其他条件不变时,微粒的平均位移 $\bar{x}$ 的二次方与位移时间 t 及温度 T 成正比,与黏度 η 及粒子半径 r 成反比。微粒的平均位移、位

移时间及温度、黏度均可由实验测定，因此可利用运动公式求出粒子的半径，也可求得阿伏伽德罗常数 L。

例如佩兰（Perrin）以胶粒半径为 212nm 的藤黄水溶胶为研究系统，在 290K、水的黏度为 $1.1 \times 10^{-3} Pa \cdot s$ 的条件下测定胶粒在 x 轴方向上的位移，发现时间间隔 t 为 30s 时，胶粒的平均位移 $\overline{x}$ 为 $7.09 \mu m$，可算得阿伏伽德罗常数 L 为 $6.5 \times 10^{23} mol^{-1}$。斯韦德贝里（Svedberg）也通过大量实验验证了 Einstein-Brown 运动公式的正确性，而运动公式的正确性又验证了分子运动学说的正确性，为分子的真实存在提供了直观的、令人信服的实验依据，这也是研究布朗运动的意义。

11.3.2 扩散

扩散是在有浓度梯度存在时，物质粒子因热运动而自发地从高浓度区域向低浓度区域的定向迁移的现象。产生扩散现象的主要原因是粒子的热运动，因此胶体粒子与真溶液中的小分子一样，具有自发地从高浓度区域向低浓度区域的扩散作用。如图 11.3.3 所示，在 OO' 截面两侧装有浓度不同的溶胶，即可以观察到胶粒由 c_1 高浓区向 c_2 低浓区迁移的现象。

假设任一平行于 OO' 的截面上的浓度都是均匀的，只在水平 x 方向上自左至右浓度变稀，其浓度梯度为 $\dfrac{dc}{dx}$。则胶粒的扩散速度与浓度梯度的关系可表示为

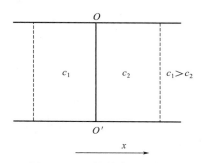

图 11.3.3 扩散作用示意图

$$\frac{dm}{dt} = -DA\frac{dc}{dx} \qquad (11.3.2)$$

此式即菲克第一定律（Fick's first law）。式中，$\dfrac{dm}{dt}$ 为扩散速度，即单位时间扩散通过截面 OO' 的物质的质量；$\dfrac{dc}{dx}$ 为沿 x 方向的浓度梯度；式中负号表示扩散方向与浓度梯度的方向相反；A 为截面 OO' 的截面积；D 为扩散系数，其物理意义是：单位浓度梯度时，在单位时间内扩散通过单位面积的物质的量。扩散系数 D 越大，粒子的扩散能力越大。

Einstein 认为扩散系数 D 与粒子在介质中运动时阻力系数 f 相关，其关系为

$$D = \frac{RT}{Lf} \qquad (11.3.3)$$

由 Stokes 定律知，球形粒子在介质中运动时阻力系数 f 为

$$f = 6\pi\eta r \qquad (11.3.4)$$

则

$$D = \frac{RT}{6\pi\eta rL} \qquad (11.3.5)$$

式中，L 为阿伏伽德罗常数；η 为分散介质的黏度；r 为分散相粒子的半径。

式（11.3.5）常称为 Einstein 第一扩散公式。由此式可知，介质黏度及分散相粒子越小，粒子扩散能力越大。若已知介质黏度及扩散系数 D，也可计算出粒子粒径 r，进而根据粒子的密度可求出胶粒的摩尔质量 M。

$$M = \frac{4}{3}\pi r^3 \rho L \qquad (11.3.6)$$

若只考虑胶粒在水平 x 方向的位移，假设在时间 t 内其平均位移为 $\overline{x}$，则在 OO' 截面两侧可找出两个距 OO' 截面均为 $1/2\,\overline{x}$ 的平面（如图 11.3.3 虚线所示）。那么在 t 时间内，由左向右通过 OO' 截面的胶粒的量为 $\frac{1}{2}\overline{x}Ac_1$，由右向左通过 OO' 截面的胶粒的量为 $\frac{1}{2}\overline{x}Ac_2$。因为 $c_1 > c_2$，所以由左向右通过 OO' 截面的净胶粒的量 m 为

$$m = \frac{1}{2}\overline{x}Ac_1 - \frac{1}{2}\overline{x}Ac_2 = \frac{1}{2}\overline{x}A(c_1 - c_2) = \frac{A\,\overline{x}^2}{2} \times \frac{(c_1 - c_2)}{\overline{x}}$$

若 $\overline{x}$ 很小，则可认为

$$\frac{c_1 - c_2}{\overline{x}} \approx -\frac{\mathrm{d}c}{\mathrm{d}x}$$

因此

$$m = -\frac{A\,\overline{x}^2}{2} \times \frac{\mathrm{d}c}{\mathrm{d}x}$$

由式（11.3.2）可知在时间 t 内通过 OO' 截面的胶粒的量为

$$m = -DA\frac{\mathrm{d}c}{\mathrm{d}x}t$$

所以

$$D = \frac{\overline{x}^2}{2t} \tag{11.3.7}$$

此式称为 Einstein 第二扩散公式。通过测定一定时间间隔 t 内胶粒的平均位移 $\overline{x}$ 可计算出扩散系数 D。若将式（11.3.5）代入式（11.3.7），即可得 Einstein-Brown 运动公式［见式（11.3.1）］。

11.3.3　沉降与沉降平衡

处于气体或液体中的分散相粒子会受到两种力的作用：一种是重力作用，若微粒的密度大于介质的密度，微粒会因重力作用而下沉，这种现象称为沉降；另一种是布朗运动产生扩散作用，当分散相粒子沉降出现浓度差时，扩散作用能促进体系中粒子浓度趋于均匀。沉降与扩散起着相反的作用。

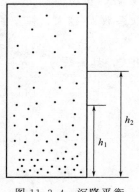

图 11.3.4　沉降平衡

在实际体系中，沉降与扩散哪个占主导作用，主要取决于微粒的大小和力场的强弱。分散相粒子粗大或力场很强时，沉降居主导地位，反之扩散起主导作用。当扩散作用与沉降达到平衡时，粒子的分布达到平衡，形成一定的浓度梯度，这种状态叫沉降平衡，如图 11.3.4 所示。

当粒径相同的胶体粒子达到沉降平衡时，胶粒浓度随高度变化情况可用贝林高度分布定律来表示

$$\ln\frac{C_2}{C_1} = -\frac{Mg}{RT}\left(1 - \frac{\rho_{介质}}{\rho_{粒子}}\right)(h_2 - h_1) \tag{11.3.8}$$

式中，C_1、C_2 为高度 h_1、h_2 处的单位体积内胶体粒子个数；$\rho_{介质}$、$\rho_{粒子}$ 分别为分散介质和胶体粒子的密度；M 为胶体粒子的摩尔质量，若粒子半径为 r，则

$$M = \frac{4}{3}\pi r^3 \rho_{粒子} L$$

式 (11.3.8) 也可表示为

$$\ln \frac{C_2}{C_1} = -\frac{4g}{3RT}\pi r^3 L (\rho_{粒子} - \rho_{介质})(h_2 - h_1)$$

由式 (11.3.8) 可知，分散相粒子的质量越大，其平衡浓度随高度的降低程度越大。表 11.3.1 列出了几种分散系统中粒子浓度随高度的变化情况。表中数据显示，沉降达到平衡时，粗分散金溶胶高度仅上升了 2×10^{-7} m，金胶粒的浓度就降低一半，表明该系统沉降起主导作用，布朗运动不足以克服重力作用；金胶粒实际上已完全沉降到容器底部；而对于粒径为 1.86nm 的金溶胶来说，浓度衰减一半的高度达 2.15m，说明布朗运动引起的扩散作用很强，整个系统浓度分布较均匀，这种性质称为溶胶的动力稳定性。这也能较好地解释许多溶胶系统能在相当长时间稳定的现象。

表 11.3.1　几种分散系统中粒子浓度随高度的变化情况

分散系统	粒子直径/nm	粒子浓度降低一半时的高度/m
氧气	0.27	5000
高度分散的金溶胶	1.86	2.15
粗分散金溶胶	186	2×10^{-7}
藤黄悬浮体	230	2×10^{-5}

式 (11.3.8) 也可以用来计算地面上不同高度的大气压力。将大气看作理想气体，且不考虑气温随高度的变化及大气的浮力作用，即认为 $c_2/c_1 = p_2/p_1$，$1 - \rho_{介质}/\rho_{粒子} \approx 1$，则

$$\ln \frac{p_2}{p_1} = -\frac{Mg}{RT}(h_2 - h_1) \tag{11.3.9}$$

式中，M 为空气的平均摩尔质量。

若海平面处高度为零，大气压力为 101.325kPa，则大气压力随海拔高度变化可表示为

$$\ln \frac{p}{101.325\text{kPa}} = -\frac{Mgh}{RT} \tag{11.3.10}$$

11.4　溶胶的光学性质

溶胶的光学性质是胶体系统高度分散性和多相不均匀性特点的反映。

11.4.1　丁铎尔（Tyndall）效应

1869 年，英国物理学家丁铎尔发现，在暗室里，将一束聚集的光通过溶胶，那么从侧面（即与入射光垂直的方向）可以看到一个发亮的圆锥体，这一现象称为丁铎尔效应。其他分散系统也会产生这种现象，但远不如溶胶显著，所以丁铎尔效应实际上就是判断溶胶与真溶液（或高分子溶液）的最简便的方法。

我们知道，当一束光投射到一分散系统时会发生光的吸收、反射或散射等现象。如果入射光的波长小于分散粒子尺寸，主要会发生光的反射或折射，体系呈现浑浊现象。而当入射

光波长大于分散粒子尺寸时则会发生光的散射，可以看到乳白色的光柱，散射出来的光称为散射光或乳光。可见光波长为 $400 \sim 760nm$，胶体粒子大小为 $1 \sim 100nm$，因此会发生光的散射。所以丁铎尔效应的实质是光的散射效应，也称为乳光效应（见图 11.4.1）。

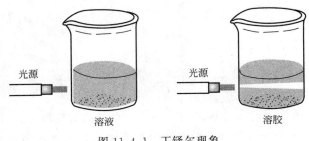

图 11.4.1　丁铎尔现象

11.4.2　雷利（Rayleigh）公式

1871 年，雷利研究了大量的光散射现象后，得出了粒径小于 47nm 的溶胶所具有的散射光强度 I 与入射光的强度 I_0 间的关系为

$$I = \frac{9\pi^2 V^2 C}{2\lambda^4 l^2}\left(\frac{n^2 - n_0^2}{n^2 + 2n_0^2}\right)^2 (1 + \cos^2\alpha) I_0 \tag{11.4.1}$$

式中，λ 为入射光的波长；V 为一个分散相粒子的体积；C 单位体积内的分散相粒子数；n 为分散相的折射率；n_0 为分散介质的折射率；α 为散射角，是观察的方向与入射光方向的夹角，当观察方向与入射光垂直时，$\alpha = 90°$，$\cos\alpha = 0$；l 为观察者与散射中心的距离。

由式（11.4.1）可得出如下结论。

① 散射光强度与分散相粒子体积的平方成正比。真溶液粒子体积很小，所以散射光强度很弱，粗分散系统粒子尺寸大于入射光波长，无散射现象，胶体系统的散射光最强。因此乳光强度可用来鉴别分散系统的种类。

② 散射光强度与入射光波长的四次方成反比，入射光波长越短，散射光越强。入射光为白光时，其中蓝、紫色光的波长最短，其散射光最强，而红、橙色光波长较长，其透射能力更强。这就是我们看到天空、海水呈蓝色，而晨曦、晚霞为火红色的原因（白光的散射光为蓝紫色，透射光为橙红色）。

③ 分散相与分散介质的折射率相差越大，散射光越强。溶胶系统的分散相与分散介质间有明显的相界面，其折射率相差较大，因此散射光较强；而高分子溶液是均相系统，所以散射光很弱。因此可以用丁铎尔效应来区分溶胶与高分子溶液。

④ 散射光强度与单位体积内的分散相粒子数成正比，在其他条件相同时，有

$$\frac{I_1}{I_2} = \frac{C_1}{C_2} \tag{11.4.2}$$

因此，已知两个溶胶的散射光强度及一个溶胶的浓度，可求另一个溶胶的浓度，这就是浊度计的原理。测定污水中悬浮杂质的含量时主要采用浊度计。

11.4.3　溶胶的颜色

溶胶的颜色与分散相物质的颜色及粒子大小、分散相与分散介质的性质、光的强弱、光的吸收散射等因素有关。

影响溶胶颜色的主要原因是胶粒对可见光的选择性吸收。而胶粒对光的选择性吸收主要取决于其化学结构。若溶胶对可见光的各部分吸收都弱，且大致相同，则溶胶是无色的，如二氧化钛溶胶；若溶胶能较强地选择性吸收某一波长的光，在透过光会显示出它的补色。例如，金溶胶对波长为 $500\sim600nm$ 的绿色光有较强吸收而显红色；碘化银溶胶吸收蓝色光显现黄色。

另外，对同一分散相的溶胶来说，分散相粒子大小不同，产生的散射效应不同，也会影响溶胶的颜色。例如金溶胶，胶粒较小时，散射较弱，吸收占优势，随着粒径增大，散射效应增强且向长波长方向移动。胶粒半径为 $5\sim20nm$ 时，吸收波长 $520nm$ 的绿色光，呈红色的葡萄酒色；胶粒半径在 $20\sim40nm$ 之间的金溶胶主要吸收波长 $530nm$ 的绿色光，呈深红色；胶粒半径在 $60\sim70nm$ 的金溶胶吸收波长 $600nm$ 的橙黄色光，呈蓝色。

11.4.4 超显微镜与粒子形状、大小的测定

普通显微镜的分辨率约为 $200nm$，因而无法直接观察到 $1\sim100nm$ 的胶体粒子。

超显微镜是根据丁铎尔效应设计的显微镜，可用于研究半径为 $5\sim150nm$ 的胶体粒子，是黑暗背景下在与入射光垂直方向上来观察胶体粒子的存在和运动。图 11.4.2 是狭缝式超显微镜示意图。由超显微镜可观察到，胶粒由于光散射作用而呈闪闪发光的亮

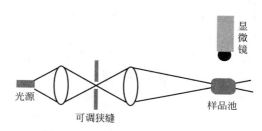

图 11.4.2 狭缝式超显微镜示意图

点，就如同夜晚的星星一样，并能清晰地观察到其布朗运动。需要注意这些亮点并不是粒子本身，而是粒子的散射光，通常要比粒子本身大很多倍。但仍可利用超显微镜观测估算出胶体粒子的平均大小。如通过超显微镜可以数出视野中的粒子个数，结合胶体的浓度，可推算出胶粒的总质量和每个胶粒的质量，假设胶粒是球形粒子，则可计算出胶粒的平均半径。此外，还可间接推测胶粒的形状和不对称性。例如，球状粒子不闪光，而不对称的粒子在向光面变化时有闪光现象；粒子大小不同，其散射光的强度也不同，因此可根据胶粒光点的亮度强弱的差异来判断粒子分散均匀的程度。

11.5 溶胶的电学性质和胶团结构

溶胶的电学性质主要指由于溶胶粒子带有与分散介质相反的电荷所引起的电动现象。

11.5.1 溶胶粒子表面电荷的来源

（1）溶胶粒子的电离作用

有些溶胶粒子本身就是一个可以解离的大分子，其在水中发生解离而带电。这类溶胶粒子的电性质往往与分散介质的 pH 密切相关。

例如蛋白质分子同时含有羧基和氨基，在不同 pH 的水中可解离产生 $-COO^-$ 或 $-NH_3^+$ 从而使整个大分子带电。在足够浓的强碱性溶液中，蛋白质会以负离子的形式存在，在足够浓的酸性溶液中，蛋白质会以正离子的形式存在。当向蛋白质溶液加入适量的酸或碱

时，解离产生的—COO^-和—NH_3^+的浓度相等，则系统净电荷为零，此时的 pH 称为蛋白质的等电点（pI，isoelectric point）。pH 小于 pI 时蛋白质带正电，pH 大于 pI 时蛋白质带负电。

再比如，硅胶表面的 SiO_2 分子与水作用生成 H_2SiO_3，H_2SiO_3 在水中电离生成 SiO_3^{2-}，使硅胶粒子带负电荷。黏土颗粒为铝硅酸盐，也可在水中电离而带负电。

肥皂属缔合胶体（胶体电解质），它是由许多可电离的小分子 RCOONa 缔合而成的，由于在水溶液中 RCOONa 可以电离，因此粒子表面带电。

（2）溶胶粒子表面对离子的吸附

溶胶是一个高度分散的多相系统，比表面积和表面吉布斯函数都很大，粒子会自发地吸附其他物质来降低系统能量，粒子表面对分散介质中电解质正负离子的不等量吸附可使粒子获得电荷。

实验证明，与溶胶粒子组成相同的离子最容易被溶胶粒子吸附。例如用 $AgNO_3$ 和 KBr 制备 AgBr 溶胶时，AgBr 粒子表面容易吸附 Ag^+ 或 Br^-，而对 K^+、NO_3^- 的吸附就很弱。这是因为 Ag^+ 或 Br^- 是 AgBr 晶粒生长的基本粒子，它们在 AgBr 晶粒表面上的吸附有利于继续形成晶格。至于 AgBr 粒子是吸附 Ag^+ 带正电还是吸附 Br^- 带负电，则取决于 Ag^+ 或 Br^- 哪种离子在分散介质中过量。

分散介质中若不存在与溶胶粒子组成相同的离子，则粒子容易吸附水化能力弱的离子，而把水化能力强的离子留在溶液中，因此固体表面带负电荷的可能性较大（阳离子水化能力更强）。

（3）离子晶体的溶解

由离子型固体物质所形成的溶胶微粒在水中会有微量溶解解离产生带有相反电荷的离子。如果这两种离子的溶解是不等量的，那么粒子表面也可以获得电荷。如果正离子的溶解度大于负离子，则表面带负电；反之，若负离子溶解度大于正离子，则表面带正电。例如，碘化银溶胶在室温下溶解达到平衡时，饱和溶液的溶度积 $a_{Ag^+} \cdot a_{I^-} = 10^{-16}$。而在碘化银的晶格中，银离子的迁移能力较强，结合力小于碘离子，AgI 溶胶零电荷点对应 $[Ag^+] = 10^{-5.5} \text{mol} \cdot dm^{-3}$，$[I^-] = 10^{-10.5} \text{mol} \cdot dm^{-3}$，$Ag^+$ 的溶解度大于 I^- 的溶解度，因此，胶粒带负电。

（4）晶格取代

黏土是由铝氧八面体和硅氧四面体的晶格骨架组成，其中的某些 Al^{3+} 的位置往往被 Ca^{2+}、Mg^{2+} 所取代，形成类质晶，结果使黏土晶格带负电。晶格取代是造成黏土颗粒带电的主要原因。这种现象在其他溶胶中则很少见。

（5）相的接触电位（摩擦带电）

在非极性介质中，颗粒也会带电。溶胶粒子的电荷来自于粒子与介质间的摩擦，就像玻璃棒与毛皮摩擦可以带电一样，两相接触时对电子有不同亲和力，就使电子由一相流入另一相。一般来说，两相接触时具有较大介电常数的物质带正电，另一个带负电。例如，玻璃小球（$\varepsilon = 5\sim6$）在水（$\varepsilon = 81$）中时，玻璃带负电，水带正电；而玻璃小球分散在苯（$\varepsilon = 2$）中时，则玻璃带正电，苯带负电。

11.5.2 电动现象

在外电场作用下固液两相发生相对运动，或在外力作用下固液两相相对运动时产生电势差，这两种过程称为电动现象。电动现象主要有电泳、电渗、沉降电势及流动电势。

（1）电泳

在外电场作用下，胶体粒子在分散介质中定向移动的现象称为电泳。

1809 年俄国科学家列斯在一块湿黏土上插入两只玻璃管，用洗净的细砂覆盖两管的底部，加水使两管的水面高度相等，管内各插入一个电极，接上直流电源，如图 11.5.1 所示。一段时间后发现，在正极管中黏土微粒透过细砂层逐渐上升，使水变得浑浊，而水层慢慢下降，而负极管中水未出现浑浊，水量逐渐增加。这个实验说明黏土微粒带负电，在外电场作用下向正极移动。

胶体的电泳证明胶粒是带电的，因为不带电的粒子在外电场中是不会定向移动的。通过电泳实验还发现，若在溶胶中加入电解质可以改变胶粒带电的多少，甚至可改变胶粒的带电性质。

影响电泳的因素有：带电粒子的大小、形状；粒子表面电荷的数目；介质中电解质的种类、离子强度，pH 和黏度；电泳的温度和外加电压等。

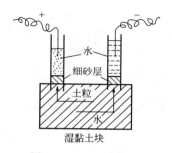

图 11.5.1　电泳装置

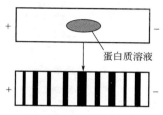

图 11.5.2　纸上电泳

电泳的应用相当广泛。提赛留斯（Tiselius）利用 U 形管电泳，首次将人的血清分离为血清蛋白和 α、β、γ 等四种球蛋白，于 1948 年获诺贝尔化学奖。在医学和生物化学中，常采用纸上电泳（见图 11.5.2）来分离各种氨基酸和蛋白质；分离血清以协助诊断疾病。其原理是，先将一厚滤纸条在一定 pH 的缓冲溶液中浸泡，取出后两端夹上电极，在滤纸中央滴少量待测溶液，由于不同蛋白质等电点不同，因此所带电荷性质及数量不同，pI 值（等电点）越小的蛋白质解离产生的 $-COO^-$ 越多，即在电场中越容易向正极移动，而 pI 值越大的蛋白质解离产生的 $-NH_3^+$ 越多，在电场中越容易向负极移动。通电后不同蛋白质的电泳速度不同，各组分以不同速度沿纸条运动。经一段时间后，在纸条上形成距起点不同距离的区带，区带数等于样品中的组分数。将纸条干燥并加热，将蛋白质各组分固定在纸条上，再用适当方法进行分析。

采用淀粉凝胶、聚丙烯酰胺凝胶代替滤纸，称为凝胶电泳。由于凝胶具有三维空间的多孔性网状结构，除电泳作用外，对待测混合物中的不同形状和大小的分子还具有筛分作用，因而具有很高的分辨能力。如血清在纸上电泳时能分离出 6～7 个组分，而用凝胶电泳可分离出 20～30 个组分。

（2）电渗

在外加电场作用下，分散介质会通过多孔膜或毛细管做定向移动（固相不动，液相动），这种现象称为电渗。电渗测定装置如图 11.5.3 所示。图中多孔膜可以用滤纸、玻璃或棉花等构成，也可以用氧化铝、碳酸钡、碘化银等物质构成。在 U 形管中盛电解质溶液，将电极接通直流电后，可从有刻度的毛细管中准确地读出液面的变化。如果多孔膜吸附阴离子，则介质带正电，通电时向阴极移动；反之，多孔膜吸附阳离子，带负电的介质向阳极移动。同样，电渗也受外加电解质的影响。

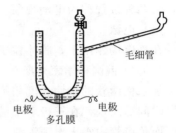

图 11.5.3　电渗装置示意图

电渗的用途：当过滤或分离不易进行时，可通电来加速离子运动。如工程中泥土、泥炭的脱水常用此法。

（3）流动电势

在外力作用下，迫使液体通过多孔膜或毛细管做定向流动，则多孔膜两端会产生电势差，这就称为流动电势。其实验装置如图 11.5.4 所示。显然，流动电势是电渗的相反过程。在用泵输送原油或易燃化工原料时，要使管道接地或加入油溶性电解质，增加介质电导，防止流动电势可能引发的事故。

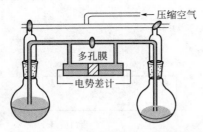

图 11.5.4　流动电势装置示意图

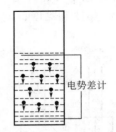

图 11.5.5　沉降电势示意图

（4）沉降电势

分散相粒子在重力作用或离心力作用下迅速移动时，在移动方向的两端产生的电势差，称为沉降电势，如图 11.5.5 所示。它是电泳的逆过程。面粉厂、煤矿等粉尘爆炸可能就与微粒的沉降电势有关。贮油罐中的油内常含有水滴，水滴的沉降会形成很高的电势差，容易引发事故。通常在油中加入有机电解质，增加介质电导，降低沉降电势。

11.5.3　溶胶双电层结构模型与 ζ 电势

亥姆霍兹（Helmholz）于 1879 年首先提出了在固、液两相界面上形成双电层的概念，并提出了平行板电容器结构模型，如图 11.5.6 所示。他认为，固体表面带电以后，由于静电引力的作用，必然在固体表面的周围吸附等量的带有相反电荷的离子（称为反离子），正负离子整齐地排列于界面层两侧，正负电荷的分布情况就如同一个平行板电容器。固体表面与液体内部的电势差即热力学电势 φ_0。正负离子间距离 δ 即为双电层厚度，大约为水化离子半径的大小，在双电层内电势呈直线下降。

由双电层理论，在外电场作用下带电胶粒和溶液中的反离子分别向相反的方向运动，这就对电动现象给予了说明。但是平行板双电层理论显然是极简单的，忽略了离子的热运动。实际上，离子的分布状态取决于离子间静电引力与离子本身无规则的热运动两种作用的平衡，因此离子不可能排成平行板电容器那样。

经过进一步研究，古依（Gury）于 1910 年、查普曼（Chapman）于 1913 年提出了扩散双电层结构，称为 Gury-Chapman 扩散双电层模型，如图 11.5.7 所示。他们认为，反离子受静电引力和热运动两种作用，其结果是只有一部分反离子紧密地排列在固体表面附近（约 1～2 个分子厚度的区域内），另一部分反离子自固体表面向溶液本体呈扩散状态分布，即双电层由紧密层和扩散层两部分构成。扩散层中的反离子分布服从玻尔兹曼分布定律，越接近固体表面处反离子越多，到溶液本体（约 1～10nm）处过剩反离子浓度为零。

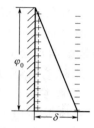
图 11.5.6　Helmholz 双电层模型

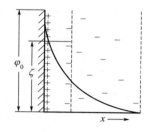
图 11.5.7　扩散双电层模型

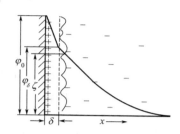
图 11.5.8　Stern 双电层模型

后来，斯特恩（Stern）将亥姆霍兹平行板模型与扩散双电层理论相结合做了进一步修正，如图 11.5.8 所示。他利用一个假想的平面——斯特恩面将双电层分为两部分，在距固体表面约 1～2 个分子层厚度的区域内，反离子由于受静电引力及范德华引力的作用，会紧密吸附在固体粒子表面，称为固定吸附层或斯特恩层，反离子电性中心所形成的面即为斯特恩面，在紧密层中电势的变化与平行板模型类似，电势由固体表面 φ_0 直线下降至斯特恩面 φ_δ。从 Stern 层向外的反离子分布的整个区域为扩散层。由于离子的溶剂化作用，胶粒在移动时，紧密层会结合一定数量的溶剂分子一起移动，所以滑移的滑动面由比 Stern 层略向右的曲线表示。

固、液两相发生相对移动时，滑动面与溶液本体之间的电势差，称为电动电势或 ζ 电势。ζ 电势是胶体系统所特有的，只有在固、液两相发生相对移动时才会显现出来。ζ 电势的大小反映了胶粒带电量的大小及扩散层的厚度，ζ 值越大，胶粒带电量越大，扩散层越厚；ζ 电势的符号代表了胶粒的带电性质，胶粒带正电，ζ 为正，胶粒带负电，ζ 为负。

对于球形胶粒，当胶粒半径 r 远大于扩散层厚度 κ^{-1}（即 $\kappa r \gg 0.1$）时，ζ 电势与电泳或电渗速度间的关系为

$$\zeta = \frac{\eta v}{\varepsilon E} \tag{11.5.1}$$

式（11.5.1）称为斯莫鲁霍夫斯基公式。特别适用于水作分散介质的溶胶系统。式中，η 为介质的黏度，Pa·s；v 为电泳或电渗速度，m·s^{-1}；ε 为介质的介电常数，F·m^{-1}；E 为电场强度，单位为 V·m^{-1}。

对于胶粒半径 r 远小于扩散层厚度 κ^{-1}（即 $\kappa r \ll 0.1$）的溶胶系统，ζ 电势与电泳或电渗速度间的关系服从休克尔公式

$$\zeta = \frac{1.5 \eta v}{\varepsilon E} \tag{11.5.2}$$

一般来说，只有在低电导的非水介质中，电解质的浓度很低时，才能满足胶粒半径远小于扩散层厚度的条件。

ζ 电势与热力学电势 φ_0 不同，φ_0 是固体表面与溶液本体的电势差，即整个双电层的

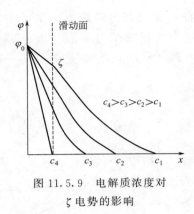

图 11.5.9 电解质浓度对
ζ 电势的影响

电势差，它的大小取决于溶液中与固体成平衡的离子的浓度；而 ζ 电势是滑动面与溶液本体之间的电势差，ζ 电势会随着滑动面内反离子的浓度变化而变化，外加电解质对 ζ 电势会有显著影响。图 11.5.9 显示了 ζ 电势随外加电解质浓度变化的情况。随着电解质浓度增加，介质中反离子的浓度增加，促使扩散层中反离子进入紧密层，使扩散层变薄，滑动面内反离子数增大，所以 ζ 电势变小；当电解质浓度增加至 c_4 时，就使扩散层压缩到与紧密层重合，此时 ζ 电势为零，此状态点称为等电点。处于等电点的胶粒是不带电的，所以电泳、电渗速率必然为零，胶体极不稳定，容易聚沉。若外加电解质中反离子价数高，或胶粒对它的吸附能力强，则在紧密层内可能吸附过量的反离子，就可能使 ζ 电势改变符号，当然电泳、电渗方向相应改变。

11.5.4 胶团结构

由吸附及扩散双电层理论可以推测出溶胶的胶团结构。胶团是由胶核及双电层组成的。胶核是由分子、原子或离子的多集聚体形成的固体微粒。胶核能从周围的介质中选择性地吸附某种离子而带电。一般来说，胶核更容易吸附那些构成该固体微粒的元素的离子，因为这样更有利于胶核的进一步长大，被吸附的离子也应视为胶核的一部分。滑动面所包围的带电体称为胶粒。整个扩散层及所包围的胶粒称为胶团，是电中性的。

例如：在 $AgNO_3$ 稀溶液中滴加 KI 稀溶液，可得到 AgI 溶胶，$AgNO_3$ 是过量的，可作为稳定剂，其胶团结构为

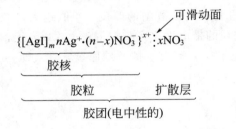

首先 Ag^+ 与 I^- 反应生成 AgI 分子，m 个 AgI 分子聚集构成 AgI 固体微粒 $(AgI)_m$，此时溶液中存在的电解质离子分别为 Ag^+、K^+、NO_3^-，则 $(AgI)_m$ 必然优先吸附 Ag^+，$(AgI)_m$ 吸附 n 个 Ag^+ 构成胶核；带正电的胶核由于静电引力的作用会吸附溶液中的带相反电荷的离子 NO_3^-，使 $(n-x)$ 个 NO_3^- 进入到紧密层，构成胶粒，胶粒带正电，也称为碘化银的正溶胶；其余 x 个 NO_3^- 分布在扩散层中，整体即为胶团，胶团是电中性的（见图 11.5.10）。胶团没有固定的直径及质量，m、n 均不是固定的数值。

若在 KI 稀溶液中滴加 $AgNO_3$ 稀溶液制备 AgI 溶胶，则 KI 过量为稳定剂，其胶团结构为

$$\{[AgI]_m nI^- \cdot (n-x) K^+\}^{x-} \vdots x K^+$$

该溶胶胶粒带负电，是碘化银的负溶胶，如图 11.5.11 所示。

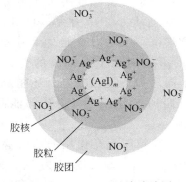
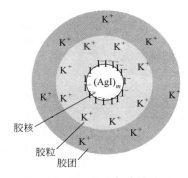

图 11.5.10　AgI 正溶胶胶团　　　图 11.5.11　AgI 负溶胶胶团
　　结构示意图　　　　　　　　　结构示意图

可以发现，胶团结构会随着介质中离子不同而变化。因此书写胶团结构时要注意：

① 电量平衡，整个胶团是电中性的，即胶核表面所带电荷数与整个胶团中反离子所带电荷数是等量的；

② 要注意胶核吸附的离子与介质的关系。如上面都是 AgI 溶胶，介质不同，胶粒带电性不同，反离子不同，胶团结构也不同。

【11.5.1】　在 H_3AsO_3 的稀溶液中通入 H_2S 气体生成 As_2S_3 溶胶。已知 H_2S 能解离成 H^+ 和 HS^-。试写出 As_2S_3 溶胶的胶团结构。

解　H_2S 过量，能解离成 H^+ 和 HS^-。则硫化砷固体微粒吸附的离子为 HS^-，反离子为 H^+，其胶团结构为

$$\{[As_2S_3]_m n HS^- \cdot (n-x)\ H^+\}^{x-} \vdots x H^+$$

【11.5.2】　$FeCl_3$ 稀溶液滴入沸腾的水中水解可制备 $Fe(OH)_3$ 溶胶，$FeCl_3$ 为稳定剂，试写出其胶团结构。

解　$FeCl_3$ 为稳定剂，能解离成 Fe^{3+} 和 Cl^-。则胶团结构为

$$\{[Fe(OH)_3]_m n Fe^{3+} \cdot 3(n-x)Cl^-\}^{3x+} \vdots 3x Cl^-$$

11.6　溶胶的稳定与聚沉

11.6.1　溶胶稳定性理论——DLVO 理论

憎液溶胶是高度分散的多相系统，是热力学不稳定系统，但是为什么有些溶胶却能在相当长时间内稳定存在呢？目前对胶体稳定性和电解质的影响解释得比较完善的理论，是由德查金（Derjaguin）、朗道（Landau）以及维韦（Verwey）、奥弗比克（Overbeek）分别于1941 年和 1948 年提出的 DLVO 理论——带电胶粒稳定理论。该理论是以胶体粒子间的相互吸引力和相互斥力为基础论证的。其理论要点如下。

胶团之间既存在着排斥力，也存在着吸引力。排斥力来源于胶粒表面的双电层结构。吸引力在本质上与分子间范德华引力相同，不过是多分子组成的粒子间的远程吸引力。

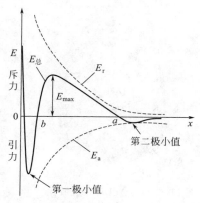

图 11.6.1 粒子间势能随粒子间
距离的变化情况

胶体系统的相对稳定或聚沉取决于斥力势能或吸引力势能的相对大小。斥力大，相对稳定，吸引力大则会聚沉。吸引力势能及斥力势能对溶胶稳定性的影响随粒子间距离的变化而变化。若以粒子间斥力势能、吸引力势能及总势能对粒子间的距离 x 作图，可得到势能曲线，如图 11.6.1 所示。

一对分散相胶粒间相互作用的斥力势能为 E_r，吸引力势能为 E_a，总势能 E 为 E_r、E_a 之和。当两胶粒间距离很远时，斥力势能和吸引力势能都趋近于零。当两粒子逐渐接近而双电层又未重叠时，首先起作用的是吸引力，所以总势能为负值（a 点以前）。粒子间距离再接近，双电层重叠，排斥力起主要作用，使总势能出现一个极大值 E_{max}（$a \sim b$ 之间）。此后若距离再缩短，吸引力又占优势，势能迅速降低形成第一最小值，胶粒发生聚沉。若粒子间距离再小，两胶核间的静电斥力使势能剧增。

图 11.6.1 中的 E_{max} 是胶体粒子间的静电斥力势能的数值，可以叫"斥力能垒"，它代表溶胶发生聚沉时必须克服的能垒，所以能垒的高低往往标志着溶胶稳定性的大小。若能垒足够高，大于布朗运动（热运动）的动能，溶胶就相对稳定，否则就容易聚沉。

总势能线上有两个最小值，距离较近而又较深的称为第一最小值，它如同一个陷阱，若粒子的动能较大，越过 E_{max} 能垒后进入此处，则会形成结构致密而稳定的聚沉物，故称为不可逆聚沉或永久性聚沉。距离较远而且又很浅的最小值称为第二最小值，粒子落入此处时可形成较疏松的沉积物，但不稳定，外界条件改变，可重新分离成溶胶。

总之，溶胶能够稳定存在的原因为：胶粒间的静电斥力作用；溶剂化作用可使胶粒周围形成一个弹性的水化外壳，从而增加聚沉时的机械阻力；布朗运动带来的动力稳定性。

11.6.2　溶胶的聚沉及电解质的聚沉作用

溶胶具有很大的相界面和表面能，必然有自动聚结以降低表面能的趋势。溶胶中的分散相微粒互相聚结、颗粒变大进而发生沉淀的现象，称为聚沉。

引起溶胶聚沉的因素有很多，如加入过量电解质；改变温度（加热或冷却）；增加溶胶浓度；长时间渗析；加入带相反电荷的溶胶；加絮凝剂（如高分子化合物、表面活性剂）。其中电解质对溶胶的稳定性影响最大，其聚沉作用研究得最多。

适量的电解质对溶胶起稳定剂的作用。但电解质加入得过多，尤其是含高价反离子的电解质，则会使溶胶聚沉。其原因在于，电解质浓度增加，使介质中反离子浓度增加，更多的反离子进入紧密层，则扩散层变薄，胶团间的排斥力变小，使胶粒容易发生聚沉，尤其是当 ζ 电势为零时，溶胶聚沉速率最大。

使一定量的溶胶发生明显聚沉所需电解质的最小浓度，称为该电解质的聚沉值。聚沉值的倒数定义为**聚沉能力**。电解质的聚沉值越小，其聚沉能力越大。表 11.6.1 列出了一些电解质对 AgI 负溶胶的聚沉值。

表 11.6.1 不同电解质对 AgI 负溶胶的聚沉值

外加电解质种类	一价反离子			二价反离子			三价反离子		
	$LiNO_3$	$NaNO_3$	KNO_3	$Ca(NO_3)_2$	$Mg(NO_3)_2$	$Pb(NO_3)_2$	$Al(NO_3)_3$	$La(NO_3)_3$	$Ce(NO_3)_3$
聚沉值 /mmol·dm⁻³	165	140	136	2.40	2.60	2.43	0.067	0.069	0.069

总结电解质对溶胶聚沉的影响主要有以下规律。

① 电解质中能使溶胶发生聚沉的是与胶粒带电符号相反的离子，即反离子。由表 11.6.1 可以看出，电解质的聚沉能力主要决定于反离子的价数，反离子价数越高，聚沉能力越大，这一规则称为舒尔采－哈迪（Schulze-Hardy）**价数规则**。对于给定的溶胶，价数为一、二、三价的反离子的聚沉能力的比值约为反离子价数的 6 次方之比，即 $1^6 : 2^6 : 3^6$。

② 同价反离子的聚沉能力也有所不同。如一价正离子对负溶胶的聚沉能力的排序为

$$H^+ > Cs^+ > Rb^+ > NH_4^+ > K^+ > Na^+ > Li^+$$

一价负离子对正溶胶的聚沉能力的排序为

$$F^- > Cl^- > Br^- > NO_3^- > I^- > SCN^- > OH^-$$

这种将带有相同电荷的同价离子按聚沉能力大小排列的顺序称为感胶离子序。它与水化离子半径的大小次序大致相同。如正离子水化能力较强，而且离子半径越小，水化能力越强，水化层越厚，则越不容易被吸附，所以正离子半径越小，聚沉能力越小。而同价负离子水化能力弱，因此半径越小，越容易被吸附，其聚沉能力越大。

③ 当反离子相同时，与胶粒带有相同电性的离子的价数越高，则该电解质的聚沉能力越小。这可能与这些相同电性的离子的吸附有关。例如不同钾盐对亚铁氰化铜负溶胶的聚沉值的排序为

$$KBr < K_2SO_4 < K_4[Fe(CN)_6]$$

④ 在溶胶中加入电解质可使溶胶聚沉，但继续加入电解质，会发现已聚沉的胶体粒子又重新分散成溶胶，此时胶体粒子所带电荷已经改变了符号。若再增加电解质的量，可以使新形成的溶胶再次聚沉，这种现象称为不规则聚沉。产生这种现象的原因是：高价反离子能在胶粒表面发生强吸附，从而使胶粒聚沉，但当吸附较多高价反离子时，胶粒所带的净电荷的性质与高价离子相同，而产生静电排斥作用，促使胶粒分散则溶胶重新稳定。再加入电解质使溶胶再次聚沉时的离子就不再是上述的高价反离子了。

11.6.3 高分子化合物（聚合物）对溶胶的稳定及聚沉作用

在溶胶中加入高分子化合物既可使溶胶稳定，也可能使溶胶聚沉。

（1）高分子化合物（聚合物）对溶胶的稳定作用

一般在溶胶中加入较多的高分子化合物，高分子化合物会环绕在胶粒周围，形成保护外壳，则对溶胶起到稳定作用，如 PVA、明胶等在某些聚合体系中常被用来保护胶体。聚合物使溶胶稳定的主要因素如下：

① 带电聚合物被吸附后，增加了胶粒间的静电斥力作用；

② 聚合物的存在一般会减少胶粒间的吸引力势能；

③ 胶粒吸附聚合物后会产生空间斥力作用。

聚合物使溶胶稳定的作用主要是"空间稳定",如图11.6.2（a）所示。影响空间稳定性的主要因素如下：

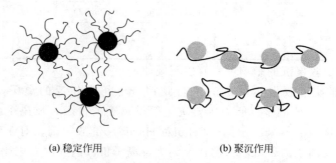

(a) 稳定作用　　　　　　　　　(b) 聚沉作用

图 11.6.2　聚合物对溶胶粒子的稳定与聚沉作用

① 所吸附的聚合物的结构　若聚合物一端"锚"在胶粒表面，另一端伸向溶剂，如嵌段聚合物或接枝聚合物，可形成良好的空间位阻；

② 聚合物的分子量和吸附层厚度　分子量大的比分子量小的稳定，吸附层厚的稳定；

③ 分散介质的影响　胶粒的分散介质如果也是聚合物的优良溶剂则可使溶胶稳定，若是聚合物的不良溶剂则使溶胶聚沉。

（2）高分子化合物（聚合物）对溶胶的聚沉作用

若向溶胶中加入适量的分子量很大的线型聚合物，如 PAM 及其衍生物，则聚合物往往会产生聚沉作用。高分子化合物对溶胶的聚沉作用主要基于以下三方面。

① 搭桥效应　一个长链高分子化合物可以同时吸附许多个分散相的微粒，把许多个胶粒联结起来，变成较大的聚集体而聚沉，如图11.6.2（b）所示。

② 脱水效应　高分子化合物具有强亲水性，使胶粒失去水化层而聚沉。

③ 电中和效应　离子型高分子化合物吸附在带电胶粒上，可中和胶粒表面电荷而聚沉。

11.6.4　正负溶胶间的相互作用

将带有相反电荷的正溶胶和负溶胶相互混合也会发生聚沉现象。如明矾净水的原理就是正负溶胶相互聚沉。因为天然水中所含的泥沙微粒容易吸附阴离子而带负电，明矾加入水中后会水解生成 $Al(OH)_3$ 正溶胶，两者所带电荷相互中和，会使水中悬浮物聚沉而达到净水的目的。需要指出的是，只有两种溶胶的浓度用量合适，即正溶胶胶粒所带正电荷总数与负溶胶胶粒所带负电荷总数相等时，才能发生完全聚沉，否则只能发生部分聚沉，甚至不聚沉。这也是与电解质聚沉作用的不同之处。

11.7　高分子溶液与唐南平衡

高分子化合物是指摩尔质量大于 $10^4 kg \cdot mol^{-1}$ 的大分子化合物。高分子化合物溶液是均相的真溶液，是热力学稳定系统。高分子溶液与憎液溶胶相比较，其相同之处为：尺寸大小范围相同，都有扩散慢、不能通过半透膜的现象。但从根本上说两者是不同的。高分子溶液是均相的热力学稳定系统，丁铎尔效应很弱，对电解质稳定性大，通常溶液黏度较大，具有溶解可逆性；而憎液溶胶是高分散的多相的热力学不稳定系统，对电解质很敏感，聚沉是不可逆过程。

11.7.1 高分子化合物溶液的渗透压

讨论稀溶液的依数性时讲到，渗透压 π 只与溶液浓度有关，而与溶质性质如粒子大小等无关。在一定温度下非电解质溶液或理想稀溶液的渗透压为

$$\pi = c_B RT = \frac{\rho_B}{M} RT \tag{11.7.1}$$

但将式（11.7.1）应用于高分子化合物溶液时却发现有较大偏差，因为高分子化合物溶液存在明显的溶剂化效应，使 π/ρ_B 随 ρ_B 的变化而变化，其关系为

$$\pi_1 / \rho_B = RT(1/M + A_2 \rho_B + A_3 \rho_B^2 + \cdots) \tag{11.7.2}$$

式中，A_2、A_3 为系数。对高分子化合物的稀溶液高次方可忽略，则有

$$\pi_1 / \rho_B = RT/M + B\rho_B \tag{11.7.3}$$

在恒温下 π_1/ρ_B 对 ρ_B 作图可得一直线，由直线截距可求高分子化合物的分子量。

采用渗透压法测定高分子化合物摩尔质量的范围是 $10 \sim 10^3 \text{kg} \cdot \text{mol}^{-1}$，且只适用于不能电离的高分子化合物稀溶液。对可电离的高分子化合物，求得的分子量往往偏低，主要是由于电解质电离的影响。唐南从热力学观点提出的隔膜平衡理论可以满意地解决这一问题。

11.7.2 唐南平衡

可电离的高分子化合物如蛋白质 $Na_z^+ P^{z-}$，电离反应为

$$Na_z^+ P^{z-} \longrightarrow z Na^+ + P^{z-}$$

若用半透膜将纯水和高分子化合物溶液隔开，H_2O 和 Na^+ 都可通过半透膜，而 P^{z-} 不能通过。因膜的两侧随时都要保持电中性，Na^+ 只能留在 P^{z-} 一侧而不会渗透到另一侧。所以当达到渗透平衡时，会出现半透膜两侧小离子浓度不相等的现象，这种现象称为**唐南平衡**。

此时渗透压为

$$\pi_2 = (z+1)cRT \tag{11.7.4}$$

因为每个蛋白质分子电离后有 $(z+1)$ 个离子，则溶液中总溶质的浓度为 $(z+1)c$，其中 c 为蛋白质的物质的量浓度。由溶液依数性知，渗透压只与溶质个数有关，溶质粒子数增多，则此时溶液的渗透压要比高分子物质本身的渗透压大得多，所以求得的分子量比实际分子量低得多。

一般对可电离的高分子化合物在缓冲溶液中或加盐的情况下进行测定可解决上述问题。

如图 11.7.1，开始时在半透膜内（左侧）加入浓度为 c 的蛋白质溶液，在半透膜外（右侧）加入浓度为 b 的 NaCl 溶液，Na^+、Cl^-、H_2O 可通过半透膜，P^{z-} 不能通过。

因为半透膜内无 Cl^-，则 Cl^- 会从膜外通过半透膜向膜内扩散，每有一个 Cl^- 通过半透膜，必然会有一个 Na^+ 跟随而过，以保证膜的两侧随时电中性。达平衡时，膜两侧离子的浓度如图 11.7.1 所示。

扩散速率和 Na^+、Cl^- 浓度的乘积成正比，达到扩散平衡时，膜内外的扩散速率必然相

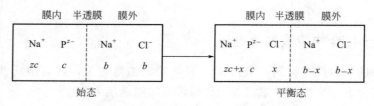

图 11.7.1　隔膜平衡前后离子浓度的变化

等，即

$$v_{内 \to 外} = v_{外 \to 内} \qquad (11.7.5)$$

$$v_{内 \to 外} = k_1 c_{Na^+} c_{Cl^-} = k_1 (zc+x) x \qquad (11.7.6)$$

$$v_{外 \to 内} = k_2 c_{Na^+} c_{Cl^-} = k_2 (b-x)(b-x) \qquad (11.7.7)$$

又因为都是 Na^+、Cl^- 的扩散，因此 $k_1 = k_2$，则有

$$(zc+x)x = (b-x)(b-x) \qquad (11.7.8)$$

$$x = \frac{b^2}{2b+zc} \qquad (11.7.9)$$

式（11.7.9）也可由渗透平衡时 NaCl 在膜两侧的化学势相等推导得出。

$$\mu_{NaCl} = \mu_{NaCl}^{\ominus} + RT \ln a_{NaCl,膜内} = \mu_{NaCl}^{\ominus} + RT \ln a_{NaCl,膜外} \qquad (11.7.10)$$

即

$$a_{Na^+,膜内} a_{Cl^-,膜内} = a_{Na^+,膜外} a_{Cl^-,膜外} \qquad (11.7.11)$$

低浓度下可用浓度 c 代替活度

于是

$$c_{Na^+,膜内} c_{Cl^-,膜内} = c_{Na^+,膜外} c_{Cl^-,膜外}$$

则

$$(zc+x)x = (b-x)(b-x)$$

解得

$$x = \frac{b^2}{2b+zc}$$

因渗透压是由半透膜两侧粒子数不同引起的，所以渗透压与膜两侧溶质的浓度差成正比，即

$$\pi_3 = (c_{膜内} - c_{膜外})RT \qquad (11.7.12)$$

膜内溶质浓度为 $zc+x+c+x$，膜外溶质浓度为 $2(b-x)$，则

$$\pi_3 = \{(zc+x+c+x) - 2(b-x)\}RT = (zc+c+4x-2b)RT \qquad (11.7.13)$$

将上式代入得

$$\pi_3 = \left(\frac{zc^2 + 2bc + z^2 c^2}{zc+2b} \right)RT \qquad (11.7.14)$$

当盐浓度远小于蛋白质浓度时，$b \ll zc$，$zc+2b \approx zc$，则

$$\pi_3 \approx \left(\frac{zc^2 + z^2 c^2}{zc} \right)RT = (z+1)cRT = \pi_2$$

当盐浓度远大于蛋白质浓度时，$b \gg zc$，则

$$\pi_3 \approx cRT = \pi_1$$

由此可知,加入电解质时,可使高分子溶液的渗透压 π_3 在 $\pi_1 \sim \pi_2$ 之间变化。加入足够多的中性盐,可以消除唐南平衡效应对高分子化合物分子量测定的影响。

研究唐南平衡,消除唐南平衡效应,调控物质的渗透压,这对医学、生物学等研究细胞膜内外的渗透平衡有重要意义。

11.8 乳状液、微乳液

11.8.1 乳状液的定义及分类

由两种互不相溶或部分互溶的液体所形成的分散系统,称为乳状液。如牛奶、含水原油、乳化农药等。一般当分散液滴大于 $1\mu m$ 时乳状液为不透明的乳白色,当分散液滴介于 $100nm \sim 1\mu m$ 时乳状液呈现发蓝光乳白色,当分散液滴小于 $100nm$ 时,乳状液呈现发蓝光的半透明至透明状态,因此可由外观初步判断乳状液分散液滴的大小。

在乳状液中,通常一种液体是水,用 W (water) 表示,另一种液体为有机物质,以 O (oil) 表示。乳状液可分为两大类:水为连续相(分散介质),油为分散相,称为水包油型,O/W;油为连续相,水为分散相,称为油包水型,W/O。对乳状液类型的鉴别方法主要有稀释法、染色法及电导法等。

① 稀释法 乳状液能被与连续相性质相同的液体稀释。将乳状液滴入水中,若能立即扩散开,则为 O/W 型乳状液,若浮于水面,则为 W/O 乳状液。如牛奶可用水稀释而不能用食用油稀释,说明牛奶是 O/W 型乳状液。

② 染色法 乳状液连续相被染色时整个乳状液整体显色,而分散相被染色时则只有液滴显色,连续相不显色。向乳状液中加入少量水溶性染料(如亚甲基蓝),若整个乳状液呈现蓝色,则为 O/W 型乳状液;向乳状液中加入少量油溶性染料(如苏丹红),若整个乳状液呈现红色,则为 W/O 型乳状液。

③ 电导法 一般 O/W 型乳状液具有较高的电导率,而 W/O 型乳状液电导率较低。

11.8.2 乳化剂和乳状液的稳定性

单靠油和水,无论怎样分散,静置后都会很快分成两相,是无法得到稳定的乳状液的。要形成稳定的乳状液,必须加入第三组分——乳化剂,乳化剂所起的作用称为乳化作用。乳化剂可以是电解质、表面活性剂、蛋白质或固体粉末等。加入少量乳化剂就可以使乳状液相对稳定的原因如下。

① 降低了界面张力 从热力学角度看,乳状液不稳定的原因是因为界面能很高,表面活性剂的加入降低了界面张力,则乳状液会相对稳定。例如:石蜡分散在水中的乳状液的表面张力 $\gamma = 41mN \cdot m^{-1}$,若加入少量油酸钠,则 $\gamma = 7.2mN \cdot m^{-1}$,乳液较稳定。

② 形成定向楔的界面 前边讲过,表面活性剂具有一端亲油一端亲水的特点,在乳状液中亲油端伸向油相,亲水端浸入水相,形成一层楔状界面,使界面膜牢固,不易碰撞聚结。

③ 形成扩散双电层 分散相液滴表面吸附了电离的乳化剂离子,反离子呈扩散分布,

形成双电层。一般水相带正电,油相带负电。

④ 界面膜的稳定作用 乳化过程实际上是分散相液滴表面形成界面膜的过程,界面膜的厚度、强度和韧性对乳状液的稳定起着重要的作用。

⑤ 固体粉末的作用 固体微粒可以在分散相表面排列成紧密的固体膜而起到稳定剂的作用。例如:易被水润湿的黏土、Al_2O_3 等固体微粒可形成 O/W 乳液,而炭黑、石墨粉可作为 W/O 型乳状液的稳定剂。

另外,乳状液的黏度大、密度差小也是稳定性的因素。

11.8.3 乳状液的破坏

使乳状液破坏的过程称为破乳或去乳化。乳状液稳定的原因是乳化剂的存在,那么凡能消除或减弱乳化剂保护能力的因素都可达到破乳的目的。常用的方法如下。

① 破坏乳化剂 如加入能强吸附但形不成牢固界面膜的表面活性剂代替原来的乳化剂;或加入某些能与乳化剂反应的物质,将乳化剂破坏掉,如皂类乳化剂中遇酸分解成脂肪酸,失去乳化作用;或者加入荷电性相反的乳化剂,使原有的乳化剂失去乳化作用。

② 破坏双电层、界面膜 通过加入电解质、加热、搅拌、过滤等措施破坏界面膜或双电层结构,达到破乳效果。例如:原油破乳往往是加热、电场、表面活性剂、过滤、脱水等几种方法共用,可使含水量降到万分之二以下。

11.8.4 微乳液

两种或两种以上互不相溶液体在表面活性剂的作用下经混合乳化后,形成的分散液滴直径在 5~100nm 之间,外观透明或半透明,各向同性的、热力学稳定系统,称为微乳状液,简称微乳液。

微乳液通常由表面活性剂、助表面活性剂、溶剂(油)和水(或水溶液)组成。依据水-油比例及其微观结构的不同,可分为正相(O/W 型)微乳液、反相(W/O 型)微乳液、双连续相(兼具 O/W 和 W/O 型)微乳液及均一单相分散微乳液。相对于乳状液,微乳液一般需加入较大量的表面活性剂,并需加入辅助表面活性剂才能形成。常用的表面活性剂有:阴离子型表面活性剂,如琥珀酸二辛酯磺酸钠(AOT)、十二烷基磺酸钠(SDS)、十二烷基苯磺酸钠(DBS);阳离子型表面活性剂,如十六烷基三甲基溴化铵(CTAB)、十二烷基三甲基溴化铵(DTAC);非离子型表面活性剂,如脂肪醇聚氧乙烯醚、烷基酚聚氧乙烯醚等。助表面活性剂一般为极性有机物,常用的为醇类有机物。助表面活性剂在微乳液形成过程中主要起到进一步降低系统界面张力、增加界面膜的柔性和流动性以及调节 HLB 值的作用。

微乳液的特点主要有:分散相质点大小为 5~100nm,质点大小均匀,系统呈半透明至透明,显微镜下不可见;在各组分比例、条件适当的情况下能自发形成,为热力学稳定系统,长时间放置不会分层或破乳;具有超低的界面张力和很强的增溶能力,与油、水在一定范围内可混溶。

微乳液的制备方法主要有 Schulman 法及 Shah 法。

Schulman 法:把油相、水相及表面活性剂混合均匀,然后向其中加入助表面活性剂,在一定配比范围内体系澄清透明,形成微乳液。

Shah 法:把油相、表面活性剂及助表面活性剂混合均匀,然后向其中加入水相,在一定配比范围内体系澄清透明,形成微乳液。

微乳液的分散相被表面活性剂与助表面活性剂组成的单分子层界面所包围,形成单一均匀的纳米级空间,若反应在分散相液滴中进行,则所得产物必在纳米级尺寸,因此微乳液为人们提供了一个制备均匀纳米微粒的理想的微型反应器。采用微乳液法制备纳米材料具有设备简单、操作容易、粒径大小可控、粒径分布窄、易于实现连续化生产等优点,因此在近年来诸多纳米材料的制备中得到广泛研究和应用。

采用微乳液法制备单分散纳米粒子,根据加料方式不同,可分为单微乳液法和双微乳液法。单微乳液法就是将反应物的一种配成微乳液,另一种直接加入到微乳液中,通过对微乳液膜的渗透进入分散液滴而发生反应。双微乳液法是将两种反应物分别配成微乳液,然后将其混合、搅拌,由于液滴的相互碰撞会瞬间形成二聚体,两聚合液滴间形成通道,发生物质交换而反应。由于二聚体改变了表面活性剂膜的形状,很不稳定,会很快分离而形成均匀的微乳液,而此过程两种微乳液滴中的反应物已经重新分配。无论是单微乳液法还是双微乳液法,产物粒子的最终粒径都与分散相的尺寸有关。而该尺寸与微乳液中反应物浓度、水、油及表面活性剂的比例、表面活性剂的种类、界面膜的强度、反应温度等因素有关。

11.9 凝胶

11.9.1 凝胶及其通性

高分子溶液或溶胶,在适当条件下,如增大浓度,其黏度逐渐增大,使高分子溶质或胶体粒子相互连接,形成空间网状结构,而溶剂小分子充满在网架的空隙中,使整个系统变成一种外观均匀、失去流动性并保持一定形态的弹性半固体,这种弹性半固体称为凝胶(gel)。这种凝胶化的过程称为胶凝。

由此可见,凝胶是一种特殊的分散系统,是胶体的一种存在形式,在日常生活中,凝胶状态也相当普遍。例如,豆浆是流体,加入电解质,如卤水、硫酸钙等,变成豆腐,即是凝胶。又如,水玻璃是硅酸盐水溶液,加入适量的酸后就会发生胶凝变成硅胶。人体内的肌肉、皮肤、细胞膜、血管壁以及毛发、指甲、软骨等都可看作是凝胶。因此了解凝胶的性能、结构和形成条件具有重要意义。

凝胶的通性如下。

① 从结构上看,凝胶中胶体颗粒或高聚物分子链以化学键相互连接,搭成架子,形成空间网状结构,如图 11.9.1 所示,液体或气体充满在结构空隙中,形成溶胀体。

② 从性质上看,凝胶介于固体和液体之间,它形成网状结构,不仅失去流动性,而且显示出固体的力学性质,如具有弹性和强度等;但又和真正的固体不完全一样,其内部结构的强度往往有限,易于破坏。同时,凝胶又具有液体的某些性质,例如,离子在水凝胶中的扩散速度接近于在水溶液中的扩散速度。电池电动势测定试验中所使用的盐桥就是在 KCl 浓溶液中加入琼脂形成的水凝胶,可保持 KCl 的电导与在水溶液中相差无几。

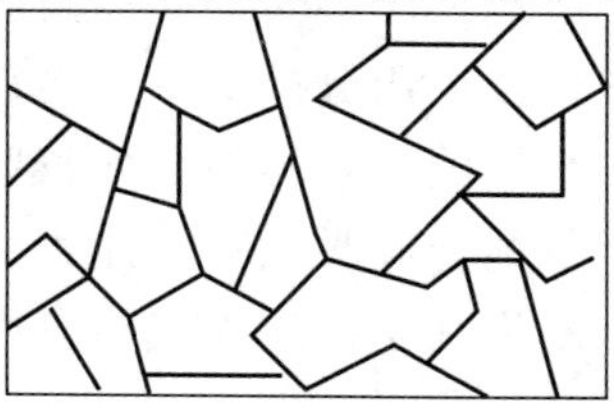

图 11.9.1 凝胶网状结构
示意图

③ 在新形成的水凝胶中，不仅分散相（搭成网状结构）是连续相，分散介质（水）也是连续相。

11.9.2 凝胶的分类

根据分散相质点的性质（刚性还是柔性）以及形成结构时质点间联结的性质（结构的强度），可分为弹性凝胶和刚性（非弹性）凝胶两类。

（1）弹性凝胶（elastic gel）

弹性凝胶通常是由柔性的线型高分子物质形成的一类凝胶，由于其分散相质点本身具有柔性，因此这类凝胶具有弹性，变形后能恢复原状。如橡胶（分散相为天然或聚合高分子）、明胶（分散相为天然蛋白质分子）、琼脂（分散相为天然多糖类高分子）等。

弹性凝胶的特性如下：

① 在吸收或脱除液体时往往会改变体积，表现出膨胀或收缩的性质；

② 对液体的吸收具有明显的选择性，如橡胶能吸收苯而膨胀，但在水中则不膨胀，明胶则恰恰相反；

③ 对液体的吸收或脱除具有可逆性。例如，明胶水凝胶脱水后体积收缩，只剩下以分散相为骨架的干凝胶，若将干凝胶再放入水中，加热，使之吸收水分，冷却后又可变成水凝胶，这种过程可反复进行，因此，弹性凝胶也称为可逆凝胶（reversible gel）。

（2）刚性凝胶（rigid gel）

刚性凝胶是由刚性分散颗粒相互联成网状结构所形成的凝胶，这些刚性分散颗粒多为无机物颗粒，如 SiO_2、TiO_2、V_2O_5、Fe_2O_3 等。

刚性凝胶具有如下特性：

① 因其本身和骨架具有刚性，活动性小，因此凝胶在吸收或释放液体时自身体积变化很小，属于非膨胀型；

② 通常此类凝胶具有多孔性，对溶剂的吸收无选择性，只要液体能润湿凝胶的骨架，就能被凝胶吸收；

③ 刚性凝胶一旦脱除溶剂成为干凝胶后，一般不能再吸收溶剂重新变为凝胶，是不可逆的，因此刚性凝胶也称为不可逆凝胶（irreversible gel）。

11.9.3 凝胶的形成

（1）凝胶形成的条件

凝胶的形成是由于线型或分枝型高分子化合物或凝胶粒子连接起来形成的线状结构，经相互交联构成立体网架结构，溶剂分布在网眼之中，使其不能自由流动，成为半固体状。可见凝胶是处于溶液和固体高分子化合物之间的中间状态。因此，只要条件合适，从固体（干胶）出发采用分散法或从溶液出发采用凝聚法都能形成凝胶。

分散法比较容易，如某些固态聚合物吸收适宜的溶剂后，体积膨胀，粒子分散而形成凝胶。例如橡胶吸收一定体积的苯后可形成凝胶。

凝聚法是使溶液或溶胶在适当的条件下分散相颗粒相连而形成凝胶。需要满足两个基本条件：

① 降低溶解度，使被分散的物质从溶液中以"胶体分散状态"析出；

② 析出的质点既不沉降，也不能自由行动，而是构成骨架，在整个溶液中形成连续的

网状结构。

（2）凝胶形成的方法

① 改变温度　即利用升、降温度使系统形成凝胶。许多物质（如琼脂、明胶、肥皂）在热水中能溶解，冷却时溶解度降低，质点因碰撞相互连接而形成凝胶。如 0.5% 的琼脂水溶液冷却至 35℃ 即成凝胶。而 2% 的甲基纤维素水溶液加热至 50～60℃ 时成为凝胶。

② 转换溶剂　用分散相溶解度较小的溶剂替换溶胶中原有的溶剂，使系统发生胶凝。例如在果胶水溶液中加入乙醇，可形成凝胶；将醋酸钙的饱和水溶液加入乙醇，也可以制成凝胶。采用这种方法时，要注意沉淀剂（乙醇）的用量要适当，并且要快速混合使系统均匀。固体酒精就是用这种方法将高级脂肪酸钠盐与乙醇混合制得的。

③ 加入电解质　在高分子溶液中加入大量电解质时会发生胶凝，这实际上是盐析效应，需要加入的盐类的浓度必须很高。在亲水性较大和粒子形状不对称的溶胶中，加入适量的电解质可形成凝胶。例如，在 V_2O_5 溶胶中加入适量的 $BaCl_2$ 溶液即得 V_2O_5 凝胶。

电解质使溶胶胶凝的过程可看作是溶胶整个聚沉过程中的一个特殊阶段。以电解质对 $Fe(OH)_3$ 溶胶的作用（见图 11.9.2）为例。3.2% 的 $Fe(OH)_3$ 溶胶是牛顿流体，在该溶胶

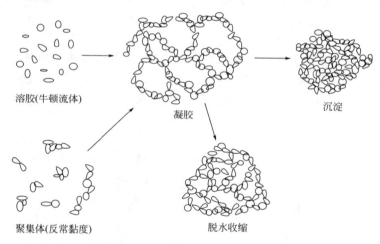

溶胶(牛顿流体)　凝胶　沉淀

聚集体(反常黏度)　脱水收缩

图 11.9.2　溶胶胶凝过程示意图

中加入电解质 KCl 至其浓度为 8mmol·L^{-1} 时胶粒相连，部分地形成结构，出现反常黏度。继续加入 KCl 至 22mmol·L^{-1} 的浓度时，系统固化变成凝胶，若将该水凝胶静置一段时间，凝胶会老化，即质点进一步靠近，一部分分散介质自凝胶中析出，发生脱水收缩作用（syneresis）。而当 KCl 浓度增加到 46mmol·L^{-1} 时，溶胶发生聚沉，分散相以沉淀析出。

引起溶胶胶凝的主要是电解质中的负离子，其影响大小依次为

$$SO_4^{2-} > C_4H_4O_6^{2-} > CH_3COO^- > Cl^- > NO_3^- > ClO_3^- > Br^- > I^- > SCN^-$$

这个顺序称为 Hofmeister 感胶离子序。这一顺序大致与离子的水化能力一致。在此顺序中，Cl^- 前的离子可使胶凝加速，Cl^- 之后的离子可阻止胶凝。

④ 化学反应　利用化学反应形成凝胶的条件：一是在产生不溶物的同时生成大量小晶粒；二是晶粒的形状以不对称的为好，这样有利于搭成骨架。例如，鸡蛋在加热时蛋白质分子发生变性，由球形分子变成纤维状分子，从而形成凝胶，这是鸡蛋加热凝固的原因。凝胶渗透色谱（GPC）中常用的有机聚苯乙烯凝胶也是通过苯乙烯与交联剂二乙烯基苯在适当条

件下聚合得到。

11.9.4　凝胶的性质

（1）触变作用

有些凝胶，如超过一定浓度的泥浆、涂料、药膏以及 $Al(OH)_3$、V_2O_5 及白土等凝胶，受到搅动时，会转变为流体；静置后又变为凝胶。这种操作可重复多次，并且溶胶或凝胶的性质均无明显的变化。这种现象就称为触变作用（thixotropy）。触变作用实际上是从有结构的体系转变为"无结构"的体系，这种变化可表示为

$$凝胶 \underset{静置（胶凝作用）}{\overset{摇动（触变作用）}{\rightleftharpoons}} 溶胶$$

由于在外力作用下体系的黏度减小，流动性变大，因此也将触变作用称为切稀。

产生触变性的机理：凝胶在外力作用下流动时，凝胶中颗粒间搭成的网架结构，被拆散，使流动阻力减小，流动性变好。由于颗粒的末端及边缘吸引特别强烈，因此在静置时被拆散的颗粒再搭成架子，变成凝胶。这过程需要一定的时间来恢复凝胶结构。

与触变作用相反的现象是负触变作用，也称为切稠现象。其特点是在外力作用下体系的黏度增大，但静置一段时间后黏度又恢复原状。

具有负触变性的体系绝大部分是高分子溶液。产生负触变性的原因在于高分子的"聚集作用"：高分子在流动时能聚集成双分子粒子。系统处于静止状态时被高分子微弱吸附的固体微粒可屏蔽高分子间的吸引力，故系统黏度较低，而当系统流动时，微弱吸附的固体微粒从高分子上脱附，使高分子间聚集，则黏度上升。

（2）离浆作用

高分子溶液或溶胶在形成凝胶后，性质并不能立即稳定，而是随时间不断地变化，该现象称为凝胶的老化（aging）。凝胶老化的行为之一就是离浆（desizing），也叫脱水收缩。

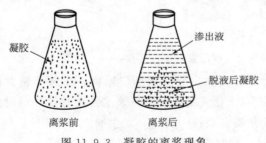

离浆就是水凝胶在基本不改变原来形状的情况下，分离出其中所包含的一部分液体，此液体是大分子稀溶液或稀的溶胶，如图 11.9.3 所示。例如，硅酸冻放在密闭容器中，搁置一些时间，冻上就有水珠出现。血块搁置后也有血清分出。

图 11.9.3　凝胶的离浆现象

水凝胶产生离浆作用的原因，是由于具有网状结构的凝胶在形成后，构成凝胶网络的粒子之间仍相互吸引，进一步收缩靠近，排列得更加有序，从而使凝胶的骨架收缩，一部分液体被从粒子间挤压出来，产生离浆现象。

凝胶的离浆现象是自发过程，无论是弹性凝胶还是非弹性凝胶都有离浆现象。

凝胶的离浆速度是粒子间距离的函数，也就是浓度的函数，浓度越大，粒子间距离缩短，离浆速度变大。可表示为

$$u_{离浆} = \frac{dV}{dt} = K(V_{max} - V) \tag{11.9.1}$$

式中，V 为时间 t 内分离出的液体体积；V_{max} 是能分离出的最大液体体积；K 为离浆常数。

弹性凝胶的离浆作用是"可逆的"，它是膨胀作用的逆过程。水凝胶离浆脱水收缩后所

析出的液体量，理论上等于固体高聚物膨胀时所吸收的液体量。若以 $V_{凝}$ 代表凝胶体系的总体积，以 $V_{分}$ 代表分散相的体积（包括分散相结合的液体体积），当 $V_{凝} > V_{分}$ 时，凝胶发生离浆；若 $V_{凝} < V_{分}$，则凝胶膨胀；若 $V_{凝} = V_{分}$，则凝胶既不膨胀，也不离浆。

实际上多数凝胶的离浆作用是不完全可逆的，因为组成物质的化学性质往往不均匀，且容易发生其他副反应。非弹性凝胶的离浆是不可逆的，通常沿溶胶→凝胶→浓缩凝胶→致密沉淀的途径进行。其主要原因是粒子间可发生进一步的强相互作用，如粒子表面羟基间的脱水。

升高温度能加速凝胶的离浆作用。

（3）膨胀作用

凝胶的膨胀作用（swelling），也称为溶胀作用，是指弹性凝胶与液体或蒸汽接触时，自动吸收液体或蒸汽，使自身质量、体积明显增加的现象。膨胀作用是弹性凝胶所特有的性质。例如，在生理过程中，膨胀作用起相当重要的作用。有机体越年轻，膨胀能力越强，随着有机体的逐渐衰老，膨胀能力也逐渐减退。

凝胶在介质中的膨胀作用具有选择性，分为无限膨胀和有限膨胀两种类型。若凝胶吸收有限量的液体，凝胶的网络只撑开而不解体，就称为有限膨胀，如木材在水中的膨胀；若凝胶吸收的液体越来越多，凝胶的网络越撑越大，最终导致破裂、解体并完全溶解，则称为无限膨胀，如牛皮胶在水中的膨胀就属于此类。但两者并不是绝对的，可依条件改变而转变。

膨胀度（degree of swelling）是指一定条件下单位质量或单位体积凝胶所能吸收液体的极限量，其定义式为

$$S = \frac{m_2 - m_1}{m_1} \quad 或 \quad S = \frac{V_2 - V_1}{V_1} \tag{11.9.2}$$

式中，S 为膨胀度；m_1、m_2、V_1、V_2 分别为膨胀前后凝胶的质量及体积。

凝胶的膨胀度随凝胶和液体的性质不同而异，温度升高，膨胀度增大。

凝胶的膨胀分为两个阶段：形成溶剂化层、液体的渗透和吸收。

第一阶段：形成溶剂化层。即溶剂分子很快钻入凝胶中，与凝胶大分子相互作用形成溶剂化层。该阶段时间很短，速度快。其表现特征如下。

① 液体的蒸气压很低　最初进入的溶剂分子与凝胶中的大分子相互作用形成溶剂化层，使溶剂分子的活度大大降低，因此系统的蒸气压很低，并且这部分液体与大分子结合紧密，很难完全除去。

② 体积收缩　凝胶膨胀时，凝胶体积增大，但整个系统体积的增量比吸收的液体的体积小。也就是说，系统的体积是收缩的，这是因为溶剂化层中的分子排列相当紧密。

③ 热效应　凝胶膨胀时放出的热，称为膨胀热。由凝聚的微分膨胀热的分析可看出，第一阶段与小分子的溶解一样，是溶质分子的溶剂化作用。

④ 熵值降低　在膨胀开始阶段，由于溶剂化层中液体分子排列有序，故系统的熵值降低。

第二阶段：液体的渗透和吸收。此阶段液体吸收量是干胶的几倍、几十倍，同时也没有明显的热效应和体积收缩现象。需要较长时间使溶剂分子渗透到凝胶内部，这时凝胶会产生很大的压力，称为膨胀压。例如，古人在石头上钻孔，楔入木头，然后用水浸泡木头使之膨胀，利用膨胀压力使石块裂开，就是膨胀压的应用。

影响膨胀的因素主要有：温度、介质的 pH、盐类等。温度升高，膨胀速度加快，但将

使最大膨胀度减小。人体被蜂虫等叮咬后皮肤上出现肿块，就是由于蛋白质凝胶在酸性介质（蚁酸）中出现最大膨胀度的缘故。另外，凝胶老化程度及交联度越高，膨胀度越小。

（4）吸附

一般来说，非弹性凝胶的干胶都具有多孔性的毛细管结构，因此比表面积较大，从而表现出较强的吸附能力。而弹性凝胶干燥时由于高分子链段收缩而紧密堆积，因此其干胶几乎没有可以测量的孔度。非弹性凝胶无论是吸附蒸气，还是自溶液中吸附，其本身体积基本不变，也无明显的膨胀作用，凝胶的孔结构不同，吸附量及吸附类型也不尽相同。弹性凝胶在吸附同时也会膨胀，吸附越多，膨胀越大，会引起吸附滞后现象。

■ 本章要求 ■

1. 了解分散系统的分类，胶体的含义。
2. 了解胶体系统动力性质、光学性质及电学性质。
3. 根据扩散双电层理论书写胶团结构，理解胶体稳定与破坏的因素。
4. 了解乳状液的类型及稳定性。
5. 了解高分子溶液的渗透压和唐南平衡。

思 考 题

1. 如何从分散系统线度的大小定义粗分散系统、溶胶及真溶液？胶体系统的主要特征是什么？

2. 布朗运动及丁铎尔效应的实质各是什么？

3. 漫步于林荫小道，我们经常会看到阳光射入林中的一条条光柱，请说明这是什么现象？并解释其原因。

4. 何谓胶体的电动现象，它说明什么问题？

5. 由双电层模型说明什么是热力学电势 φ_0，什么是 Stern 电势 φ_δ，什么是 ζ 电势，如何确定 ζ 电势的正、负号？

6. ζ 电势数值为什么能衡量溶胶的稳定性？论述 ζ 电势受电解质影响的因素。

7. 溶胶能够在一定时间内稳定存在的主要原因是什么？

8. 试解释在新生成的 $Fe(OH)_3$ 沉淀中加入少量 $FeCl_3$ 溶液，沉淀会全溶解，如再加入一定量的硫酸盐溶液，又会析出沉淀？

9. 在两个充有 $0.001 mol \cdot dm^{-3}$ 的 $AgNO_3$ 溶液的容器之间有一个 AgCl 多孔塞，塞中的细孔道中充满了 $AgNO_3$ 溶液，在多孔塞两侧为两个电极，接通直流电源后溶液向什么方向移动？若以 $0.1 mol \cdot dm^{-3}$ 的 $AgNO_3$ 溶液来代替 $0.001 mol \cdot dm^{-3}$ 的 $AgNO_3$ 溶液，在相同电压下溶液的流动速率是变快还是变慢？如用 KCl 溶液代替 $AgNO_3$ 溶液，溶液流动方向如何？

10. 水与油不相溶，为何加入洗衣粉后即生成乳状液？

11. 有一 α-淀粉酶的分子量为 24000，等电点为 4.7，若将该 α-淀粉酶的稀水溶液放入电泳池中通直流电，试问 α-淀粉酶在电泳池中能否发生运动？若能运动，向何方运动？

习 题

11.1 已知某金溶胶的质量浓度 $\rho(\text{Au})=1.00\text{kg}\cdot\text{m}^{-3}$，其中金胶粒为球形，半径为 $1.00\times10^{-8}\text{m}$。若金原子的半径为 $1.46\times10^{-10}\text{m}$，纯金的密度 $\rho=19.3\times10^3\text{kg}\cdot\text{m}^{-3}$，试计算：(1)每个金胶粒的质量；(2)1cm³ 的溶胶中金胶粒的数目 n_1；(3)1cm³ 的溶胶中胶粒的总表面积 S；(4)每个金胶粒中含有的金原子的数目 n_2。

11.2 290K 时藤黄水溶胶的黏度为 $1.1\times10^{-3}\text{Pa}\cdot\text{s}$，通过超显微镜观察到溶胶中的藤黄胶粒在时间间隔 t 为 30s 时，胶粒的平均位移 $\bar{x}$ 为 $7.00\mu\text{m}$，试计算胶粒的直径及溶胶的扩散系数 D。

11.3 已知某溶胶的胶粒半径为 10.0nm，其黏度为 $8.94\times10^{-4}\text{Pa}\cdot\text{s}$，试计算 298.15K 时胶粒的扩散系数 D 及在每秒内由于布朗运动胶粒沿 x 轴方向的平均位移。

11.4 298.15K 时，粒子半径为 $30\times10^{-9}\text{m}$ 的金溶胶在重力场中达到沉降平衡。测得该溶胶内某高度处粒子数为 277，再上升 $1.0\times10^{-4}\text{m}$ 的高度处粒子数为 166，试计算阿伏伽德罗常数。已知金及分散介质的密度分别为 $1.93\times10^4\text{kg}\cdot\text{m}^{-3}$ 及 $1.00\times10^3\text{kg}\cdot\text{m}^{-3}$。

11.5 已知某金溶胶粒子半径为 $4.175\times10^{-9}\text{m}$，试估算其在重力场中达到沉降平衡时，粒子浓度降低一半时的高度差。已知金及分散介质的密度分别为 $3.92\times10^4\text{kg}\cdot\text{m}^{-3}$ 及 $1.00\times10^3\text{kg}\cdot\text{m}^{-3}$。

11.6 293.15K 时，在黏度为 $1.0\times10^{-3}\text{Pa}\cdot\text{s}$ 的水溶胶中有半径为 $1.0\times10^{-6}\text{m}$ 的球形胶粒，在电泳实验中测得，胶粒在单位电场强度下的电泳速度为 $2.5\times10^{-8}\text{m}^2\cdot\text{s}^{-1}\cdot\text{V}^{-1}$，试计算其 ζ 电势。已知介电常数为 $7.18\times10^{-10}\text{F}\cdot\text{m}^{-1}$。

11.7 已知 BaSO_4 溶胶的 ζ 电势为 0.0406V，试计算在 298K 时胶粒在距离为 0.300m、电势差为 150V 的两极间的电泳速度。已知介质黏度为 $1.03\times10^{-3}\text{Pa}\cdot\text{s}$，介电常数为 $7.18\times10^{-10}\text{F}\cdot\text{m}^{-1}$。

11.8 NaOH 溶液中用 HCHO 还原 HAuCl_4 可制得金溶胶：

$$\text{HAuCl}_4+5\text{NaOH}\longrightarrow\text{NaAuO}_2+4\text{NaCl}+3\text{H}_2\text{O}$$

$$2\text{NaAuO}_2+3\text{HCHO}+\text{NaOH}\longrightarrow2\text{Au(s)}+3\text{HCOONa}+2\text{H}_2\text{O}$$

NaAuO_2 是该方法制备金溶胶的稳定剂，试写出该金溶胶胶团结构的表达式，指出胶体粒子电泳的方向。

11.9 已知在二氧化硅溶胶形成过程中存在下列反应：

$$\text{SiO}_2+\text{H}_2\text{O}\longrightarrow\text{H}_2\text{SiO}_3\longrightarrow2\text{H}^++\text{SiO}_3^{2-}$$

试写出该溶胶的胶团结构表示式。

11.10 用等体积的 $0.04\text{mol}\cdot\text{dm}^{-3}$ 的 $\text{Ba(NO}_3)_2$ 溶液与 $0.05\text{mol}\cdot\text{dm}^{-3}$ 的 Na_2SO_4 溶液混合制备 BaSO_4 溶胶，试写出其胶团结构的表示式。若分别以等体积的 MgSO_4、$\text{La(NO}_3)_3$、Na_3PO_4 溶液使上述溶胶聚沉，则聚沉值从小到大的顺序如何？

11.11 0.010dm^3 浓度为 $0.01\text{mol}\cdot\text{dm}^{-3}$ 的 KCl 溶液缓慢滴入 0.100dm^3 浓度为 $0.005\text{mol}\cdot\text{dm}^{-3}$ 的 AgNO_3 溶液中以制备 AgCl 溶胶，试写出其胶团结构的表示式，指出胶体粒子电泳的方向。对于相同浓度的 MgSO_4 及 $\text{K}_3\text{Fe(CN)}_6$ 溶液，更容易使上述溶胶聚沉

是哪一种?

11.12 在 3 个烧瓶中分别盛有 0.020dm³ 的 $Fe(OH)_3$ 溶胶,分别加入 NaCl、Na_2SO_4 及 Na_3PO_4 溶液使溶胶发生聚沉,则至少需要加入 1.00mol·dm⁻³ 的 NaCl 溶液 0.021dm³、$5.0×10^{-3}$ mol·dm⁻³ 的 Na_2SO_4 溶液 0.125dm³ 及 $3.333×10^{-3}$ mol·dm⁻³ 的 Na_3PO_4 溶液 0.0074dm³。试计算各电解质的聚沉值、聚沉能力之比,并指出胶体粒子的带电符号。

11.13 在 298K 时,膜内某高分子 RCl 水溶液的浓度为 0.1mol·dm⁻³,膜外 NaCl 浓度为 0.5mol·dm⁻³,R^+ 代表不能透过膜的高分子正离子,试计算达到唐南平衡后溶液的渗透压。

下册习题参考答案

第7章

7.1 $m_{Cu}=0.396$ g, $V_{O_2}=7.71\times10^{-5}$ m^3

7.2 $t_{Cu^{2+}}=0.31$, $t_{SO_4^{2-}}=0.69$

7.3 $t_{Ag^+}=0.47$, $t_{NO_3^-}=0.53$

7.4 $t_{K^+}=0.49$, $t_{Cl^-}=0.51$

7.5 $t_{Gd^{3+}}=0.434$

7.6 $K_{cell}=68.31$ m^{-1}, $\kappa=2.464\times10^{-2}$ S·m^{-1}, $\Lambda_m=1.23\times10^{-2}$ S·m^2·mol^{-1}

7.7 (1) $K_{cell.\,a}=1.062\times10^6$ m^{-1}; (2) $\kappa=6.519$ S·m^{-1}

7.8 $\Lambda_m^\infty(Na^+)=5.01\times10^{-3}$ S·m^2·mol^{-1}, $\Lambda_m^\infty(Cl^-)=7.63\times10^{-3}$ S·m^2·mol^{-1}

7.9 $c_{SrSO_4}=0.5262$ mol·m^{-3}

7.10 $\alpha=0.082$, $K_{HAc}^\ominus=1.77\times10^{-5}$

7.11 (1) $NaCl\rightarrow Na^+ + Cl^-$

$\gamma_\pm=(\gamma_+\cdot\gamma_-)^{1/2}$, $b_\pm=b$, $a_\pm=\gamma_\pm b/b^\ominus$, $a_B=(\gamma_\pm b/b^\ominus)^2$

(2) $CuSO_4\rightarrow Cu^{2+} + SO_4^{2-}$

$\gamma_\pm=(\gamma_+\cdot\gamma_-)^{1/2}$, $b_\pm=b$, $a_\pm=\gamma_\pm b/b^\ominus$, $a_B=(\gamma_\pm b/b^\ominus)^2$

(3) $MgCl_2\rightarrow Mg^{2+} + 2Cl^-$

$\gamma_\pm=(\gamma_+\cdot\gamma_-^2)^{1/3}$, $b_\pm=\sqrt[3]{4}\,b$, $a_\pm=\gamma_\pm\sqrt[3]{4}\,b/b^\ominus$, $a_B=4(\gamma_\pm b/b^\ominus)^3$

(4) $FeCl_3\rightarrow Fe^{3+} + 3Cl^-$

$\gamma_\pm=(\gamma_+\cdot\gamma_-^3)^{1/4}$, $b_\pm=\sqrt[4]{27}\,b$, $a_\pm=\gamma_\pm\sqrt[4]{27}\,b/b^\ominus$, $a_B=27(\gamma_\pm b/b^\ominus)^4$

(5) $Al_2(SO_4)_3\rightarrow 2Al^{3+} + 3SO_4^{2-}$

$\gamma_\pm=(\gamma_+^2\cdot\gamma_-^3)^{1/5}$, $b_\pm=\sqrt[5]{4\times27}\,b$, $a_\pm=\gamma_\pm\sqrt[5]{4\times27}\,b/b^\ominus$, $a_B=4\times27(\gamma_\pm b/b^\ominus)^5$

7.12 $I=8.00\times10^{-3}$ mol·kg^{-1}, $\gamma_\pm(NaCl)=0.901$, $\gamma_\pm(Na_2SO_4)=0.811$, $\gamma_\pm(MgSO_4)=0.658$, $\gamma(Na^+)=0.901$, $\gamma(Cl^-)=0.901$, $\gamma(Mg^{2+})=0.658$, $\gamma(SO_4^{2-})=0.658$

7.13 (2) $\Delta_r G_m=-195.9$ kJ·mol^{-1}, $\Delta_r S_m=-77.6$ J·mol^{-1}·K^{-1}, $\Delta_r H_m=-219.0$ kJ·mol^{-1}, $Q_{r,m}=-23.1$ kJ·mol^{-1}; (3) $Q_{p,m}=-219.0$ kJ·mol^{-1}

7.14 (2) $K^\ominus=3.39\times10^4$; (3) $\Delta_r G_m=-38.41$ kJ·mol^{-1}, $\Delta_r S_m=14.67$ J·mol^{-1}·K^{-1}, $\Delta_r H_m=-34.04$ kJ·mol^{-1}, $Q_{r,m}=4.374$ kJ·mol^{-1}; (4) $Q_{p,m}=\Delta_r H_m=-34.04$ kJ·mol^{-1}; (5) $\gamma_\pm=0.796$

7.15 (1) $E=1.3636$V, $\Delta_r G_m=-263.17$kJ·mol^{-1}, $K^\ominus=8.03\times10^{45}$, 能进行; (2) $E=-0.9907$V, $\Delta_r G_m=191.2$kJ·mol^{-1}, $K^\ominus=5.267\times10^{-34}$, 不能进行; (3) $E=1.8381$V, $\Delta_r G_m=-354.75$kJ·mol^{-1}, $K^\ominus=3.55\times10^{59}$, 能进行; (4) $E=0.312$V, $\Delta_r G_m=-60.2$kJ·mol^{-1}, $K^\ominus=3.50\times10^{18}$, 能进行; (5) $E=1.343$V, $\Delta_r G_m=-259.2$kJ·mol^{-1}, $K^\ominus=2.58\times10^{45}$, 能进行

7.16 (2) $\Delta_r G_m=-109.63$ kJ·mol^{-1}, $\Delta_r S_m=-57.4$J·mol^{-1}·K^{-1}, $\Delta_r H_m=-126.7$ kJ·mol^{-1}; (3) $Q_{r,m}=-17.11$ kJ·mol^{-1}; (4) $\Delta_r H_m=-126.7$ kJ·mol^{-1}; (5) $Q_{ir,m}=-30.25$ kJ·mol^{-1}

7.17 $E^{\ominus}(Fe^{2+}/Fe) = -0.44V$

7.18 (1) $Pt(s) | Sn^{4+}(a_{Sn^{4+}}), Sn^{2+}(a_{Sn^{2+}}) \| Pb^{2+}(a_{Pb^{2+}}) | Pb(s)$

(2) $Pt(s) | H_2(p_{H_2}) | OH^-(a_{OH^-}) | HgO(s) | Hg(l)$

(3) $Pt(s) | I_2(s) | I^-(a_{I^-}) \| Cl^-(a_{Cl^-}) | Cl_2(p_{Cl_2}) | Pt(s)$

(4) $Pt(s) | Cu^+(a_{Cu^+}), Cu^{2+}(a_{Cu^{2+}}) \| Cu^+(a_{Cu^+}) | Cu(s)$

(5) $Pt(s) | Sn^{4+}(a_{Sn^{4+}}), Sn^{2+}(a_{Sn^{2+}}) \| Tl^{3+}(a_{Tl^{3+}}), Tl^+(a_{Tl^+}) | Pt(s)$

7.19 $E^{\ominus}[Cl^- | AgCl(s) | Ag] = 0.221V, \Delta_f G_m^{\ominus}(AgCl) = -109.69 \text{ kJ} \cdot \text{mol}^{-1}$

7.20 (2) $Q_r = 3.47 \text{ kJ}$; (3) $K_{sp} = 3.42 \times 10^{-13}$

7.21 (2) $\gamma_{\pm} = 0.700$; (3) $K_{sp}(Ag_2SO_4) = 1.481 \times 10^{-6}$

7.22 (2) $K_w = 0.97 \times 10^{-14}$

7.23 (1) $E = -0.0146V$, 不能正向进行; (2) $E = 0.0146V$, 能进行; (3) $E = E_{浓差} + E_{接} = 0.0108 \text{ V}$, 能进行。

7.24 $t_+ = 0.502, E_{液接} = 0.2 \text{ mV}$

7.25 (1) 设计电池为 $Ag(s) | Ag^+(a_{Ag^+}) \| Fe^{3+}(a_{Fe^{3+}}), Fe^{2+}(a_{Fe^{2+}}) | Pt(s)$

利用 $\Delta_r G_m^{\ominus} = -zFE^{\ominus} = -RT\ln K^{\ominus}$ 关系, 由 $E^{\ominus}$ 计算 $K^{\ominus}$,

(2) 设计电池为 $Hg(l) | Hg^{2+}(a_{Hg^{2+}}) \| Cl^-(a_{Cl^-}) | Hg_2Cl_2(s) | Hg(l)$

利用 $\Delta_r G_m^{\ominus} = -zFE^{\ominus} = -RT\ln K_{sp}^{\ominus}$ 关系, 由 $E^{\ominus}$ 计算 $K_{sp}^{\ominus}$,

(3) 设计电池为 $Pt(s) | H_2(p^{\ominus}) | HBr(b = 0.0100 \text{ mol} \cdot \text{kg}^{-1}, \gamma_{\pm}) | AgBr(s) | Ag(s)$

电动势表达式为 $E = E^{\ominus} - \dfrac{RT}{F}\ln a_{H^+} a_{Cl^-} = E^{\ominus} - \dfrac{RT}{F}\ln(\gamma_{\pm}b)$, 测得 E 后即可利用该式求得 $\gamma_{\pm}$。

(4) $H_2O(l)$ 的标准生成反应为 $H_2(p^{\ominus}) + \dfrac{1}{2}O_2(p^{\ominus}) \rightarrow H_2O(l)$, 因此可以设计电池为

$Pt(s) | H_2(p^{\ominus}) | OH^-(或 H^+) | O_2(p^{\ominus}) | Pt(s)$, 由电池的 $E^{\ominus}$ 可计算出上述电池反应的 $\Delta_r G_m^{\ominus} = \Delta_f G_m^{\ominus} = -zFE^{\ominus}$。

7.26 $E_2 = 0.0233 \text{ V}$

7.27 $E_{理论分解} = 1.229V, V > 2.384V$

7.28 (1) $Cu(s)$ 首先析出; (2) $b_{Cu^{2+}} = 1.05 \times 10^{-27} \text{ mol} \cdot \text{kg}^{-1}$; (3) $1.607V$; (4) $Cl_2(g)$ 首先析出。

第 8 章

8.1 $\dfrac{\Omega_2}{\Omega_1} - 1 \approx e^{3.03 \times 10^{13}}$

8.2 第一种为非随机放法 1260 种, 第二种为随机放法 59049 种, 出现第一种放法的概率为 2.134%

8.3 $g_t(12) = 1, \psi_{2,2,2}; g_t(14) = 6, \psi_{1,2,3}, \psi_{1,3,2}, \psi_{2,1,3}, \psi_{2,3,1}, \psi_{3,1,2}, \psi_{3,2,1};$

$g_t(17) = 3, \psi_{2,3,2}, \psi_{3,2,2}, \psi_{2,2,3}; g_t(27) = 4, \psi_{3,3,3}, \psi_{1,1,5}, \psi_{5,1,1}, \psi_{1,5,1}$

8.4 $\Delta\varepsilon = 1.58 \times 10^{-22}J, \Delta\varepsilon/(kT) = 3.906 \times 10^{-2}$

8.5 有 4 种能级分布 $t_I = 3, t_{II} = 3, t_{III} = 6, t_{IV} = 3; \Omega = 15$

8.6 (1) $\dfrac{N!}{\prod\limits_i n_i!} = 125970$; (2) $N! \prod\limits_i \dfrac{g_i^{n_i}}{n_i!} = 3385299640320$

8.7 陈列方式数为 **585** 种

8.8 桶半径 r 和高 h 之间有 $h = 2r$ 关系时所消耗的铁皮最省; 制作一只桶至少需消耗铁皮 3.4874m^2

8.9 $\dfrac{n}{n_0} = 6$

8.10 $\dfrac{n_{i+1}}{n_i} = 5.506 \times 10^{-4}$

8.11 $q_t = 4.41 \times 10^{30}$

8.12 $I_{HI} = 4.331 \times 10^{-47} kg \cdot m^2$, $\Theta_{r,HI} = 9.30K$, $q_{r,HI} = 32.06$; $I_{N_2} = 1.400 \times 10^{-46} kg \cdot m^2$, $\Theta_{r,N_2} = 2.88K$, $q_{r,N_2} = 51.76$

8.13 $\nu = 6.428 \times 10^{13} s^{-1}$, $q_v = 5.858 \times 10^{-3}$

8.14 (1) $U_m = 5677.4J$; (2) $\overline{\varepsilon_t} = 5.66 \times 10^{-21} J$; (3) $(n_x^2 + n_y^2 + n_z^2) = 3.81 \times 10^{23}$

8.15 (1) 将熵的表达式两边同乘以温度 T, 得 $ST = NkT \ln \dfrac{q}{N} + U + NkT$, 整理即得 $U - ST = -NkT \ln \dfrac{q}{N}$

$-NkT = A$。再将此式拆分整理并引用 Stirling 近似公式即得所求。

(2) 在配分函数中仅有 $q_t = \left(\dfrac{2\pi mkT}{h^2}\right)^{3/2} V$, 其余配分函数都与体积无关, 令 $q = q'V$, 故 $\left(\dfrac{\partial \ln q}{\partial V}\right)_{T,N} = $

$\left(\dfrac{\partial \ln(q'V)}{\partial V}\right)_{T,N} = \dfrac{1}{V}$, 代入公式即可求出题中要求。

8.16 $S_{t,m} = 141.9 J \cdot K^{-1} \cdot mol^{-1}$, $S_{r,m} = 41 J \cdot K^{-1} \cdot mol^{-1}$

8.17 $K^{\ominus} = 3.34 \times 10^{-2}$

8.18 $K^{\ominus} = 3.54 \times 10^{-2}$

第 9 章

9.1 $\Delta A_S = 5.02 \times 10^{-2} m^2$, $\Delta G = 3.652 \times 10^{-3} J$, 做功 $3.652 \times 10^{-3} J$

9.2 第二个基本方程的条件关系式为: 恒 A_S 条件下的恒 S 与恒 p 关系式; 恒 S 条件下的恒 A_S 与恒 p 关系式; 恒 p 条件下的恒 S 与恒 A_S 关系式。

第三个基本方程的条件关系式为: 恒 A_S 条件下的恒 T 与恒 V 关系式; 恒 T 条件下的恒 A_S 与恒 V 关系式; 恒 V 条件下的恒 T 与恒 A_S 关系式。

第四个基本方程的条件关系式为: 恒 A_S 条件下的恒 T 与恒 p 关系式; 恒 T 条件下的恒 A_S 与恒 p 关系式; 恒 p 条件下的恒 T 与恒 A_S 关系式。

9.3 $W = 74.325 \times 10^{-3} J$, $\Delta H = \Delta U = 114.325 \times 10^{-3} J$, $\Delta S = 1.413 \times 10^{-4} J \cdot K^{-1}$, $\Delta G = \Delta A = 74.325 \times 10^{-3} J$

9.4 (1) $\Delta p = 1.2914 \times 10^5 Pa$; (2) $\Delta p = -1.2914 \times 10^5 Pa$; (3) $\Delta p = 2.5828 \times 10^5 Pa$

9.5 (1) $r = 7.77 \times 10^{-10} m$; (2) $n = 66$

9.6 $\Gamma_B = 4.6 \times 10^{-8} mol \cdot m^{-2}$

9.7 (1) $\Gamma = \dfrac{abc}{RT(1+bc)}$; (2) $\Gamma = 4.3 \times 10^{-6} mol \cdot m^{-2}$; (3) $\Gamma_{B,M} = 5.4 \times 10^{-6} mol \cdot m^{-2}$, $a_M = 3.08 \times 10^{-19} m^2$

9.8 $n = 0.6$, $k = 1.851 dm^3 \cdot kg^{-1}$

9.9 $p = 245.2 kPa$

9.10 $\Gamma_2 = 73.63 dm^3 \cdot kg^{-1}$

9.11 $A_m = 519357 m^2 \cdot kg^{-1}$

9.12 $Q = 4.63 \times 10^{-4} kJ$

9.13 $\theta > 90°$, 液态银不能润湿该固体材料表面

9.14 $W_a = 0.072 N \cdot m^{-1}$, $W_i = 0$, $S = -0.072 N \cdot m^{-1}$

9.15 $h = 0.294 m$

9.16 $\Gamma_\infty = 5.00\,\text{mol}\cdot\text{kg}^{-1}, b = 20.83\,\text{dm}^3\,\text{mol}^{-1}$

9.17 (1) $S_{\text{苯/水}} = 8.1\times10^{-3}\,\text{N}\cdot\text{m}^{-1} > 0$,所以在苯与水未溶前,苯可在水面上铺展;

(2) $S_{\text{水/汞}} = 36\times10^{-3}\,\text{N}\cdot\text{m}^{-1} > 0$,水在汞面上能铺展;

(3) $S_{\text{苯/汞}} = 97.1\times10^{-3}\,\text{N}\cdot\text{m}^{-1} > 0$,苯在汞面上能铺展

9.18 $R = 8.29\,\text{J}\cdot\text{K}^{-1}\cdot\text{mol}^{-1}$

9.19 $M = 4.1293\times10^4\,\text{g}\cdot\text{mol}^{-1}$

第 10 章

10.1 (1) $-\dfrac{\mathrm{d}c_B}{\mathrm{d}t} = bkc_A^a c_B^b$ 或 $-\dfrac{\mathrm{d}c_B}{\mathrm{d}t} = k_B c_A^a c_B^b$; (2) $n = a + b$;(3) $k_A/a = k_B/b = k_C/c = k_D/d$。

10.2 反应系统属于理想气体反应的混合物系统,对 A 物质存在 $p_A = c_A RT$,代入压力速率方程即可转换成浓度速率方程,比较转换关系式即可得到两速率系数间关系。

10.3 $k_A = 0.6\,\text{mol}^{-1}\cdot\text{dm}^3\cdot\text{s}^{-1}, k_M = 1.2\,\text{mol}^{-1}\cdot\text{dm}^3\cdot\text{s}^{-1}$

10.4 $x_A = 0.4$

10.5 $x_A = 0.75$

10.6 45.08min

10.7 $k = 6.79\times10^{-5}\,\text{s}^{-1}, t_{1/2} = 1.02\times10^4\,\text{s}$

10.8 (1) $k = 1.54\times10^{-2}\,\text{min}^{-1}, t_{1/2} = 45\text{min}$;(2) $t = 123.2\text{min}$

10.9 $t_{1/2} = 30\text{min}, v_{A,0} = 1.155\times10^{-2}\,\text{mol}\cdot\text{dm}^{-3}\cdot\text{min}^{-1}, x_A = 0.75$

10.10 分别将 $x_A = 1/2, 3/4, 7/8$ 代入 $t = \dfrac{1}{k}\ln\dfrac{1}{1-x_A}$ 即可求出 $t_{1/2} : t_{1/4} : t_{1/8} = 1 : 2 : 3$ 的关系。

10.11 $k = 0.025\,\text{mol}^{-1}\cdot\text{dm}^3\cdot\text{min}^{-1}$

10.12 $k_A = 2.90\times10^{-4}\,\text{m}^3\cdot\text{mol}^{-1}\cdot\text{s}^{-1}$

10.13 (1) $k_{B,p} = 5\times10^{-4}\,\text{kPa}^{-1}\cdot\text{min}^{-1}, p_{\text{总}}(150\text{min}) = 45\text{kPa}$;(2) $k_B = 1.455\,\text{mol}^{-1}\cdot\text{dm}^3\cdot\text{min}^{-1}$

10.14 (1)剩余分数 $1-x_A = 6.25\%$;(2) $1-x_A = 14.3\%$

10.15 (1) 对于 $\frac{1}{2}$ 级反应,其速率方程可写为 $-\dfrac{\mathrm{d}c_A}{\mathrm{d}t} = kc_A^{1/2}$,对该式分离变量并积分整理即得所求;(2) $t = t_{1/2}$ 时,$c_A = \frac{1}{2}c_{A,0}$ 代入 $c_{A,0}^{1/2} - c_A^{1/2} = \frac{1}{2}kt$ 式,整理即得。

10.16 (1) 2 级反应;(2) $k_2 = 0.5775\,\text{mol}^{-1}\cdot\text{dm}^3\cdot\text{h}^{-1}$;(3) $t_{1/2} = 3.463\,\text{h}$

10.17 2 级反应,$k_{AB} = 0.0125\,\text{mol}^{-1}\cdot\text{dm}^3\cdot\text{s}^{-1}$

10.18 2.5 级反应

10.19 $\alpha = 2, \beta \approx 1$

10.20 (1) $t_{1/2} = 1.25\times10^5\,\text{s}$;(2) $t = 1.54\times10^8\,\text{s}$

10.21 $k_2 = 1.39\,\text{min}^{-1}, t_{1/2} = 0.499\text{min}$

10.22 $E_a = 90.56\,\text{kJ}\cdot\text{mol}^{-1}$

10.23 (1) 2 级反应;(2) $k_{970} = 1.67\times10^{-5}\,\text{kPa}^{-1}\cdot\text{s}^{-1}, k_{1030} = 9.83\times10^{-5}\,\text{kPa}^{-1}\cdot\text{s}^{-1}$;

(3) $E_a = 253.7\,\text{kJ}\cdot\text{mol}^{-1}$;(4) $t = 128\text{s}$

10.24 $E_a = 107.628\,\text{kJ}\cdot\text{mol}^{-1}$

10.25 (1) $c_A = 5.263\times10^{-3}\,\text{mol}\cdot\text{dm}^{-3}$;(2) $E_a = 24.043\,\text{kJ}\cdot\text{mol}^{-1}$

10.26 (1) $K_c(600\text{K}) = 7.902\times10^4\,\text{dm}^3\cdot\text{mol}^{-1}, K_c(645\text{K}) = 1.602\times10^4\,\text{dm}^3\cdot\text{mol}^{-1}$;

(2) $\Delta_r U_m = -114.105\,\text{kJ}\cdot\text{mol}^{-1}, \Delta_r H_m = -119.276\,\text{kJ}\cdot\text{mol}^{-1}$;

(3) $E_a = -1.196$ kJ $\cdot$ mol^{-1}, $E_{-a} = 112.912$ kJ $\cdot$ mol^{-1}

10.27 (2) $x_A = 95.25\%$

10.28 (2) $t_{1/2} = 138.6$min

10.29 (1) $E_{a,-1} = 76.572$ kJ $\cdot$ mol^{-1};(2) $c_A(10s) = 0.2$ mol $\cdot$ dm^{-3},$c_B(10s) = 0.35$ mol $\cdot$ dm^{-3};

(3) $c_{A,e} = 0.05$ mol $\cdot$ dm^{-3},$c_{B,e} = 0.50$ mol $\cdot$ dm^{-3}

10.30 (1) $t = 3.33$min;(2) $\dfrac{c_D}{c_{A,0}} \times 100\% = 55.56\%$

10.31 对于两反应级数相同的平行反应,$k = k_1 + k_2$,将两边对温度 T 求微分,得 $\dfrac{dk}{dT} = \dfrac{dk_1}{dT} + \dfrac{dk_2}{dT}$,由阿伦尼乌斯方程知 $\dfrac{dk}{dT} = \dfrac{kE_a}{RT^2}$,把此关系代回前式,整理即为所求。

10.32 一级连串反应中间产物 B 的浓度随时间变化的关系为 $c_B = \dfrac{k_1 c_{A,0}}{k_2 - k_1}(e^{-k_1 t} - e^{-k_2 t})$ 中间产物浓度有极大值时,它随时间变化的一阶导数应为零,即 $\left(\dfrac{dc_B}{dt}\right)_{t=t_m} = \dfrac{k_1 c_{A,0}}{k_2 - k_1}[k_2 e^{-k_2 t_m} - k_1 e^{-k_1 t_m}] = 0$,分析整理上式即可得所求结果。

10.33 以产物 P 的生成速率表示的反应速率方程为 $\dfrac{dc_P}{dt} = k_2 c_B c_D$,对活泼物质 B 应用稳态近似法处理可解出 $c_B = \dfrac{k_1 c_A}{k_{-1} + k_2 c_D}$,将其代入速率方程整理并分析,即可得所求结果。

10.34 (1) 很明显,$A_2 \xrightarrow[\text{慢}]{k_1} 2A$ 是整个反应的速控步,故 $v_{AB} = -\dfrac{dc_{A_2}}{dt} = k_1 c_{A_2}$;(2) 第一步慢步骤,所以 $\dfrac{v_{AB}}{2} = -\dfrac{dc_{A_2}}{dt} = k_1 c_{A_2} c_{B_2}$,即 $v_{AB} = 2k_1 c_{A_2} c_{B_2}$。

10.35 (2) $E_a = 145$ kJ $\cdot$ mol^{-1}

10.36 (1) 由慢步骤得 $\dfrac{dc_{AB}}{dt} = k_3 c_A c_B$,由两步快速平衡分别得 $c_A = (k_1/k_{-1})^{\frac{1}{2}} c_{A_2}^{\frac{1}{2}}$ 和 $c_B = (k_2/k_{-2})^{\frac{1}{2}} c_{B_2}^{\frac{1}{2}}$,代入速率方程即得 $\dfrac{dc_{AB}}{dt} = k_3 (k_1/k_{-1})^{\frac{1}{2}} (k_2/k_{-2})^{\frac{1}{2}} c_{A_2}^{\frac{1}{2}} c_{B_2}^{\frac{1}{2}} = k c_{A_2}^{\frac{1}{2}} c_{B_2}^{\frac{1}{2}}$;

(2) 由表观速率常数 $k = k_3 (k_1/k_{-1})^{\frac{1}{2}} (k_2/k_{-2})^{\frac{1}{2}}$,直接可以写出所求表观活化能与各基元反应活化能之间的关系。

10.37 $Z_{AB} = 2.8 \times 10^{35}$ m$^{-3} \cdot$ s^{-1}

10.38 对于同类分子 A 的碰撞,$\mu = \dfrac{m_A m_A}{m_A + m_A} = \dfrac{m_A}{2}$,所以 $\left(\dfrac{8\pi k_B T}{\mu}\right)^{1/2} = \left(\dfrac{16\pi k_B T}{m_A}\right)^{1/2}$,$(r_A + r_B)^2 = (2r_A)^2 = 4r_A^2$,将这些关系代入非同类分子的碰撞数公式即得所求。

10.39 (1) $Z_{AA} = 3.77 \times 10^{34}$ m$^{-3} \cdot$ s^{-1};(2) $k = 9.96 \times 10^{-5}$ mol$^{-1} \cdot$ m$^3 \cdot$ s^{-1};(3) $v_0 = 2.3 \times 10^{-2}$ mol $\cdot$ m$^{-3} \cdot$ s^{-1}

10.40 (1) $Z_{AB}(有效)/Z_{AB}(总) = 1.7876 \times 10^{-7}$;(2) $P = 0.1787$

10.41 $\Delta_r H_{m,\neq}^{\ominus} = 104.118$ kJ $\cdot$ mol^{-1},$\Delta_r S_{m,\neq}^{\ominus}(c^{\ominus}) = 299.6$ J $\cdot$ K$^{-1} \cdot$ mol^{-1},$\Delta_r G_{m,\neq}^{\ominus}(c^{\ominus}) = 11.841$ kJ $\cdot$ mol^{-1}

10.42 $\Delta_r S_{m,\neq,A}^{\ominus}(c^{\ominus}) - \Delta_r S_{m,\neq,B}^{\ominus}(c^{\ominus}) = 19.14$ J $\cdot$ K$^{-1} \cdot$ mol^{-1}

10.43 (1) $P = 0.335$;(2) $\Delta_r H_{m,\neq}^{\ominus} = 50.402$ kJ $\cdot$ mol^{-1},$\Delta_r S_{m,\neq}^{\ominus}(c^{\ominus}) = -40.58$ J $\cdot$ K$^{-1} \cdot$ mol^{-1},$\Delta_r G_{m,\neq}^{\ominus}(c^{\ominus}) = 62.495$ kJ $\cdot$ mol^{-1}

10.44 (1) 不变;(2) 减小;(3) 增大;(4) 增大。

10.45 $E = 5.316 \times 10^5$ J $\cdot$ mol^{-1}

10.46 $\varphi = 0.1626$

10.47 $n_{HCl} = 8.024 mol$

10.48 由慢步骤 $v = \dfrac{dp_P}{dt} = v_2 = k_r \theta_A p_B$，$\theta_A = \dfrac{b_A p_A}{1 + b_A p_A}$，则 $v = k_r b_A p_A p_B / (1 + b_A p_A)$。A 为弱吸附时，$b_A$ $p_A \ll 1$，所以 $v = k_r b_A p_A p_B$。又知 $k_r = k_{r,0} e^{-\frac{E_a}{RT}}$，$b = b_0 e^{-\frac{Q}{RT}}$，代入即得所求。

第 11 章

11.1 $(1) m_{金} = 8.08 \times 10^{-20} kg；(2) n_1 = 1.238 \times 10^{13}；(3) S = 15.55 \times 10^{-3} m^2；(4) n_2 = 2.472 \times 10^5$

11.2 $r = 2.36 \times 10^{-7} m，D = 8.17 \times 10^{-13} m^2 \cdot s^{-1}$

11.3 $D = 2.44 \times 10^{-11} m^2 \cdot s^{-1}，\overline{x} = 6.99 \times 10^{-6} m$

11.4 $L = 6.26 \times 10^{23}$

11.5 $h_2 - h_1 = 2.50 \times 10^{-2} m$

11.6 $\zeta = 0.0359 V$

11.7 $v = 1.42 \times 10^{-5} m \cdot s^{-1}$

11.8 $\{(Au)_m n(AuO_2)^- \cdot (n-x)Na^+\}^{x-} \cdot x Na^+$，电泳方向：胶粒向正极迁移。

11.9 $\{(SiO_2)_m n SiO_3^{2-} \cdot 2(n-x)H^+\}^{2x-} \cdot 2x H^+$

11.10 胶团结构为 $\{(BaSO_4)_m n SO_4^{2-} \cdot 2(n-x)Na^+\}^{2x-} \cdot 2x Na^+$，聚沉值从小到大的顺序为 $La(NO_3)_3$、$MgSO_4$、Na_3PO_4

11.11 胶团结构表示式为 $\{(AgCl)_m n Ag^+ \cdot (n-x)NO_3^-\}^{x+} \cdot x NO_3^-$，电泳方向：胶粒向负极迁移。$K_3 Fe(CN)_6$ 更容易使 AgCl 正溶胶聚沉。

11.12 聚沉值$(NaCl) = 0.512 mol \cdot dm^{-3}$，聚沉值$(Na_2SO_4) = 4.31 \times 10^{-3} mol \cdot dm^{-3}$，聚沉值$(Na_3PO_4) = 0.9 \times 10^{-3} mol \cdot dm^{-3}$；聚沉能力之比 $= 1 : 120 : 569$；胶粒带正电

11.13 $\pi = 270.3 kPa$

参考文献

[1]傅献彩,沈文霞,姚天扬等. 物理化学:上、下册. 第 5 版. 北京:高等教育出版社,2005.

[2]胡英主编,吕瑞东,刘国杰,黑恩成编. 物理化学:上、下册. 第 5 版. 北京:高等教育出版社,2007.

[3]刘俊吉,周亚平,李松林. 物理化学:上、下册. 第 5 版. 北京:高等教育出版社,2009.

[4]朱志昂,阮文娟. 近代物理化学:上、下册. 第 4 版. 北京:科学出版社,2008.

[5]周鲁等. 物理化学教程. 第 2 版. 北京:科学出版社,2006.

[6]王光信,刘澄凡,张积树. 物理化学. 第 2 版. 北京:化学工业出版社,2001.

[7]伏义路,许澍谦,邱联雄. 化学热力学与统计热力学基础. 上海:上海科学技术出版社,1984.

[8]傅鹰. 化学热力学导论. 北京:科学出版社,1981.

[9]朱传征,褚莹,许海涵主编. 物理化学:第 2 版. 北京:科学出版社,2008.

[10]孙世刚,王野,陈良坦,毛秉伟,韩国彬. 物理化学. 厦门:厦门大学出版社,2008.

[11]林宪杰,许和允,殷保华,吴义芳,邵军. 物理化学. 北京:科学出版社,2010.

[12]何玉萼,袁永明,薛英. 物理化学. 北京:化学工业出版社,2006.

[13]沈钟,赵振国,王果庭. 胶体与表面化学:第 3 版. 北京:化学工业出版社,2008.

[14]张玉亭,吕彤. 胶体与界面化学. 北京:中国纺织出版社,2008.

[15]亚当森 AW. 表面的物理化学. 顾惕人译. 北京:科学出版社,1984.

[16]巴德 AJ,福克纳 LR. 电化学方法原理及应用. 谷林锳等译. 北京:化学工业出版社,1986.

[17]高盘良. 基础课物理化学教学中的几个关系,中国大学教学,2006,(5):13.

[18]高盘良. 经典教学内容与科技前沿相结合,化学通报,2003,66(7):500.

[19]高盘良. 关于"熵增原理"的争鸣. 大学化学,2011,26(5):74-76.

[20]张索林,魏雨,童汝亭. 浓度影响化学平衡的定量描述. 大学化学,1986,1(3):25.

[21]张索林,张光宁,刘晓地. 对《浓度影响化学平衡描述》的几点补充. 大学化学,1994,9(3):37.

[22]沈玉龙. 谈 Le Chatelier 原理判断失败的局限条件. 唐山师范学院学报,2001,23(2):30.

[23]郭子成. 法拉第定律与反应进度. 大学化学,1998,13(1):22.

[24]郭子成,杨建一,关中恕. 浅谈不可逆电化学过程中的功和热. 河北轻化工学院学报,1998,(1):25.

[25]郭子成,罗青枝,荣杰. 润湿现象和毛细现象的热力学描述. 大学物理,2000,19(6):19.

[26]郭子成,朱良,朱红旭. 简单一级反应数据处理的一个新模型. 化学通报,2000,63(4):47.

[27]郭子成,周广芬,刘艳春. 中值定理在微分法确定反应级数时的应用. 河北科技大学学报,2004,25(4):7.

[28]郭子成,孙宝,唐文颖等. 用数据处理新模型测定 H_2O_2 分解的活化能. 化学通报,2006,69(9):715.

[29]郭子成. 电量与反应进度的关系式. 河北科技大学学报,2006,27(3):200.

[30]郭子成,任聚杰. 气相化学反应中不同速率系数对应的活化能之间关系的讨论. 河北科技大学学报,2010,31(1):14.

[31]郭子成,任聚杰,罗青枝等. 热力学变化过程方向的完整判据. 化学通报,2013,76(5):471-477.

[32]任聚杰,郭子成. 深入认识电化学势及电化学势判据. 化学通报,2014,77(2):188-192.

[33]郭子成,李俊新,任杰. 关于热力学自发过程及其判据的讨论. 大学化学,2016,31(7):83-90.